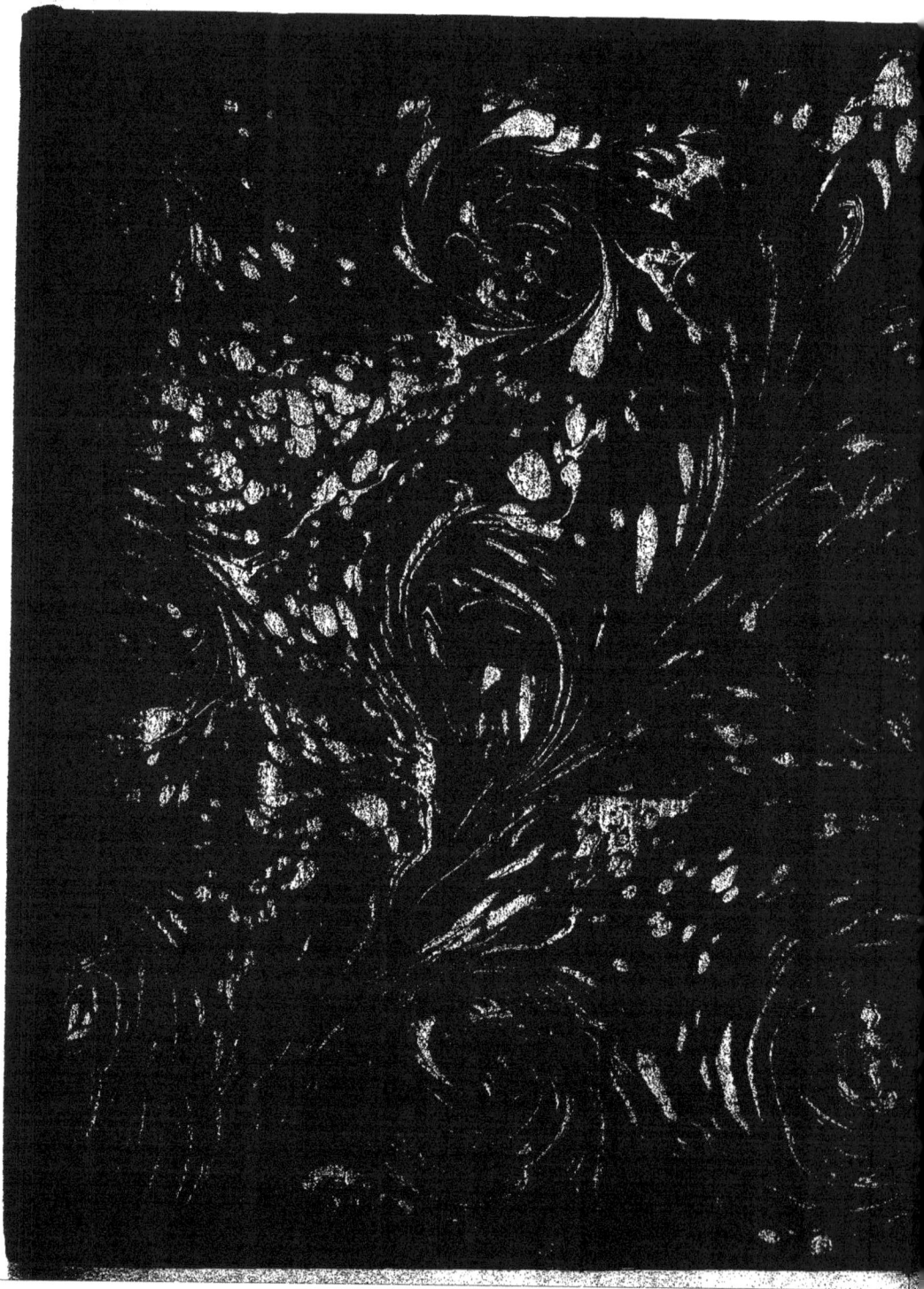

1604. Setaria

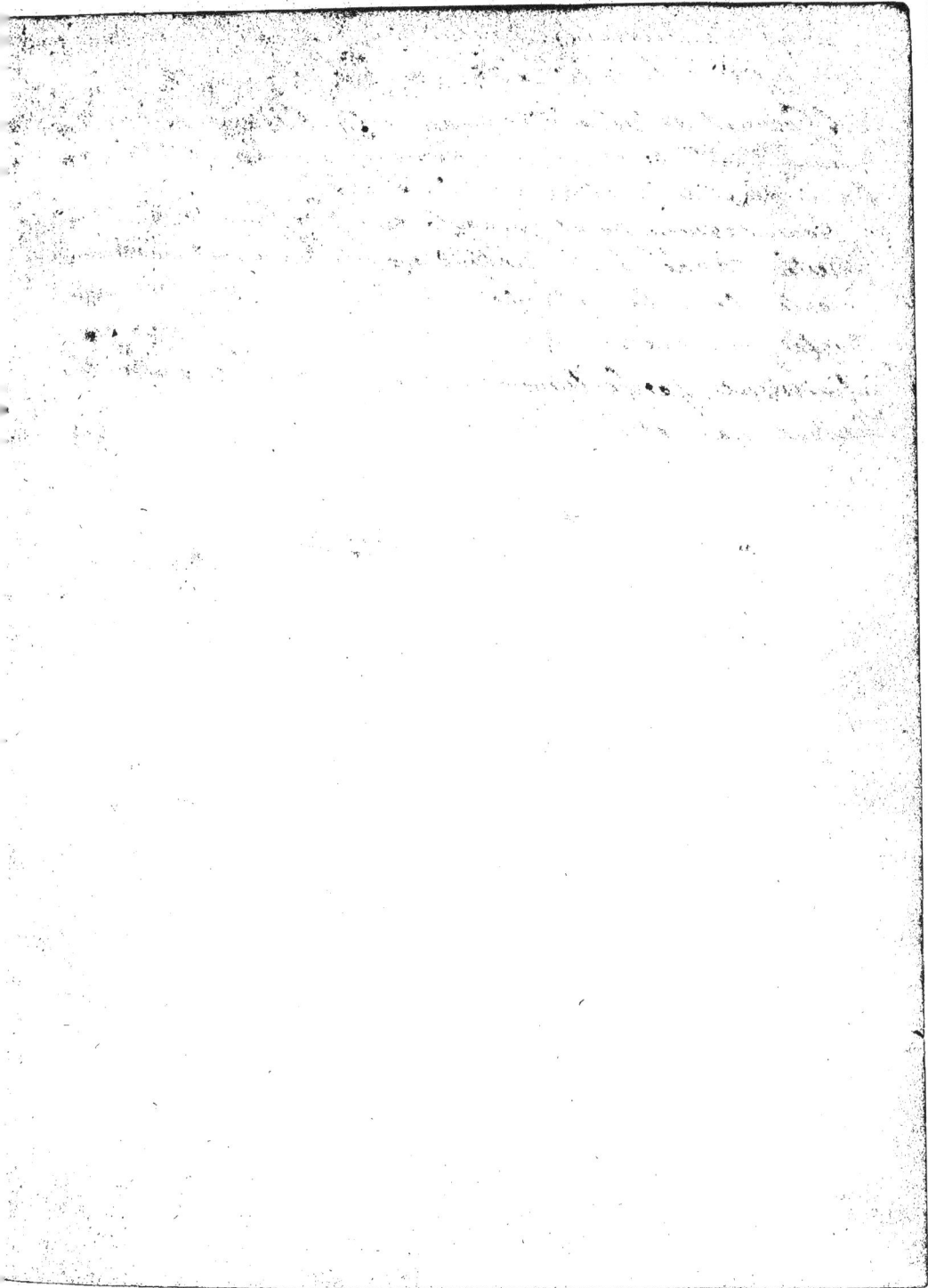

L'auteur de ce livre s'appelle M.r Geoffroy, il est medecin né a paris, D. de la faculté.

Le Journal de Medecine année 1764. Octobre fait mention d'une 2.de Edon de ce même ouvrage sous un nouveau titre où il n'est plus dit des Environs de Paris.

Nous n'avions point jusqu'à M. Geoffroy d'hist.re des Insectes rangés bien methodiquem.t Il y avoit beaucoup a ajouter dans la methode que M. Linnaeus avoit adopté pour classer ces animaux. M. Geoffroy l'a infiniment perfectionnée et son livre est estimé surtout par cette raison.

HISTOIRE

A B R E G É E

DES INSECTES

QUI SE TROUVENT

AUX ENVIRONS DE PARIS.

TOME PREMIER.

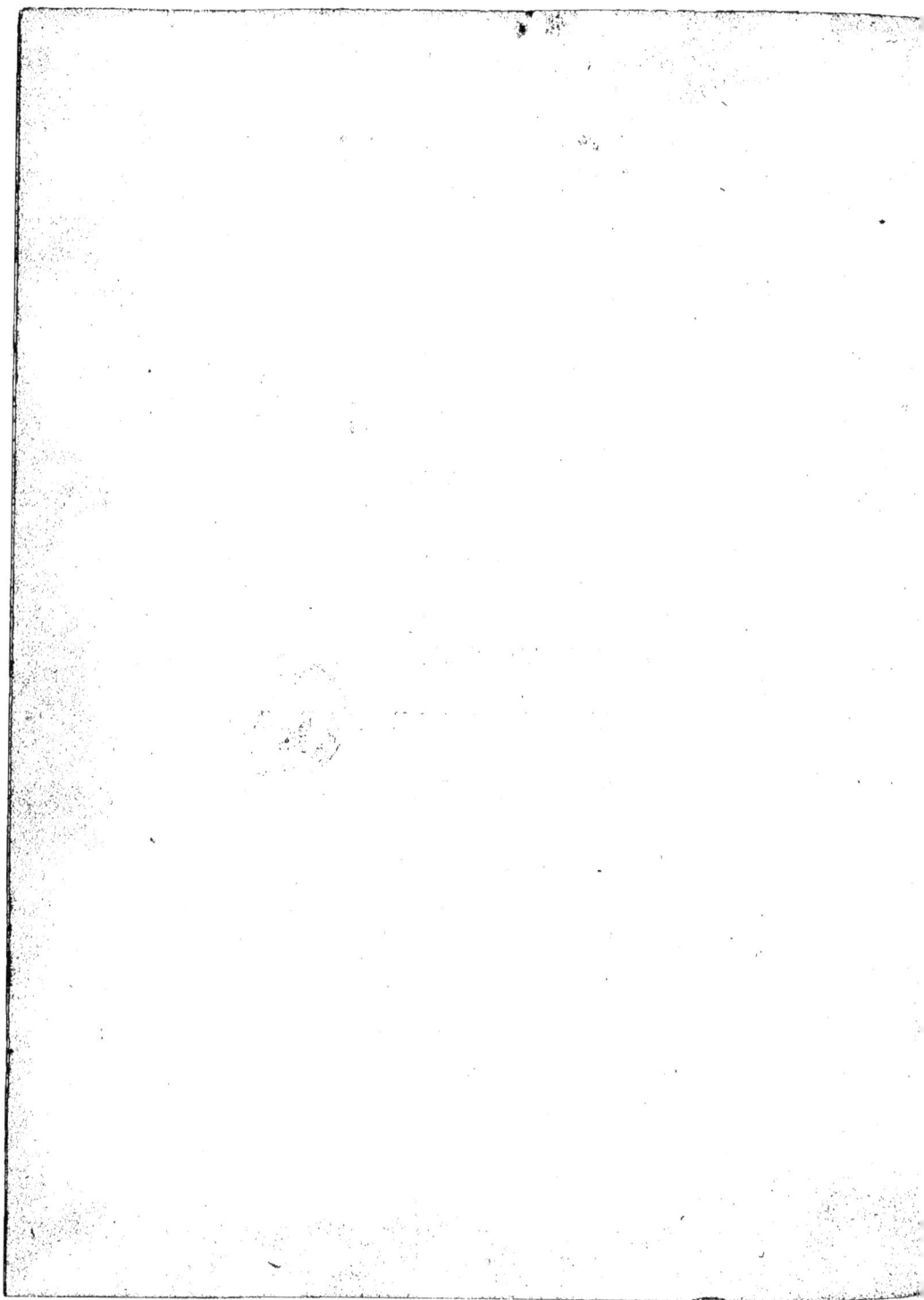

HISTOIRE

A B R E G É E

DES INSECTES

QUI SE TROUVENT

AUX ENVIRONS DE PARIS;

Dans laquelle ces Animaux font rangés fuivant un ordre méthodique.

Admiranda tibi levium fpeccacula rerum. Virg. Georg. iv.

TOME PREMIER.

A PARIS,

Chez DURAND, rue du Foin, la premiere porte cochere en entrant par la rue S. Jacques, au Griffon.

M. DCC. LXII.

AVEC APPROBATION ET PRIVILÉCE DU ROI.

DISCOURS

PRÉLIMINAIRE.

DEPUIS quelques années , l'étude de l'Hiftoire naturelle eft plus cultivée qu'elle ne l'a jamais été. De grands hommes ont défriché avec foin ce vafte champ , qui offre tous les jours tant de merveilles aux yeux d'un exact Obfervateur. On eft parvenu à connoître cette immenfe quantité de végétaux , dont la furface de la terre eft couverte , & l'étude de la Botanique , fi confufe autrefois , eft devenue facile par les travaux des favans qui s'y font appliqués ; ils ont débrouillé ce chaos en rangeant les végétaux & les diftribuant par claffes & par genres. Quoique leurs méthodes foient différentes , elles tendent toutes plus ou moins directement au même but, & les plus défectueufes ont préparé la voie à d'autres plus parfaites. Quelques Botaniftes ont confidéré le régne végétal , fous un afpect différent ; la Phyfique des plantes , leur ftructure intérieure , leur anatomie leur ont fourni la matere d'une infinité de découvertes, toutes également curieuses & souvent utiles.

Quoique la composition des minéraux soit plus groffiere & moins organifée que celle des végétaux, l'étude de cette partie n'a pas paru moins curieuse & moins néceffaire. L'utilité que nous retirons des métaux & des autres minéraux, étoit une raifon pour engager les Naturaliftes à ne pas négliger ce régne : leur travail n'a pas été infructueux, & fans parler des Ouvrages de plufieurs excellens Minéralogiftes, il fuffit de jetter les yeux fur celui de Valérius, dont une main habile nous a enrichi depuis peu d'années.

Mais parmi les différens corps naturels, il n'en eft aucuns qui femblent plus mériter notre attention que les animaux. Les mieux organifés de toute la nature, ils ont droit de nous intéreffer plus particuliérement, eux qui approchent davantage de l'homme, qui, malgré la fupériorité que fon ame lui donne, n'eft que le chef & le premier des animaux. Auffi le régne animal a-t-il été examiné avec le plus grand foin : mais comme il eft plus nombreux, que fon étude eft plus difficile par la quantité des efpéces qu'il renferme, & par la délicateffe des corps qui le compofent, la plûpart des Naturaliftes fe font attachés à des branches & des divifions de cette immenfe partie. Les poiffons, les oifeaux, les quadrupedes ont fourni autant d'objets différens de travail, capables feuls d'occuper d'excellens Obfervateurs : quelques-uns même fe font bornés à quelques animaux particuliers, & fouvent ils n'ont pas encore épuifé la matiere qu'ils traitoient.

Les infectes, qui font une partie confidérable, & la plus nombreufe du régne animal, ne font pas moins dignes de nos regards & de notre attention. Quelque vils que paroiffent ces petits animaux aux yeux d'un homme peu inftruit, un Philofophe ne les confidére pas avec moins d'admiration : leur petiteffe même, la fineffe & la délicateffe des organes qui les compofent, les rendent encore plus merveilleux. Jufqu'ici cependant la claffe des infectes, eft celle du régne animal, & j'ofe dire de tous les corps naturels, qui a été la moins travaillée. Ce n'eft pas que l'on n'ait examiné les infectes, & que l'on n'ait écrit fur ces animaux ; mais tout ce qu'on nous a donné fur cet article, ou manque par un défaut d'ordre & de méthode, ou n'embraffe que quelques efpéces du nombre immenfe que renferme cette claffe.

Je ne dis rien de ce que les anciens ont écrit fur cette matiere. Le défaut d'obfervations fuivies a empêché Ariftote & Pline de donner rien de détaillé fur les infectes. Ils s'en font tenus à des généralités fouvent fautives & fabuleufes, & quant aux remarques qui regardent les différentes efpéces, nous nous trouvons fouvent hors d'état d'en profiter, le défaut de caractéres fpécifiques nous empêchant de diftinguer les efpéces dont ils ont voulu parler.

Parmi les modernes, Mouffet eft un des premiers qui ait écrit fur les infectes en particulier. Son Ouvrage, qui d'ailleurs contient plufieurs bonnes obfervations & defcriptions, pêche tellement par le défaut de méthode & de caractéres, que fans les planches qu'il y a joint, il feroit impoffible de deviner les efpéces différentes dont il traite, & même malgré ces planches, il y en a plufieurs qu'on ne peut reconnoître, d'après fes figures qui font groffieres & en bois. On en peut dire autant d'Aldrovande cet infatigable compilateur, & de Jonfton qui a fouvent copié Aldrovande & Mouffet. Les defcriptions de Raj font plus exactes & plus détaillées & peuvent fouvent caractérifer affez bien l'animal dont il parle. Mais comment retrouver un infecte dans un Ouvrage où ces animaux ne font rangés fuivant aucune méthode, & où les defcriptions feules peuvent en donner quelque connoiffance ? Lifter, autre Auteur Anglois, ainfi que Raj & Mouffet, a donné peu de chofes fur les infectes, & fes Ouvrages peuvent être mis dans le rang de ceux de Raj.

Je ne parle point ici de ceux qui fe font contentés de donner des figures d'infectes, tels que

Robert, Goedart, Mademoifelle Merian, Albi-
nus; &c. ces collections utiles en elles-mêmes,
& dont on doit favoir beaucoup de gré à ceux
qui les ont données, ne font que des matériaux
fournis aux Naturaliftes par de bons Peintres,
tels qu'étoient ces Auteurs. Ils y ont joint quelques obfervations quelquefois bonnes, plus fouvent fautives, telles en un mot qu'on les pouvoit attendre de perfonnes peu verfées dans l'Hiftoire naturelle, que les apparences trompoient,
& qui ne pouvoient s'aider de l'analogie & des
connoiffances qui leur manquoient. Si Goedart
eût connu la nature, il n'auroit jamais imaginé
qu'une mouche pût fortir d'une chenille ou de fa
coque, & il auroit jugé que la mouche mere de-
voit avoir confié fes œufs à l'une ou à l'autre. Je
ne dis rien ici de Frifch, dont les figures paroiffent très-bonnes, mais dont l'Ouvrage confidérable, étant écrit en Allemand, fe trouve hors de
ma portée. Il en eft de même de Roefel, qui a
furpaffé par la beauté de fes figures exactement
enluminées, tout ce qui avoit été fait jufqu'ici fur
les infectes. Il feroit à fouhaiter que quelqu'un
voulût mettre les Naturaliftes François en état de
profiter de ce que ces deux Ouvrages paroiffent
contenir de bon.

    Un autre genre d'Auteurs qui ont écrit fur les
infectes, comprend ceux qui fe font appliqués à
examiner leur intérieur, leur ftructure, leurs ma-

nœuvres & leurs mœurs, parties néceffaires toutes à l'hiftoire de ces petits animaux, & qui méritent bien d'être confidérées. Auffi devons-nous beaucoup aux Naturaliftes qui fe font chargés de ces obfervations. Rhedi, un des plus habiles qu'ait produit l'Italie, parmi beaucoup de remarques excellentes, eft le premier qui ait détruit l'erreur tranfmife par les anciens, qui penfoient que des corps auffi parfaits & auffi organifés que les infectes, devoient leur exiftence à la pourriture : erreur groffiere, qui cependant a été reçue unanimement, & que Bonani, malgré les obfervations qu'il avoit faites, a encore foutenue. Rhedi, après un examen judicieux & des expériences très-exactes, a démontré que les infectes naiffoient, ainfi que les autres animaux, d'autres infectes fécondés par l'accouplement. Après Rhedi, Swammerdam, Malphighi & Vallifnieri ont enrichi cette partie de l'Hiftoire naturelle, d'obfervations curieufes & intéreffantes: nous fommes redevables à Malphighi d'une excellente differtation fur le ver-à-foie, dont il a donné l'anatomie la plus exacte, & qui peut auffi fervir pour les différentes chenilles, dont le ver-à-foie n'eft qu'une efpéce. Swammerdam a examiné avec le plus grand foin différens infectes, il a développé avec adreffe leurs organes intérieurs les plus délicats, & à cette defcription anatomique, fe trouvent jointes plufieurs remarques très - bien

faites fur les différentes manœuvres de ces animaux. C'eft à peu près la même méthode qu'a
fuivi Vallifnieri à l'égard d'autres infectes.

Sur les traces de Swammerdam & de Vallifnieri, un illuftre Obfervateur François, dont le
nom fera toujours cher à l'Hiftoire naturelle, a
entrepris des *Mémoires pour fervir à l'hiftoire des
infectes.* Malheureufement cet Auteur n'a donné
qu'une partie de ces Mémoires, où l'on trouve
une fuite de faits intéreffans, obfervés par un Naturalifte qui favoit très-bien voir. Il a fait plus ; il
a établi quelques caracteres généraux, quelques
diftributions fommaires de fections & de genres.
Mais ces commencemens de méthode font trop
fuperficiels & trop peu fyftêmatiques pour être
mis en ufage, & on a beaucoup de peine à diftinguer dans ce grand Ouvrage de M. de Reaumur,
l'animal dont il traite, faute de caracteres fuffifans
& d'une bonne defcription : fouvent il faut par-
courir fix gros volumes, pour trouver ce que l'on
cherche. Malgré ce grand défaut, on peut regarder ce que cet habile Naturalifte a donné, comme les meilleurs matériaux dont puiffent fe fervir
ceux qui travaillent à l'hiftoire des infectes, &
l'Ouvrage de M. de Reaumur remplit au moins
le titre modefte dont il s'eft fervi. Je crois pouvoir mettre à côté de cet excellent infectologifte,
M. de Geer, le Reaumur de Suéde, qui a déja
enrichi l'hiftoire des infectes, de plufieurs diffe-

tations particulieres, toutes frappées au bon coin, & qui a déja publié le premier volume d'un grand Ouvrage qu'il commence précifément dans le goût de celui de M. de Reaumur.

Par ce détail des différens Auteurs qui ont écrit jufqu'ici fur les infeétes, on voit que tous peuvent fe rapporter à trois claffes différentes. Les uns n'ont envifagé que l'extérieur des infeétes, comme feroit un Botanifte qui ne donneroit qu'une fimple defcription des plantes, fans parler de leurs ufages, du tems de les femer, de les planter, &c. Pour que l'Ouvrage de ces premiers eût été parfait en fon genre, il eut fallu qu'outre les defcriptions, ils euffent établi des caraéteres exaéts pour reconnoître les infeétes, à peu près comme les Botaniftes le pratiquent à l'égard des plantes, & c'eft à quoi tous ont manqué, ce qui rend leurs Ouvrages défeétueux & fouvent inutiles. Les autres ont confidéré les infeétes, par rapport à leurs mœurs, à leurs manéges ou à leur ftruéture intérieure, mais fans donner de defcriptions ni de caraéteres des animaux dont ils parlent, ou en ne donnant que des defcriptions trop infuffifantes pour les reconnoître. Ils reffemblent aux Botaniftes qui ont détaillé les vertus & les propriétés de différentes plantes, fans décrire ces fimples, enforte qu'on eft fouvent très-embarraffé de favoir quelle eft la plante qu'ils ont traitée. Au refté, ce que ces Obfervateurs ont publié, eft fouvent très-
exaét

exact & peut devenir utile lorſqu'on parvient à découvrir l'inſecte qui fait le ſujet de leurs obſervations. Enfin la troiſiéme & derniere claſſe d'Auteurs, la moins nombreuſe de toutes, comprend ceux qui ont réuni les deux genres de travail, qui ont examiné l'extérieur des inſectes, ainſi que leurs mœurs & leurs manœuvres, & dont l'hiſtoire ſe trouve, par ce moyen, plus complette. Mais ces derniers Auteurs ſont tombés dans le défaut des premiers : leurs deſcriptions ſont imparfaites, il n'y a point de caracteres pour diſtinguer les inſectes, leurs ouvrages enfin manquent de méthode, vice eſſentiel ſur-tout en fait d'Hiſtoire naturelle.

Ce défaut paroît venir de ce que l'on n'imaginoit pas pouvoir ranger méthodiquement les animaux & leur aſſigner des caracteres diſtinctifs. Il eſt étonnant que les Zoologiſtes ne cruſſent pas pouvoir exécuter ce qu'avoient fait les Botaniſtes, qui étoient parvenus à diſtribuer avec ordre cette foule de plantes, bien plus nombreuſe que les corps que renferme le régne animal ; & qui ont tiré des caracteres génériques de parties beaucoup plus petites dans les végétaux que dans les animaux. L'exemple de la Botanique, cette branche conſidérable de l'Hiſtoire naturelle, auroit cependant dû inſtruire les Naturaliſtes & les Zoologiſtes en particulier : ils auroient dû remarquer combien l'étude des plantes, confuſe, ſans ordre

b

& très-difficile jufqu'alors, étoit devenue plus facile , plus claire & plus lumineuſe , depuis qu'on y avoit joint un eſprit d'ordre & de ſyſ- tême.

Cependant l'hiſtoire des animaux , & ſur - tout celle des inſectes , eſt reſtée juſqu'à nos jours dans cette eſpéce de confuſion , & c'eſt à M. Linnæus , cet infatigable Naturaliſte Suédois , que nous de- vons le premier Ouvrage méthodique ſur cette matiere. Il a cherché à jetter ſur cette partie de l'étude de la nature ; le même eſprit d'ordre , de clarté & de méthode qu'il a répandu ſur les au- tres branches de l'Hiſtoire naturelle , & ſi ſon Ouvrage eſt encore éloigné de la perfection , au moins doit-on lui ſavoir gré d'avoir montré la rou- te qu'il faut ſuivre.

Je ſais que quelques ſavans de nos jours ne conviendront pas de ce que j'avance ici. Ennemis des ſyſtêmes & des ordres méthodiques , ils ſem- blent vouloir faire retomber les ſciences dans cette eſpéce de confuſion dont elles ont eu tant de peine à ſortir , & ce qui paroît encore plus étonnant , c'eſt que dans un ſiécle auſſi éclairé , de pareils paradoxes trouvent des ſectateurs. Il ne faut cependant pas de grandes connoiſſances , ni un effort de génie ſupérieur pour juger de l'utili- té des ſyſtêmes & des méthodes. Qu'on parle d'une plante , qu'on la décrive auſſi exactement qu'il ſera poſſible , comment veut-on qu'entre neuf

ou dix mille efpéces de végétaux, je puiffe dif-
cerner celle dont il s'agit, fi je n'ai aucun caractere diftinctif qui me la faffe reconnoître; il faut
néceffairement que je confronte ces dix mille
efpéces avec la defcription que je lis, & fi malheureufement la culture ou le climat ont altéré
le port ou la figure de celle que je cherche, tout
ce•long travail devient inutile: que fera-ce fi la
defcription fe trouve imcomplette & mal-faite,
enforte qu'elle puiffe convenir à plufieurs efpéces
différentes? Je me trouve alors dans un autre em-
barras plus grand que le premier. Il en eft des
infectes comme des plantes: fi je manque de caracteres, je ferai obligé d'examiner deux ou trois
mille efpéces d'infectes, toutes les fois que je
voudrai trouver un animal dont je lis la defcription. C'eft l'inconvénient où nous nous trouvons
toûs les jours, par rapport aux Ouvrages des anciens Naturaliftes. Auffi ne favons-nous point
quelles font les plantes, quels font les animaux
qu'ils ont connus & défignés par tels & tels noms.
Les méthodes, même les moins bonnes, corri-
gent un fi grand inconvénient. Je trouve une
plante qui m'eft inconnue, il n'eft plus néceffaire
pour la connoître de la confronter avec plufieurs
milliers de defcriptions, il fuffit, fuivant les différens fyftêmes, d'examiner quelques parties caractériftiques qui déterminent la claffe, la fection
& le genre de ce végétal. Prenons pour exemple

la méthode de M. Linnæus, fondée fur le nombre des étamines & des piftilles. Je veux trouver le nom & le genre d'une plante : je compte le nombre de fes étamines. Il s'en trouve cinq : voilà déja cette plante rapportée à celles de la cinquiéme claffe dont les fleurs ont cinq étamines. Pour lors j'examine le nombre des piftilles, j'en trouve deux ; je range cette plante dans la feconde fection de la cinquiéme claffe. Il ne me refte plus qu'à examiner le calyce & la graine pour trouver le genre de cette même plante parmi celles de la feconde fection de la cinquiéme claffe, & je parviens par dégrés à connoître le nom d'un fimple que je n'avois jamais vû.

A l'aide d'un ordre méthodique, nous pratiquerons la même chofe fur les infectes, comme je le ferai voir dans la fuite de cet Ouvrage, & l'on pourra trouver le nom & l'efpéce d'un infecte inconnu auparavant.

Cet exemple fuffit pour faire voir à tout homme, je ne dis pas verfé dans l'Hiftoire naturelle, mais feulement un peu intelligent, l'utilité & la néceffité des fyftêmes méthodiques. Je fais qu'on peut varier ces méthodes à l'infini, qu'on peut tirer fes caracteres de telles ou telles parties, que la plûpart des fyftêmes pêchent en quelques points, & que ceux qui approchent le plus de l'ordre qui paroît naturel, s'en éloignent en plufieurs endroits. Je veux même que toutes ces diftinctions de claffes , de genres & d'efpéces foient arbitraires , & nullement établies par la nature , que tous les corps naturels , depuis l'homme jufqu'au caillou le plus brut , ne foient qu'une fuite d'un feul & unique genre , qui décroît par des nuances infenfibles , il n'en fera pas moins vrai que les fyftêmes font au moins néceffaires pour faciliter l'étude de la nature , qui fans cela devient impraticable. Sans cette efpéce de clef , il eft auffi impoffible de pénétrer dans cette fcience , que de vouloir étudier les langues fans favoir l'alphabet , l'arithmétique fans connoître les chiffres , & les mathématiques fans géométrie. Chaque fcience a fes élémens , & ceux qui veulent les profcrire , donnent lieu de foupçonner qu'ils ne les connoiffent pas.

Nous fommes donc infiniment redevables à M. Linnæus d'avoir cherché le premier à ranger méthodiquement les infectes , & à trouver des caracteres génériques qui les fiffent plus aifément connoître. Sa méthode eft la feule que nous ayons jufqu'ici fur cette claffe des animaux. Son fyftême à la vérité eft encore défectueux , comme il arrive ordinairement aux ouvrages de ceux qui les premiers ébauchent une matiere neuve. Ses caracteres ne font pas affez fûrs , affez clairs & affez diftincts : fouvent on ne peut trouver par leur moyen le genre ou l'efpéce d'un infecte que l'on cherche , & de plus fes genres qui ne font

pas affez caractérifés , réuniffent fouvent des animaux de genres différens , & que l'on voit au premier coup d'œil devoir être féparés les uns des
autres. C'eft ce dont s'apperçoivent tous les jours
ceux qui étudient cette partie de l'Hiftoire naturelle , en fe fervant de cette méthode , la feule
que nous ayons. Je fentis cet inconvénient en
voulant ranger ces animaux d'après ce fyftême.
Je voyois que les caracteres que donne M. Linnæus ne quadroient point avec ceux que font
voir les infectes. Plufieurs d'entr'eux tout-à-fait
femblables , fe trouvoient fuivant cet ordre éloignés & féparés les uns des autres. Je cherchai
donc de nouveaux caracteres que tout le monde
pût aifément faifir , & qui me ferviffent à ranger
cette claffe plus clairement & avec plus de méthode. Le grand nombre d'infectes que j'avois
amaffés me facilita cette recherche , & à l'aide
de ces caracteres , je fuis parvenu à mettre en
ordre environ deux mille efpéces , au lieu de huit
ou neuf cent que renferme l'Ouvrage de M.
Linnæus.

Le fyftême que je donne n'eft point un *fyftême
naturel.* Pour en former un , il faudroit connoître
tous les individus que peut renfermer la claffe
que l'on traite , tant ceux du pays , que les étrangers , ce qui paroît impoffible. Il eft vrai qu'avec
cette connoiffance on approcheroit beaucoup de
l'ordre naturel , fi on n'y parvenoit pas. En effet ,

la nature n'a point établi parmi les corps qu'elle renferme cette diftinction de régnes, de genres & d'efpéces qu'ont imaginé les Naturaliftes, elle femble avoir fuivi des dégradations, des nuances infenfibles, par lefquelles on fe trouve naturellement conduit d'un regne à un autre, & d'un genre au genre fuivant. C'eft ce que peuvent appercevoir ceux qui jettant un coup d'œil philofophe fur la nature, examinent en grand fes différentes productions.

Rien ne paroît plus différent au premier afpect qu'un animal & une plante. Cependant le paffage d'un de ces régnes à l'autre, n'eft pas fubit & ne fe fait pas tout à coup. Nous voyons des animaux, les derniers de ce régne, qui femblent tenir beaucoup de la plante, tandis que certaines plantes paroiffent approcher de l'animal. Les vers, dont l'organifation paroît auffi fimple que celle de quelques plantes, croiffent & pouffent prefque comme des végétaux. On fait que les polypes, ces animaux finguliers découverts depuis quelques années, & qui font privés de prefque tous les fens, ont la faculté de végéter comme les plantes. Si on les coupe en plufieurs morceaux, chaque partie pouffe, végéte, & femblable à une bouture, forme enfuite un animal entier. Au contraire, parmi les plantes, la fenfitive & quelquesautres, femblent douées de la faculté de fentir, qui paroît refufée à plufieurs animaux.

Il en eft de même du paffage du régne végétal au regne minéral. La ftructure des minéraux paroît bien fimple, fi on la compare à l'organifation d'une plante. Cependant quelques plantes, telles que les champignons & les *likens* différent tellement des autres, qu'elles approchent de l'organifation fimple des pierres. Je ne parle pas ici du corail & de plufieurs plantes marines qui imitent la dureté & la nature de la pierre. On fait aujourd'hui que ces prétendues plantes ne font que des ouvrages de polypes. Mais il y a encore parmi les corps marins de véritables végétaux, comme les corallines & quelques coralloïdes, qui femblent plus tenir de la pierre que de la plante. Au contraire, entre les pierres, nous en voyons quelques-unes, comme les ftalactites, qui tous les jours s'accroiffent & femblent végéter.

Ce qu'on obferve par rapport au paffage d'un régne à l'autre, n'eft pas moins vrai à l'égard des genres différens de chaque régne. Les premieres efpéces approchent beaucoup des dernieres d'un genre précédent, & les dernieres de ce même genre tiennent des premieres du fuivant.

La nature n'a donc point établi cette divifion que l'on fuppofe de régnes & de genres. Tous les corps naturels font autant d'efpéces particulieres d'un feul & unique genre, qui peu à peu change, s'altere & conduit des animaux aux plantes, & des plantes aux minéraux. Mais pour fuivre

cette

cette marche de la Nature, il faudroit connoître parfaitement tous les corps qu'elle a formés, voir & étudier leurs différens rapports enfemble, & fi quelqu'un de ces corps nous eft inconnu, il fe trouvera un vuide qui femblera produire une divifion & un changement fubit d'un genre en un autre. Comme une pareille connoiffance eft au-deffus de notre portée, on peut affurer qu'un ordre véritablement naturel & méthodique eft une de ces chimeres qu'on cherchera auffi inutile-ment que la pierre philofophale, ou la quadrature du cercle. Il faut donc néceffairement que nous ayons recours à des ordres & à des fyftêmes artifi-ciels, feulement nous pouvons approcher plus ou moins de l'ordre naturel, en examinant avec attention les différens rapports des corps en-tr'eux. De-là on peut conclure que plus on fera entrer de rapports & de caracteres dans une mé-thode artificielle, moins on s'éloignera de l'ordre naturel.

C'eft le plan que j'ai tâché de fuivre dans l'ar-rangement méthodique des infectes que je donne aujourd'hui. J'ai cherché à rapprocher ceux que la nature femble avoir réunis. Pour cet effet, j'ai augmenté le nombre des rapports caractériftiques dont je me fuis fervi, & je n'ai pas cru ne devoir tirer les caracteres que d'une feule partie. C'eft aux Naturaliftes à juger fi j'ai rempli le plan que je me fuis propofé, & à réformer ce qu'ils trou-

veront de répréhenfible dans cet Ouvrage. La
découverte de nouvelles efpéces & même de
nouveaux genres pourra conduire à perfectionner
auffi ce travail. J'efpere au moins que le Public-
Naturalifte me faura gré des efforts que j'ai faits
pour lui applanir l'étude des infectes , quand
même je n'aurois pas réuffi dans cette entreprife ;
& j'invite ceux qui trouveront quelques nouvelles efpéces à les communiquer pour augmenter cette Collection.

Quoique les figures ne foient pas du goût
de tous les Naturaliftes , nous avons cependant
cru devoir les ajouter à cet Ouvrage , & joindre
aux defcriptions la gravure d'un infecte de chaque
genre. Chaque figure eft accompagnée des parties
qui conftituent le caractere , fouvent beaucoup
aggrandies : pour l'infecte, il eft de grandeur naturelle ; ou , lorfqu'il eft groffi , comme il arrive
fouvent, nous avons eu foin de mettre à côté une
échelle de la grandeur de l'animal. Nous efpé-
rons que ces planches faciliteront beaucoup l'intelligence de l'Ouvrage , & nous n'avons pas
penfé devoir négliger un pareil fecours , à l'aide
duquel on voit clairement, & d'un coup d'œil, ce
qu'une longue defcription n'explique fouvent
qu'imparfaitement. On trouvera quelquefois ,
quoique rarement, deux ou trois figures pour un
feul genre , lorfque nous y avons été engagés par
la fingularité de certaines efpéces. Il auroit été

à fouhaiter que l'on eût pû rendre les planches encore plus nombreufes, & repréfenter toutes les efpéces qui ont des différences fpécifiques bien marquées. La crainte d'augmenter la cherté de l'Ouvrage nous a détournés de ce projet, & nous nous fommes bornés aux figures qui ont paru abfolument néceffaires.

Il ne me refte plus qu'à répondre à quelques reproches que l'on pourroit me faire. Un pareil Ouvrage, de pur amufement, & qui paroît avoir demandé une longue fuite d'obfervations, femblera peut-être à quelques perfonnes rouler fur des matieres trop étrangeres à ma profeffion, dont le travail immenfe & l'exercice épineux & difficile, ne doivent prefque laiffer aucun inftant de loifir. D'autres mépriferont un Ouvrage qui ne traite que des infectes, & s'applaudiront fecrettement dans la fphere étroite de leur petit génie, lorfqu'ils fe feront égayés fur l'Auteur, en le traitant de *diffequeur de mouches*, nom dont une efpéce de petits Philofophes a déja décoré un des Naturaliftes qui a fait le plus d'honneur à notre Nation. N'envions point aux derniers le plaifir de s'applaudir à eux-mêmes; laiffons-les méprifer ce qu'ils ne connoiffent pas, & n'en admirons pas moins l'Auteur de la Nature, qui développant les plus grands refforts de fa puiffance dans le plus vil infecte, s'eft plu à confondre l'orgueil & la vanité de l'homme.

c ij

Quant au tems que j'ai employé à cet Ouvrage, on pourroit me faire de juſtes reproches s'il eût été pris aux dépens d'un travail plus ſérieux & néceſſaire. Mais obligé par état de travailler à l'étude des plantes, de les examiner, & de les recueillir, il ne m'étoit guères poſſible de ne pas obſerver en même tems les inſectes qui en font leur domicile & leur nourriture. J'ai mis peu à peu ſur le papier ce que j'obſervois ſur ces petits animaux, & c'eſt cette Collection de différens mémoires que je mets aujourd'hui en ordre. On n'eſt point étonné qu'une perſonne dont la profeſſion demande de la contention d'eſprit & de la fatigue, prenne quelques inſtans à la dérobée pour ſe délaſſer. J'ai cru ne devoir donner ces momens qu'à cet agréable amuſement. Le ſpectacle admirable que nous fournit le grand livre de la Nature, m'a paru un délaſſement aſſorti à la profeſſion de quelqu'un, dont l'état eſt d'étudier la Nature & la phyſique de l'homme.

Au reſte, il m'auroit été impoſſible de finir cette Hiſtoire, toute abrégée qu'elle eſt, ſans les ſecours qui m'ont été donnés de tous côtés. Hors d'état de pouvoir recueillir les inſectes depuis nombre d'années, j'en ai reçu de la plûpart des jeunes gens qui ſuivent les herboriſations. M. Bernard de Juſſieu, cet oracle en fait d'Hiſtoire naturelle, que l'on ne peut trop conſulter, & qui ſe fait un plaiſir de faire part de ſes vaſtes connoiffances, a daigné me communiquer plufieurs obfervations, & jeter un coup d'œil fur cet Effaï. Enfin je dois infiniment à un Gentilhomme de Champagne, M. du Pleffis, qui s'appliquant uniquement depuis quelques années à l'Hiftoire naturelle, a bien voulu m'aider dans la plus grande partie de ce travail. Je lui fuis redevable d'un nombre infini d'obfervations, toutes curieufes, & faites par une perfonne accoutumée à bien voir : & parmi les infeétes dont je parle, il y en a beaucoup qui ne fe voyent que dans la riche & nombreufe Colleétion qu'il poffede.

C'eft avec ces différens fecours que je fuis parvenu, dans mes heures de loifir, à donner cette Hiftoire des infeétes qui fe trouvent à deux ou trois lieues aux environs de Paris, & que l'on peut rencontrer dans les différentes promenades que l'on fait autour de cette grande Ville. Peut-être cet abrégé pourra-t-il donner plus de goût pour obferver les manéges merveilleux & finguliers de ces petits animaux, dont la perfeétion doit nous faire admirer la grandeur de celui qui les a créés.

O Jehova, quam magna funt opera tua !

TABLE ALPHABETIQUE

DES AUTEURS cités dans cet Ouvrage, avec l'explication de leurs noms abrégés.

Breyn. act. phyf. med. N.C.	Joannis Breynii Hiftoria naturalis cocci radicum tinctorii. *Norimberg.* 1733, in appendice ephemeridum naturæ curioforum.
Camer. epit.	Joachimi Camérarii, de plantis epitome utiliffima matthioli. *Francofurti*, 1588, *in-4°.*
Charlet. onom.	Gualteri Charleton; Onomafticon Zooicum. *Londini*, 1668, *in-4°.*
Charlet. exercit.	Ejufdem . . . . exercitationes de differentiis & nominibus Animalium. *Oxonii,* 1677, *in-4°.*
Clus. pann.	Caroli Clufii atrebatis variorum aliquot ftirpium per pannoniam, auftriam &c. Obfervatorum Hiftoria. *Antuerpiæ*, 1583.
Clut. hemerob.	Augerius Clutius, de Hemerobio & Verme maiali. *Amftelodami*, 1634, *in-4°.*
Colum. ecphr.	Fabii columnæ lincæi, minus cognitarum ftirpium ecphrafis. *Romæ*, 1606, *in-4°.*
Dale pharmac.	Samuelis Dalei Pharmacologia. *Lugduni batavorum* 1739.
Derrham. phyf. theol. . .	Théologie phyfique, ou démonftration de l'exiftence & des attributs de Dieu, tirée des œuvres de la création, par Derrham. *Roterdam,* 1726, *in-8°.*
Eph. nat. cur.	Vide fupra, *act. nat. cur.*
Flor. lapp.	Caroli Linnæi flora lapponica, exhibens plantas per Lapponiam crefcentes, fecundum fyftema fexuale. *Amftelædam,* 737, *in-8°.*
Frifch. germ.	Joanh Leonard Frifch. Befchreibeng von infecten in teutfchland. *Berlin*, 1720, *in-4°.*
De Geer. mem. ⎫ . . . De Geer hift. inf. ⎭	De Geer memoires pour fervir à l'hiftoire des infectes, *in-4°.*
De Geer act. holm.	Voyez ci-deffus Act. Upf.
Goed. inf.	Joannis Goedart, Metamorphofis naturalis feu de infectis. Latinitate donata a Paulo Veczaerdt. *Medioburgi*, *in-12*, 3 *vol.*
Goed. belg.	La même en Hollandois. *Middelb.* 3 *vol. in-8°.*
Goed. gall.	Hiftoire des infectes par Goedart. *Amfterdam* 1700, *in-8°.* 3. *vol.*
Goed. lift.	Joannes Goedartius de infectis, in methodum

redactus ; opera Martini Lifteri. *Londini ,* 1685, *in-8°.*

Grew. muf........... Mufæum Regiæ Societatis Londinenfis, defcriptum a nehemia grew. (anglice) *Londini ,* 1695.

Hoefn. inf............ Joannes hoefnagel ; icones infectorum volatis , lium. *Francofurti,* 1692, *in-4°.*

Hoffm. flor. aldt....... Mauritii Hoffmanni floræ Altdorffinæ deliciæ fylveftres, five Catalogus plantarum in agro Altdorffino fponte nafcentium. *Altdorffii ,* 1677, *in-4°.*

Hoock. micrograph..... Hoock Micrographia feu Phyfiologicæ Defcriptiones minutorum corporum factæ per vitra majorativa. (anglice) *Londini,* 1667, *in-fol.*

Jac. l'amir. inf........ Infectes gravés en maniere noire, par Jacob l'Amiral le jeune, avec l'explication des planches en Hollandois. 33 planch. *in-fol.*

Imperat............. Iftoria naturale di ferrante imperato Neapolitano. *Neapoli,* 1599, *in-fol.*

It. oeland............ Itinerarium Œlandicum, ou voyage de Scanie. Par M. Linnæus. *Stockolm ,* 1750.

Jonft. hift. nat......... Joannis Jonftoni M. D. Hiftoria naturalis de exanguibus aquaticis, de infectis, de ferpentibus &c. *Amftelodami,* 1657, *in-fol.*

Leche nov. inf. fpec.... Novæ infectorum fpecies , quas differtationis Academicæ loco , præfide Joanne Leche, proponit Ifaacus Uddman. *Aboæ,* 1753 , *in-4°. fig.*

Lewenhoeck. arc. nat... Antonii van Lewenhoeck arcana naturæ detecta ope microfcopiorum ; ex Belgico Latine verfa. *Delphis* 1695, *in-4°.*

Linn. faun. fuec....... Caroli Linnæi fauna Suecica, fiftens animalia Suecicæ. *Stockolmiæ,* 1746, *in-8°.*

Linn. fyft. nat. edit. 10. Linnæi fyftema naturæ , editio décima, *in-8°.* 2 *vol.*

Linn. mat. med........ Ejufdem fpecimen materiæ medicæ in regno animali. *Stockolmiæ ,* *in-8°.*

Linn. amœnit. acad.... Caroli Linnæi amœnitates Academicæ, feu differtationes variæ phyficæ , medicæ , botanicæ. *Holmiæ* & *Lipfiæ ,* 1749 , *in-8°.*

Lift.

Lift. aran. Lift. angl. }	Martini Lifteri Hiftoria animalium Angliæ, 1° de Araneis. 2°. De Cochleis tum terreftri- bus , tum fluviatilibus. 3°. De Cochleis marinis. *Londini* , 1 6 7 8 , *in*-4°.
Lift. append..........	Ejufdem Hiftoriæ pars pofterior.
Lift. goed............	Vid. Goed. lift.
Lift. mut.............	Tables d'infectes fans explications , du même Lifter , à la fin de fon édition latine de Goedart.
Merian. europ. Merian. inf. }	Mariæ Sibyllæ Merian, Erucarum ortus & para- doxa metamorphofis. *Amftel. in*-4°. 1730.
Merian. gall.........	Hiftoire des infectes de l'Europe de Mademoi- fellé Merian , traduite du Hollandois en François par Jean Marret. *Amfterdam*, 1730 , *in - fol.*
Merret. pin...........	Chrift. Merret Pinax rerum naturalium Britan- nicarum. *Londini*,1667 , *in*-8°.
Mouffet. inf..........	Thômæ Mouffeti theatrum infectorum. *Lon- dini* , 1 6 3 4 , *in-fol.*
Olear. muf...........	Adami Olearii Mufeum. germanice. *Slefwig* ; 1 6 6 6 , *in*-4°.
Paull. quadrip........	Simonis Paulli quadripartitum Botanicum. *Argentorati* , 1667 , *in*-4°.
Petiv. muf...........	Jacobi Petiver. Centuriæ mufæi petiveriani. *Lond.* 1 6 9 5 , *in*-4°.
Petiv. gazoph........	Ejufdem ; gazophylacii naturæ & artis Deca- des. *Lond.* 1702 , *in*-4°.
Raj. cantabrig........	Joan. Raij Catalogus plantarum circa Canta- brigiam nafcentium. *Cantabrigiæ* , 1660 , *in*-8°.
Raj. inf..............	Ejufdem Hiftoria infectorum. *Lond.* 1710 , *in*-4°.
Reaum. inf...........	Mémoires pour fervir à l'hiftoire des infectes, par M. de Reaumur. *Paris,* 1 7 3 4 , *in*-4°.
Rhed. exper.........	Francifci Rhedi Experimenta circa generatio- nem infectorum. *Amftelodami*, 1 6 7 1 , *in*-1 2.
Rhed. anim...........	Ejufdem animalia in animalibus vivis. *Floren- tiæ* , 1 6 8 4 , *in*-4°.
Rivin. differt.........	Augufti Quirini Rivini differtationes medicæ. *Lipfiæ*, 1 7 t0 , *in*-4°.
Robert. icon.........	Nicolai Robert fpecies florum variæ , tabulis æneis. *Parif. in-fol.*

Fin de la Table des Auteurs.

EXPLICATION

DES termes les moins familiers, qui se trouvent
dans cet Ouvrage.

A NTENNES. Les antennes font ces efpéces de petites cornes mobiles,
qui fe voyent à la tête de tous les infectes. Elles prennent différentes dénomi-
nations, fuivant leurs diverfes formes. Les unes font fimples, en filet ou
filiformes. D'autres font *en maffue* ou terminées par un bouton, les autres font
prifmatiques, quelques-unes *en peigne* ou barbues fur les côtés.

Antennules ou barbillons, font les efpéces de petites antennes qui accompagnent
les côtés de la bouche d'un grand nombre d'infectes.

Apteres : fans ailes. C'eſt le nom qu'on donne aux infectes qui n'ont point d'ailes,
comme le cloporte, la puce, &c.

Balanciers. On donne ce nom à des petits filets mobiles, terminés par un bouton, qui fe trouvent à l'origine des ailes des mouches & de tous les infectes
à deux ailes.

Barbillons. Voyez ci-deſſus *antennules*.

Chryfalide. C'eſt le fecond état, par lequel paffent les infectes à métamorphofes,
avant que de devenir infectes parfaits. On lui donne auffi le nom de
nymphe. Celle du ver-à-foie & de quelques chenilles s'appelle auffi
feve.

Coleopteres. Sont les infectes dont les ailes font recouvertes d'étuis durs &
écailleux, tels que les fcarabés, le hanneton, &c.

Corcelet. Partie du corps de l'infecte qui répond à la poitrine des grands
animaux.

Cuilleron. On appelle de ce nom une petite écaille blanche contournée,
repréfentant une efpéce de cuillier qui fe trouve fous l'origine des
ailes des mouches & de quelques autres infectes à deux ailes.

Dipteres. Sont les infectes qui n'ont que deux ailes.

Ecuffon. C'eſt une petite piéce triangulaire, qui fe trouve au haut de
la réunion des étuis des infectes coleopteres, à leur naiffance du
corcelet, ou d'étuis à moitié mols.

Elytres, étuis, fourreaux, font ces plaques dures & écailleufes, qui recouvrent les ailes des coleopteres ou infectes à étuis, comme on le voit
dans le hanneton.

Filiformes ou en filet, c'eſt le nom qu'on donne à toutes les antennes fimples,
qui reſſemblent à un fil ou filet.

Hemipteres. Infectes dont les ailes ne font recouvertes que de demi-étuis durs &
écailleux, ou d'étuis à moitié mols.

Hexapodes. Infectes qui ont fix pattes.

Larve On défigne par ce nom les infectes à métamorphofes, lorfqu'ils font
dans leur premier état au fortir de l'œuf. La chenille eſt la *larve du*
papillon.

Métamorphose ou changement. On appelle infectes à métamorphoses ceux qui changent de figure avant que d'être parfaits. Le papillon a d'abord été chenille, puis chryfalide; c'est donc un infecte à métamorphoses.

Mulets. Les mulets font des infectes qui n'ont aucun fexe. On en trouve dans quelques genres. Par exemple, les abeilles ouvrieres qui font le plus grand nombre de la ruche, n'ont point de fexe, ce font des mulets.

Nymphe. Voyez plus haut *Chryfalide.*

Stigmates. Les ftigmates font des ouvertures ordinairement ovales & reffemblant à des efpéces de boutonnieres, qui fe voyent fur les côtés des infectes, & par lefquelles ils refpirent.

Suture des étuis. C'eft cette efpéce de fillon que forme la réunion des fourreaux des coleopteres, tant entr'eux, qu'avec le corcelet.

Tarfe ou pied, eft la troifiéme & derniere partie de la patte d'un infecte, qui ordinairement eft compofée de plufieurs articles mobiles,

Teft. C'eft cette efpéce d'écaille ou croûte dure qui recouvre le corps de la plûpart des infectes.

Tetrapteres. Infectes à quatre aîles.

Zoologiftes. Auteurs qui ont traité l'hiftoire des animaux.

Fin de l'explication des termes.

HISTOIRE

HISTOIRE

A B R É G É E

DES INSECTES

QUI SE TROUVENT

AUX ENVIRONS DE PARIS.

TOUS les corps de la nature ont été rangés par les Physiciens sous trois chefs de divisions, auxquels ils ont donné le nom de Regnes : sçavoir le regne minéral, le regne végétal, & le regne animal. C'est à ces trois regnes que se rapportent toutes les substances simples & naturelles ; & chacun d'eux a été divisé en plusieurs grandes sections, que l'on a appellées classes. Le regne animal, celui auquel appartiennent les insectes, dont nous allons traiter, renferme six grandes classes : les quadrupedes, les oiseaux, les poissons, les amphibies, les insectes & les vers. Les insectes forment donc une classe particuliere du regne animal. Ce nom d'insectes, *insecta*, a été donné à ces petits animaux à cause de

Tome I.   A

la forme de leur corps, qui eſt compoſé de pluſieurs
ſections, ou parties jointes enſemble par des eſpeces
d'étranglemens, ou interſections ; & cette figure, qui
leur eſt eſſentielle, a ſervi à les dénommer. Parmi ces
inſectes, les uns ſont compoſés d'anneaux, ou de lames
écailleuſes, qui rentrent les unes ſous les autres, & ce
ſont ceux qu'on peut appeller *inſectes proprement dits*,
puiſque leur corps eſt réellement compoſé de pluſieurs
portions : les autres, qu'on pourroit appeller *inſectes
teſtacés*, n'ont point de pareils anneaux, mais ſont recouverts d'une eſpece de croute entiere, ferme, ſouvent aſſez dure, comme on le voit dans les crabes, les
araignées, &c. On remarque néanmoins, dans ces derniers, quelques interſections ou étranglemens ſemblables à ceux qui ſe rencontrent dans les autres inſectes.

Un caractere des animaux de cette claſſe, eſt donc d'a-
voir leur corps diviſé, & comme ſéparé en pluſieurs parties, par des étranglemens minces. Mais ce caractere n'eſt
pas unique, il en eſt un autre qui n'eſt pas moins eſſentiel dans les inſectes, & qui eſt conſtant dans tous, c'eſt
d'avoir à la tête ces eſpeces de cornes mobiles, compoſées de pluſieurs pieces articulées enſemble, plus ou
moins nombreuſes, que les Naturaliſtes ont appellées les
antennes. Ces antennes varient infiniment pour la grandeur & pour la forme. Leurs figures nous ſerviront beaucoup à déterminer les différens genres. Mais quelque variée que ſoit leur conformation, elles ne manquent dans
aucun inſecte, & les inſectes ſont les ſeuls animaux, dans
leſquels on les obſerve. C'eſt par ce caractere que la
claſſe des vers peut aiſément ſe diſtinguer de celle des
inſectes, dont elle paroît approcher. Quelqu'un qui n'a
aucune idée de l'Hiſtoire naturelle, peut facilement parvenir à connoître ces antennes, en examinant quelque
papillon ; il verra que la tête de cet inſecte eſt ornée de
deux filets mobiles, aſſez longs, plus gros à leur extrémité : ce ſont-là les antennes du papillon.

CHAPITRE PREMIER.

Description générale des Insectes.

LES insectes, dont nous venons de donner le caractere essentiel, sont tous composés de trois parties principales, la tête, le corcelet, *thorax*, qui répond à la poitrine des autres animaux, & le ventre.

C'est à la *tête*, comme nous l'avons dit, que se trouvent les *antennes*, ordinairement au nombre de deux, une de chaque côté, dans quelques-uns au nombre de quatre, comme on le voit dans l'aselle, qui est une espece d'insecte aquatique semblable au cloporte : nous ne déterminerons pas ici l'usage de cette partie, qui se trouve constamment dans tous les insectes. D'autres Naturalistes, plus habiles que nous, n'ont pû parvenir à le découvrir. Peut-être pourroit-on soupçonner que les insectes s'en servent comme de mains pour tâter & examiner les corps. Lorsque ces petits animaux marchent, ils étendent leurs antennes en avant, les font mouvoir presque continuellement, & semblent, avec cette partie, sonder le terrein & toucher les différens corps qui les environnent.

Outre les antennes, on remarque à la tête des insectes plusieurs parties considérables. Celles qui frappent le plus sont *les yeux*. Quelques insectes, semblables aux cyclopes de la Fable, n'ont qu'un œil, ou s'ils en ont réellement deux, ils sont tellement proches & confondus ensemble, qu'ils paroissent n'en former qu'un seul. C'est ce que l'on verra dans le genre des monocles. La plûpart des insectes en ont deux, un de chaque côté de la tête ; d'autres en ont davantage : on compte sur les araignées jusqu'à huit yeux, qui varient pour la position.

A ij

Dans prefque tous les infectes, ces yeux font durs, convexes, compofés d'une efpece de cornée qui paroît liffe :
mais fi on les regarde de près avec une loupe, on voit
que cette cornée eft divifée en une infinité de petites
facettes, qui forment un joli réfeau *. Cette conformation eft très-utile, & même néceffaire à l'infecte. Ses
yeux font immobiles, il ne peut les tourner & les di-
riger vers les objets. S'ils euffent reffemblé aux yeux
des quadrupedes, beaucoup d'objets extérieurs auroient
échappé à la vûe de l'infecte. Au moyen de ce nombre
prodigieux de facettes, qui forment le refeau de fa cornée, les objets font réfléchis de tous côtés, il les peut
voir dans tous les fens. Bien plus, chaque œil vaut plufieurs centaines d'yeux, il répete & multiplie les objets
une infinité de fois, de même que ces verres taillés à
facettes, à travers lefquels on apperçoit l'objet que l'on
regarde autant de fois multiplié, qu'il y a de facettes différentes dans le verre. Peut-être fera-t-on porté à croire
que cette multiplicité doit nuire à la vûe de l'animal ;
que les objets, au lieu de lui paroître fimples, doivent
être centuplés à fes yeux. Mais il peut fort bien fe faire
que l'infecte, malgré cette conformation, voye les chofes telles qu'elles font dans l'état naturel. Nous avons
deux yeux, deux nerfs optiques qui y répondent ; cependant les différens corps ne nous paroiffent pas doubles.
Il en eft de même de l'infecte ; il a des centaines, des
milliers d'yeux, & ce nouvel argus peut ne voir qu'un
feul & fimple objet, feulement il le verra mieux & plus
diftinctement, de même, qu'en général, nous voyons
mieux avec nos deux yeux, qu'avec un feul. Il paroît
même que c'eft à ce deffein que la nature a donné ces
yeux à refeau aux infectes, puifqu'on ne les obferve que

---

* Le nombre de ces facettes eft fouvent prodigieux. Lewenhoeck en a
compté fur la cornée d'un fcarabé 3181, & fur celle d'une mouche 8000.
M. Puget a été plus loin, & affure en avoir diftingué 17325 fur l'œil d'un
papillon.

dans ceux qui ont deux yeux ; au lieu que les infectes qui en ont davantage, comme les araignées, paroiffent les avoir tout-à-fait liffes & fans aucun veftige de refeau fur la cornée, du moins n'en ai-je point obfervé. Ainfi ces derniers qui femblent mieux partagés de ce côté, ne le font réellement pas.

Mais il y a plufieurs infectes auxquels la nature paroît avoir prodigué l'organe de la vûe : de ce nombre font les mouches & beaucoup d'infectes à deux aîles, les guêpes, les abeilles & la plûpart des infectes à quatre aîles nues, les cigales & quelques autres de cette fection. Dans ces animaux, on voit fur la partie poftérieure de la tête, entre les deux grands yeux à refeau, de petits points élevés, liffes, au nombre de deux dans quelques-uns, & de trois dans la plûpart, qui reffemblent tout-à-fait à des yeux. Auffi plufieurs Naturaliftes les regardent-ils comme de véritables yeux, qui ne diffèrent des grands, qu'en ce qu'ils ne font point taillés à facettes, & M. de la Hire, qui les a découverts le premier, s'étoit même imaginé qu'ils étoient les feuls & les véritables yeux de l'infecte : ces efpeces d'yeux ne fe trouvent dans aucun infecte à étui, & manquent dans un grand nombre d'autres. Dans l'impoffibilité où nous fommes de décider fi ce font de véritables yeux, & s'ils fervent réellement à la vûe, nous avons fuivi la conjecture de plufieurs Auteurs, qui paroît au moins probable, & nous leur avons confervé le nom de *petits yeux liffes*.

Après les yeux vient *la bouche* de l'infecte, qui eft encore une partie confidérable de la tête. Cette bouche eft conftruite d'une maniere très-différente, fuivant les différens infectes ; auffi nous fert-elle de caractere dans plufieurs. Les uns ont une bouche armée de fortes *machoires* qui leur fervent à broyer & déchirer les matieres dont ils fe nourriffent ; d'autres ont une *trompe* tantôt mobile, tantôt immobile, avec laquelle ils pompent les fucs, qui leur fervent de nourriture : enfin quelques-uns paroiffent ne pouvoir prendre aucun aliment, ils n'ont qu'une trompe fi courte, qu'elle ne peut être d'aucun ufage, telle eft celle de quelques phalênes, ou bien ils n'en ont point du tout, & l'endroit de la bouche n'eft marqué que par une fente légere & fort petite, comme dans les oeftres. Ces animaux ne peuvent avec cet organe prendre de nourriture, & du refte ils n'en ont pas befoin. Lorfque ces infectes font devenus animaux parfaits, lorfqu'ils ont achevé leurs métamorphofes, lorfqu'un papillon, par exemple, après avoir vécu fous la forme de chenille, & après avoir paffé par l'état de chryfalide, eft forti de fa coque, & eft devenu animal parfait, il ne lui refte plus que de travailler à la propagation de fon efpece, il n'a plus à croître ni à groffir, & l'acte de la génération eft fouvent fini en fi peu de temps, que l'infecte n'a pas befoin fous cette derniere forme de prendre d'alimens. Bien des papillons, après être fortis de leurs coques, s'accouplent, pondent leurs œufs, & périffent peu après, fans avoir fucé une feule goutte de liqueur. Il n'eft donc pas étonnant que plufieurs infectes, fous leur derniere forme, n'ayent point de bouche, ou du moins n'ayent qu'une bouche inutile. La nature n'en a pourvû que ceux qui font plus long-temps à faire leur ponte, ou qui doivent fubfifter encore quelque temps après l'avoir faite.

Outre les machoires & la trompe, la bouche des infectes a fouvent une autre partie facile à remarquer. Ce font des appendices, comme des efpeces de petites antennes, au nombre de deux ou de quatre, qui accompagnent la bouche de plufieurs infectes. Les Naturaliftes leur ont donné le nom d'*antennules*, qui leur convient affez. Ces antennules font ordinairement beaucoup plus petites que les antennes, quoiqu'elles fe trouvent plus grandes dans le genre des coccinelles. Elles font compofées de trois ou quatre articulations ou anneaux, au lieu que les antennes en ont ordinairement davantage.

Enfin, elles font placées au-deſſous & aux côtés de la bouche. Leur uſage paroît être de ſervir comme d'eſpeces de mains, pour retenir les matieres que mange l'inſecte & qu'il tient à ſa bouche.

La ſeconde partie du corps de l'inſecte, celle qui vient après la tête, eſt *le corcelet*. Cette partie répond à la poitrine des grands animaux, elle tient à la tête par devant, & par derriere au ventre, par le moyen d'un étranglement ſouvent fort étroit. C'eſt au corcelet que ſont attachées les pattes ou une partie des pattes de l'inſecte. C'eſt encore au corcelet que tiennent les aîles, & les fourreaux des aîles dans les inſectes aîlés. Enfin on voit ſur ce même corcelet quelques-uns des organes qui ſervent à la reſpiration de l'animal. Examinons maintenant ces parties plus en détail.

On peut diviſer le corcelet en partie poſtérieure ou dos, & en partie antérieure. *Les aîles* des inſectes, qui en ſont pourvûs, tiennent au dos, à la partie poſtérieure du corcelet. Parmi ces inſectes, pluſieurs ont quatre aîles, deux de chaque côté, tantôt égales en grandeur comme dans les demoiſelles, tantôt inégales comme dans les abeilles, les guêpes & beaucoup d'autres, qui ont les deux aîles ſupérieures plus grandes, & deux autres plus petites poſées en-deſſous. La forme & la ſtructure de ces aîles varient auſſi infiniment. Les unes ſont formées d'une eſpece de lame tranſparente, liſſe, avec quelques nervures, comme celles des abeilles : d'autres ſont chargées d'une infinité de nervures, qui en forment une eſpece de reſeau, comme celles des demoiſelles, du fourmilion, &c.; quelques-unes ſont parſemées de taches, d'autres n'en ont point. Mais toutes ces eſpeces d'aîles ſont nues & tranſparentes. Il y a, au contraire, d'autres inſectes, tels que les papillons & les phalênes, dont les aîles ſont chargées des deux côtés d'une eſpece de pouſſiere colorée, qui ſe détache de l'aîle, & s'attache aux doigts lorſqu'on y touche. Cette pouſſiere vûe au microfcope n'eft rien moins qu'une efpece de farine, comme elle le paroît à la vûe. Ce font des écailles pointues par le bout où elles font attachées à l'aîle, plus larges & dentelées à l'autre extrémité. Quelques Naturaliftes les ont improprement nommées des plumes. Ces écailles étant enlevées des deux côtés, l'aîle du papillon refte tranfparente, & eft feulement entrecoupée par des nervures affez fortes. Mais fi on regarde à la loupe cette aîle ainfi dépouillée, on apperçoit des fillons rangés régulièrement, dans lefquels étoient implantées les écailles, pofées par bandes les unes fur les autres, à peu près comme les rangées de tuiles fur un toit fe recouvrent mutuellement. Ce font ces écailles colorées qui enrichiffent les aîles des papillons de couleurs fi belles & fi éclatantes. D'autres infectes n'ont que deux aîles au lieu de quatre; tels font les mouches, les coufins, les tipules, &c. ces aîles font nues, tranfparentes, & ont feulement quelques nervures. On voit cependant fur les aîles des coufins quelques écailles femblables à celles des aîles des papillons, rangées feulement à côté des nervures; mais pour les appercevoir on a befoin d'une loupe un peu forte. Ces infectes, qui n'ont que deux aîles, femblent en avoir été dédommagés par une petite partie, qui leur eft propre & effentielle, & qui femble tenir lieu des deux autres aîles qui leur manquent. C'eft une efpece de petit *balancier*, un filet mince & court, terminé par une boule ou bouton arrondi, qui fe trouve de chaque côté du corcelet fous l'attache de l'aîle. Ce balancier fe peut voir dans les mouches, où cependant il eft un peu caché par une efpece d'appendice ou de cueilleron femblable à un commencement d'aîle tronquée, qui fe trouve dans ces infectes : mais on voit très-bien & très-diftinctement ces balanciers dans les grandes efpeces de tipules. Leur ufage feroit-il véritablement de fervir de contrepoids à ces infectes, lorfqu'ils volent, à peu près comme nos danfeurs de corde fe fervent d'un long bâton

avec

avec des poids aux deux bouts ? C'eſt ce que la petiteſſe de ces parties nous empêche de penſer. Ce qu'il y a de certain, c'eſt que ces balanciers ſont très-mobiles, & que les inſectes les font mouvoir fort agilement, lorſqu'ils volent.

C'eſt auſſi au corcelet que tiennent les aîles fortes & nerveuſes des inſectes à étuis, ainſi que les fourreaux écailleux & durs qui recouvrent ces aîles, & qui ſont articulés avec le corcelet ferme & ſolide de ces inſectes. Mais avant que de quitter les aîles, il nous reſte à dire un mot de leur ſtructure, qui eſt des plus admirables. Ces aîles ſi minces dans la plûpart des inſectes, & qui ſont auſſi tranſparentes que l'eau, ſont cependant compoſées de deux lames fines, entre leſquelles rampent les nervures, qui portent la nourriture, l'action, & la vie à cette partie. Il ne ſeroit pas poſſible de ſéparer ces deux lames minces, qui ſont ſi fortement & ſi intimement appliquées l'une contre l'autre, quelque dextérité que l'on employât ; & l'on ne pourroit connoître cette ſtructure particuliere des aîles, ſi le hazard ne la découvroit quelquefois. Lorſque les inſectes ſortent de leurs coques, toutes leurs parties ſont molles & comme abreuvées de liqueur, elles ont beſoin de s'étendre peu à peu & de ſe ſécher ; c'eſt ce qui ſe fait aſſez vîte. Les aîles ſont dans le même cas que les autres parties : repliées & comme chifonnées dans la coque, elles ſe déployent, s'étendent & ſe ſéchent par degrés. Pendant que cette action ſe paſſe, quelquefois il s'épanche de l'air dans le tiſſu mince qui eſt entre les deux lames des aîles. Cet air les tient écartées : l'aîle reſte épaiſſe, groſſe, difforme & véritablement emphyſematique. Cet état de maladie nous fait appercevoir toute la ſtructure intérieure de l'aîle. L'air a été fourni en trop grande abondance par les vaiſſeaux aëriens, qui ſont le long des nervures, & qui accompagnent les nerfs & les vaiſſeaux nourriſſiers.

Nous avons dit que *les pattes*, ou du moins une partie des pattes étoit attachée à la partie antérieure du corcelet.

Tome I. B

Pour concevoir cette différence, il faut faire attention que le nombre des pattes n'est pas le même dans tous les insectes : beaucoup en ont six, d'autres huit comme les araignées & les tiques ; dans quelques-uns il y en a dix, comme on le voit dans les crabes ; enfin certains insectes sont pourvus d'un beaucoup plus grand nombre de pattes : on en compte seize dans les cloportes, & certaines espéces de scolopendres & d'iules en ont jusqu'à soixante & dix & cent vingt de chaque côté. Parmi ces insectes, tous ceux qui n'ont que six, huit, ou dix pattes, les portent attachées au corcelet ; mais dans ceux où il y en a davantage, une partie de ces pattes tire son origine du corcelet, & les autres naissent des anneaux du ventre. Dans ces derniers, les pattes qui se trouvent le long de leur corps, ne pouvoient pas toutes partir du corcelet.

Ces pattes sont ordinairement composées de trois parties ; la premiere qui naît du corcelet ou du corps, est ordinairement la plus grosse, on peut l'appeller *la cuisse* ; la seconde est jointe à celle-ci, & est assez souvent plus gresle & plus longue ; nous l'appellerons *la jambe* : enfin après cette partie, vient la troisiéme, qui termine la patte, & qui elle-même est composée de plusieurs petits anneaux articulés les uns avec les autres, & que l'on peut appeller *le tarse* ou le pied. Ces anneaux varient pour le nombre, suivant les différens insectes ; on en trouve dont les tarses ont depuis deux, jusqu'à cinq parties, & quelquefois davantage. Ce nombre d'anneaux souvent considérable, sert à multiplier les mouvemens de la patte de l'insecte, à peu près comme le grand nombre d'os, qui composent le tarse des pieds des grands animaux. Enfin le pied de l'insecte est terminé par deux, quatre & quelquefois six petites griffes crochues & fort aigues, qui servent à cramponer l'animal, & qui tiennent au dernier anneau du tarse. Souvent, outre ces griffes ou ongles, le dessous des articulations du pied de l'insecte est encore garni en tout ou en partie de petites brosses ou pelottes spongieuses, qui s'appliquant intimement contre la surface des corps les plus liffes & les plus polis, fervent à foutenir l'infecte dans des pofitions, où il paroîtroit devoir tomber. C'eft ce que l'on voit tous les jours dans les appartemens où les mouches montent aifément le long d'une glace & s'y foutiennent. Toutes ces parties des pattes de l'infecte font articulées enfemble, de façon qu'elles fe meuvent aifément; mais le mouvement qu'elles exécutent n'eft pas toujours le même. En général, la cuiffe dans l'endroit où elle eft articulée avec le corps, fait dans la plûpart des infectes le mouvement de genou ou de pivot, fe remuant en tout fens. Cette action eft aidée par une efpéce de piéce intermédiaire fouvent arrondie, qui fe trouve à l'origine de la cuiffe, & dont la tête eft reçue dans la cavité de l'articulation. Cependant dans quelques infectes, comme les dytiques, la cuiffe ne peut exercer que le mouvement de charniere, celui de flexion & d'extenfion, étant retenue par des efpéces d'appendices ou de lames dures : l'articulation de la jambe avec la cuiffe ne peut faire non plus que le mouvement de charniere dans prefque tous les infectes.

Les ftigmates, qui nous reftent à examiner dans le corcelet, font des ouvertures oblongues, ou ovales, en forme d'efpéces de boutonnieres, par lefquelles l'infecte refpire l'air extérieur. Ces ftigmates ne font pas propres & particuliers au corcelet; au contraire, il y en a moins dans cette partie, que fur le ventre, dont prefque tous les anneaux en portent chacun deux, un de chaque côté latéralement; au lieu que le corcelet n'a que deux ou quatre ftigmates. On en voit diftinctement quatre, deux de chaque côté, un plus haut, l'autre plus bas, dans les infectes à deux & à quatre aîles nues; il y en a pareil nombre dans les papillons, dont les poils ne les laiffent pas appercevoir aifément; dans les infectes à étuis, on ne trouve que deux ftigmates fur le corcelet, un de chaque côté. Nous parlerons bientôt des ftigmates qui fe voyent

fur les anneaux du ventre , en examinant cette partie.
Peut-être fera-t-on furpris que le corcelet ait beaucoup
moins de ftigmates que le ventre, d'autant que cette partie
répondant à la poitrine des grands animaux, fembleroit
devoir contenir feule les organes de la refpiration : mais on
n'en fera plus étonné , lorfqu'on aura examiné la ftructure
intérieure de l'infecte , & qu'on aura vû que fes poumons
différent infiniment de ceux des autres animaux. Les
poumons des infectes ne font que de longs tuyaux blancs ,
des efpéces de longues trachées , qui à droite & à gauche
parcourent prefque toute la longueur de leurs corps : de
ces trachées partent de diftance en diftance des ramifica-
tions , qui vont aboutir aux ftigmates pour y pomper l'air ,
que d'autres divifions de vaiffeaux très-fins portent &
diftribuent par tout le corps de l'infecte. Il n'eft pas poffible de fe tromper fur l'ufage de ces trachées & de ces
ftigmates ; une expérience fort aifée démontre leur ufage.
Qu'on bouche exactement chacun de ces ftigmates avec
une goutte d'huile , par le moyen d'un pinceau , l'infecte
qui ne peut fe paffer d'air , ainfi que les plus grands animaux , entre en convulfion & périt bientôt : fi l'on ne bouche les ftigmates que d'un côté du corps , ce côté devient
paralytique. Nous n'entrerons pas dans un plus grand
détail fur les trachées & les ftigmates des infectes , n'ayant
pas deffein de toucher à la defcription anatomique de ces
petits animaux , qu'on peut voir en détail dans les Ouvrages de Swammerdam , Malpighi & Valifnieri. Notre
plan n'eft que de décrire leurs parties extérieures & leur
genre de vie , ainfi nous paffons à l'examen de la troifiéme & derniere partie du corps de l'infecte , qui eft fon
ventre.

Le ventre dans les infectes proprement dits , eft compofé
de plufieurs anneaux ou demi-anneaux , enchaffés les uns
dans les autres , par le moyen defquels il peut s'étendre , fe
raccourcir , & fe porter en différens fens. Dans les infectes
teftacés , comme les tiques , les poux , les araignées &

d'autres infectes fans aîles, on ne voit point de femblables anneaux, leur ventre paroît formé d'une feule piéce. Les crabes font aufii dans le même cas, mais au moins ils ont une queue compofée d'anneaux. Ce ventre tient antérieurement au corcelet ; fouvent il n'y eft attaché que par un filet fort mince. En général, il eft plus gros dans les femelles, que dans les mâles, ce qui n'eft pas étonnant, puifque dans celles-là il doit contenir une quantité confidérable d'œufs.

C'eft ordinairement à l'extrémité du ventre que l'on trouve *les parties de la génération* des infectes. Quelques-uns cependant, comme les mâles des demoifelles, les ont à la partie fupérieure du ventre, & les mâles des araignées, encore plus finguliers, les portent à la tête. Nous examinerons ces parties plus en détail dans le Chapitre fuivant.

Le ventre, a, comme nous l'avons dit, plufieurs ftigmates. On en obferve deux fur chaque anneau, un de chaque côté, excepté fur les derniers anneaux.

Enfin, c'eft aufii à la partie poftérieure du ventre, que plufieurs infectes portent *les aiguillons* dont ils font armés. Ces aiguillons, qui partent de deffous le dernier anneau, font de différentes formes & d'un ufage différent : les uns font aigus & pointus, les autres font faits en une efpéce de fcie, d'autres en tariere ; il y en a qui ne fervent à l'infecte qu'à fe défendre & à bleffer fes ennemis, d'autres au contraire ne peuvent nuire, leur ufage eft feulement de percer les endroits où les infectes dépofent leurs œufs.

CHAPITRE II.

De la génération des Insectes.

LES anciens Philosophes s'étoient imaginés que les insectes naissoient de la pourriture, & que des corps organisés, vivans & aussi bien composés, devoient leur existence à une espéce de hazard. Cette erreur transmise d'âge en âge & soutenue par de grands Naturalistes, a duré jusques dans le dernier siécle. Rhedi, l'un des plus habiles observateurs qu'ait produit l'Italie, fut un des premiers qui fit voir l'absurdité de cette opinion, & le démontra par des expériences incontestables : il prouva que tous les insectes naissoient, comme les autres animaux, d'autres insectes de même espéce, fécondés par un accouplement qui avoit précédé.

La génération des insectes est donc semblable à celle des autres êtres animés : ils s'accouplent, ils sont distingués par le sexe, & tous les individus parmi ces petits animaux sont ou mâles ou femelles ; il faut cependant en excepter quelques genres d'insectes, tels que les abeilles, les fourmis &c. dans lesquels outre les individus mâles & femelles, il y en a encore d'autres en plus grand nombre qui n'ont aucun sexe, & que plusieurs Naturalistes ont appellés les *mulets*, parce qu'ils ne sont pas propres à la génération : mais ces espéces de mulets proviennent eux-mêmes des mâles & des femelles du même genre qui se sont accouplés, ainsi ils rentrent dans la régle générale que nous avons établie.

On peut donc assurer que tous les insectes sont ou mâles, ou femelles, ou enfin mulets, ce qui ne se rencontre que dans quelques genres ; & que l'action réciproque du mâle & de la femelle, est nécessaire pour la production de nouveaux individus.

Les parties qui diſtinguent les mâles d'avec les femelles, ſont de deux ſortes : les unes n'ont point de rapport à la génération, & les autres ſont abſolument néceſſaires pour la produire. Parmi celles ci, les unes ſont extérieures & les autres ſont intérieures ; nous ne décrirons que les premieres, ne voulant point entrer dans le détail anatomique des inſectes.

En général, quelqu'un qui connoît un peu les inſectes, diſtingue ſouvent à la premiere vûe, un mâle d'avec une femelle, par pluſieurs marques extérieures qui ne dépendent point des parties du ſexe & n'y ont aucun rapport. Premiérement la groſſeur du corps & particuliérement celle du ventre eſt différente. Dans les grands animaux les mâles ſont aſſez ordinairement plus gros que leurs femelles ; dans les inſectes c'eſt tout le contraire, les mâles ſont preſque toujours plus petits : il y a même certains mâles qui ſont d'une petiteſſe énorme par rapport à leurs femelles. J'ai vû des fourmis accouplées, dont le mâle étoit ſi petit qu'il ne faiſoit pas la ſixiéme partie de la groſſeur de ſa femelle ; il eſt de même des cochenilles & des kermès ; la femelle eſt aſſez groſſe, tandis que le mâle reſſemble à un très-petit moucheron, qui court & ſe promene ſur le corps immobile de ſa femelle, comme ſur un vaſte champ. La diſproportion n'eſt pas à beaucoup près ſi grande dans beaucoup d'autres inſectes, mais au moins les femelles ont le ventre beaucoup plus gros que leurs mâles, ce qui étoit néceſſaire, puiſqu'il doit être capable de contenir une quantité prodigieuſe d'œufs. Une autre différence ſouvent aſſez notable dans les inſectes de différens ſexes, conſiſte dans la forme & la grandeur de leurs antennes ; elles ſont ordinairement plus grandes dans les mâles : qu'on examine un hanneton mâle, & ſa femelle ; celle-ci a les feuillets qui terminent ſes antennes, courts & petits, tandis que le mâle les a grands & apparens : la même choſe s'obſerve dans preſque tous les inſectes à étuis, mais dans beaucoup d'autres genres, il y a une autre différence

encore plus fenfible dans les antennes : c'eft particuliérement dans certaines phalênes, plufieurs tipules & quelques
autres infeães, dont les antennes font barbues comme les
côtés d'une plume, qu'on peut obferver cette différence :
leurs mâles ont leurs antennes à plumes ou à barbes grandes, larges & belles, imitans une efpéce de panache, tandis que celles des femelles ont des barbes fi étroites, que
fouvent même elles ne paroiffent pas, & qu'on les croiroit
compofées d'un feul & fimple filet.

Une troifiéme différence de certains infeães mâles &
femelles, dépend des cornes ou appendices de la tête, ou
du corcelet ; par exemple le fcarabé, appellé moine ou capucin, le boufier qui lui reffemble, & d'autres infeães
femblables, ont des cornes, ou à la tête, ou au corcelet,
qui ne fe trouvent que dans les mâles, & qui manquent
abfolument aux femelles : c'eft à peu près comme les cornes des beliers que la nature a refufées aux brebis. On voit
dans le petit comme dans le grand, que les mâles des
animaux ont reçu plufieurs parties qui leur fervent, ou de
parure, ou de défenfe, tandis que les femelles en font
privées.

C'eft ce qu'on obferve encore par rapport à une quatriéme différence, qui fe remarque entre certains infeães
mâles & femelles : cette derniere confifte dans les aîles,
qui manquent à plufieurs femelles, tandis que les mâles
en font pourvûs. Dans la plûpart des feães d'infeães, on
peut obferver quelques efpéces qui font dans ce cas.
Parmi les infeães à étuis, le vers luifant femelle n'a ni
aîles ni étuis, les uns ni les autres ne manquent point à fon
mâle : les hemipteres ou infeães à demi étuis nous, offrent
un pareil exemple dans les kermès & les cochenilles.
Il en eft de même des infeães à aîles couvertes d'écailles :
quelques phalênes ont des femelles qui n'ont point d'aîles,
ou qui n'en ont tout au plus que des moignons informes,
comme la phalêne de la chenille à broffe & quelques
autres ; quelques ichneumons dans la feãion des infeães à

quatre

quatre aîles nues, ont des femelles fans aîles, qui reffemblent à des mulets de fourmis à la premiere vûe : il n'y
a guères que parmi les infectes à deux aîles, qu'on ne
remarque aucune efpéce où cette différence fe trouve.

Mais toutes ces différences ne font point effentielles à la
génération, elles ne fe rencontrent que dans un certain
nombre d'efpéces : la véritable diftinction des mâles d'a-
vec les femelles, confifte dans les parties du fexe. Ces
parties font, comme nous l'avons dit, affez ordinairement
placées à l'extrémité du ventre : dans la plûpart des infectes mâles, fi l'on preffe le ventre, on fait fortir par l'ouverture qui eft à fon extrémité deux efpéces de crochets fouvent bruns, affez durs, & en preffant encore plus fort par
gradation, ces deux crochets s'entrouvrent, & on voit
paroître entr'eux une partie oblongue, qui eft la véritable
partie du mâle : les crochets fervent à l'infecte à s'accrocher & à fe cramponer après fa femelle, & lorfqu'une fois
il l'a faifie, la véritable partie néceffaire à la génération fait
fon office : dans l'état ordinaire ces parties paroiffent peu,
il faut comprimer le ventre pour les découvrir ; mais
lorfque le mâle preffé par des mouvemens amoureux,
veut careffer fa femelle, il pouffe lui-même au dehors ces
parties, qui font enflées & tendues.

Il en eft de même de la femelle, dont les organes font
cachés dans l'intérieur du ventre : lorfqu'on le preffe, on
ne voit point fortir les deux crochets qui s'apperçoivent
dans le mâle, on ne fait paroître tout au plus qu'une
efpéce de canal ou conduit, qui lui fert comme de vagin,
dans lequel le membre du mâle s'introduit, & par lequel
les œufs fortent, lorfqu'ils font dépofés dans le tems de
la ponte.

Telles font les parties du fexe qui fe voyent au-dehors
& par lefquelles on peut aïfément reconnoître les infectes mâles & les femelles.

Dès que l'on voit, en comprimant le ventre, deux crochets avec une efpéce de membre au milieu, on peut

Tome I. C

affurer que cet infecte eft un mâle ; fi au contraire il ne fort
rien , ou qu'il n'y ait qu'un fimple conduit , c'eft une
femelle. Nous n'entrons point dans le détail des parties
intérieures beaucoup plus nombreufes & plus admirables.
On peut confulter fur cet article Swammerdam , Malpighi & d'autres , qui ont traité à fond l'anatomie des infectes. Pour nous , nous ne décrivons que leur figure extérieure , leur vie , leurs mœurs : nous nous bornons à écrire leur
hiftoire , & un Hiftorien n'eft pas obligé de donner une
defcription anatomique des peuples dont il parle.

Les parties que nous venons de décrire , fe trouvent
dans tous les infectes , excepté dans les mulets de certains
genres , qui n'ont point de fexe. Ces derniers font inutiles
pour la propagation de l'efpéce. Quant aux autres , un
de leurs premiers foins eft de la multiplier , en s'accou-
plant mutuellement : cet accouplement s'opére au moyen
des crochets dont le mâle eft pourvû affez ordinairement :
le mâle comme le plus lafcif , monte amoureufement fur
la femelle , l'agace , va & vient autour d'elle ; celle-ci
commençant à participer aux mouvemens qui agitent le
mâle , étend fon ventre , entr'ouvre la fente qui eft à l'extrémité , en fait fortir le canal de la matrice , que le mâle
faifit avec fes crochets : pour lors le refte de l'accouplement eft aifé , il confifte dans l'introduction de la partie
mâle. Dans quelques infectes cet accouplement eft long ,
ils reftent quelquefois des journées entieres unis enfemble ; ils marchent , ils volent même dans cette attitude ,
fans que le mâle lâche la femelle , comme on le voit tous
les jours dans les papillons blancs des jardins ; dans d'autres , comme les mouches , il eft plus court ; fouvent ces
accouplemens ne font pas uniques ; un mâle a-t-il quitté
une femelle , quelquefois un autre la reprend & l'attaque
de nouveau. Certains infectes même qui ne font pas leur
ponte tout de fuite , s'accouplent dans l'intervalle de
chaque ponte.

Outre cette maniere de s'accoupler , qui eft la plus

commune parmi les infectes ; il y en a encore quelques
autres, que pratiquent certains genres d'infectes, dont
quelques-unes paroiffent fort finguliéres & dépendent de
la pofition & de la fituation des parties du fexe. Nous verrons par exemple dans la fuite en parlant des demoifelles,
que leur mâle a les crochets fitués à l'extrémité du ventre
comme la plûpart des infectes, mais que la partie la plus
néceffaire à la génération eft placée à l'origine de ce même
ventre proche le corcelet, tandis que fa femelle a l'orifice
du vagin vers la queue. Cette conftruction rend l'accouplement fort différent : le mâle fe fert à la vérité de fes
crochets pour faifir la femelle, mais il ne la prend point à
la queue, jamais il ne pourroit faire parvenir à cet endroit
le haut de fon ventre où eft la partie de fon fexe ; il accro-
che la tête de la femelle, il la faifit au col avec l'extrémité de fa queue, mais lorfqu'il la tient ainfi, il n'en
paroît pas plus avancé ; il femble que l'accouplement
ne pourra jamais fe faire, & réellement il ne fe feroit
point, fi la femelle ne faifoit le refte de l'ouvrage : celle-ci
ainfi ferrée & fatiguée par le mâle qui ne la quitte point, &
peut-être charmée de fe voir ainfi prevenue, condefcent à
fes défirs : elle recourbe en devant fon ventre qui eft fort
long & en fait parvenir l'extrémité jufqu'au deffous du
corcelet du mâle, à l'endroit où fe trouvent fes parties :
pour lors l'accouplement eft parfait. La femelle refte ac-
crochée par un double lien : fa tête eft prife par l'extrémité du ventre du mâle, tandis que fa queue eft unie
à l'origine de ce même ventre ; elle forme une efpéce de
cercle. Il en eft de même des araignées dont l'accouplement a fait jufqu'ici un point d'hiftoire naturelle difficile
à connoître. Ces infectes portent leurs parties mâles à la
tête & leurs femelles les ont fous le ventre : ce font donc,
dans leurs accouplemens, ces efpéces de bras des mâles
qui vont chercher la partie des femelles. Nous expliquerons cet article plus en détail, en traitant les genres des
infectes en particulier.

C ij

Lorfque l'accouplement eft accompli , fouvent les mâles des infeêtes périffent très-peu de tems après ; ils font
épuifés & languiffans : la nature ne les avoit deftinés qu'à
féconder leurs femelles ; dès qu'elle a pourvû à la propagation de l'efpéce , ces mâles deviennent inutiles ; il n'en
eft pas de même des femelles , elles vivent affez ordinairement un peu plus que leurs mâles ; il faut qu'elles faffent
leur ponte , mais lorfqu'elle eft faite , elles périffent auffi
bientôt.

Cette ponte dans la plûpart des infeêtes , confifte à dépofer leurs œufs. Je dis dans la plûpart des infeêtes , car il
y en a quelques-uns , qui ne font pas des œufs , mais des
petits tous vivans : ces infeêtes font vivipares. Cette différence paroît d'abord affez finguliere. Toute la claffe des
animaux quadrupedes eft vivipare , ces animaux font tous
des petits femblables à eux & vivans : les oifeaux au contraire font tous ovipares , tous pondent des œufs & aucun
ne fait des petits vivans. Il fembleroit donc que la nature
devroit être uniforme dans les autres claffes d'animaux ;
mais c'eft tout le contraire : parmi les poiffons, le grand
nombre fait des œufs , mais quelques-uns font des petits ,
tels que tous les poiffons qui approchent des baleines. Il
eft vrai que ce genre de poiffons tient beaucoup des quadrupedes , qu'il en a tous les caraêteres , enforte qu'il n'eft
pas étonnant qu'il leur reffemble en cet article comme
dans beaucoup d'autres. Mais fi nous fuivons les autres
claffes , nous verrons que dans toutes il y a des animaux
qui mettent leurs petits au monde de l'une & de l'autre
façon ; que dans toutes il y a des animaux ovipares &
vivipares ; & pour commencer par les reptiles ou amphibies , la plûpart font des œufs , mais la vipere eft vivipare ,
& c'eft pour cette raifon qu'on lui a donné le nom de
vipere. Les vers font une claffe compofée d'animaux prefque tous ovipares , quelques-uns néanmoins font vivipares tels que la came des rivieres , une coquille turbinée ,
qui porte le nom de vivipare , & quelques autres.

Les infectes ne font donc pas les feuls animaux qui renferment dans leur claffe des efpéces ovipares & d'autres vivipares. Il eft vrai que les dernieres font en petit nombre; nous n'avons que les cloportes, les pucerons, & quelques efpéces de mouches, qui faffent des petits vivans : tous les autres infectes font ovipares. Les œufs, que pondent ces infectes, varient beaucoup pour la figure ; il y en a de ronds, d'oblongs & de toutes fortes de formes; quelques-uns font aigrettés, ou bien ornés d'une efpéce de couronne de poils : ils varient auffi pour les couleurs. Nous dirons quelque chofe de tous ces œufs différens, dont quelques-uns font admirables, en traitant les infectes en détail. Nous remarquerons feulement ici que ces œufs font fouvent en très-grand nombre, par centaines, par milliers, & qu'en général les infectes font très-féconds ; il femble que plus les animaux font petits, plus la nature les a multipliés. Les grands animaux ne font qu'un petit à la fois, & le portent long-tems : une vache ne fait qu'un veau par an ; d'autres quadrupedes plus petits multiplient davantage. La fécondité des lapins paroît finguliere, mais elle n'approche pas de celle de la plûpart des infectes. Suivant les calculs qu'en ont fait plufieurs Auteurs, une feule abeille femelle, celle que l'on appelle la reine, donnera elle feule naiffance à deux, trois, & quatre effaims dans une année, & le moindre de ces effaims eft fouvent compofé de quinze ou feize mille abeilles. Les papillons & nombre d'autres infectes ne multiplient guères moins. Une pareille fécondité étoit néceffaire pour conferver ces efpéces d'animaux, qui, fervant de nourriture à plufieurs autres, font continuellement expofés à devenir la proie d'un nombre infini d'ennemis. Nous verrons, en parlant de la nourriture des infectes, que ces petits animaux fe tendent des piéges ; fe dévorent les uns & les autres, tandis qu'ils font expofés à être dévorés par les oifeaux, les reptiles, les poiffons, & nombre d'autres animaux.

Lorfque les infectes dépofent leurs œufs, la plûpart le

font avec un foin qui fembleroit demander la plus grande intelligence, fi l'on ne fçavoit qu'ils font conduits & dirigés par une intelligence fupérieure, qui prend autant de foin des plus petits infectes, que de l'animal le plus grand & le plus parfait. En général, la mere a la précaution de placer fes œufs dans un endroit où les petits naiffans feront fûrs de trouver la nourriture qui leur conviendra. L'infecte fe nourrit-il d'une plante particuliere, c'eft fur cette plante que fe trouvent fes œufs : s'il fe nourrit de racines ou de bois, les œufs font dépofés dans la terre ou fous les écorces des arbres, quelquefois même dans la fubftance du bois.

Les matieres les plus fales & les plus dégoûtantes fourniffent la nourriture de quelques infectes, lorfqu'ils font jeunes : leur mere, qui depuis long-tems a quelquefois abandonné ce fale domicile, va le chercher de nouveau, lorfqu'elle veut faire fa ponte, inftruite que fes petits y trouveront un aliment convenable. Beaucoup d'infectes, qui après avoir paffé une partie de leur vie dans l'eau, font devenus enfuite habitans de l'air, vont retrouver les bords ou la furface de l'eau, pour y dépofer leurs œufs : enfin, il y a des infectes dont les petits fe nourriffent d'autres infectes dans leur jeuneffe & fous leur premiere forme ; la mere, qui depuis fa transformation, ne peut nuire à ces mêmes infectes, qui ne leur touche feulement point, fçait aller dépofer fes œufs au milieu d'eux, fouvent fur leur corps, & même quelquefois dans leur intérieur, afin que fes petits puiffent trouver en naiffant l'aliment que la nature leur a deftiné.

Une autre prévoyance que femblent avoir les infectes, c'eft de mettre leurs œufs, autant qu'il eft poffible, à l'abri du froid & des ennemis qui pourroient les dévorer. Nous avons dit que quelques-uns les enfonçoient en terre, d'autres les dépofent dans le parenchyme des feuilles des arbres & des plantes, entre les deux membranes qui compofent ces feuilles. Quelques-uns comme les araignées, les enveloppent d'un tiſſu ſoyeux très-fin & délicat, que pluſieurs portent avec elles : d'autres comme certaines phalênes les recouvrent de poils qu'ils détachent de leur propre corps, & qui les dérobant à la vûe, les défendent du froid extérieur : d'autres enfin les cachent entre les poils des grands animaux, dont la chaleur les fait éclore. Tant d'induſtrie de la part de ces petits animaux, doit nous faire admirer de plus en plus la grandeur du Créateur, dont la ſageſſe infinie ne brille pas moins dans les corps de la nature les plus petits & les plus vils à nos yeux, que dans ceux qui nous paroiſſent les plus ſurprenans & les plus dignes de notre attention.

CHAPITRE III.

Des métamorphoſes ou du développement des Inſectes.

LES animaux de claſſes différentes de celle des inſec-tes, naiſſent tous ou preſque tous avec la même forme qu'ils auront toute leur vie.

Un quadrupede au ſortir du ventre de ſa mere, eſt un vrai quadrupede, dont tous les membres bien développés conſervent la même figure juſqu'à la plus grande vieil-leſſe : s'il lui arrive quelques changemens, ils ne con-ſiſtent que dans la grandeur & la proportion, & nullement dans la conformation des parties. Il en eſt de même des oi-ſeaux, qui au ſortir de l'œuf paroiſſent ſous la même for-me qu'ils conſerveront juſqu'à la mort. Quelques inſectes ſont dans le même cas, mais ce n'eſt pas le plus grand nombre. En général, tous les inſectes qui n'ont point d'aîles, à l'exception de la puce ſeule, naiſſent avec la même figure qu'ils doivent avoir toute leur vie : le clopor-te, par exemple, qui eſt vivipare, ſort du ventre de ſa me-re avec toutes les parties qui conſtituent un véritable clo-porte ; l'araignée qui vient d'un œuf, ſort de cet œuf avec le corps, les pattes & toutes les autres parties qui se font voir dans les grandes araignées : il en est de même des tiques, des poux, des scolopendres & des autres insectes dépourvûs d'aîles que nous avons désignés au commencement, par le nom d'insectes crustacés : tous ne différent de leur mere que par la grandeur, à cela près ils conservent la même figure dans la jeunesse & dans leur âge parfait.

Mais les autres insectes, ceux qu'on peut appeller insectes proprement dits, ne sont pas dans le même cas. Souvent lorsqu'ils paroissent au jour, lorsqu'ils percent l'œuf dans lequel ils étoient renfermés, ils ne ressemblent nullement à ceux qui leur ont donné le jour. Avant même que de parvenir à cette derniere forme, ils passent par plusieurs autres : ce sont ces différens changemens des insectes auxquels on a donné, peut-être sans trop de fondement, le nom de métamorphoses. Nous allons d'abord en rapporter quelques exemples.

Que l'on prenne les œufs que dépose un papillon ; au bout de quelque tems, les œufs éclosent, il en sort un animal ; mais ce n'est pas un papillon semblable à celui qui a donné naissance à l'œuf, c'est une chenille qui paroît en différer beaucoup. Cette chenille est donc la premiere forme, sous laquelle paroît à nos yeux le papillon au sortir de l'œuf ; c'est sous cette forme que cet insecte croît & grossit, c'est sous cette forme qu'il change plusieurs fois de peau, avant que de parvenir à sa derniere grosseur ; lorsqu'une fois il y est parvenu, pour lors il se fait un second changement, cet insecte change encore de peau, il se dépouille, non plus comme les premieres fois, pour paroître sous la figure de chenille, mais sous celle de nymphe ou de chrysalide. C'est le second état du papillon, dans lequel il reste pendant quelque tems, sans pouvoir marcher, presque sans mouvement, & sans prendre de nourriture, jusqu'à ce que de cette nymphe il sorte un papillon. Dans ce troisiéme & dernier état, l'animal ressemble à celui qui lui a donné naiſſance ; il n'a plus de changemens à ſubir ; il eſt propre à la génération ; en un mot il a acquis toute ſa perfeċtion , c'eſt un animal parfait , au lieu que dans les deux premiers états qui avoient précédé , il ne faiſoit que croître, prendre de la nourriture & ſe développer ſuc- ceſſivement.

Qu'on obſerve les mouches, on verra les mêmes chan-gemens , ou au moins des métamorphoſes très-approchan- tes. Une mouche , par exemple , dépoſe ſes œufs ſur la viande, ce qui n'arrive que trop ſouvent , & la fait corrom- pre ; obſervons l'œuf qu'elle a dépoſé , au bout de quelques jours , nous en verrons ſortir une eſpece de vers, qui ré- pond à la chenille du papillon , c'eſt le premier état de la mouche. Ce vers ſe nourrit , groſſit , & lorſqu'il eſt parvenu à ſa derniere grandeur , il paſſe à l'état de nym- phe , au ſecond état des inſeċtes à métamorphoſes. Il eſt vrai que cette nymphe différe de celle du papillon , l'in- ſeċte ne quitte point ſa peau , mais cette peau ſe durcit, forme une eſpéce de coque , dans laquelle eſt la véritable nymphe , qui reſte dans cet état ſans prendre de nourriture & ſans mouvemens. Enfin à ce ſecond état , ſuccéde au bout de quelques jours le troiſiéme ; de cette nymphe , de cette eſpéce de coque ſort une mouche parfaite , ſemblable à la mouche mere. La mouche ſous ſa premiere forme a pris tout ſon accroiſſement , lorſqu'elle ſort de ſa coque elle n'a plus à croître , c'eſt un inſeċte parfait. Tels ſont les changemens ou métamorphoſes que tout le monde peut aiſément obſerver dans les inſeċtes.

Ainſi ceux d'entre ces animaux , qui ſont ſujets à ces changemens , paſſent par trois états différens.

Le premier eſt celui qu'ils ont au ſortir de l'œuf : l'in- ſeċte pour lors reſſemble à une eſpéce de vers , & réelle- ment on lui donne ſouvent ce nom. On appelle vers de mouches ceux qui ſe trouvent dans la viande , vers de chair pourrie , ou vers de bouze de vache , pluſieurs qui donnent des inſeċtes à étuis. Mais comme le nom de vers

Tome I. D

appartient plus particuliérement à une claſſe d'inſectes, qui reſtent toute leur vie ſous la même forme, comme les vers de terre &c. nous croyons devoir donner un autre nom aux inſectes, pendant ce premier état de leur vie : celui de chenille a déja été donné à quelques-uns ; mais il eſt conſacré principalement aux papillons & aux phalênes. Quelques Auteurs ont appellé ces vers d'inſectes *larva*, comme qui diroit *maſque*, parce que ſous cette figure l'inſecte eſt comme maſqué. Nous traduirons ce mot par un mot françois, & nous appellerons les inſectes dans ce premier état, *larves*. On eſt ſouvent obligé d'employer des expreſſions nouvelles, lorſqu'on a à traiter des ſujets neufs & ſur leſquels on a peu écrit. Ces inſectes dans ce premier état, ces larves varient beaucoup, ſuivant les différens genres d'inſectes : en général cependant, elles ont toutes le corps compoſé d'un nombre d'anneaux. Quelques-unes ont des antennes, beaucoup d'autres n'en ont point ; beaucoup ont leur tête dure & écailleuſe, comme les chenilles & les larves d'inſectes à étuis ; d'autres, comme celles des mouches ont des têtes molles, dont la forme eſt changeante & variable : dans pluſieurs, on diſtingue aiſément la tête, le corcelet & le ventre ; dans d'autres, il n'eſt pas aiſé d'aſſigner la diſtinction de chacune de ces parties, elles ſemblent continues & confondues enſemble ; dans certaines, on ne diſtingue pas aiſément la ſéparation du corcelet d'avec le ventre. La plus grande partie de ces larves a des pattes : les unes n'en ont que ſix, placées vers leur corcelet, telles que les larves de tous les inſectes à étuis & pluſieurs autres : d'autres en ont davantage, comme les chenilles, qui ont dix, douze & plus ordinairement juſqu'à ſeize pattes, & les larves des mouches à ſcie, que M. de Reaumur a nommées fauſſes chenilles, à cauſe de leur reſſemblance avec les chenilles, qui ont toutes plus de ſeize pattes, ſouvent juſqu'à vingt-deux. Mais parmi ce nombre de pattes, il n'y a que les ſix premieres qui ſoient dures & écailleuſes. Ce ſont ces ſix pattes qui répondent à celles que doit avoir par la fuite l'infecte parfait , les autres font mollaffes & reffemblent à des mamelons,bordées ordinairement en tout ou en partie d'un nombre confidérable de petits crochets ; d'autres larves au contraire , telles que celles des mouches & d'autres animaux approchans , n'ont point de pattes , elles rampent comme les vers , ce qui leur a fait donner par plufieurs Naturaliftes le nom de vers : enfin différentes larves ont des aigrettes , des tuyaux qui leur fervent à refpirer , & qui en même tems femblent leur fervir d'ornemens. C'eft ce qu'on obferve principalement dans les larves aquatiques. Nous entrerons dans tous les détails de ces différences , en parlant des larves de chaque genre d'infecte en particulier.

C'eft fous cette premiere forme que l'infecte prend tout fon accroiffement. On voit tous les jours la larve groffir ; auffi l'infecte dans cet état mange-t-il beaucoup. Qu'on examine un vers à foye , qui n'eft que la larve d'une efpéce de phalêne , qu'on l'examine , dis-je , au fortir de l'œuf , & qu'on le confidere de nouveau huit ou dix jours après , on auroit peine à croire que c'eft le même animal , tant il eft groffi. Mais comme la peau de la larve ne pourroit pas fe prêter à un accroiffement fi fubit , & fe diftendre affez facilement , la nature femble avoir enveloppé l'infecte de plufieurs peaux les unes fur les autres. Lorfque l'infecte eft un peu groffi , il quitte fa premiere peau, fa peau extérieure , & pour lors , il paroit enveloppé de celle qui étoit deffous. Cette feconde étoit probablement pliée & refferrée fous la premiere ; il la garde jufqu'à ce que l'accroiffement de fon corps la rende trop étroite ; pour lors elle fe fend comme la premiere, il s'en débarraffe & paroît avec la troifiéme , qui étoit cachée fous cette feconde , & qui refferrée & pliffée fous elle , fe développe & s'étend lorfqu'il en eft débarraffé. Ces changemens de peau s'obfervent aifément dans les vers à foye : la plûpart des larves l'exécutent de même & le répétent quatre ou

cinq fois & même davantage dans quelques genres. Lorſque l'inſecte eſt prêt à ſubir ce changement, qu'il va quitter ſa peau, il reſte pendant quelque tems ſans manger; il
eſt preſqu'immobile ; il paroît malade , & réellement
il doit l'être ; ce n'eſt pas une petite opération pour lui ,
ſouvent même il y périt. Quand il eſt reſté quelque
tems dans cet état , ſa peau commence à ſe fendre ſur
le dos , un peu au-deſſous de ſa tête ; il ſemble que pour
la faire fendre , l'inſecte ſe gonfle & ſe retrécit alternativement à cet endroit : lorſqu'une fois la fente a commencé
à ſe faire , il eſt plus aiſé à l'inſecte de l'augmenter, &
enfin il parvient à retirer ſa tête & enſuite ſon ventre
de l'intérieur de l'ancienne peau , & à s'en débarraſſer entiérement. On concevra aiſément combien une telle opération doit coûter de peine & de travail à l'inſecte , ſi l'on
conſidere la peau qu'il vient de quitter & qu'on l'étende.
On verra que non-ſeulement ſon corps a mué , mais que
chaque partie juſqu'aux plus petites , tout en un mot a
changé de peau.

Les pattes de l'inſecte paroiſſent dans la peau qu'il a
quittée , mais creuſes & vuides; il en eſt de même des
antennes , des différentes appendices , tubercules &c. il a
fallu que l'inſecte retirât & dégageât toutes ces parties de
l'ancienne peau , à peu près comme nous tirons la main de
dedans un gant. Tout, juſqu'au poil de l'inſecte , s'eſt tiré
de dedans ſon fourreau : bien plus les ſtigmates auxquels
aboutiſſent les canaux aëriens qui ſont dans l'intérieur du
corps de l'inſecte , ces ſtigmates qui ſe trouvent dans
les larves comme dans les inſectes parfaits , quoique ſouvent différemment placés & conſtruits , paroiſſent dans la
dépouille que quitte l'animal, mais ils n'y ſont point d'ouverture ; il ſe détache de deſſus le ſtigmate une pellicule
mince , qui tient au reſte de la peau; enfin les yeux même
ſe ſont dépouillés avec le reſte ; il n'eſt aucune partie
du corps qui en ſoit exempte. Il y a cependant des chenilles velues dont les poils ne muent pas avec le reſte du

corps. On trouve bien tous les poils attachés à la dépouille de l'insecte, & lorsqu'il a mué, il paroît aussi velu qu'auparavant : mais ces nouveaux poils n'étoient pas renfermés dans ceux que l'insecte a quittés, comme dans des gaines, ainsi que les autres parties : ils étoient existans & couchés sous la premiere peau, & dès que cette peau est déposée, ils se redressent & paroissent à la place des anciens : probablement ces insectes doivent avoir un peu plus de facilité à changer de peau, ces poils doivent aider l'ancienne dépouille à s'enlever.

Nous avons dit que cette opération si difficile & si laborieuse se répétoit plusieurs fois, jusqu'à ce que l'insecte fût parvenu à sa derniere grosseur ; pour lors, il passe à son second état que nous allons examiner.

Pour opérer cette métamorphose, la larve change une derniere fois de peau, elle se dépouille à peu près de la même maniere qu'elle a déja fait ; mais au lieu de paroître sous la même forme, elle en prend une qui ne ressemble guères à celle qu'elle avoit. Les Naturalistes ont appellé les insectes, lorsqu'ils sont sous cette seconde figure, *nymphes*, peut-être parce que plusieurs de ces nymphes semblent emmaillotées & comme chargées de bandelettes. Parmi ces nymphes, quelques-unes sont dorées & brillantes, ce qui les a fait appeller *chrysalides* (*chrysalis*, *aurelia*). Ces nymphes varient beaucoup pour la forme, la couleur, le mouvement, ou le défaut d'action, & mille autres circonstances. Quelques Auteurs même ont voulu se servir de ces différences de nymphes, pour ranger les insectes en différens ordres. De ces nymphes, les unes n'ont aucun mouvement, les autres vont, viennent & marchent comme les larves ; les unes ne ressemblent presqu'en aucune façon à un insecte, mais représentent seulement un corps oblong, dans lequel on apperçoit quelques anneaux & différentes éminences & cavités, ce qui leur a fait donner en François par quelques Auteurs le nom de *feve* : dans d'autres au contraire, on diſtingue tous les membres & toutes les parties de l'inſecte. Nous ne nous arrêterons point aux noms différens qu'ont reçus ces différentes formes de nymphes , & pour éviter la confuſion , nous appellerons indiſtinctement tous les inſectes qui ſont dans ce ſecond état , *nymphes* ou *chry-ſalides*.

Nous diſtinguerons en général quatre différentes formes de ces nymphes ou chryſalides.

La premiere qui s'obſerve dans les papillons , les phalé-nes & quelques autres inſectes , reſſemble peu à un ani-mal : on ne diſtingue preſqu'aucune de ſes parties , on n'apperçoit que quelques anneaux qui forment le bas de la nymphe , & dans le haut , on voit ſur l'extérieur de cette chryſalide , les impreſſions ſouvent peu diſtinctes des an-tennes , des pattes & des aîles. Cette eſpéce de nymphe n'a de mouvement que celui que peuvent produire les anneaux de ſon ventre , qui eſt léger & ne peut guères la faire changer de place. La peau de cette premiere eſpéce de chryſalide eſt ordinairement dure , épaiſſe , ſéche & comme cartilagineuſe.

Dans la ſeconde eſpéce de nymphe , il n'en eſt pas de même : on diſtingue aiſément toutes les parties de l'inſecte ; elles ne ſont point recouvertes d'une peau dure & coriace , mais d'une ſimple pellicule , qui enveloppe les parties ſéparément : auſſi cette chryſalide eſt - elle molle , & ſi on la touche , on la bleſſe aiſément. Cette ſeconde eſpéce n'a guères plus de mouvemens que la pre-miere. On en voit des exemples dans les inſectes à étuis , dans beaucoup d'inſectes à quatre aîles nuës , tels que les abeilles , les ichneumons , les gueſpes , & dans les inſectes à deux aîles , comme les mouches , &c.

La troiſiéme eſpéce de nymphe différe des précéden-tes , en ce que ſes parties ſont aſſez développées & paroiſ-ſent aux yeux , & que de plus la nymphe va & vient , & a même ſouvent des mouvemens fort vifs : telles ſont les nymphes des couſins & de quelques eſpéces de tipules ,

qui reſſemblent beaucoup aux couſins. Ces ſortes de nymphes ne ſe voyent guères que parmi les inſectes qui paſſent
le premier & le ſecond état de leur vie dans l'eau. Elles
reſſemblent aux deux premieres eſpéces, en ce que les inſectes ſous cette forme ne prennent aucune nourriture, &
elles n'en différent que parce que ces nymphes ont la
faculté de ſe mouvoir.

Enfin la quatriéme & derniere eſpéce de nymphe eſt
celle qui s'éloigne le plus des précédentes. Ces eſpéces de
nymphes, outre la faculté de ſe mouvoir & de marcher,
ont encore celle de prendre de la nourriture ; elles reſſemblent plus à des inſectes parfaits, ou à des larves, qu'à de
véritables nymphes ; elles ont des antennes, des pattes,
& beaucoup d'autres parties ſemblables, bien développées, dont elles font uſage. Telles ſont pluſieurs nymphes
aquatiques, telles que celles des demoiſelles, des éphe-
meres & d'autres inſectes ; telles ſont parmi les nymphes
terreſtres, celles des punaiſes, des ſauterelles, des grillons, & nombre d'autres, qui ne différent preſque de
l'inſecte parfait, que par le défaut d'aîles. Leurs aîles
ne ſont point développées, elles ſont entaſſées, pliſſées,
& forment des eſpéces de boutons, ou moignons d'aîles
attachés au corcelet : à cela près, ces nymphes reſſemblent tout-à-fait à l'inſecte parfait : mais quoique ces dernieres nymphes ſoient beaucoup plus formées que les précédentes, ces inſectes ne peuvent cependant ſous cette
forme s'accoupler, ni travailler au grand ouvrage de la
génération, pas plus que les larves & les autres nymphes ;
il faut pour cela que l'inſecte ſoit paſſé à ſon état de perfection.

On voit par ce que nous venons de dire, combien peu
ſe reſſemblent les différentes eſpéces de nymphes. Pluſieurs
d'entr'elles ſont preſque ſans mouvemens, tandis que les
autres en ont un fort vif : ces dernieres peuvent fuir &
éviter les dangers & les ennemis auxquels elles ſeroient
expoſées, mais il n'en eſt pas de même des premieres, qui

font immobiles. Auffi la plûpart des nymphes, qui font dans ce cas, font-elles pourvûes d'une efpéce de rempart qui les met à l'abri. Une grande partie de ces nymphes fe file des coques d'un tiffu foyeux & ferré, qui les garantit du froid & des périls qui les environnent, & d'autres fe logent dans la terre, où après avoir pratiqué un efpace affez fpacieux pour y être à l'aife, elles le tapiffent d'un tiffu de foye, fouvent fine & délicate, qui empêche l'intérieur de leur habitation de les bleffer pendant leur métamorphofe, & en même tems foutient ces mêmes parois, qui fans cette précaution pourroient s'écrouler. Nous voyons des exemples de ces coques dans les vers à foye, plufieurs efpéces de phalênes, les ichneumons & d'autres infeftes, & quant aux coques que les infeftes pratiquent dans la terre ou dans le fable, nous en avons une infinité d'exemples, que nous fourniffent les infeftes à étuis, les mouches à fcie, plufieurs efpéces de phalênes, le fourmilion & grand nombre d'infeftes différens. Les larves de tous les infeftes, avant que de fe transformer en nymphes, filent ces coques où elles doivent enfuite achever leurs métamorphofes : la nature les a pour cet effet pourvûes d'un réfervoir de matiere femblable à un verni des plus fecs & des plus beaux, qui fait la fubftance de leur fil. Pour le mettre en œuvre, elles ont à la levre inférieure de leur bouche une petite ouverture, une filiere, par où fort cette matiere qui fe féche aifément, & qu'elles conduifent de côté & d'autre, pour en former un tiffu ferme & ferré. Mais il y a d'autres coques beaucoup plus fingulieres : ces dernieres ne font point filées, elles ne font point compofées comme les autres, d'un tiffu foyeux, c'eft la peau même de l'infefte qui les forme en fe durciffant. Lorfque les autres larves veulent fe transformer en nymphes, elles quittent leur derniere peau, fous laquelle la nymphe eft cachée : celles-ci ne quittent point leur peau, elles en débarraffent leurs différentes parties, mais reftent dedans comme dans un fac, à peu près comme une perfonne qui
retireroit

retireroit fes bras de ceux d'une large robe de chambre &
refteroit enveloppée deffous. Cette peau , dont tous les
membres font dégagés , fe durcit & prend fouvent des
formes affez fingulieres , fuivant les différens infectes ;
mais quelque forme qu'elle prenne , elle eft dure & a
toute la confiftance d'une coque. Si on ouvre cette coque ,
on trouve en dedans une nymphe ou chryfalide de la
feconde efpéce , de celles où toutes les parties de l'infecte
fe peuvent reconnoître ;· c'eft de cette maniere que la
plûpart des mouches & quelques-autres infectes à deux
ailes fe métamorphofent. On obferve auffi de femblables
coques dans quelques infectes à étuis : différentes efpéces
de charanfons & de chryfomeles en fourniffent des exemples. Nous ne finirions pas , fi nous voulions entrer dans
le détail de toutes les particularités qui fe rencontrent dans
les nymphes des infectes. Nous réfervons cet examen pour
les articles particuliers de chaque genre, & nous n'ajouterons plus ici qu'un feul mot fur les ftigmates.

En parlant des larves , nous avons expliqué ce que l'on
entendoit par les ftigmates : ces parties fe trouvent fur les
nymphes comme fur les larves. Ces nymphes fouvent
immobiles , qui la plûpart n'ont pas befoin de prendre de
nourriture ; ces corps qu'on auroit fouvent peine à prendre pour des êtres animés , ne peuvent fe paffer d'air :
leurs ftigmates , par lefquels elles le refpirent , font fouvent placés à peu près comme dans la larve , le long des
anneaux du ventre : mais quant à ceux du corcelet , &
même quant aux deux derniers ftigmates du ventre , il y a
fouvent des fingularités qui rendent la figure & la pofition
des ftigmates de la nymphe , bien différentes de ce qu'elles
font dans la larve & dans l'animal parfait. Souvent les
ftigmates du corcelet , au lieu d'être à fleur de la peau , à
laquelle ils aboutiffent , fe terminent à de petites élévations , à de petites cornes qui font pofées au haut de
la nymphe,& lui donnent une figure finguliere. Tantôt au
lieu de cornes , ce font des efpéces de petits cornets , ou

bien leur figure reffemble à des oreilles : il en eft de même des deux derniers ftigmates du ventre , qui dans plufieurs infeétes fe terminent à des efpéces de cylindres , ou tuyaux allongés & prominens. Enfin quelques nymphes aquatiques , qui font celles qui fourniffent les variétés les plus fingulieres , ont au lieu de ftigmates , des efpéces d'ouies femblables à celles des poiffons , des panaches auxquelles aboutiffent les vaiffeaux aëriens , & qu'elles font jouer prefque continuellement avec une légéreté furprenante.

Telles font en abrégé les principales efpéces de nymphes , que l'on obferve en examinant les infeétes. Ces petits animaux reftent fous cette feconde forme , les uns plus de tems , les autres moins , jufqu'à ce qu'ils la quittent pour prendre celle d'infeétes parfaits , ce qui eft leur troifiéme & dernier état , qui nous refte à examiner.

Nous avons dit que les larves , avant que de devenir nymphes , avoient acquis toute leur groffeur : il femble qu'elles devroient prendre tout de fuite la forme d'infeétes parfaits , fans paffer par l'état de nymphes. Pourquoi donc la nature les a-t-elle conduites à cet état moyen , pendant lequel le plus grand nombre des infeétes refte dans l'inaction , ne prend point de nourriture , & femble comme endormi ? Pour en concevoir la raifon , il faut remonter plus haut , & examiner de nouveau la larve. Cette larve qui paroît fi différente de l'infeéte qu'elle doit produire , qui fouvent eft fi lourde & fi péfante , tandis qu'il en doit fortir un infeéte agile & pourvû d'aîles , cette chenille rampante , qui doit donner naiffance à un papillon léger , n'eft que le même animal , mais caché fous plufieurs enveloppes , qu'il doit dépofer fucceffivement.

Cette propofition paroîtra peut-être d'abord un paradoxe aux perfonnes peu verfées dans l'Hiftoire Naturelle ; cependant rien de plus vrai. La larve a plufieurs peaux qu'elle dépofe l'une après l'autre , & fous ces peaux eft l'infeéte parfait , mol à la vérité & non développé , mais dont on peut avec un peu de soin distinguer les différentes parties. Qu'on prenne une chenille, qui ne soit pas même parvenue encore à toute sa grosseur, qu'on en dissèque avec soin & précaution la peau, on distinguera déja une partie des membres du papillon ou de la phalène, qui en doit sortir un jour. Si la chenille est prête à se mettre en chrysalide, qu'elle soit parvenue à sa grosseur, ces mêmes parties seront beaucoup plus distinctes, & avec de la patience, on pourra parvenir à tirer de l'intérieur d'une chenille un papillon presque tout formé, mais dont les parties seront molles & presque gelatineuses. La larve n'est donc point un insecte différent de celui qui en doit un jour sortir dans toute sa perfection, c'est précisément le même insecte jeune, mol, presque fluide qui se trouve enveloppé de plusieurs peaux, qui le cachent à nos yeux & lui donnent une figure différente. Il est dans ce premier état masqué, c'est pour cela qu'on lui donne le nom de *larve*. Lorsqu'il a quitté les différentes peaux dont il étoit couvert, lorsqu'il est parvenu à sa grandeur, & qu'il ne lui reste plus que sa dernière enveloppe, il s'en débarrasse & paroît sous la forme de nymphe ; la nymphe n'est donc autre chose que l'insecte parfait parvenu à sa grandeur, mais encore trop mol, & dont toutes les parties ont besoin de prendre de la consistance : c'est ce qui leur arrive pendant ce second état : au lieu des peaux dont l'insecte étoit recouvert sous sa forme de larve, il ne lui reste plus qu'une membrane, qui souvent prend une consistance assez ferme, & qui s'introduisant entre les différentes parties de l'insecte, les tient emmaillottées & couchées le long de son ventre : c'est sous cette membrane que tous les membres de l'insecte se durcissent & se fortifient. Qu'on prenne une nymphe nouvellement formée, il n'est pas difficile de distinguer les antennes, les pattes, les aîles & presque tout le corps de l'insecte ; mais si on veut le développer, il est si mol qu'on a beaucoup de peine à y parvenir. Au bout de quelque tems, si on examine une semblable chrysalide, on

trouve l'infecte presque parvenu à sa perfection : l'état de
nymphe est donc nécessaire aux insectes pour acquérir la
fermeté & la consistance de toutes leurs parties, qui sous
les enveloppes de la larve existoient déja, mais sous une
forme presque fluide. Lorsqu'une fois ces mêmes parties
ont acquis toute la force nécessaire, pour lors l'infecte
ne demande qu'à se débarrasser de la membrane extérieure
qui le tenoit enveloppé sous la forme de nymphe, & il le
fait à peu près de la même maniere dont il a subi sa premiere métamorphose : il enfle & défenfle successivement
son corcelet & sa tête, qui sont encore assez mols pour se
prêter à cette action, & parvient à faire éclater en piéce la
membrane extérieure de sa nymphe, que l'air a rendu
féche & cassante ; souvent même cette membrane dans
plusieurs insectes, a dans sa partie supérieure deux espéces
de rainures, une de chaque côté, où la peau est plus tendre & plus mince, ensorte que la membrane de la nymphe
se déchire aisément en cet endroit. Ce premier ouvrage
fait, l'infecte s'aide de ses pattes qui sont libres & déga-
gées, & tire aisément le reste de son corps de son enveloppe de nymphe, comme d'un fourreau. Lorsque l'infecte
vient de sortir de cette prison, ses parties sont encore un
peu molasses, ses couleurs peu vives, & souvent ses aîles
sont comme chiffonnées : il paroît même plus gros qu'il
ne sera par la suite, mais au bout de quelque tems, l'air
extérieur fortifie & durcit tous ses membres, son corps en
acquérant plus de consistance, diminue de volume, & ses
aîles en quelques minutes se déployent & se développent:
bientôt il prend son effort & devient habitant d'un élément, qui jusques-là lui étoit inconnu.

Ce développement si prompt des aîles de l'infecte, qui
au sortir de la nymphe étoient épaisses, humides & comme
chiffonnées, paroît d'abord étonnant à un observateur qui
le suit & l'examine. Un pareil développement n'est cependant dû qu'à l'air. Tandis que l'air extérieur féche les sur-
faces de l'aîle de l'infecte, l'air intérieur poussé par les tra-

chées qui rampent dans le tiſſu de cette même aîle, l'étend conſidérablement, & lorſqu'une fois elle s'eſt tout-à-fait étendue, les pellicules minces dont elle eſt formée, ſe trouvant ſéches, ne ſe pliſſent plus & reſtent dans le même état. Cette action de l'air intérieur des trachées eſt prouvée par l'accident que nous avons dit arriver quelquefois à des aîles d'inſectes, qui reſtent bourſoufflées & véritablement emphyſématiques, lorſque l'air intérieur s'épanche entre les deux lames de ces aîles.

Par tout ce que nous venons de dire, on voit que l'inſecte parfait, avant que de parvenir à ce dernier état de perfection, doit paſſer par pluſieurs opérations difficiles & laborieuſes, dans leſquelles il lui arrive quelquefois de périr : ce ſont pour lui autant d'états de ſouffrances & de maladies quoique naturelles. Quelques inſectes ont cependant encore un travail de plus à ſoutenir, ce ſont ceux dont les chryſalides ſont renfermées dans des coques; ils faut qu'ils percent ces coques, lorſqu'ils ſont ſortis, ou lorſqu'ils ſortent de leurs nymphes. Ce dernier ouvrage ne paroît pas difficile pour les inſectes qui ont des machoires dures & aigues. Ces machoires qui ſouvent taillent, coupent & déchirent le bois, peuvent aiſément percer un tiſſu de fils ſoyeux : mais il y a quelques inſectes qui n'ont point de pareilles machoires & qui ſont renfermés dans des coques; auſſi la nature leur a-t-elle facilité leur ouvrage. Un des bouts de leur coque eſt foible, ſouvent même ce bout reſte ouvert & ſeulement clos par des fils placés en longueur, dont les bouts ſe touchant, empêchent bien l'entrée de la coque aux autres inſectes, mais permettent à celui qui y eſt renfermé, de ſortir aiſément : en forçant légérement avec ſa tête, il fait écarter ces fils les uns des autres, & ſe procure une iſſue très-facile.

Telles ſont en général les principales circonſtances qu'on obſerve dans les changemens des inſectes, depuis leur ſortie de l'œuf, juſqu'à leur état de perfection. On voit par ce détail abrégé, que ces prétendues métamorphofes ne font qu'un développement fucceffif, qui nous fait voir l'infecte fous des formes différentes. Ce développement offre fouvent une infinité de manœuvres fingulieres, différentes fuivant les différentes efpéces de ces animaux. Nous en détaillerons plufieurs, en traitant chaque genre en particulier, & nous le ferons d'autant plus volontiers, que ce détail amufant fera voir la grandeur & la fageffe du Créateur dans fes plus petits ouvrages.

CHAPITRE IV.

De la nourriture des Infectes.

DES trois regnes fous lefquels font renfermés tous les corps naturels, il n'y en a que deux, le regne végétal & le regne animal, qui contiennent une matiere propre à fervir de nourriture. Quant aux minéraux, ces corps font trop fecs, & manquent prefqu'entiérement de cette partie mucilagineufe, qui feule eft capable, après une préparation préliminaire, de s'identifier, pour ainfi dire, avec les fibres du corps: les infectes par rapport à cet article, font dans le même cas que les autres animaux: ils fe nourriffent ou de plantes, ou de parties d'animaux, foit de leur claffe, foit de claffes différentes.

Parmi ceux qui tirent leur nourriture du regne végétal; les uns s'enfonçant dans la terre, rongent & mangent les racines, & font fouvent un tort confidérable aux jardins: c'eft ainfi que la larve des hannetons, que les Jardiniers connoiffent fous le nom de *vers blanc*, parvient fouvent à détruire en peu de tems un potager entier, lorfque ces infectes font nombreux: il en eft de même du taupe grillon, ou courtilliere, qui porte un préjudice confidérable aux couches,& d'un nombre infini d'autres infectes. La nourriture de quelques autres eft encore plus féche & plus

dure ; ils percent le bois , le réduifent en poufliere & fe
nourriffent de fes parcelles ; c'eft ce que font plufieurs
larves d'infectes à étuis , & particuliérement de ces *vrillettes* , qui rongent jufqu'aux tables des maifons , & les
différens meubles de bois qu'ils convertiffent en poudre :
c'eft encore de cette maniere que les larves des *capricornes* & la chenille d'une certaine phalêne , que quelques
Auteurs nomment le *coffus* , détruifent & attaquent les
arbres : les faules fur-tout font fujets à être ainfi dévorés
dans leur intérieur par un nombre prefqu'infini d'infectes.
D'autres fe nourriffent de parties plus délicates: les feuilles
des plantes & des arbres font leur nourriture ordinaire : de
ce nombre font les chenilles & beaucoup d'autres infectes,
mais tous n'attaquent pas les feuilles de la même maniere ;
les uns rongent toute leur fubftance , d'autres fe contentent du parenchyme de la feuille contenu entre fes membranes , entre lefquelles ils fe logent , formant ainfi dans
l'intérieur de cette feuille des fentiers & des galleries ;
fouvent ces mêmes infectes ne fe contentent pas des feuilles , les fleurs leur offrent un met encore plus délicat
qu'ils n'ont garde d'épargner. On ne fçait que trop , combien les jardins ont fouvent à fouffrir de la part de ces petits animaux ; mais toutes ces différentes fortes de nourri-
tures paroiffent encore trop groffieres à quelques-uns ,
il leur faut une matiere plus douce , qui fe trouve fur les
fleurs : c'eft cette liqueur mielleufe , que fourniffent les
glandes de plufieurs fleurs , & que les Botaniftes modernes
ont décorée du nom de nectar. La plûpart des papillons &
des phalênes , plufieurs efpéces de mouches & d'autres
infectes fe nourriffent de ce nectar , & quelques-uns,
comme les abeilles & d'autres genres approchans , en
compofent la fubftance du miel , après lui avoir fait fubir
une derniere préparation dans leur corps. Enfin les fruits ,
les graines , le bled même ne font point à l'abri des infectes ; ils partagent avec nous ces différens alimens , & fouvent nous en enlevent une grande partie. On trouve tous

les jours des larves de mouches & d'autres infeftes dans
les poires, les prunes, les bigarreaux & d'autres fruits ; les
greniers font infeftés par plufieurs efpéces de charanfons ,
qui fe logent dans l'intérieur du grain & en mangent
la farine , & les différentes graines renferment fouvent des
infeftes qui les rongent.

Il n'y a donc aucune partie des plantes, qui ne ferve de
nourriture à différens infeftes , & prefque toutes les plantes font attaquées par quelques efpéces. Cependant tous
les infeftes ne fe nourriffent pas indifféremment de toutes
les plantes. Il y a bien quelques infeftes plus voraces que
les autres, auxquels toutes fortes de plantes font prefqu'é-
galement bonnes. Quelques efpéces de chenilles , &
parmi les infeftes à étuis, quelques fcarabés, le hanneton,
par exemple , défolent prefque tous les arbres indifféremment : d'autres efpéces , fans attaquer toutes les plantes ,
s'accommodent de plufieurs ; mais un grand nombre d'infeftes ne fe nourriffent que d'une efpéce de plante, ou tout
au plus de quelques autres qui en approchent : c'eft fur ces
mêmes plantes qu'on trouve toujours ces animaux , & on
a beau leur en préfenter d'autres , quoique preffés de la
faim , ils n'y toucheront pas. Souvent la même plante fert
de nourriture à plufieurs efpéces : les chênes & les faules
font particuliérement de ce nombre ; il y a peu d'arbres fur
lefquels on trouve autant d'infeftes différens & en auffi
grand nombre. C'eft ce que l'on pourra remarquer, lorfque
nous traiterons des infeftes en particulier, & que nous aver-
tirons des plantes ou autres endroits où l'on peut ordinairement trouver chaque efpéce.

Le regne végétal , n'eft pas le feul , comme nous l'avons
déja dit , qui fourniffe aux infeftes les alimens qui leur
font convenables. Un grand nombre de ces petits animaux
rejette une pareille nourriture ; ceux-ci plus carnaffiers ,
recherchent des fubftances tirées du regne animal : plufieurs n'attaquent & ne dévorent que les animaux morts &
dont les chairs commencent déja à fermenter. Ces fubftan-

ces

ces infectes font ordinairement remplies de différentes larves de mouches & d'infectes à étuis, qui par leurs excrémens & l'humidité qu'elles communiquent, accélerent encore la pourriture. D'autres infectes plus fales fe plaifent dans des matieres beaucoup plus dégoûtantes : les excrémens des animaux & même de l'homme font leur domicile ordinaire. Une nourriture qui femble fi rébutante, fait l'aliment de plufieurs belles mouches, d'un très-grand nombre d'infectes à étuis, comme le pillulaire, les bouziers & beaucoup d'autres. Il eft peu de matieres auffi peuplées de ces animaux, que les bouzes de vaches ; elles en fourmillent, & une feule de ces bouzes devient une efpéce de tréfor pour un Naturalifte curieux & qui n'eft pas trop dégoûté.

Les poils, les plumes, les peaux de différens animaux, font la pâture d'autres efpéces d'infectes. On fçait combien les pelleteries font endommagées par ces petits ennemis : différentes teignes en particulier & quelques dermeftes les attaquent, ainfi que les étoffes de laine, fans qu'on puiffe les mettre à l'abri de leurs dents.

Mais tous ces infectes, quoique nuifibles, ne fe nourriffent que de parties d'animaux, qui ne font point vivans ; moins cruels & moins voraces que certaines efpéces, qui tirent leur nourriture des fucs d'animaux en vie. L'homme même n'eft pas exempt de leurs atteintes. On connoît affez les différentes vermines qui s'attachent ordinairement à lui. D'autres efpéces fatiguent également les différens animaux, tant grands que petits : les infectes ont eux-mêmes leurs poux qui les dévorent, tandis qu'ils en déchirent d'autres. Quelques-uns, comme les taons, les œftres, s'inferent fous la peau des bœufs & des cerfs, & y font une efpéce d'ulcere où ils fe logent ; d'autres vont pénétrer dans le nez des moutons & dans l'anus des chevaux, qu'ils mettent fouvent en fureur, c'eft-là que ces infectes pompent à leur aife les humeurs du grand animal dont ils fe nourriffent : d'autres infectes plus petits font le même ma-

nege fur des infeétes plus grands. Les chenilles font fujet-
tes à être piquées par des ichneumons qui dépofent leurs
œufs fous leur peau : la larve naiffante de ces ichneumons
dévore intérieurement la chenille , qui fouvent ne périt ,
que lorfqu'une multitude étonnante de ces larves la perce
de tous côtés , pour faire enfuite leurs coques.

Enfin beaucoup d'infeétes carnaffiers ne vivent que
d'autres infeétes ; ils fe dévorent les uns les autres, n'épar-
gnant pas même ceux de leur propre efpéce : le nombre de
ces derniers eft très-confidérable , comme on le verra dans
le détail particulier. C'eft parmi ces infeétes qu'on voit le
plus de rufes & d'induftrie , foit pour attaquer , foit pour
fe défendre. Quelques-uns à la vérité y vont de vive force ,
mais plufieurs autres employent l'adreffe pour fuppléer à la
force qui leur manque. Tout le monde a pu obferver avec
admiration les filets que les araignées tendent aux mouches : beaucoup de perfonnes connoiffent aujourd'hui le
fourmilion , & les embufcades qu'il tend aux fourmis ,
caché au fond d'un cône qu'il a pratiqué avec beaucoup
de travail dans le fable : plufieurs autres infeétes n'employent pas moins d'art pour faire tomber dans leurs
piéges la proie que la nature leur a deftinée. Ces différentes rufes ne font pas une partie des moins intéreffantes de
l'Hiftoire des Infeétes.

Nous n'entrerons pas aétuellement dans un plus grand
détail , par rapport à cet article ; nous nous contenterons
feulement de remarquer , avant que de finir , que les infectes ne reftent pas toujours conftamment attachés à la même
nourriture pendant toute leur vie. Souvent leurs goûts
changent fuivant les différens états par lefquels ils paffent :
les mouches , qui dans leur état de perfeétion , fe nourriffent la plûpart de fucre & du neétar des plantes , ont
vécu d'abord de chair pourrie & corrompue , lorfqu'elles
étoient fous la forme de larves. Les chenilles rongent les
plantes , & les papillons qui en proviennent , fuccent feulement les fleurs : il en eft de même de beaucoup d'au-

tres infectes , qui en changeant d'état , changent auffi de nourriture , comme quelques-uns changent d'élément.

CHAPITRE V.

Divifion des Infectes en fections.

APRÈS avoir examiné les infectes & leurs différentes parties , & les avoir fuivis depuis leur naiffance jufqu'à leur état de perfection, il ne nous refte plus, pour terminer ce que nous avons à donner de général fur ces animaux , qu'à les ranger par leurs caracteres , fuivant un ordre & un fyftême méthodique : c'eft le feul moyen de faciliter la connoiffance de cette partie de l'Hiftoire Naturelle.

Toute cette claffe des infectes peut être divifée en fix grandes & principales fections , dont les caracteres font principalement tirés des aîles.

La premiere renferme tous les *coleopteres* ou infectes à étuis. Ce font ceux dont les aîles font recouvertes d'efpé-ces de fourreaux , ou étuis plus ou moins durs : le hanne-ton , par exemple , les fcarabés font de cette premiere fection. Un de leurs caracteres , outre les étuis de leurs aîles , eft d'avoir leur bouche armée de machoires dures & aigues.

La feconde fection comprend les *hemipteres* ou infectes à demi étuis. Nous avons confervé ce nom à cette fection , parce que ces infectes n'ont pas tout-à-fait des étuis comme dans la fection précédente , mais quelque chofe qui en approche. Dans les uns , comme dans les procigales , les aîles fupérieures font plus épaiffes & fouvent colorées comme des étuis ; dans d'autres comme dans les punaifes de bois , la moitié inférieure des aîles de deffus eft mem-braneufe & tranfparente comme une véritable aîle , tandis que la moitié fupérieure eft dure , épaiffe , colorée , fem-

F ij

blable à un véritable étui : mais le caractere essentiel de
cette section, consiste dans la trompe longue & aigue de la
bouche, qui est repliée en dessous, s'étend entre les pattes, & souvent même part de l'intervalle qui se trouve
entre ces mêmes pattes, au lieu de prendre naissance
de l'extrémité de la tête.

Dans la troisiéme section, sont tous les insectes *tetrapteres à aîles farineuses*, ou les insectes à quatre aîles couvertes de cette poussiere écailleuse qu'on apperçoit sur les
aîles des papillons : cette section est la moins nombreuse,
les insectes qu'elle renferme ont une trompe plus ou moins
longue, souvent recourbée en spirale.

Nous renfermons dans la quatriéme section, tous les
tetrapteres ou insectes *à quatre aîles nues*. Celle-ci est une
des plus nombreuses : la plûpart des insectes qu'elle contient ont la bouche armée de machoires, plus grandes
dans les uns, plus petites dans les autres & ordinairement
accompagnées dans ces derniers d'appendices semblables
à des antennules ; les demoiselles, les abeilles, les guês-
pes, &c. sont de cette section.

La cinquiéme est composée des *dipteres*, ou insectes
qui n'ont que deux aîles, tels que les mouches, les taons,
les tipules, les cousins, &c. Tous ces insectes ont à la
bouche des trompes diversement figurées, suivant les
différens genres : tous ont aussi un caractere essentiel &
particulier à cette seule section ; c'est d'avoir sous l'origine
de leurs aîles, les petits balanciers dont nous avons parlé
dans le premier chapitre.

Enfin nous avons rangé sous la sixiéme & derniere section, tous les insectes *apteres*, ou *sans aîles* : les araignées,
les scolopendres, la puce, le poux, &c. y trouvent leur
place.

Telles sont les six grandes sections qui composent toute
la classe des insectes : mais comme quelques-unes de ces
sections sont très-nombreuses, pour faciliter la recherche
des insectes qu'elles renferment, nous les avons sous-

divisées en plusieurs articles & en différens ordres subor-
donnés à ces articles : c'est ce que l'on verra à la tête
de chaque section : sous ces articles & ces ordres, seront
renfermés les genres.

Actuellement , avant que d'entrer dans le détail de
chaque section , nous allons réunir dans une seule Table
générale les six grandes sections qui composent toute la
classe des insectes.

TABLE GÉNÉRALE
DES SECTIONS
dont eſt compoſée la claſſe des Inſectes.

1°. LES COLEOPTERES ou *inſectes à étuis.*

> *Caractere* ... Aîles couvertes d'étuis ou de fourreaux ; bouche armée de machoires dures.

2°. LES HEMIPTERES ou *inſectes à demi étuis.*

> *Caractere* ... Aîles ſupérieures preſque ſemblables à des étuis ; bouche armée d'une trompe aigue , repliée en deſſous le long du corps.

3°. LES TETRAPTERES *à aîles farineuſes.*

> *Caractere* ... Quatre aîles chargées de pouſſiere écailleuſe.

4°. LES TETRAPTERES *à aîles nues* ou *inſectes à quatre aîles nues.*

> *Caractere* ... Quatre aîles membraneuſes nues & ſans pouſſiere.

5°. LES DIPTERES ou *inſectes à deux aîles.*

> *Caractere* ... Deux aîles.
> Un petit balancier ſous l'origine de chaque aîle.

6°. LES APTERES ou *inſectes ſans aîles.*

> *Caractere* ... Corps ſans aîles.

SECTIONES GENERALES SEX

ex quibus conſtat Inſectorum claſſis.

Infecta.	Caracteres.
1°. COLEOPTERA.	Alæ coleoptris feu elytris tectæ ; os maxillofum.
2°. HEMIPTERA.	Alæ fuperiores elytris accedentes ; os fub thorace inflexum.
3°. TETRAPTERA alis farinaceis.	Alæ quatuor fquammulis tectæ.
4°. TETRAPTERA alis nudis.	Alæ quatuor nudæ ; membranaceæ.
5°. DIPTERA.	Alæ duæ. Halteres fub alarum origine.
6°. APTERA.	Alæ nullæ.

SECTION PREMIERE.

Infectes à étuis, ou Coleopteres.

LES infectes à étuis, ou infectes coleopteres, *coleopte-ra infecta*, forment notre premiere section. Nous donnons ce nom aux infectes qui ont leurs aîles recouvertes d'efpé-ces d'étuis ou de fourreaux, fouvent durs, colorés & opaques. Tel eft, par exemple, le hanneton que tout le monde connoît, dont les aîles font cachées fous de pareils fourreaux. La plûpart des Auteurs ont donné à ces infectes le nom de fcarabés, mais comme ce nom a été appliqué plus particuliérement à un des genres de cette fection, nous croyons que celui d'infectes à étuis eft plus naturel & plus convenable.

Le *caractere propre* de cette fection, eft donc d'avoir des étuis ou efpéces d'écailles, qui recouvrent le corps de l'infecte, & fous lefquels on trouve ordinairement deux aîles : je dis ordinairement, car il y a quelques genres & même quelques efpéces particulieres de certains genres qui n'ont point d'aîles fous ces étuis. Qu'on prenne un hanneton ordinaire, qu'on enleve ces deux étuis durs qui recouvrent fon ventre, on trouvera en deffous deux gran-des aîles tranfparentes plus longues que les étuis & que le corps de l'infecte, mais qui fe replient en deffous au moyen des nervures fortes qui les font agir. L'infecte, lorf-qu'il veut voler, déploye ces aîles & releve les étuis, & lorfqu'il veut fe pofer & s'arrêter quelque part, il les replie & les fait rentrer aifément fous leurs fourreaux. On peut obferver la même chofe dans un très-grand nombre d'infectes de cette fection : mais il en eft d'autres, tels, par exemple, que ces bupreftes dorés qu'on voit courir dans les champs, qui n'ont point d'aîles fous leurs étuis : qu'on

leve

leve ces étuis, on voit les anneaux du ventre de ces infectes à nud. Auffi ces animaux ne peuvent-ils voler, mais en
récompenfe ils courent fort vîte. Il eft d'autres infectes
dans lefquels non-feulement les aîles manquent entiérement, mais dont les deux étuis font même réunis enfemble & n'en forment qu'un feul. Ces infectes femblent à la
premiere vûe avoir deux étuis, parce que la future formée
ordinairement par la réunion des deux, fe trouve marquée
& exprimée fur le milieu de ce feul étui, mais fi on l'examine de près, on voit qu'il eft d'une feule piéce. Plufieurs
même d'entr'eux ont cet étui unique tellement conftruit,
qu'il eft tout-à-fait immobile ; fes côtés font recourbés
& enveloppent une partie du deffous du corps : c'eft ce
que l'on peut voir aifément dans certaines efpéces de cha-
renfons, dans une efpéce de chryfomele & dans quelques
ténébrions. Ainfi il n'eft point effentiel aux infectes à étuis
d'avoir des aîles, quoique la plûpart en foient pourvûs, ni
d'avoir deux étuis, ou un feul qui paroiffe en former deux,
à caufe de la raie qui fe trouve au milieu. Leur caractere
eft d'avoir des étuis qui recouvrent le ventre & qui différent des aîles par la dureté de leur confiftance. Tel eft la
marque caractériftique de toute la fection. On peut ajouter à ce premier caractere un deuxiéme, qui quoiqu'acceffoire, n'eft pas moins conftant. Ce font les machoires latérales dures & d'une confiftance approchant de celle de la
corne, qui garniffent à droite & à gauche la bouche de
ces infectes.

Mais comme les étuis varient entr'eux par leur grandeur
& par le plus ou moins de dureté, nous en avons tiré
des *caracteres fecondaires* pour divifer cette fection en
trois articles. Le *premier* article comprend tous les infectes
dont les étuis font durs, écailleux & couvrent tout le
ventre. Le hanneton fe trouve dans cet article : les fourreaux de fes aîles s'étendent depuis fon corcelet jufqu'à
l'extrémité de fon ventre & le recouvrent entiérement,
& de plus ces étuis font durs, écailleux, épais & d'une

Tome I. G

matiere semblable à la corne. Les infectes contenus dans le *fecond* article ont pareillement des étuis durs & écailleux, mais ces étuis ne couvrent qu'une partie de la longueur du ventre, dans les uns la moitié, dans d'autres encore moins, comme on le voit dans le ftaphylin, dont les étuis font extrêmement courts. Enfin nous avons rangé fous le *troifiéme* article, les infectes dont les étuis font mols & prefque membraneux, tels que les blattes, les fauterelles, &c. mais il eft bon de remarquer que quoique ces étuis ne foient point durs & écailleux comme ceux des infectes dont nous avons parlé ci-deffus, ils font néanmoins plus durs, plus épais & moins tranfparens que les aîles, ce qui fait ranger ces infectes dans cette fection, & non point dans celle des infectes à quatre aîles nues ou découvertes. Que l'on examine une fauterelle, on verra deux longs étuis étroits, mols, prefque membraneux, mais colorés & plus épais que les aîles qu'ils recouvrent : de plus ces aîles font grandes & repliées en tout ou en partie fous ces étuis.

Tel eft l'ordre que nous avons fuivi pour la divifion principale de cette premiere fection : mais comme les infectes qu'elle renferme font en très-grand nombre, nous avons cherché des caracteres qui puffent former une feconde fous-divifion de ces mêmes infectes, & divifer chaque article en plufieurs ordres avant que de paffer aux genres. Ces caracteres demandoient à être tirés de quelque partie fenfible & conftante, qui fût auffi aifée à être apperçue, que la grandeur & la confiftance des étuis ; c'eft ce que nous ont fourni les pattes de ces mêmes infectes. Nous avons dit plus haut que les pattes étoient compofées de trois parties ; la premiere qui tient au corps de l'infecte & qui eft la cuiffe, la feconde que nous avons appellée la jambe, & la troifiéme qui eft le pied ou le tarfe & qui eft elle-même compofée de plufieurs petits anneaux. C'eft du nombre de ces anneaux que nous avons formé les caracteres de ces fous-divifions, ou de ces ordres qui font fubordonnées à chaque article. Ce nombre des articulations du pied n'eſt pas le même dans tous les inſectes à étuis : les uns en ont trois, d'autres quatre, beaucoup en ont cinq à toutes les pattes, enfin quelques-uns n'en ont pas le même nombre à toutes les paires de pattes : de leurs ſix pattes, les quatre premieres, ou les deux premieres paires ont cinq diviſions aux tarſes ou aux pieds, tandis que les deux dernieres pattes n'en ont que quatre. De pareils caracteres ſont aiſés à appercevoir, il ne s'agit que de compter, & il eſt pour lors aiſé de ranger les inſectes que l'on trouve, dans leur ordre naturel : il ne reſte plus à trouver dans cet ordre que le genre auquel ils appartiennent. C'eſt ce que l'on fait, en examinant enſuite le caractere générique qui eſt toujours tiré, ou des antennes ſeules, ou des antennes & de quelqu'autre partie caractériſtique, telle qu'eſt ſouvent le corcelet : par ce moyen on vient à bout de connoître le genre de l'inſecte que l'on cherche, & il ne reſte plus qu'à examiner les différentes eſpéces de ce genre, pour trouver à laquelle ſe rapporte l'inſecte que l'on tient.

Pour ſentir toute la facilité que donne cette méthode, donnons-en un exemple. Prenons ſi l'on veut un charanſon. Je ne connois point cet inſecte : je commence par examiner s'il a des aîles nues ou recouvertes par des étuis ; cette premiere différence ſe fait aiſément appercevoir, & les fourreaux des aîles me font d'abord ranger le charanſon dans la premiere ſection parmi les inſectes à étuis : pour lors j'examine ſi ces étuis ſont durs ou mols, s'ils recouvrent tout le ventre, ou ſeulement une partie. Je vois qu'ils ſont extrêmement durs & écailleux, & qu'ils couvrent entiérement le ventre. Je range cet inſecte parmi les inſectes à étuis qui compoſent le premier article de cette ſection & qui ont leurs fourreaux tels que nous venons de les dépeindre ; enſuite, pour trouver dans quel ordre de cet article je dois ranger le charanſon, j'examine de combien d'articulations eſt compoſé le pied de cet inſecte, s'il

G ij

en a trois, ou quatre, ou cinq, ou bien fi le nombre varie dans les différentes paires de pattes. Je vois que cet infecte a par-tout quatre divifions aux tarfes, ce qui me fait ranger ce petit animal dans le fecond ordre du premier article des infectes à étuis. Refte à trouver à quel genre de cet ordre il appartient. J'ai à chercher parmi une vingtaine de genres le caractere générique : j'examine en même tems les antennes de l'infecte ; ces antennes font pofées fur une longue trompe, plus groffes à leur extrémité & coudées dans leur milieu. Ce caractere que je trouve attribué au charanfon me détermine le genre de l'infecte. Cette gradation par laquelle je fuis parvenu à le connoître, m'a épargné la peine de chercher parmi tous les autres ordres & les autres genres des infectes en général & des infectes à étuis en particulier, & m'a conduit à examiner feulement les caracteres génériques d'un très-petit nombre de genres : pour lors l'efpéce fe peut trouver aifément en confrontant l'infecte avec les phrafes & les defcriptions des différentes efpéces de ce genre. Je me fuis étendu un peu au long fur cette partie de notre méthode à la tête de cette premiere fection, tant afin de n'avoir pas à y revenir en parlant des fections fuivantes, que parce que celle - ci qui comprend les infectes à étuis, eft une des plus nombreufes & nous a obligé de former plus de divifions & de fous - divifions pour y mettre plus d'ordre & de méthode.

Examinons maintenant en général les infectes à étuis, & voyons en peu de mots ce qui eft commun à tous les infectes de cette fection. D'abord quant à leur forme, tous ces infectes ont leur corps dur & couvert d'une efpéce de cuiraffe femblable à de la corne pour la confiftance. Cette enveloppe fi ferme des infectes à étuis femble tenir lieu des os qui foutiennent la charpente des grands animaux; mais au lieu que les os font dans l'intérieur, ici c'eft la peau, l'écaille extérieure de l'infecte qui en fait l'office : elle foutient tout fon corps, c'eft à elle que vont s'attacher

lés principes des muscles, par l'action desquels il exécute
ses différens mouvemens, & en même tems cette espéce
de peau osseuse le met à l'abri d'un grand nombre d'acci-
dens. C'est une cuirasse qui lui sert à parer les coups qu'il
pourroit recevoir : elle récouvre également les trois parties
dont sont composés tous les insectes à étuis, sçavoir la
tête, le corcelet & le ventre.

La premiere de ces parties est ordinairement la plus
petite. On y remarque premiérement les antennes, composées dans la plûpart des insectes à étuis, de onze anneaux,
rarement de moins, & dans quelques-uns d'un plus grand
nombre : le premier anneau de ces antennes, celui qui
tient à la tête, est ordinairement plus gros & même souvent
plus long que les autres, & le second qui suit immédiatement ce premier, est le plus court de tous. La position de
ces antennes n'est pas la même dans tous les genres.
Quelques insectes, comme les scarabés, les portent en
devant & un peu au-dessous des yeux ; d'autres les ont
presque sur le sommet de la tête entre les deux yeux ;
quelques-uns les ont posées plus singuliérement, les antennes de ces insectes semblent partir du milieu de l'œil :
celui-ci, au lieu d'être ovale, forme une espéce de croissant,
qui enveloppe & entoure l'origine de l'antenne. Nous
examinerons dans chaque genre en particulier ces différentes positions des antennes, ainsi que leur figure.

La bouche de ces insectes est armée de deux machoires
dures, une à droite, l'autre à gauche : elles se recourbent
en demi cercle, se terminent en pointe souvent très-aigue,
& leur côté intérieur est souvent armé de quelques dentelures plus ou moins fortes. Entre ces machoires, sont
quelques mamelons qui entourent l'ouverture de la bouche de l'insecte, & fort souvent, il y a au-dessus & au-
dessous de ces mamelons, des espéces de levres dures,
placées aussi entre les machoires : enfin au-dessous de toutes ces parties de la bouche, sont posées les antennules,
au nombre de quatre, deux plus grandes & deux plus

petites, compofées ordinairement de trois ou quatre articulations affez diftinctes.

Quant aux yeux, ces infectes n'ont la plûpart que les
deux grands yeux à refeau, dont nous avons détaillé la
ftructure, en parlant des parties des infectes en général; il
n'y a que quelques-uns des derniers genres, dont les étuis
font plus mols, tels que les fauterelles, les grillons, &c.
qui, outre ces yeux à refeau, ont encore les trois petits
yeux liffes, dont nous avons auffi parlé, & qui font communs dans les infectes à quatre aîles & à deux aîles nues.
Ces derniers genres femblent faire une efpéce de nuance
ou paffage de la fection des infectes à étuis, aux fections
fuivantes.

Le corcelet des infectes à étuis, eft de toutes leurs parties celle qui femble la moins à remarquer : il n'eft compofé que d'une efpéce d'anneau écailleux, d'une feule
piéce dure & entiere, fur laquelle on apperçoit deux
ftigmates, un de chaque côté. Mais ce même corcelet
varie beaucoup quant à fa forme; dans les uns il eft large,
dans d'autres il eft plus long : fouvent toute fa partie fupérieure eft bordée par une efpéce de repli, il a un rebord
qui forme comme une goutiere, & d'autres fois il eft tout
uni; dans quelques infectes il eft chargé d'éminences
mouffes, dans d'autres il eft hériffé de pointes aigues. Ces
formes différentes entreront fouvent dans les caracteres
des genres : de plus c'eft à la partie inférieure du corcelet,
à celle qui fe préfente lorfqu'on renverfe l'infecte fur le
dos, que font attachées les pattes. Ces pattes font toujours au nombre de fix dans les infectes à étuis, excepté
dans un feul genre, où les antennes figurés finguliérement, femblent tenir lieu des deux pattes qui leur manquent; elles n'ont rien de particulier, ni de différent de ce
que nous en avons dit en parlant des infectes en général : la
plûpart des infectes à étuis s'en fervent pour marcher,
quelques-uns cependant comme les altifes, les fauterelles & quelques efpéces de charanfons, fautent affez vive-

ment, à l'aide de la derniere paire de pattes, qui dans ces
infectes eft plus longue & plus forte : la cuiffe fur-tout
de ces dernieres pattes eft fouvent fort groffe. D'autres infectes de cette fection qui vivent dans l'eau & qui nagent
très-bien, ont leurs pattes & fur-tout le pied figuré un peu
différemment de ce qu'on obferve dans les autres. Ce pied
eft applati & bordé vers l'intérieur d'une rangée épaiffe de
poils courts, qui lui donnent la figure d'une efpéce de nageoire un peu allongée.

Le ventre de ces infectes eft compofé de plufieurs lames
dures, fouvent au nombre de dix, qui forment des anneaux, ou des demi-anneaux écailleux en deffous, plus
mols en deffus : mais cette partie fupérieure plus molle,
eft défendue par les aîles & les étuis, qui ordinairement la
recouvrent; c'eft le long du ventre qu'on peut obferver les
ftigmates. Ces ftigmates font au nombre de feize fur cette
partie, huit de chaque côté : on en peut appercevoir
diftinctement deux fur chaque anneau, à l'exception des
deux derniers qui n'en ont point. Quant aux étuis de ces
infectes, nous en avons déja parlé, en traitant de la divifion
de cette fection. Nous ajouterons feulement ici qu'entre
les étuis, vers leur attache au corcelet, au haut de la future
que forme leur réunion, on apperçoit dans beaucoup d'infectes à étuis une piéce triangulaire, plus grande dans les
uns & plus petite dans d'autres. Cette efpéce de piéce que
les Auteurs ont appellée l'écuffon (fcutellum), regarde
par fa bafe le corcelet, & par fon fommet la future des
étuis. Ce nom de future a été donné à cette ligne produite
par la réunion des deux étuis, parce qu'elle femble former une efpéce de couture.

Tous ces infectes font du nombre de ceux qui paffent
fucceffivement par différens états, ou différentes métamorphofes. D'abord tous naiffent d'un œuf, aucun n'eft
vivipare : de cet œuf fort la larve de l'infecte à étuis. En
général cette larve reffemble à un efpéce de vers. Sa tête
eft écailleufe, dure & un peu brune : on y remarque deux

grands yeux, des machoires affez fortes qui lui font très-néceffaires, puifque c'eft fous cette forme que l'infecte mange le plus, & fouvent deux courtes antennes compo-fées de plufieurs piéces, mais bien différentes de celles que l'infecte doit avoir par la fuite. Le refte du corps de la larve eft mol, affez fouvent blanchâtre, quelquefois rou-geâtre ou bleuâtre & compofé de plufieurs anneaux, fou-vent au nombre de treize. Les premiers de ces anneaux renferment la partie qui fera par la fuite le corcelet de l'infecte parfait : auffi eft-ce à ces anneaux que font atta-chées les fix pattes dont font fournies ces efpéces de larves.

Leurs ftigmates font fort apparens ; ils font au nombre de dix huit, neuf de chaque côté. On en obferve ordinai-rement deux fur le premier anneau qui fuit immédia-tement la tête : le fecond & le troifiéme anneau n'en ont point, mais tous les autres en ont deux, à l'exception des deux derniers anneaux. Ces premiers ftigmates du premier anneau, répondent à ceux qui feront dans la fuite au cor-celet de l'infecte parfait, & les autres plus éloignés qui font fur les huit autres anneaux, formeront un jour les ftigmates du ventre de l'infecte à étuis.

Ces larves font fouvent lourdes & pareffeufes, mais en récompenfe elles mangent & dévorent confidérablement. Il y en a cependant de plus actives : ce font celles qui vivent dans l'eau : ces dernieres courent avec agilité, ce qui leur étoit néceffaire pour attraper leur proie, & fe fai-fir des autres infectes dont elles font leur nourriture ; au lieu que les premieres qui mangent les racines & les plan-tes, naiffent ordinairement au milieu de l'aliment qui leur eft convenable.

Toutes ces larves changent plufieurs fois de peau & reftent fous cette forme plus ou moins de tems. On a obfervé que quelques-unes, comme celles des hannetons & de quelques autres fcarabés, reftent dans cet état pen-dant trois ans entiers, & que ce n'eft que la quatriéme année qu'elles achevent leurs métamorphofes.

Lorfque

Lorfque ce tems eft venu , elles quittent leur derniere peau & paroiſſent ſous la forme d'une nymphe. Cette nymphe eft du nombre de celles dans leſquelles on apperçoit diftinctement toutes les parties de l'infecte qui en doit ſortir ; ſa tête , ſes antennes , ſes yeux , ſes pattes , ſon ventre , tout eft très-reconnoiſſable. Seulement les aîles & leurs étuis font courts , chiffonnés , & au lieu d'être étendus fur le dos comme ils le feront par la fuite , ils font repliés vers le devant ou le deſſous de l'infecte. Cette nymphe dans les commencemens eft tendre , molle & blanche ; peu à peu elle acquiert de la confiftance & une couleur plus brune , & enfin lorfqu'elle eft parvenue à ſa perfection , elle ſe tire d'une enveloppe tranſparente , dans laquelle toutes ſes parties étoient renfermées , comme la main & les doigts le font dans un gant , & elle paroît ſous la figure d'un infecte parfait.

Comme ces infectes ne font point de coques , ils ont foin de mettre leurs nymphes à l'abri , foit en terre , foit dans des troncs d'arbres , foit fous des écorces : leurs larves qui font tendres & délicates , font auſſi très-fouvent cachées dans de pareils endroits ; c'eft pour cette raifon qu'on ne rencontre pas fréquemment les larves & les nymphes des infectes à étuis qui font cependant très-communs.

Quoique nous donnions cette métamorphofe comme celle des infectes à étuis en général , il en faut excepter quelques-uns dont les étuis font mols & qui femblent tenir le milieu entre les infectes de cette fection & ceux de la fuivante. Ce font les grillons , les fauterelles & quelques infectes qui en approchent : ceux-ci reſſemblent aux punaifes pour la forme de leurs larves , qui ne diffèrent des infectes parfaits qu'en ce qu'elles n'ont point d'aîles. Leurs nymphes tiennent le milieu entre ces deux états ; elles ont des boutons dans lefquels les aîles futures font enveloppées , des efpéces de moignons d'aîles qui ſe développent par la fuite lorfque l'animal devient infecte parfait.

Tome I.   H

Cette gradation par laquelle la section des coleopteres se rapproche de la suivante , est une preuve de ce que nous avons avancé dans le Discours préliminaire , & fait voir de plus en plus que tous les corps de la nature ne forment qu'un seul genre , qui s'éloigne peu à peu par des nuances insensibles , qui confondent & joignent ensemble les regnes , les classes & les genres différens , & les rapprochent les uns des autres.

Nous allons maintenant exposer dans une seule Table , l'ordre méthodique sous lequel sont rangés tous les genres des insectes à étuis qui forment cette premiere section ; après quoi nous entrerons dans le détail de chaque genre en particulier.

ARTICLES.   ORDRES.   GENRES.   CARACTERES.

LES COLEOPTERES, ou Insectes à étuis, ont...

ARTICLE PREMIER, Où leurs étuis durs, qui couvrent tout le ventre & leurs tarses... ont...

ORDRE PREMIER, Où 5 articles à toutes les pattes, tels que...

GENRES	CARACTERES
Le Cerf-volant	Antennes en peigne à l'extrémité d'un feul côté.
La Panache	Antennes en peigne tout du long d'un feul côté.
Le Scarabé	Antennes en maffe à feuillets ; écuffon entre les étuis.
Le Boufier	Antennes en maffe à feuillets ; point d'écuffon entre les étuis.
L'Efcarbot	Antennes en maffe folide, coudées dans leur milieu : tête renfoncée dans le corcelet.
Le Dermefte	Antennes en maffe perfoliée (ou compofée de lames enfilées dans leur milieu) & dont le dernier article forme un bouton : étuis fans rebords.
La Vrillette	Antennes prefqu'en maffe, dont les trois derniers articles font plus longs que les autres.
L'Anthrene	Antennes droites en maffe folide, un peu applatie.
La Caffide	Antennes plus groffes, & un peu perfoliées par le bout : corcelet conique & fans rebords.
Le Boucler	Antennes plus groffes & un peu perfoliées par le bout : corcelet & étuis bordés.
Le Richard	Antennes courtes en fcie : corcelet uni & fimple en-deffous : groffe tête renfoncée à moitié dans le corcelet.
Le Taupin	Antennes en fcie, ou en filets, qui fe logent dans une rainure formée en-deffous de la tête : corcelet terminé en-deffous par une pointe reçue dans une cavité du ventre.
Le Bupreste	Antennes filiformes : appendice confidérable à la bafe des cuiffes poftérieures.
La Bruche	Antennes filiformes : corcelet arrondi en boffe : corps fphérique, convexe en-deffus.
Le Ver-luifant	Antennes filiformes : tête cachée par un large rebord du corcelet : côtés du ventre pliffés en papilles.
La Cicindele	Antennes filiformes : corcelet applati & bordé : tête découverte : étuis flexibles.
L'Omalife	Antennes filiformes : corcelet applati à quatre angles, dont les deux poftérieures finiffent en pointes aigues.
L'Hydrophile	Antennes en maffe perfoliée, plus courtes que les antennules : pattes en nageoires.
Le Dytique	Antennes filiformes, plus longues que la tête : pattes en nageoires.
Le Gyrin	Antennes roides & plus courtes que la tête : pattes en nageoires : quatre yeux.

ORDRE SECOND, Où 4 articles à toutes les pattes, tels que...

La Méloïonne	Antennes en fcie, poffée devant les yeux.
Le Prione	Antennes en fcie, dont l'œil entoure la bafe.
Le Capricorne	Antennes qui vont en diminuant de la bafe à la pointe, & dont l'œil entoure la bafe : corcelet armé de pointes.
La Lepture	Antennes qui vont en diminuant de la bafe à la pointe, & dont l'œil entoure la bafe : corcelet nud & fans pointes.
Le Sténocore	Antennes qui vont en diminuant de la bafe à la pointe, poffées devant les yeux : étuis plus étroits par le bout.
Le Lupere	Antennes filiformes à longs articles : corcelet plat & bordé.
Le Gribouri	Antennes filiformes à articles longs : corcelet hémifphérique & en boffe.
Le Crioccre	Antennes cylindriques à articles globuleux : corcelet cylindrique.
L'Altife	Antennes d'égale groffeur tout du long : cuiffes poftérieures groffes prefque fphériques.
La Galeruque	Antennes d'égale groffeur par-tout, à articles prefque globuleux : corcelet raboteux & bordé.
La Chryfomele	Antennes plus groffes vers le bout, à articles globuleux : corcelet uni & bordé.
La Milabre	Antennes plus groffes vers le bout, à articles hémifphériques, poffées fur une trompe courte & large : quatre antennules à l'extrémité de la trompe.
Le Becmare	Antennes en maffe toutes droites, poffées fur une longue trompe.
Le Charanfon	Antennes en maffe coudées dans leur milieu, & poffées fur une longue trompe.
La Bofriche	Antennes en maffe compofée de trois articles, poffées fur la tête fans trompe : corcelet cubique dans lequel eft cachée la tête : tarfes nuds & épineux.
Le Clairon	Antennes en maffe compofée de trois articles, poffées fur la tête fans trompe : corcelet prefque cylindrique fans rebords : tarfes garnis de pelotes.
L'Attelabe	Antennes en maffe compofée de trois articles, poffées fur la tête fans trompe : corcelet large & bordé : tarfes garnis de pelotes.
Le Scolite	Antennes en maffe folide d'une feule piéce : tête fans trompe.
La Caffide	Antennes plus groffes vers le bout & à gros articles : corcelet & étuis bordés : tête cachée fous le corcelet.
L'Anilpe	Antennes qui vont en groffiffant vers le bout : écuffon imperceptible : corcelet plat, uni & fans rebords.

ORDRE TROISIEME, Où 5 articles à toutes les pattes, tels que...

| La Coccinelle | Antennes à gros articles, plus groffes vers le bout, & plus courtes que les antennules : corps hémifphérique. |
| La Ténebre | Antennes plus groffes vers le bout, & beaucoup plus longues que les antennules : corps allongé. |

ORDRE QUATRIEME, Où 5 articles aux deux premieres paires de pattes, & 4 feulement à la derniere, tels que...

La Diapere	Antennes en forme d'if, à articles femblables à des lentilles enfilées par leur centre : corcelet convexe & bordé.
La Cardinale	Antennes en peigne d'un côté : corcelet raboteux & non bordé.
La Cantharide	Antennes filiformes : deux filets à la queue : trois petits yeux liffes.
Le Ténébrion	Antennes filiformes : corcelet uni & bordé.
La Mordelle	Antennes un peu en fcie, à articles triangulaires : corcelet convexe, plus étroit en-devant.
La Cucuíle	Antennes filiformes : corcelet armé d'une appendice qui revient en-devant en forme de capuchon.
La Cérocome	Antennes dont le dernier article plus gros forme la maffe (pliées & pectinées dans leur milieu dans les mâles.)

ARTICLE SECOND, Où leurs étuis durs, qui ne couvrent qu'une partie du ventre, & leurs tarfes, ont...

ORDRE PREMIER, Où 5 articles à toutes les pattes, tels que...

| Le Staphylin | Antennes filiformes : ailes cachées fous les étuis : extrémité du ventre nue & fans défenfe. |

ORDRE SECOND, Où 4 articles à toutes les pattes, tels que...

| La Nécydale | Antennes filiformes : ailes nues. |

ORDRE TROISIEME, Où 5 articles à toutes les pattes, tels que...

| Le Perce-Oreille | Antennes filiformes : ailes cachées fous les étuis : extrémité du ventre armée de pinces. |

ORDRE QUATRIEME, Où 4 articles aux 2 premieres paires de pattes, & 4 feulement à la derniere, tels que...

| Le Procrufte | Antennes groffes au milieu, qui vont en diminuant vers la bafe & le bout : point d'ailes. |

ARTICLE TROISIEME, Où leurs étuis mols, & comme membraneux, & leurs tarfes, ont...

ORDRE PREMIER, Où 5 articles aux premieres paires de pattes, & 4 feulement à la derniere, tels que...

| La Blatte | Antennes filiformes : deux longues véficules poffées aux côtés de l'anus, & ridées tranfverfalement. |

ORDRE SECOND, Où 5 articles à toutes les pattes, tels que...

| Le Tripe | Antennes filiformes : bouche formée par une fimple fente longitudinale : tarfes garnis de véficules. |

ORDRE TROISIEME, Où 5 articles à toutes les pattes, tels que...

| Le Grillon | Antennes filiformes : deux filets à la queue : trois petits yeux liffes. |
| Le Criquet | Antennes filiformes plus courtes que moitié que le corps : trois petits yeux liffes. |

ORDRE QUATRIEME, Où 4 articles à toutes les pattes, tels que...

| La Sauterelle | Antennes filiformes plus longues que le corps : trois petits yeux liffes. |

ORDRE CINQUIEME, Où 5 articles à toutes les pattes, tels que...

| La Mante | Antennes filiformes. |

ARTICULI	ORDINES.	GENERA.	CARACTERES.

COLEOPTERA Insecta sunt vel ....

ARTICULUS PRIMUS. Coleoptris integra dietis.

ORDO PRIMUS. Tarsorum articuli quinque ....

- Antennæ in extremo uno versù pectinatæ.
- Antennæ secundùm totam longitudinem uno versù pectinatæ.
- Antennæ clavatæ, clava lamellata: scutellum inter elytrorum origines.
- Antennæ clavatæ, clava lamellata: scutellum inter elytrorum origines nullum.
- Antennæ clavatæ, clava integra, in medio fractæ: caput intra thoracem.
- Antennæ clavatæ, perfoliatæ, ultimo articulo solido, globoso: elytra non marginata.
- Antennæ articulis tribus ultimis longissimis, semi-clavatæ.
- Antennæ clavatæ integræ, clava solida compressa.
- Antennæ extrorsum crassiores, nonnihil perfoliatæ: thorax conicus, non marginatus.
- Antennæ extrorsum crassiores, nonnihil perfoliatæ: thorax & elytra marginata.
- Antennæ serratæ breves: thorax subtus nudus: caput dimidium intra thoracem, crassum.
- Antennæ serratæ (vel filiformes) intra capitis cavitatem subtus receptæ: thorax subtus aculeo, intra cavitatem abdominis recepto donatus.
- Antennæ filiformes: trochantere magnus, seu appendix ad basim femorum posteriorum.
- Antennæ filiformes: thorax subrotundus gibbus: caput sphæroideum dorso convexo.
- Antennæ filiformes: caput clypeo thoracis marginato reclum: abdominis latera plicato-papillosa.
- Antennæ filiformes: thorax planus marginatus: caput deorsum: elytra flexilia.
- Antennæ filiformes: thorax planus tetragonus, angulis posterioribus in spinam productis.
- Antennæ clavatæ perfoliatæ, antennulis brevioribus: pedes natatorii.
- Antennæ filiformes, capite longiores: pedes natatorii.
- Antennæ rigidæ, capite breviores: pedes natatorii: oculi quatuor.
- Antennæ serratæ, ante oculos positæ.
- Antennæ serratæ, in oculo positæ.
- Antennæ à basi ad apicem decrescentes in oculo positæ: thorax aculeatus.
- Antennæ à basi ad apicem decrescentes in oculo positæ: thorax inermis.
- Antennæ à basi ad apicem decrescentes ante oculos positæ: elytra apice angustiora.
- Antennæ filiformes articulis longis: thorax planus marginatus.
- Antennæ filiformes articulis longis: thorax gibbus, hemisphæricum.
- Antennæ cylindraceæ articulis globosis: thorax cylindraceus.

ORDO SECUNDUS. Tarsorum articuli quatuor ....

- Antennæ ubique æquales: femora postica crassa subglobosa.
- Antennæ ubique æquales, articulis subglobosis: thorax inæqualis, scaber, marginatus.
- Antennæ à basi ad apicem crescentes, articulis globosis: thorax æqualis, marginatus.
- Antennæ sensim crescentes, articulis hemisphæricus, rostro brevi plano insidentes: antennulæ quatuor in extremo rostri.
- Antennæ clavatæ integræ, rostro longo insidentes.
- Antennæ clavatæ, clava ex articulis tribus composita, capiti insidentes: rostrum nullum: thorax cubicus: caput intra se recondens: tarsi nudi spin...
- Antennæ clavatæ, clava ex articulis tribus composita, capiti insidentes: rostrum nullum: thorax (subcylindraceus) non marginatus: tarsi spong...
- Antennæ clavatæ, clava ex articulis tribus composita, capiti insidentes: rostrum nullum: thorax latus marginatus: tarsi spongiosi...
- Antennæ clavatæ, clava solida: rostrum nullum.

ORDO TERTIUS. Tarsorum articuli tres ....

- Antennæ extrorsum crassiores, nodosæ: thorax & elytra marginata: caput thoracis rectum.
- Antennæ filiformes sensim crescentes: scutellum vix apparens: thorax planus, lævis, non marginatus.
- Antennæ extrorsum crassiores, nodosæ, antennulis brevioribus: corpus hemisphæricum.
- Antennæ extrorsum sensim crassiores, antennulis longiores: corpus oblongum.
- Antennæ tenuiores, articulis hemiformibus per centrum perfoliatis: thorax convexus marginatus.
- Antennæ uno versù pectinatæ: thorax inæqualis, scaber, non marginatus.
- Antennæ filiformes: thorax inæqualis, scaber, non marginatus.
- Antennæ filiformes: thorax planus, marginatus.
- Antennæ subserratæ, articulis triangularibus: thorax antice attenuatus, convexus.
- Antennæ filiformes: thorax cucullatus, dente acuto.
- Antennæ ultimo articulo clavato, (maxillis complicatæ, in medio pectinatæ.)
- Antennæ filiformes: alæ tectæ: abdomen latum.

ARTICULUS SECUNDUS. Coleoptris dimidiatis ditis ....

ORDO PRIMUS. Tarsorum articuli quinque ....

- Antennæ filiformes: alæ nudæ.

ORDO SECUNDUS. Tarsorum articuli quatuor ....

- Antennæ filiformes: alæ rectæ: abdomen forficibus armatum.

ORDO TERTIUS. Tarsorum articuli tres ....

- Antennæ à medio ad basim & apicem decrescentes: alæ nullæ.

ORDO QUARTUS. Tarsorum primi & secundi pedum paris articuli ti, pedum verò posteriorum articuli quatuor. ....

ARTICULUS TERTIUS. Coleoptris mollibus membranaceis ....

ORDO PRIMUS. Tarsorum primi & secundi pedum paris articuli quinque, pedum verò posteriorum articulis quatuor. ....

- Antennæ filiformes: ad uni latera appendices vesiculosi, transversim foleati.

ORDO SECUNDUS. Tarsorum articuli duodum ....

- Antennæ filiformes: os simuld longitudinali: tarsi vesiculosi.

ORDO TERTIUS. Tarsorum articuli tribus ....

- Antennæ filiformes: capuda biforme: ocelli tres.

ORDO QUARTUS. Tarsorum articuli quatuor ....

- Antennæ filiformes, corpore dimidio breviores: ocelli tres.

ORDO QUINTUS. Tarsorum articuli quinque ....

- Antennæ filiformes, corpore longiore: ocelli tres.
- Antennæ filiformes.

ARTICLE PREMIER

DE LA PREMIERE SECTION.

Inſectes à étuis durs , qui couvrent tout le ventre.

ORDRE PREMIER.

Inſectes qui ont cinq articles à toutes les pattes.

PLATYCERUS. *Scarabæi ſpec. linn.*

LE CERF-VOLANT.

Antennæ in extremo uno verſu pectinatæ.	Antennes en peigne à l'extrémité, d'un ſeul côté.
Familia 1ª. Antennis fractis.	1°. Famille à antennes coudées.
——— 2ª. *Antennis integris.*	2°. ——— à antennes entiéres.

LE nom de *platycerus* a été donné à ce genre , à cauſe de ces grandes cornes mobiles & branchues , que porte à ſa tête la premiere eſpéce de ces inſectes. On l'a appellée *platycerus* , inſecte à larges cornes : c'eſt par la même raiſon qu'en françois on a nommé ces inſectes *cerfs-volans* , à cauſe de la reſſemblance que ces cornes paroiſſent avoir avecles bois des cerfs.

Le caractere eſſentiel de ce premier genre d'inſectes à étuis, eſt d'avoir le bout des antennes formé en peigne , mais ſeulement d'un côté. Ces antennes ſont compoſées de onze articles , dont les quatre derniers ont ſur le côté un prolongement, ce qui repréfente affez bien les dents d'un peigne. Ces quatre derniers articles font plus gros que les autres, enforte que l'extrémité de l'antenne qui en eft formée, eft plus groffe que le refte de fon corps, & que fa figure approche de celle d'une maffe ou maffue, dont le bout eft plus gros.

Nous avons diftingué & divifé ce genre en deux familles par rapport à la forme des antennes. La premiere comprend ceux de ces infectes, dont les antennes forment un coude & font pliées dans leur milieu. Dans ces cerfs-volans, la premiere piéce de l'antenne eft fort longue, elle en forme à elle feule la moitié. Au bout de ce long article, l'antenne fe coude, & les autres anneaux beaucoup plus courts, forment avec le premier un angle obtus. La feconde famille comprend les cerfs-volans, dont les antennes font droites & ne forment point un angle dans leur milieu : dans ces derniers, la premiere piéce des antennes n'eft guères plus longue que les autres. Nous n'avons autour de Paris qu'un feul infecte de cette feconde famille, c'eft le dernier de ce genre que nous avons appellé la *chevrette brune*.

Tous ces infectes viennent d'une groffe larve hexapode, blanche, à tête brune, écailleufe, telle que celle que nous avons décrite, en parlant des infectes à étuis en général. Cette larve fe loge dans l'intérieur des vieux arbres, les ronge, les réduit en une efpéce de tan, dans lequel elle fe transforme, devient chryfalide, & enfin animal parfait. On trouve quelquefois ces larves dans les creux d'arbres pourris & percés de tous côtés, & c'eft autour de ces mêmes arbres qu'on voit roder & voler, particuliérement fur le foir, l'infecte parfait, qui va y dépofer fes œufs.

Les efpéces de ce genre font les fuivantes.

※

PREMIERE FAMILLE.

1. PLATYCERUS *fuscus*, cornubus duobus mobilibus, apice bifurcis, intùs ramo denticulifque inftructis. planch. 1, fig. 1.

Mouffet. theatr. pag. 148. Cervus volans.
Aldrov. inf. pag. 451. fig. 1.
Jonft. inf. tab. 13. Scarabæus, 2. f. 1. 2.
Charlet. onom. 46. Cervus volans platyceros.
Merret. pin. p. 101. Cervus volans.
Olear. muf. pag. 27, *tab.* 16, *f.* 5. Taurus volans.
Dal. pharmacop. pag. 398. Scarabæus cornutus.
Raj. inf. pag. 74, *n.* 2. Scarabæus maximus platyceros, taurus nonnullis aliis cervus volans.
Linn. faun. fuec. n. 337. Scarabæus cornibus duobus mobilibus æqualibus apice bifurcis: introrfum ramo denticulifque inftructis.
Linn. fyft. nat. Edit. 10, *n.* 58. Scarabæus maxillofus, maxillis exfertis apice bifurcatis.
Rofel inf. vol. 1, *tab.* 4. & *tab.* 5, *fig.* 7, 9. Scarab. terreftr. claffis. 1.

Le grand cerf-volant.
Longueur 21 lignes. *Largeur* 7 lignes.

Cet infecte le plus grand de tous ceux de ce Pays-ci, & le plus fingulier pour fa forme, eft très-reconnoiffable par deux grandes cornes mobiles, qu'il porte à fa tête, & qui lui ont fait donner fpécialement le nom de cerf-volant. Ces cornes larges & applaties qui font le tiers de la longueur de l'infecte, ont au milieu, vers leur partie intérieure, une petite branche, & à leur extrémité elles fe bifurquent & fe divifent en deux : elles ont outre cela plufieurs petites dents dans toute leur longueur. La tête qui foutient ces cornes eft fort irréguliere, très-large & courte : le corcelet eft un peu moins large que la tête & le corps, & il eft bordé à fa circonférence : les étuis font fort unis, fans ftries ni raies. Tout l'animal eft d'une couleur brune foncée : on le trouve communément fur le chêne : il eft affez rare autour de Paris, & quoique ce foit le plus grand des infectes à étuis que l'on trouve ici, il eft bien plus petit que ceux de la même efpéce qui fe rencontrent dans les Pays où il y a beaucoup de bois : cet animal est fort & vigoureux, & l'on doit éviter ses cornes avec lesquelles il pince fortement.

2. PLATYCERUS *fuscus, elytris lævibus, capite lævi.*

Raj. inf. pag. 75, *n.* 3. Scarabæus platyceros totus niger, cornibus brevibus, unicum tantum ramum emittentibus, corpore oblongo & velut parallelogrammo.

Linn. faun. fuec. n. 338. Scarabæus maxillis lunulatis prominentibus dentatis, thorace inermi.

Rofel. inf. vol. 2, *tab.* 5, *fig.* 8. Scarab. terreftr. claff. 1.

La grande biche.
Longueur 16 lignes. Largeur 6 lignes.

Cet animal ressemble beaucoup au précédent ; quelques personnes même ont cru qu'il n'en différoit que par le sexe, prenant celui-ci pour la femelle, & le cerf-volant pour le mâle : mais quoiqu'ils se ressemblent beaucoup pour la forme, la grandeur & la couleur ; il est prouvé que ces insectes sont de différentes espéces, & ne différent pas seulement par le sexe, ayant rencontré plusieurs fois des biches accouplées ensemble, & jamais avec des cerfs-volans. D'ailleurs, outre ces grandes cornes qui leur manquent, la forme du corcelet n'est pas la même dans les uns & les autres, il est plus large dans les biches : mais sur-tout ces dernieres différent du genre précédent par la conformation de leur tête. La larve de la grande biche se trouve dans les troncs des vieux frênes à demi pourris, & c'est aux environs de ces arbres qu'on rencontre souvent cet insecte.

3. PLATYCERUS *niger, elytris lævibus, capitis puncto duplici prominente.*

Linn. fyft. nat. edit. 10, *n.* 62. Scarabæus maxillofus depreffus niger, maxillis dente laterali elevato.

La petite biche.
Longueur 9 lignes. Largeur 4 lignes.

La petite biche reſſemble beaucoup à la grande , & je
l'ai priſe pendant long-tems pour une variété ; elle paroît
ſeulement plus petite d'environ moitié : mais outre la
couleur qui eſt noire & matte dans celle-ci , tandis qu'elle
eſt brune dans la précédente , j'ai enfin obſervé une autre
marque ſpécifique de cet inſecte : ce ſont deux points
élevés , liſſes , qui ſe trouvent à côté l'un de l'autre ſur le
milieu de la tête dans les mâles ſeulement , & qui ne ſont
point dans la grande biche. Cet animal ſe trouve comme
les précédens dans les troncs d'arbres pourris : il n'eſt pas
rare.

4. PLATYCERUS *violaceo-cœruleus , elytris lævi-bus.*

Linn. ſyſt. nat. edit. 10 , *n.* 63. Scarabæus maxilloſus , maxillis lunulatis ,
thorace marginato.
Vddm. Diſſert. n. 40. carabus cœruleſcens.

La chevrette bleue.
Longueur 5 *lignes. Largeur* 2 *lignes.*

Ce joli cerf-volant eſt tout bleu , tirant un peu ſur
le violet : ſes antennes ſont les mêmes en petit que celles
des eſpéces précédentes : ſes machoires avançent & débordent la tête , & leur côté intérieur eſt dentelé : ſon corcelet a un rebord bien marqué : ſes étuis ſont allongés &
de la même forme que ceux du grand cerf-volant : ils ſont
chagrinés & le corcelet vû à la loupe , paroît ponctué.

N. B. Nous avons une variété de cette eſpéce qui en
différe par quelques endroits : 1°. elle eſt un plus large ;
2°. ſa couleur eſt verte en deſſus ; 3°. le deſſous eſt d'un
brun fauve ainſi que les pattes. Tout le reſte eſt ſemblable : on pourroit l'appeller la *chevrette verte.*

Seconde Famille.

5. PLATYCERUS *fuscus*, *elytris striatis*.

La chevrette brune.

Longueur 3 ¼ *ligne.* Largeur 1 ⅓ *ligne.*

Cette petite efpéce de cerf-volant eft toute brune : fes machoires font fort prominentes & divifées à leur bout en deux petites pointes aigues, outre une dent peu faillante qu'elles ont dans leur milieu : fon corcelet large, peu bordé, eft terminé quarrément vers la tête & arrondi du côté des étuis, ce qui lui donne une forme affez finguliere. Vû à la loupe, il paroît ponctué, ainfi que la tête, au lieu que les étuis font ponctués & ftriés, ce qui eft particulier à cette efpéce : elle commence à s'éloigner un peu des précédentes, en ce que fes antennes ne font point coudées dans leur milieu & n'ont point la premiere piéce allongée comme dans les autres cerfs-volans & que de plus les feuillets latéraux du bout de l'antenne font moins longs & moins marqués. Les tarfes paroiffent à la premiere vûe n'avoir que quatre piéces, la premiere qui eft fort courte, étant prefqu'entiérement cachée dans l'articulation de la jambe.

PTILINUS.

LA PANACHE.

Antennæ fecundum totam   Antennes en peigne tout
longitudinem uno verfu pec-   du long d'un feul côté.
tinatæ.

La panache a été ainfi nommée à caufe de la forme de fes antennes, qui repréfentent une efpéce de panache : c'eft auffi ce que fignifie le nom latin *ptilinus*. Ces antennes font compofées de onze articles, dont les deux premiers,

miers,

miers, les plus proches de la tête font fimples, tandis que les neuf autres ont chacun fur le côté une longue appendice; enforte que toute l'antenne femble garnie de longues dents d'un côté, & imite la forme d'un peigne, ou pour mieux dire d'une panache.

Les larves de ces infectes fe logent dans le bois, dans les troncs d'arbres, où elles forment des petits trous ronds & profonds. C'eft dans ces mêmes trous qu'elles fubiffent leurs métamorphofes, jufqu'à ce que devenues infectes parfaits, elles en fortent, prennent leur effor & aillent voler fur les fleurs où on rencontre quelquefois la panache.

Nous ne connoiffons autour de Paris que deux efpéces de ce genre, fçavoir:

1. PTILINUS *atro-fufcus, thorace convexo, pedibus antennifque pallidis.*

Linn. *fyft. nat. edit.* 10, *n.* 4. Dermeftes, fufcus, antennis luteis pennatis.

La panache brune.
Longueur 2 lignes. Largeur 1 ligne.

Cette efpéce a beaucoup de rapport avéc certains dermeftes & encore plus avec les vrillettes: elle eft oblongue, noirâtre, à l'exception des pattes & des antennes qui font pâles: fes antennes font fort jolies, branchues & comme en peigne, mais d'un feul côté: fon corcelet eft en boffe, & cet animal retire fa tête fous fon corcelet, & fes pieds fous fon ventre, dès qu'on le touche, reftant tellement immobile qu'on le croiroit mort. Il fait fa demeure ordinaire dans les vieux troncs de faule, qu'il perce d'une quantité de petits trous ronds: c'eft dans ces endroits qu'il faut le chercher: on y trouve, ou l'animal parfait prêt à fortir, ou la larve qui le doit produire, fuivant la faifon.

2. PTILINUS *niger*, *fubvillofus*, *thorace plano mar-*
ginato, *elytris flavis mollioribus*. planch. 1, fig. 2.

'*La panache jaune.*

Longueur 1 ½ *lignes.*   *Largeur* 1 *ligne.*

On feroit d'abord tenté de prendre cet infecte pour une
cicindele, fi ce n'étoit la forme de fes antennes. Je crois
même que c'eft lui que M. Linnœus a voulu défigner,
pag. 403, n. 26, de fa dixiéme édition de fon *Syftema*
Naturæ, parmi fes cantharides. Tout fon corps eft noir, à
l'exception des étuis qui font jaunes : fon corcelet n'eft
guères plus long que large & eft un peu marginé, ce qui,
joint à la fléxibilité de fes étuis, lui donne un faux air
de notre cicindele : mais outre les antennes qui font très-
différentes, il n'a point un autre caractere de cette derniere,
ce font les efpéces de papilles que forment les côtés du
ventre des cicindeles, & qui ne fe voyent point dans
la panache jaune. Tout l'infecte eft un peu velu, on
le trouve affez communément fur les fleurs.

SCARABÆUS.

LE SCARABÉ.

'*Antennæ clavatæ*, *clavâ* *lamellatâ*; *fcutellum inter* *elytrorum origines.*	Antennes à maffe en feuil-lets; écuffon entre les étuis.
Familia 1ᵃ. *Antennarum la-mellis feptem.*	1°. Famille : à fept feuillets aux antennes.
———— 2ᵃ. *Antennarum la-mellis tribus.*	2°. ———— à trois feuillets aux antennes.

Nous avons appliqué & réduit à ce feul genre le nom de
fcarabé, que plufieurs Auteurs ont autrefois donné in-
diftinctement à tous les infectes à étuis. Le caractere effentiel de ce genre eft d'avoir les antennes en maffe, c'eft-à-

dire terminées par un bout plus gros que le reste de l'antenne. Cette masse ou extrémité, est composée de plusieurs lames ou feuillets, que l'insecte peut resserrer ou ouvrir, à peu près comme les feuillets d'un éventail. Un autre caractere est d'avoir entre leurs étuis, à leur origine, cette petite partie triangulaire que nous avons appellée l'écusson; & c'est par ce caractere que ce genre diffère du suivant, qui a des antennes semblables, mais dans lequel l'écusson manque. Nous aurions pu réunir ces deux genres qui différent peu, mais comme celui-ci se trouve déja chargé d'un grand nombre d'espéces, nous avons mieux aimé les séparer pour faciliter l'ordre & la méthode. Nous avons de plus divisé le genre des scarabés en deux familles, suivant le nombre des feuillets qui composent la masse des antennes. Dans la premiere famille sont les scarabés qui ont sept feuillets aux antennes; cette famille est la moins nombreuse. La seconde renferme tous les autres qui ont seulement trois feuillets aux antennes.

Les larves de ces insectes ressemblent toutes à ces gros vers blancs dont nous avons déja parlé, qui donnent le moine & le hanneton, deux des espéces de ce genre, & que l'on trouve dans le tan & dans la terre : mais toutes ces larves n'habitent pas les mêmes endroits. Les unes, comme nous le disons, viennent dans la terre, c'est le plus grand nombre; d'autres vivent dans les bouzes de vache & les autres excrémens d'animaux; quelques-unes sont aquatiques & se trouvent dans les eaux. C'est dans ces différens endroits que ces larves croissent & subissent leurs métamorphoses. Quelques-unes des plus grosses, telles que celles du hanneton, du moine, &c. sont deux ans entiers & même trois sous cette forme de larve, avant que de prendre celle de chrysalide & de devenir animal parfait, d'autres plus petites achevent tous leurs changemens dans le cours de la même année.

Parmi ces insectes devenus parfaits, quelques-uns offrent des particularités dignes de remarque. Trois espé-

I ij

ces de fcarabés, fçavoir le foulon, le fcarabé à tarriere & l'écailleux violet, ont le corps chargé d'écailles farineufes femblables à la pouffiere qu'on obferve fur les aîles des papillons & des phalênes. Ces écailles diverfement colo-rées, forment des taches de différentes couleurs fur l'in-fecte, & non-feulement fur fon corps, mais fur fes étuis & toutes fes autres différentes parties. Une de ces trois efpéces, le fcarabé à tarriere a une autre particularité; c'eft une longue tarriere fine pofée à l'extrémité du ventre, qui ne fe trouve que dans les femelles & qui leur fert à dépofer leurs œufs dans les vieux bois.

Une autre efpéce appellée le moine, a au con-traire une corne à la tête qui ne fe voit que dans les mâles, & dont il n'eft pas aifé de découvrir l'ufage. Enfin une derniere efpéce, connue fous le nom de phalangifte, a de longues pointes au corcelet, qui fe trouvent égale-ment dans les mâles & dans les femelles. Toutes ces fin-gularités rendent ces différentes efpéces remarquables & intéreffantes, & dédommagent en partie un curieux du tort que plufieurs fcarabés font aux fleurs, aux feuilles & aux racines des arbres.

PREMIERE FAMILLE.

1. SCARABÆUS *capite unicorni recurvo, thorace gibbo, abdomine hirfuto. Linn. faun. fuec. n.* 340.

Linn. *fyftema nat. edit.* 10, *n.* 7. Scarabæus thorace tuberculo triplici, capitis cornu recurvato.
Olear. muf. 27, t. 16, f. 4. Scarabæus naficornis.
Jonft. inf t. 14, n. 12. Scarabæus buceros naficornis.
Imperat. alt. p. 694. Scarabæus rhinoceros. f. 1, 2, 3.
Barthol. unic. p. 54. Scarabæus monoceros.
Frifc. v. 3, p. 6, t. 3, f. 1. Scarabæus naficornis.
Swamerd. bibl. nat. t. 27, f. 1, 2.
Rofel. inf. vol. 2, tab. 6 & 7. Scarab. terreftr. claff. 1.

Le moine.
Longueur 15 lignes. *Largeur 9 lignes.*

Cette premiere efpéce de fcarabé fe reconnoît aifément

par la corne qu'elle porte sur sa tête, & qui l'a fait nommer par plusieurs Auteurs *rhinoceros*. Son corcelet n'est pas moins singulier & irrégulier : il s'éleve sur le derriere & forme une éminence transverse à trois angles. Cette éminence est bien moins considérable dans la femelle, qui n'a point non plus la corne de la tête. Tout le corps de l'animal est d'un brun châtain, ses étuis sont lisses & son ventre est un peu velu. On trouve en grande quantité dans les couches des jardins & potagers & dans le bois pourri cet insecte, ainsi que sa larve, qui ressemble tout-à-fait à celle du hanneton connue sous le nom de vers blanc.

2. SCARABÆUS *antennarum lamellis maximis, corpore nigro, squamis albis, varie maculato.*

Charlet. onom. 46. fullo.
Mouffet. inf. p. 160, f. 4. fullo.
Aĉt. n. curiof. dec. 2. ann. 6, obser. 239. Scarabæus pictus.
Frisch. v. 11, p. 22, t. 1, f. 1. Scarabæus julii, albo maculatus.
Raj. inf. p. 93. Scarabæus fullo plinii.
Linn. faun. fuec. n: 343. Scarabæus antennarum lamellis septenis æqualibus, corpore nigro, elytris maculis albis sparsis.
Linn. syst. nat. edit. 10, n: 46. Scarabæus muticus, antennarum lamellis septenis æqualibus, corpore nigro, albedine irrorato.
Roes. inf. tom. 4, tab. 30.

Le foulon.
Longueur 17 lignes. Largeur 7 lignes.

Ce scarabé un des plus gros & des plus beaux de ce genre, a la tête & le corcelet noir, & les étuis un peu moins foncés & bruns : mais ce qui le rend plus agréable à la vûe, c'est la couleur blanche qui tranche sur ce fond & forme des taches irrégulieres. Ces taches blanches considérées à la loupe, représentent un spectacle fort joli : elles sont composées & formées par quantité de petites écailles blanches qui s'implantent dans des cavités des étuis & du corcelet, & qui ressemblent à ces écailles qui se trouvent sur les aîles des papillons. Au reste ce scarabé n'est pas le seul dont le corps soit ainsi parsemé de ces écailles ; nous en verrons plusieurs autres exemples. Une autre particularité du foulon , ce sont les feuillets de ses antennes qui sont très-longs &· qui égalent la longueur de la tête & du corcelet réunis ensemble , du moins dans les mâles , car ils sont plus courts dans les femelles : le reste de l'antenne est fort court , & composé seulement de trois articles : le dessous de l'animal est velu.

Quoique je n'aye point trouvé ce scarabé autour de Paris , j'ai cru devoir le rapporter ici , tant parce qu'on le trouve communément dans des Provinces qui n'en sont pas éloignées , que parce qu'il se voit dans presque tous les cabinets d'histoire naturelle : ceux que j'ai , me viennent du Languedoc.

3. SCARABÆUS *testaceus , thorace villoso , abdominis incisuris lateralibus albis , cauda inflexa.* Linn. *faun. suec.* 345.

Linn. syst. nat. edit. 10 , n. 43.
Aldrov. ins. p. 454 , *t. superior. f.* 2.
Mouffet. theatr. p. 160 , *f.* 2. Scarabæus arboreus vulgaris.
Merian. lat. v. 1 , p. 2 , *f.* 4.
Goed. belg. v. 1 , p. 178 , *f.* 78. *Gall. tom.* 2 , *tab.* 78.
Goed. list. p. 265 , *f.* 3.
List. loq. p. 379 , *n.* 1. Scarabæus maximus rufus , urhopygio deorsum inflexo.
List. mut. t. 18 , *f.* 16.
Albin. ins. t. 60.
Lewenhoec. arc. natur. 1695 , v. 1 , p. 14 , f. 14. Molitor.
Petiv. gazoph. p. 29 , t. 19 , f. 2. Scarabæus arboreus major castaneus.
Raj. ins. p. 104 , n. 1. Scarabæus arboreus vulgaris major,
Frisch. germ. 4 , p. 20 , t. 14 , *fig. mala.* Scarabæus julii seu vitis.
Jonst. ins. 70 & *Charleton. onom.* 46. Scarabæus arboreus.
Ephemer. nat. cur. decur. 2 , *ann.* 1 , p. 148. Scarabæus majalis foliaceus.
Rosel. ins. vol. 2 , *tab.* 1 , Scarab. terrest. class. 1.

Le hanneton.
Longueur 1 pouce.   Largeur 6 lignes.

Tout le monde connoît assez le hanneton , ainsi nous ne nous étendrons pas beaucoup sur sa description. Sa tête , son corcelet & tout son corps sont d'un brun noirâtre , un peu velus ; ses étuis sont d'un brun plus clair , avec quatre stries élevées & luisantes : mais ce qui caractérise ce scarabé , ce sont ces marques blanches triangulaires qui sont aux côtés de son ventre , une sur chaque anneau , & sa queue longue & recourbée. Roesel, dans son ouvrage intitulé , *Amusement physique sur les Insectes* , prétend établir deux espéces de hannetons , l'une à corcelet noir , l'autre à corcelet brun , mais ces différences de couleurs ne sont que de simples variétés. L'insecte parfait se trouve communément au printems & gâte les feuilles & les fleurs des arbres. Souvent on rencontre les mâles & les femelles accouplés ensemble. Lorsque la femelle a été ainsi fécondée , elle creuse un trou dans la terre à l'aide de ses jambes antérieures qui sont larges , fortes & armées de pointes sur leur bord , elle s'y enfonce à la profondeur d'un demipied & y dépose des œufs oblongs d'un jaune clair. On rencontre quelquefois ces œufs en terre rangés les uns à côté des autres. Après cette ponte la femelle sort de terre & se nourrit encore quelque tems avant que de périr : des œufs qu'elle a déposés , naissent des larves hexapodes , blanches , connues par les Jardiniers sous le nom de *vers blancs* , qui rongent les racines des plantes & même des arbres & les font périr. Ces larves ont des antennes composées de cinq piéces & neuf stigmates de chaque côté , posés de la maniere que nous avons expliquée dans le Discours qui est à la tête de cette section. Elles restent sous cette forme pendant près de quatre ans , & chaque année elles changent au moins une fois de peau : pendant l'hiver elles s'enfoncent en terre à une grande profondeur pour se mettre à l'abri du froid , & demeurent jusqu'au printems sans prendre de nourriture : mais à l'approche de la belle saison, elles remontent vers la surface de la terre. Ce n'est que sur la fin de leur quatriéme année que ces larves se métamorphosent : pour lors vers l'automne elles s'enfoncent en terre , quelquefois à la profondeur d'une brasse , & là elles se construisent chacune une loge lisse & unie , dans laquelle , après avoir quitté leur derniere peau , elles se mettent en chrysalides. La chrysalide reste sous cette forme tout l'hiver , jusqu'au mois de février ; alors elle devient un hanneton parfait ; mais mol & blanchâtre. Ce n'eft qu'au mois de mai que fes parties étant affermies , elle fort de terre & paroît au jour : auffi trouve-t-on fouvent en terre fur la fin de l'hiver des hannetons parfaits , ce qui a fait croire à quelques perfonnes que ces infectes vivoient d'une année à l'autre & paffoient leur hiver en terre pour fe mettre à l'abri du froid. On diftingue aifément les mâles d'avec les femelles par les feuillets des antennes , qui font beaucoup plus grands dans les premiers & par la pointe poftérieure du ventre , qui forme une efpéce de queue plus courte dans les femelles.

DEUXIEME FAMILLE.

4. SCARABÆUS *niger* , *elytris ftriatis* , *thorace an-trorfum tricorni*. planch. 1 , fig. 3.

Mouff. theatr. p. 151. βκκερος vel ταυρόκερος. *fig.* 2.
Raj. inf. p. 103. Scarabæus ovinus fecundus Willergby.
Frifch. germ. 4 , tab. 8.
Petiv. gazoph. tab. 23 , fig. 3.

Le phalangifte.
Longueur 8 lignes. *Largeur* 4 $\frac{1}{2}$ lignes.

La forme de cet infecte , qui n'eft pas commun ici , eft tout-à-fait finguliere. Son corps eft affez large & court , fes étuis ont des ftries longitudinales qui s'effacent peu à peu fur les côtés , fa tête avance affez & fes antennes font très-apparentes. Tout le corps de l'infecte eft noir , à l'exception de quelques poils bruns qui fe trouvent au-deffous du corps : mais ce qui rend cet animal fingulier , c'eft la forme de fon corcelet , dont les deux pointes latérales s'avancent & débordent la tête , ayant une petite éminence fur le côté , tandis que la pointe du milieu eft plus courte & s'éleve un peu. Ces longues cornes avancées , femblent avoir été données à cet infecte comme une arme offenfive , quoiqu'elles ne puiffent faire aucun mal :

leur

leur reffemblance avec les longues piques des foldats de la phalange macédonienne, a fait appeller cette efpéce, *le phalangifte*. On trouve fa larve dans les bouzes de vaches : j'y ai auffi rencontré l'infecte parfait qui probablement alloit y dépofer fes œufs.

5. SCARABÆUS *viridi-ænæus*, *thoracis parte prona antice prominente*.

Bauh. ballon. p. 211, *f.* 3. Bupreftis.
Worm. muf. p. 342. Scarabæus chlorochryfos.
Merret. pin. p. 201. Smaragdulus vel viridulus.
Frifch. germ. v. 12, *p.* 25, *t.* 3, *f.* 1. Scarabæus arboreus viridis, feu fcarabæus auratus dictus.
Raj. inf. p. 76, *n.* 7. Scarabæus major, corpore breviore, alarum elytris & thoracis tegmine cruftaceo, colore viridi ferici inftar fplendentibus.
Linn. faun. fuec. n. 344. Scarabæus corpore viridi-æneo.
Linn. fyft. nat. edit. 10, *n.* 52. Scarabæus muticus auratus fegmento abdominis fecundo latere unidentato.
Rofel. inf. vol. 2, *tab.* 2, *f.* 6, 7. Scarab. terreftr. claff. 1.

L'émeraudine.
Longueur 9 lignes. Largeur 5 lignes.

La larve de ce fcarabé attaque les racines des arbres & des plantes, & l'infecte parfait qu'elle donne, fe trouve très-communément dans les jardins fur les fleurs, & particuliérement fur celles de la rofe & de la pivoine. Tout fon corps eft vert, bronzé, luifant, mêlé fur-tout en deffous d'une teinte de rouge, femblable à du cuivre bien poli. On voit quelques taches blanches tranfverfales fur fes étuis. Il reffemble affez pour la forme au hanneton : mais ce qui le diftingue particuliérement des autres fcarabés, c'eft une avance que forme le corcelet en-deffous du côté de la tête. On peut regarder cet infecte comme un des plus beaux des environs de Paris.

6. SCARABÆUS *viridis nitens*, *thorace infra æquali*, *non prominente*.

Linn. fyft. nat. edit. 10, *n.* 54. Scarabæus muticus lævis opacus, abdomine poftice albo punctato.
Rofel. inf. vol 2, *tab.* 3, *f.* 4, 5. Scarab. terreftr. claff. 1.

Tome I. K

Le verdet.

Longueur 7.lignes. Largeur 4 lignes.

Cette efpéce reffemble beaucoup à la précédente : la feule différence qu'on apperçoive d'abord , eft celle de la couleur , qui eft verte fans mêlange de rouge cuivreux , ce qui ne fuffiroit pas pour conftituer une efpéce différente : du refte fa forme eft la même , fi ce n'eft qu'il eft un peu moins grand , & il a , comme l'émeraudine , quelques petites taches blanches fur les étuis : mais ce qui conftitue la différence de ces deux efpéces , c'eft cette avance à la partie inférieure du corcelet qui fe trouve dans la précédente & qui manque dans celle-ci. Le verdet fait donc une efpéce très-diftincte de l'émeraudine : ce fcarabé m'a été donné , & je ne connois pas la plante fur laquelle il fe trouve.

7. SCARABÆUS *teftaceus , thorace villofo , elytris luteo pallidis , lineis tribus elevatis pallidioribus.*

Mouff. inf. p. 160 , f. 3. Scarabæus lanuginofus arboreus , alteri affinis.
Lift. tab. mut t. 18 , f. 17.
Lift. loq. p. 380 , n. 2. Scarabæus alter ex flavo cinereus.
Petiv. gazoph. p. 36 , t. 22 , f. 9. Scarabæus pectinatus minor villofus.
Frifch germ. 9 , p. 30 , t. 15 , f. 3. Scarabæus junii feu folftitialis.
Linn. faun. fuec. n. 346. Scarabæus teftaceus , thorace villofo , elytris luteo-pallidis lineis tribus albis longitudinalibus.
Linn. fyft. nat. edit. 10 ; n. 44.

Le petit hanneton d'automne.

Longueur 7 lignes. Largeur 3 ½ lignes.

Le petit hanneton reffemble beaucoup au grand , mais il eft plus petit de moitié : de plus fon corcelet & tout fon corps font d'un brun plus clair , & fes étuis font d'un jaune ambré & un peu tranfparent : il eft auffi plus velu que le grand : les poils qui font fur les côtés du ventre font un peu blanchâtres , ce qui femble au premier coup d'œil former des marques approchantes de ces taches triangulaires qui fe trouvent fur le grand hanneton : mais la principale différence fpécifique de ces infectes, confifte dans la forme de la queue , qui dans cette efpéce n'a point de prolongement comme dans l'autre. Ce petit hanneton paroît fur la fin de l'été , on le voit quelquefois voler en très-grande quantité fur le foir autour des arbres.

N. B. J'en ai une variété qui eft toute d'un beau vert luifant.

8. SCARABÆUS *capite thoraceque cœruleo pilofo , elytris rufis.*

Lift. append. 380. n. 3. Scarabæus ex nigro virefcens , pennarum thecis rufis.
Linn. faun. fuec. n. 351. Scarabæus capite thoraceque cœruleo pilofo , elytris grifeis , pedibus nigris.
Linn. act. upf. 1736. p. 16 , *n.* 3. Scarabæus medius , capite collarique cœruleo , pedibus nigris , elytris pallidis , ftriatis.

Le petit hanneton à corcelet vert.
Longueur 4 lignes. Largeur 2 ⅓ lignes.

On trouve affez communément cette efpéce dans les bouzes de vaches. Sa tête & fon corcelet font d'un vert luifant & un peu velus. Le corps en deffous eft noir, mêlé d'un peu de vert ; fes étuis font d'un canelle clair & fes pieds font noirs : il eft plus petit de moitié que le petit hanneton d'automne.

9. SCARABÆUS *ater , dorfo glabro , elytris fulcatis , capitis clypeo rhomboide centro prominulo. Linn. faun. fuec. n.* 349.

Linn. fyft. nat. edit. 10 , *n.* 30. Scarabæus muticus ater glaber , elytris fulcatis , capite rhombæo , vertice prominulo.
Mouffet. inf p. 153. Pillularius , fig. ultima. jonft. inf. 70. Charlet onom. 46, *Aldrov.* 179.
Bauh. ballon. p. 212 , *f.* ult.
Lift. tab. mut. t. 17 , *f.* 14.
Lift. loq. p. 380 , *n.* 4. Scarabæus magnus ex purpura niger , tibiis omnium pedum ferratis.
Raj. inf. p. 74 , *n.* 1. Scarabæus magnus niger vulgatiffimus , antennis articulatis.
Raj. inf. p. 90 , *n.* 7. Scarabæus major niger vulgatiffimus , antennis globofis , elytris lævibus.
Frifch. germ. v. 4 , *p.* 13 , *t.* 6. Scarabæus ftercorarius niger major.
Merret. pin. p. 201. Scarabæus ftercorarius vel fimarius.

K ij

Le grand pillulaire.
Longueur 10 lignes. Largeur 5 lignes.

Le grand pillulaire eſt noir & liſſe en deſſus ; quelquefois un peu verdâtre , en deſſous il y a quelques poils
clairſemés. Sa tête reſſemble à un chaperon formé en
lozange, dont le milieu eſt élevé & les bords ſont ſaillans :
ſes machoires débordent ſa tête : ſon corcelet eſt très-liſſe ,
arrondi , bordé dans ſon contour , ayant dans ſon milieu
une légere rainure. Ses étuis ſont rayés d'un grand nombre
de ſtries longitudinales : en deſſous tout l'animal eſt fort
brillant , tantôt bleu & tantôt vert , & ces couleurs péné-
trent quelquefois juſqu'aux bords du corcelet, & des étuis
en deſſus. On remarque ſur les cuiſſes antérieures une tache
formée par des poils roux , qui cependant manque quelquefois : les tarſes de toutes les pattes paroiſſent foibles &
bien grêles par rapport aux cuiſſes.

Ce ſcarabé fait ſa demeure ordinaire dans les immondices & les matieres les plus ſales. C'eſt cette eſpéce , qui
autrefois a été ſi renommée , particuliérement parmi les
Egyptiens chez leſquels on la revéroit , & on la regardoit
comme conſacrée au ſoleil. On croyoit que cet animal
étoit toujours mâle , qu'il produiſoit ſes petits ſans accouplement avec aucune femelle , en dépoſant ſes œufs dans
des boules de bouzes , ou d'autres ſemblables matieres
qu'il roule continuellement avec ſes pieds de derriere.
Aujourd'hui on ſçait qu'une pareille production eſt impoſſible , & que ce ſcarabé ne fréquente les endroits où on le
trouve , que pour y dépoſer , après l'accouplement , des
œufs d'où ſortent des larves qui ſe transforment enſuite
en cet animal.

Un inſecte auſſi célébre ne pouvoit manquer d'avoir
bien des propriétés , ſur-tout en médecine : auſſi lui
en a-t-on attribué beaucoup. Sans compter les vertus apo-
criphes qu'on a cru lui trouver , en le tenant ſuſpendu au
col, ou porté en amulette ; Pline , Avicenne , Lanfranc

& plufieurs autres, l'ont regardé comme un très-bon re-
méde pour la guérifon des hémorroïdes , des douleurs
d'oreille , de celles du bas ventre & même pour la pierre :
mais la plus fure de toutes les qualités qui lui font
attribuées, eft celle de pouffer les urines & les évacuations
du fexe. Tous les infectes à étuis en général ont plus·
ou moins cette vertu , que l'on remarque en un degré
fi éminent dans les cantharides.

On a donné à cette efpéce le nom de pillulaire, à caufe
de ces boules creufes de fiente qu'elle forme pour dépofer
fes œufs dans leur intérieur : d'autres Naturaliftes l'ont
appellée le fouille-merde.

10. SCARABÆUS *cœrulefcens , dorfo elytrifque gla-*
bris læviffimifque , capitis clypeo rhomboïde , centro
prominulo. Linn. faun. fuec. n. 350.

Linn. fyft. nat. edit. 10 , *n.* 31. Scarabæus muticus , elytris glabris læviffi-
mis , capitis clypeo rhombæo , vertice prominulo.

Le petit pillulaire.
Longueur 7 lignes. Largeur 5 lignes.

Le petit pillulaire reffemble extrêmement au grand , il
n'en paroît différer d'abord que par fa grandeur , & fa couleur qui eft partout d'un bleu foncé & brillant , tant
en deffus qu'en deffous : mais fi on compare ces deux infectes , on voit que celui-ci a les étuis liffes fans aucunes
ftries , ce qui le diftingue du précédent. Tout le refte
eft de même ; ils ont l'un & l'autre ce chaperon en lozange , qui forme le deffus de la tête , & cette tache de poils
bruns fur la première paire de cuiffes , quoique M. Linnæus prétende qu'elle ne fe rencontre point dans le petit
pillulaire. Cet animal fe trouve dans les bouzes , la fiente
& les immondices , comme le précédent , mais on ne
le rencontre guères qu'au printems.

11. SCARABÆUS *ater* , *punctis elevatis* , *per ſtrias digeſtis.*

Le ſcarabé perlé.
Longueur 3 ½ *lignes.* *Largeur* 2 *lignes.*

A la premiere vûe , on prendroit ce ſcarabé pour le *ténébrion à ſtries dentelées* , *n*°. 7. Il eſt tout noir & matte , ſes antennes ſont courtes de la longueur environ de la tête , & on y voit très-bien les trois lames ou feuillets : ſa tête bordée à ſa circonférence , a deux éminences en deſſus l'une à côté de l'autre. Le corcelet a pluſieurs boſſes , longues , irrégulieres , & outre cela il eſt pointillé : les étuis ont chacun cinq rangs longitudinaux de gros points élevés & liſſes , & entre ces rangs cinq autres de points ſemblables , mais plus petits de moitié. Ces points gros & liſſes ſur un fond matte , font un très-bel effet & reſſemblent à des perles. On trouve rarement ici ce bel inſecte , mais il eſt aſſez commun à Fontainebleau.

12. SCARABÆUS *ater,depreſſus & ſquamoſus,maculis albis variegatus* , *elytris abdomine brevioribus* , *fœmina aculeo ani.*

Linn. ſyſt. nat. edit. 10, *n.* 45. Scarabæus muticus , thorace tomentoſo rugis duabus longitudinalibus marginato , elytris abbreviatis.

Le ſcarabé à tarriere.
Longueur 4 *lignes.* *Largeur* 2 *lignes.*

Ce joli ſcarabé ſe trouve ſouvent dans les troncs d'arbres pourris , & ſous les écorces des vieux arbres ; il eſt plat , & lorſqu'on le prend , il retire ſes pattes ſous ſon corps , & reſte ſi parfaitement immobile, qu'on le croiroit mort. Tout ſon corps eſt d'un fond noir & couvert de petites écailles ſemblables à celles que nous avons remarquées ſur le foulon ; mais dans le foulon on ne voit ces écailles que ſur les taches blanches de cet inſecte , au lieu que dans celui-ci tout le corps généralement en eſt cou-

vert ; feulement elles font noires dans beaucoup d'endroits, & blanches dans d'autres, ce qui produit de jolies
taches. La tête de l'animal eft petite & allongée ; fon corcelet l'eft auffi, & femble avoir cinq angles. Les étuis font
courts & ne couvrent guéres plus de la moitié du ventre.
Tout le corps de l'animal eft applati. On voit de plus, à
l'extrémité du ventre de la femelle, une pointe ou tarriere
longue d'une ligne, qui ne fe trouve point dans les mâles.
Il paroît que l'ufage de cette partie eft de fervir à loger &
dépofer les œufs de cet infecte dans le bois pourri où on le
trouve.

13. SCARABÆUS *violaceus* & *fquamofus*, *fquamis
fubtus argenteis.*

L'écailleux violet.
Longueur 4 *lignes.* Largeur 1 ¾ *ligne.*

Il eft tout violet, fur-tout en deffus, & fon corps eft
couvert par tout d'écailles, comme celui du précédent.
Ces écailles font en deffus de la même couleur que le fond
du corps, c'eft-à dire violettes, mais en deffous elles font
argentées, plus dans quelques-uns, moins dans d'autres.
J'ai trouvé cet infecte dans des troncs d'arbres pourris.
J'en ai reçu d'Orléans, il y a quelques années, dont les
couleurs étoient extrêmement vives ; le deffus étoit du plus
beau violet, & le deffous d'une belle couleur argentée.
Je les remis à M. de Reaumur. Ceux que j'ai trouvés ici
font d'une couleur beaucoup plus terne.

14. SCARABÆUS *nigro-cœruléfcens, maculis albis
fparfis, ordine macularum abdominalium longitudinali.*

Raj. inf. p 104, *n.* 8.

Le drap mortuaire.
Longueur 5 *lignes.* Largeur 3 *lignes.*

La forme de cet infecte eft la même que celle du hanneton ; il eft en deffus & en deffous d'une couleur noire

un peu bleuâtre , & varié de marques & de raies blanches. Ces points blancs sont disposés sur le corcelet en deux bandes longitudinales de trois points chacune , outre quelques autres plus petits ; mais ce qui caractérise particuliérement cet insecte , c'est une raie longitudinale de points blancs , qui se trouve sous le ventre , chacun de ces points étant placé au milieu d'un des anneaux de cette partie. On trouve cet animal l'été sur les fleurs , particuliérement sur celles des plantes ombelliferes.

15. SCARABÆUS *niger , elytris croceis margine nigro.*

Le scarabé à bordure.
Longueur 3 lignes. Largeur 1 ¼ ligne.

La tête , le corcelet & le dessous de cet insecte sont noirs , & de plus , le corcelet , ainsi que la tête , sont chargés de points. Ses étuis sont jaunes , bordés de noir , striés & ponctués.

16. SCARABÆUS *niger , hirsutie flavus , elytris luteis , fasciis tribus nigris interruptis.*

Moufet. theatr. p. 161. *f.* 7.
Linn. faun. suec. n. 348. Scarabæus niger hirsutie flavus , elytris fasciis duabus luteis coadunatis.
Linn. syst. nat. edit. 10, *n.* 47. Scarabæus muticus niger , tomentoso-flavus , elytris fasciis duabus luteis coadunatis.

La livrée d'ancre.
Longueur 4 ¼ lignes. Largeur 3 lignes.

Cette belle espéce se trouve communément sur les fleurs. Tout son corps , sa tête & son corcelet sont noirs , mais couverts de poils jaunes en grande quantité ; ses étuis , qui ne sont point velus , sont d'un jaune plus pâle , ayant chacun trois bandes transversales noires , qui commencent au côté extérieur , mais qui ne vont pas jusqu'au milieu. Ils ont aussi un rebord noir un peu relevé. Le bout du ventre de l'insecte n'est pas recouvert par les étuis , ce qui est commun à beaucoup de scarabés.

N. B.

N. B. On trouve des variétés de cet animal un peu différentes pour la couleur. J'en ai un dont les poils, au lieu d'être jaunes, sont rouges, & dont les étuis ont aussi une teinte de rouge.

17. SCARABÆUS *villosus albo, nigro, flavoque irregulariter variegatus.*

L'arlequin velu.

Longueur 4 lignes. Largeur 2 lignes.

Tout le corps de cette espéce est velu, & même couvert de poils assez longs. Ces poils sont un peu blanchâtres en dessus, & jaunes en dessous. Le corps, sous ces poils, est noir, à l'exception des étuis, qui sont bigarés de jaune. On peut regarder le jaune comme faisant le fond de la couleur des étuis, dont les bords, tant extérieurs qu'intérieurs, sont noirs, avec une tache quarrée noire autour de l'écusson, & plus bas deux bandes noires transverses, mais irréguliéres & déchiquetées. Les antennes sont courtes, & n'ont gueres que la longueur de la tête.

18. SCARABÆUS *capite thoraceque nigro, antennis elytrisque rubris. Linn. faun. suec. n.* 355.

Linn. *syst. nat. edit.* 10, *n.* 22. Scarabæus thorace inermi, capite tuberculato, elytris rubris, corpore nigro.
Rœsel. *ins. tom.* 2, *scarab. tab. A. fig.* 3.
Frisch. *germ. v.* 4, *p.* 35, *t.* 19, *fig.* 3. Scarabæus equinus medius, coleoptris rubris, collari nigro.

Le scarabé bedeau.

Longueur 3 lignes. Largeur 1 ⅓ ligne.

La tête de cet insecte est noire & formée en chaperon avancé, sur lequel on remarque trois points ou élévations rangés transversalement. Les antennes, qui sont sous ce chaperon, sont rouges. Le corcelet, qui est arrondi, est d'un noir luisant; il a seulement sur les côtés, vers la partie antérieure, une marque rouge. Enfin tout le reste du corps est noir, à l'exception des étuis, qui sont d'un beau rou-

Tome I. L

ge. Ces étuis ont des ftries longitudinales ; on en peut compter neuf fur chacun : vûes à la loupe, elles paroiffent compofées & formées de points rangés fur une même ligne. La larve de ce fcarabé fe trouve dans la fiente & les bouzes de vaches : on y trouve auffi l'infecte parfait, principalement au commencement de l'été.

19. SCARABÆUS *capite thoraceque nigro glabro, elytris grifeis, pedibus pallidis.* Linn. faun. fuec. n. 353.

Raj inf. p. 106. Scarabæus pillularis decimus.

Le fcarabé gris des bouzes.
Longueur 1, 2, 3, lignes. Largeur ½. 1. 1 ½ ligne.

Ce petit fcarabé fe trouve dans les bouzes de vaches, dont fa larve fe nourrit. Sa grandeur varie beaucoup, depuis une ligne jufqu'à trois de long. Sa tête eft noire en forme de chaperon avancé & bordé. Son corcelet eft auffi d'un noir luifant, mais fes bords font d'une couleur pâle & tranfparente. Ses étuis rayés chacun de neuf ftries longitudinales, font d'une couleur grife, jaunâtre, chargés chacun de trois ou quatre taches noires, qui forment fur le corps deux ou trois raies tranfverfales. Tout le deffous de l'infecte paroît noir, à l'exception des pattes, qui font de la couleur des étuis. Cet animal eft très-commun au printems.

20. SCARABÆUS *totus niger, fpinulis tribus capitis tranfverfim pofitis.*

Linn. fyft. nat. edit. 10, n. 11. Scarabæus thorace inermi fubretufo, capite tuberculo triplici, medio fubcornuto.
Linn. faun. fuec. n. 352. Scarabæus ovatus ater glaber.

La tête armée.
Longueur 2, 3, 4, 5 lignes. Largeur 1, 2, 2 ½ lignes.

Cette efpéce, qui reffemble beaucoup au fcarabé bedeau, à la couleur près, & qui fe trouve, ainfi que lui,

dans les bouzes, eſt toute noire & fort luiſante. Sa tête
porte, ainſi que la ſienne, trois petites pointes poſées
tranſverſalement. Ses étuis ſont noirs & chargés de neuf
ſtries longitudinales. Cet animal varie beaucoup pour la
grandeur : on en trouve qui ont depuis deux lignes juſqu'à
cinq lignes de long.

21 SCARABÆUS *totus niger, capite inermi.*

Le ſcarabé jayet.
Longueur 4 lignes. Largeur 2 lignes.

On trouve cette eſpéce dans les bouzes, avec la précédente, dont elle approche beaucoup. Elle ne paroît d'a-
bord en différer que parce que ſa tête n'eſt point chargée
de petites pointes, ce qui m'avoit d'abord fait regarder
cette eſpéce comme une ſimple variété de ſexe. Mais ſi
on l'examine à la loupe, on voit que ces étuis, qui ſont
ſtriés comme ceux du précédent, ont une différence bien
ſpécifique. C'eſt que l'eſpace qui ſe trouve entre ces ſtries
n'eſt pas liſſe, mais chargé de points, ce qui eſt propre au
ſcarabé jayet.

22. SCARABÆUS *fulvus, oculis nigris, thorace
glabro.*

Le ſcarabé fauve aux yeux noirs.
Longueur 3 ½ lignes. Largeur 1 ½ ligne.

La forme & la figure de ce ſcarabé approchent beaucoup de celles du petit hanneton ; il en différe, 1°. en ce
qu'il eſt tout entier de couleur brune rougeâtre, à l'exception des yeux, qui ſont noirs ; 2°. en ce que ſon corcelet eſt liſſe & non pas velu ; 3°. par les feuillets de ſes
antennes, qui ſont aſſez longs proportionnément à ſa grandeur ; 4°. enfin par la grandeur de ſon corps, qui n'a que
trois ou quatre lignes de long. J'ai trouvé cet inſecte ſur
les arbuſtes & les brouſſailles.

23. SCARABÆUS *niger hirsutus.*

Le velours noir.
Longueur 2 lignes. Largeur 1 ⅓ ligne.

Son corps, qui est tout noir, est arrondi, & le corcelet & les étuis font chargés de poils. Ces derniers font un peu mols, & on compte fur chacun de ces étuis neuf ftries longitudinales. J'ai trouvé cette efpéce dans le Jardin Royal.

24. SCARABÆUS *ater, thorace fubvillofo, elytris fufcis ftriatis.*

Le fcarabé couleur de fuie.
Longueur 4 lignes. Largeur 1 ¾ ligne.

Je ne me rappelle plus en quel endroit j'ai trouvé cette efpéce. Sa tête, dont le chaperon eft bordé, & fon corcelet font d'un noir matte. On voit fur le corcelet quelques poils clairfemés. Les étuis ont chacun neuf ftries longitudinales; ils font d'une couleur brune, obfcure, approchant de celle de la fuie, ainfi que les pattes. Le deffous du corps eft noirâtre.

25. SCARABÆUS *atro-fufcus, fupra veluti cineraf-cens, antennis pedibusque fufcis, lamellis antennarum longis, elytris ftriatis.*

Le fcarabé brun chagriné.
Longueur 4 lignes. Largeur 2 lignes.

La couleur de cette efpéce eft brune, mais cette couleur, plus noire en deffus, paroît comme couverte d'une légere teinte bleuâtre ou cendrée, femblable à cette fleur que l'on voit fur les prunes. La tête, le corcelet & les étuis vûs à la loupe, paroiffent chagrinés & couverts d'une infinité de petits points. Outre cela, les étuis ont chacun neuf ftries longitudinales. Les pieds & le deffous du corps font d'un brun plus luifant. Les feuillets des antennes font

diftincts & grands proportionnément à la grandeur de l'a-
nimal. Je ne me fouviens point de l'endroit où je l'ai
trouvé.

26. SCARABÆUS *piceus. Linn. faun. fuec. n.* 357.

Linn. fyft. nat. edit. 10, *n.* 56. Scarabæus muticus piceus, elytris ftriatis, antennis flavefcentibus filiformibus.

Le fcarabé noir des marais.
Longueur deux lignes. Largeur 1 *ligne.*

Ce petit fcarabé fe trouve dans les mares & les eaux
dormantes ; il eft tout noir en deffus. Sa tête reffemble
tout-à-fait à celle du fcarabé bedeau, & elle forme un chaperon, fur lequel on apperçoit de même trois éminences
rangées fur une ligne tranfverfale. Le corcelet & les étuis
font luifans, & fur chacun des étuis on compte dix ftries
longitudinales. En deffous l'infecte eft d'un noir plus clair,
approchant de la couleur brune.

27. SCARABÆUS *totus rufo-niger, maculis nigrio-*
ribus:

Le fcarabé nageur.
Longueur 2 *lignes. Largeur* 1 ¾ *ligne.*

On a de la peine d'abord à reconnoître cette efpéce.
Elle vit dans l'eau, où on la voit nager, ce qui, joint à fa
forme, porte à la prendre pour un ditique ; mais lorfqu'on
regarde cet infecte de près, on apperçoit que fes pattes ne
font pas faites en nageoires, comme celles des ditiques,
mais armées de deux griffes. Si on examine enfuite fes antennes, on ne voit d'abord que les antennules de la bouche, qui font fort longues dans cet animal, proportionnément à fa grandeur : pour les antennes, elles font fi petites, qu'elles échapent à la vûe. Ce n'eft qu'avec la loupe
qu'on parvient à les découvrir, & pour lors, on voit que
cet infecte eft du genre des fcarabés. Sa tête, fon corcelet
& fes étuis font d'un brun canelle, varié de taches noires

irréguliéres, qui cependant forment fur les étuis des ftries longitudinales plus marquées. Le deffous eft de la même couleur, & les pattes font brunes.

28. SCARABÆUS *fubrotundus lucidus, capite thorace-que nigro, elytris pallidis pellucidis.* *

La perle aquatique.
Longueur 1 ligne. Largeur ¾ ligne.

C'eft dans l'eau que nage cette efpéce, avec la précédente ; elle a, comme elle, les antennules longues ; mais les antennes extraordinairement petites, ce qui rend fon genre difficile à déterminer. Cet infecte eft hémifphérique & luifant, ce qui le fait reffembler à une petite perle. La tête, le corcelet & le deffous du ventre font noirs. Les étuis qui, vûs à la loupe, paroiffent couverts de ftries formées par une infinité de petits points, font d'une couleur brune pâle, ainfi que les pieds. Les bords du corcelet tiennent auffi affez fouvent de la même couleur.

29. SCARABÆUS *niger, pedibus rufis, elytris profunde ftriatis.*

Le petit fcarabé noir ftrié.
Longueur ¼ lignes. Largeur ⅐ ligne.

La couleur de cette petite efpéce eft toute noire, à l'exception des pattes qui font brunes : fon corps eft affez luifant, & fes étuis ont chacun neuf ftries longitudinales & profondes. J'ai trouvé cet infecte dans des tas de plantes pourries.

30. SCARABÆUS *nigro-cœrulefcens. Linn. faun. fuec. n. 359.*

Le petit fcarabé des fleurs.
Longueur ½ ligne.

Cette efpéce la plus petite de celles que je connoiffe, eft en deffus d'un noir bleuâtre, quelquefois un peu vert, en deſſous elle eſt noire. On la trouve ſouvent en quantité ſur les fleurs avec un autre petit inſecte dont nous parlerons dans la ſuite.

COPRIS. *Scarabæi ſpec. linn.*

LE BOUSIER.

Antennæ clavatæ , clava lamellata.	Antennes en maſſe à feuillets.
Scutellum inter elytrorum origines nullum.	Point d'écuſſon entre les étuis.

C'eſt dans les bouzes de vaches, les fientes d'animaux & les immondices les plus ſales, que l'on trouve les inſectes qui compoſent ce genre, ainſi que le portent leurs noms, tant en latin qu'en françois. Ce genre n'eſt qu'un démembrement de celui des ſcarabés, auxquels ces inſectes reſſemblent tout à-fait pour les antennes, & dont ils ne différent que par le défaut d'écuſſon entre les deux étuis, à l'endroit de leur origine ou de leur attache avec le corcelet. Cette piéce triangulaire que l'on voit dans les ſcarabés, manque abſolument dans les bouſiers. Outre ce caractere particulier, tous les inſectes de ce genre ont un certain port, que leur donnent leurs longues pattes : celles ſur-tout de la derniere paire ſont fort longues, enſorte qu'il ſemble que ces petits animaux ſoient montés ſur des échaſſes.

Parmi les différentes eſpéces de ce genre, la premiere eſt remarquable par une corne qu'elle porte ſur ſa tête, & qui eſt toute ſemblable à celle du *ſcarabé moine.* D'autres eſpéces ont à la partie poſtérieure de la tête une ou deux cornes aſſez ſingulieres, qui ſont très-longues dans l'eſpéce que nous avons appellée le *bouſier à cornes retrouſſées.* L'uſage de toutes ces cornes n'eſt pas aiſé à déterminer : peut-être ſervent-elles à ces inſectes, pour s'enfoncer plus aiſément dans les bouzes où on les trouve ordinairement.

C'eſt dans ces mêmes bouzes, qu'ils dépoſent leurs œufs, que leurs larves écloſent, croiſſent & ſe métamorphoſent, préciſément de la même façon que celles des ſcarabés auxquelles elles reſſemblent tout-à-fait.

1. COPRIS *capitis clypeo lunulato, margine elevato, corniculo denticulato.*

Linn. faun. ſuec. n. 341. Scarabæus capitis clypeo lunato, margine elevato, corniculo emarginato.
Linn. ſyſt. nat. edit. 10, *n.* 8. Scarabæus thorace tricorni, intermedio obtuſo bifido, capitis cornu erecto.
Raj. inſ. pag. 103. Scarabæus ovinus tertius ſeu capite operto Willugby.
Friſch. germ. 4, *tab.* 7.
Roſel inſ. vol. 1, *tab.* B. *fig.* 2. Scarab. terreſtr. præfat. claſſ. 1.
Petiver. gazoph. t. 8, *fig.* 4.

Le bouſier capucin.
Longueur 8 *lignes. Largeur* 4 ⅔ *lignes.*

Cet inſecte qui reſſemble aux ſcarabés pillulaires, n°. 9, 10, a un rebord conſidérable à ſa tête, ſous lequel ſont cachées ſes antennes & ſa bouche. Sur cette eſpéce de chapeau, s'éleve une corne ſemblable à celle du *ſcarabé moine*, n°. 1, mais plus effilée, à la baſe de laquelle on voit une petite dent, qui ſemble être le principe d'une autre corne. Dans la femelle le chaperon de la tête eſt plus petit, & la corne petite, courte, tronquée & ſouvent comme échancrée, enſorte qu'il ſemble que M. Linnæus n'a connu que la femelle, que ſa phraſe paroît déſigner : le corcelet eſt large, irrégulier en devant & comme tronqué, formant au milieu une avance conſidérable, & deux autres moindres ſur les côtés. Ces éminences paroiſſent beaucoup moins dans la femelle. On voit dans ces dernieres comme dans les mâles, une ligne longitudinale, qui diviſe le corcelet en deux : les étuis ſont larges, courts, luiſans & ſillonnés chacun de huit raies longitudinales. Tout l'inſecte eſt d'un brun foncé & luiſant, il a ſeulement en deſſous quelques poils d'un brun plus clair. On trouve aſſez rarement ici cette eſpéce de bouſier,

2.

2. COPRIS *niger ; capite clypeato , margine ferrato ; thorace lato lævi , elytris ftriatis.*

Raj. inf. pag. 105 , n. 4. Scarabæus pillularis.

Le hottentot.

Longueur 7 lignes. Largeur 5 lignes.

Le hottentot eft noir & luifant ; il a , comme le boufier capucin , la tête couverte par une efpéce de chapeau avancé , mais dont les bords font dentelés & forment fix dentelures grandes & marquées. Son corcelet eft large , bien arrondi & uni : fes étuis font affez courts & ont chacun fix cannelures longitudinales peu profondes : il femble que cet infecte foit prefque auffi large que long : fa larve fe nourrit dans les bouzes de vaches où fe trouve l'infecte parfait , qui eft rare dans ce Pays-ci.

3. COPRIS *fufco-niger , capite clypeato angulato ; pone cornuto , elytris ferrugineo-nebulofis , brevibus ; ftriatis.*

Linn. fyft. nat. edit. 10 , n. 17. Scarabæus thorace inermi , occipite fpinâ erecta armato.

Linn. faun. fuec. n. 354. Scarabæus capite thoraceque atro opaco , elytris cinereis nigro nebulofis.

Rofel. inf. tom. 2 , tab. A , f. 4. Scarab. terreftr. præfat, claff. 14

Raj. inf. p. 108 , n. 12.

Le petit boufier noir cornu.

Longueur 3 ½ 2 ½ lignes. Largeur 2 , 1 ⅓ lignes.

4. COPRIS. *fufco niger , capite clypeato angulato ; non cornuto , elytris brevibus , ftriatis.*

Le petit boufier noir fans cornes.

Longueur 2 , 1 ½ lignes. Largeur 1 , 1 ⅓ lignes.

Je foupçonne beaucoup ces deux infectes de n'être qu'une variété l'un de l'autre , ou de ne différer que par le fexe. On les trouve enfemble dans les bouzes de vaches , tantôt plus , tantôt moins grands : leur tête forme une

Tome I. M

eſpéce de chaperon avancé , dont la partie poſtérieure ſe prolonge dans les uns & forme une pointe ou corne un peu relevée. Tous ceux-là m'ont paru être des mâles : dans les autres la pointe & le prolongement manquent totalement : ils n'ont point de corne. Leur corcelet eſt large , aſſez convexe , uni , & vû à la loupe il paroît comme chagriné : les étuis ſont courts , & leur longueur , ainſi que celle du ventre qu'ils recouvrent , ne fait pas la moitié de la longueur de l'inſecte. On apperçoit ſur ces étuis ſept ou huit ſtries longitudinales peu profondes , & en ſe ſervant de la loupe , on voit que ces ſtries ſont formées par des bandes de points , & que les intervalles qui ſont entr'elles en ſont auſſi parſemés.

5. **COPRIS** *obſcure ænæus , capite pone bicorni , thorace antice prominente , elytris ruſis nigro maculatis.*

Le bouſier à deux cornes.
Longueur 4 lignes.　Largeur 2 ½ lignes.

La tête de ce bouſier eſt marginée , & ſe termine poſtérieurement en deux petites pointes ou cornes. Son corcelet a ſur le devant une éminence qui s'avance entre les deux cornes poſtérieures de la tête : il eſt diviſé au milïeu par une raïe longitudinale , qui le ſépare , ainſi que ſon éminence antérieure en deux parties. La tête & le corcelet ſont d'un noir bronzé , le deſſous de l'animal eſt pareillement noir & un peu bronzé , mais ſes étuis qui ſont ſtriés longitudinalement , ſont bruns & ſemés de taches noires. On trouve cet inſecte dans les bouzes avec les précédens.

6. **COPRIS** *fulvus , capite ænæo , thoracis utrinque cavitate laterali fuſca.*

Le bouſier fauve.
Longueur 2 , 2 ½ lignes.　Largeur 1 ½ 2 lignes.

Tout le corps de cette eſpéce eſt roux , à l'exception de

la tête qui eft d'une couleur brune bronzée : le corcelet eft auffi un peu bronzé fur fes bords ; mais ce qu'il a de remarquable , ce font deux cavités , une de chaque côté fur fes bords latéraux. Ces cavités font beaucoup plus confidérables dans cette efpéce que dans les autres , où cependant on en apperçoit quelques veftiges , & elles fe font principalement remarquer dans ce boufier par leur couleur brune , femblable à celle de la tête. On trouve cet infecte dans les bouzes.

7. COPRIS *niger nitidus , thorace antice gibbo duplici , elytro fingulo macula duplici rubra.*

Le boufier à points rouges.
Longueur 3 lignes. Largeur 1 ¼ ligne.

La tête & le corcelet de ce boufier font d'un noir luifant. Sa tête a un rebord , & fon corcelet en devant eft irrégulier , ayant deux éminences ; une de chaque côté à fa partie antérieure : fes étuis qui font noirs , font ftriés longitudinalement , & on remarque fur chacun deux taches rouges oblongues , une vers l'origine au côté extérieur , l'autre vers le bout : fes pattes font auffi rougeâtres. On trouve cette efpéce avec les précédentes.

8. COPRIS *niger , capite clypeato , elytris margine exteriore finuatis.*

Le boufier à couture.
Longueur 6 lignes. Largeur 4 lignes.

Ce boufier eft noir : fa tête repréfente une efpéce de chaperon formé en lozange , comme celles de plufieurs efpéces de ce genre. Son corcelet eft large ; fon ventre & fes étuis font plus courts que la tête & le corcelet pris enfemble , qui font plus de la moitié de la longueur du corps de l'infecte. Ses pattes de derriere font plus longues que les autres : mais ce qui fait le caractere fpécifique de cette efpéce , c'eft une échancrure qui fe trouve à la partie laté-

rale extérieure des étuis , & qui est remplie par une avance que forme le ventre , que l'on prendroit d'abord pour
un repli ou une couture des étuis. Tout l'animal est assez
lisse : il habite les mêmes endroits que les précédens.

9. COPRIS *niger , pedibus longis , femorum posterio-*
rum basi denticulata , elytris postice gibbis.

Le bousier araignée.
Longueur 4 *lignes. Largeur* 2 ¼ *lignes.*

. La couleur de ce bousier est noire. Il ressemble assez
aux autres pour la forme de sa tête & de son corcelet : ce
qui le distingue , c'est la longueur extraordinaire de ses
pattes , sur-tout de celles de derriere , & la forme de ses
étuis qui vont en se retréciffant , & qui ont chacun un ren-
flement qui fait une éminence vers le bout de l'étui :
de plus cet insecte a un caractere spécifique , qui consiste
en une épine ou petite dent , qu'il a à l'origine des cuisses
postérieures , outre une autre épine plus petite & moins
considérable encore que la premiere , qui se trouve près de
l'articulation de la cuisse avec la jambe.

10. COPRIS *niger , capite pone bicorni , corniculis*
tenuibus arcuatis , longitudine thoracis , thorace utrin-
que sinuato.

Le bousier à cornes retroussées.
Longueur 4 ½ *lignes. Largeur* 2 ½ *lignes.*

Sa couleur est noirâtre , & sa forme semblable à celle
des précédens , mais il est très-aisé à distinguer par deux
longues cornes qui partent de chaque côté de la partie
postérieure de sa tête. Ces cornes sont minces , se coudent
& se contournent pour envelopper le corcelet , & se prolongent jusqu'aux étuis. A l'endroit où ces cornes sont couchées sur le corcelet , celui - ci a de chaque côté un sillon
assez profond , comme pour les recevoir : les étuis sont
striés longitudinalement. Cette espéce se trouve avec les
précédentes.

ATTELABUS. *Hifler. linn. fyfl. nat.*

L'ESCARBOT.

Antennæ clavatæ , clava integra , in medio fracta.	Antennes en maffe folide ; coudées dans leur milieu.
Caput intra thoracem.	Tête renfoncée dans le corcelet.

Il eft étonnant qu'un genre dont le caractere eft fi diftinctif , ait pû échapper jufqu'ici aux Naturaliftes. Ce caractere confifte dans la forme affez finguliere des antennes : ces antennes de l'efcarbot font en maffe , c'eft-à-dire terminées par un bout plus gros , mais ce bout ou extrémité de l'antenne , n'eft point divifé en feuillets comme dans les fcarabés , ou perfolié , comme celui des dermeftes , il eft folide , & paroît compofé d'une feule piéce. Il eft vrai que fi on l'examine avec une forte loupe , fa ftructure paroît un peu différente de ce que l'on apperçoit à la vûe fimple. Ce bouton folide paroît alors compofé de plufieurs anneaux fortement ferrés les uns contre les autres , qui ne peuvent fe féparer , & qui ont à leur circonférence des petits points liffes élevés & brillans : mais l'affemblage ferré de ces anneaux forme toujours un bouton folide qui termine l'antenne. De plus les antennes de l'efcarbot font coudées & forment un angle dans leur milieu : enfin un autre caractere de ce genre , mais qui n'eft qu'acceffoire , c'eft la maniere dont il tient fouvent fa tête renfoncée dans fon corcelet , de façon qu'on le croiroit décapité , & qu'on n'apperçoit tout au plus que fes machoires qui font grandes & faillantes. On voit combien ce genre différe des dermeftes & encore plus des coccinelles , auxquelles quelques Auteurs ont rapporté ces infectes.

Nous avons donné à ce nouveau genre le nom ancien

d'*attelabus*, & en françois le nom d'efcarbot, qui n'é-
toient attribués a aucun infecte en particulier. Quant aux
larves des infectes de ce genre, je ne les connois pas:
peut-être vivent-elles dans les charognes & les excrémens
des chevaux & des vaches, où l'on trouve affez fouvent l'infecte parfait.

1. ATTELABUS *totus niger*, *elytris lævibus nonnihil ftriatis.* planch. 1, fig. 4.

Linn. faun. ſuec. n. 410. Coccinella atra glabra, elytris abdomine brevioribus
margine inflexis.
Act. upſ. 1736, *n.* 10. Dermeftes fubrotundus ater nitidus, elytris brevibus.
Linn. ſyſt. nat. edit. 10, 172, *n.* 1. Hifter totus ater, elytris ftriatis.

L'efcarbot noir.
Longueur 1, 3, 4 *lignes. Largeur* 1, 2, 3 *lignes.*

M. Linnæus avoit fait de cet infecte une coccinelle
dans fa *Fauna ſuecica*, néanmoins il en eft tout-à-fait
différent pour le caractere, mais la defcription qu'il en
donne eft très-bonne. Le corps de cet animal eft noir,
poli & fort luifant: il a une forme prefque quarrée: fon
corcelet eft grand, très-poli, avec un petit rebord qui
le termine à l'entour. Ce corcelet en devant eft échancré,
& dans cette échancrure eft logée la tête, dont on n'apperçoit fouvent la pofition que par les machoires qui avancent: car cette tête fe retire tellement la plûpart du tems
fous le corcelet, qu'il femble que l'efcarbot n'en ait point.
Les étuis font larges, courts, coupés prefque quarrément
vers le bout, & ne couvrent pas l'extrémité du ventre: ils
font très-polis & n'ont que quelques ftries imperceptibles,
pofées principalement vers leur côté extérieur: enfin la
partie poftérieure du ventre, qui déborde les étuis, eft
arrondie & mouffe. On voit par les dimenfions que nous
donnons de cet infecte, qu'il varie prodigieufement pour
la grandeur. On le trouve quelquefois dans les bouzes, &
fouvent fur le fable.

2. ATTELABUS *niger, elytro fingulo macula ru-bra.*

Linn. fyft. nat. edit. 10, *n.* 3. Hifter ater, elytris poftice rubris.
Uddm. diff. 20. Coccinella atra glabra, elytris abdomine brevioribus, maculis duabus rubris.
Raj. inf. p. 108, *n.* 14.

L'efcarbot à taches rouges.
Longueur 1, 1½ *ligne. Largeur* 1, 1¼ *ligne.*

Cette efpéce eft fort femblable à la premiere: elle en différe en ce que fa tête paroît un peu moins renfoncée fous le corcelet, & la partie poftérieure de fon ventre un peu plus allongée: de plus on voit fur chacun de fes étuis, qui font noirs & fort liffes, une tache d'un rouge brun: du refte tout l'animal eft noir & luifant, & fes étuis ont quelques légeres ftries longitudinales. On le trouve avec l'efpéce précédente.

3. ATTELABUS *nigro-cupreus, capite nonnihil pro-minulo.*

L'efcarbot bronzé.
Longueur 2 *lignes. Largeur* 1 *ligne.*

La couleur de cet infecte eft brune, obfcure, noirâtre; mais en même tems il eft bronzé, fort liffe & brillant. Sa tête avance un peu & eft moins enfoncée fous le corcelet que dans les efpéces précédentes: auffi fon corcelet n'eft-il pas fi échancré en devant, & on n'apperçoit pas de rebords à fon contour. Les étuis font courts, femblables à ceux des efpéces ci-deffus, mais on y voit encore moins de ftries; feulement leur bord extérieur eft chargé de beaucoup de petits points, tandis que leur milieu eft très-liffe: le ventre eft plus allongé dans les mâles & plus arrondi dans les femelles: dans les uns & les autres, il déborde beaucoup les étuis. Cet infecte fe trouve dans les mêmes endroits que ceux du même genre.

N.B. J'ai une variété de cette efpéce toute noire;

qui du reste lui reſſemble tout-à-fait, enſorte que je n'ai pas cru devoir en faire un article ſéparé.

DERMESTES.

LE DERMESTE.

Antennæ clavatæ perfolia-tæ, ultimo articulo ſolido gibboſo.

Antennes en maſſe perfoliée (ou compoſée de lames enfilées dans leur milieu) & dont le dernier article forme un bouton.

Elytra non marginata.

Etuis ſans rebords.

Le caractere du dermeſte ſe voit aiſément dans les deux premieres eſpéces de ce genre, qui ſont fort groſſes, mais dans les autres, qui la plûpart ſont aſſez petites, il faut ſouvent l'aide de la loupe pour l'appercevoir. Ce caractere conſiſte dans la forme des antennes qui ſont en maſſe, ou beaucoup plus groſſes à leur extrémité, & dont la maſſe ou le gros bout eſt formé par pluſieurs lames, au nombre de trois ou quatre, poſées tranſverſalement, & enfilées par leur milieu, à peu près comme on voit encore des ifs taillés dans quelques jardins anciens. Cette maſſe ainſi compoſée de feuillets ou lames percées dans leur milieu, eſt terminée au bout par un dernier article ſolide, qui forme un bouton irrégulier.

Les larves de ces inſectes ont ſix pattes & une tête écailleuſe, comme celles des autres inſectes à étuis; mais pluſieurs d'entr'elles ſont un peu velues. Quelques-unes même, telles que celles du dermeſte du lard & du dermeſte à deux points blancs, ont à leur extrémité, ou à leur queue, une quantité aſſez conſidérable de ces poils, plus longs & plus fournis que les autres, qui forment une eſpéce de pinceau. C'eſt ordinairement dans les charognes qu'on trouve la plûpart de ces larves: quelques-unes

néanmoins

néanmoins habitent des endroits moins infeéts , mais en
général elles fe plaifent à ronger des parties d'animaux :
c'eft ce qu'éprouvent tous les jours les curieux d'hiftoire
naturelle , qui ont beaucoup de peine à défendre contre
les dents des dermeftes , les différentes préparations d'animaux défféchés qu'ils veulent conferver. Les pelleteries
font auffi défolées par ces petits infeétes , qui en rongent
les poils & attaquent enfuite la peau elle-même : enfin le
lard , les plumes même qu'on laiffe long - tems dans quelque tiroir , font déchirés par ces petits animaux. Il n'y a
que deux efpéces moins carnaffieres : l'une habite le fumier , fur - tout ancien & à moitié pourri ; l'autre fe trouve
dans l'eau. Cette derniere eft le dermefte à-oreille dont
nous allons parler tout-à-l'heure. C'eft dans ces différentes
matieres que les larves des dermeftes fe métamorphofent ,
qu'elles deviennent chryfalides , & enfin infeétes parfaits :
pour lors ces animaux devenus habitans de l'air , volent fur
les fleurs, qui en font quelquefois couvertes, & entrent dans
nos maifons , fans cependant abandonner tout-à-fait leur
premier domicile , auquel ils retournent de tems en tems ,
probablement pour y dépofer leurs œufs. Ces infeétes
devenus parfaits , ont une particularité qui mérite de n'être
pas oubliée : c'eft qu'ils retirent leurs antennes & leurs
pattes dès qu'on les touche , & qu'ils reftent tellement fans
aucun mouvement, qu'on les croiroit morts. Souvent même
on ne peut les exciter à fortir de cet état d'inaétion en
les piquant & les déchirant : il n'y a que la chaleur un peu
forte qui les oblige de reprendre leur mouvement pour
s'enfuir.

Parmi les différentes efpéces de ce genre , il y en a une
qui différe des autres, par une fingularité affez remarquable :
c'eft le dermefte à oreilles. Cet infeéte a au - devant de
fa tête deux petites appendices mobiles , coudées dans leur
milieu , & différentes des antennes auxquelles elles reffemblent & au-deffus defquelles elles font placées. Il n'eft pas
aifé de déterminer l'ufage de ces deux petites cornes ou

Tome I. N

oreillettes fingulieres, qu'on ne voit point dans les autres
dermeftes, ni même dans aucun infecte à étui. Comme
cette efpéce vit dans l'eau, peut-être que ces petits corps
ont le même ufage que les ouies dans les poiffons, &
qu'ils lui fervent à pomper l'air. Ce que j'avance n'eft
qu'une conjecture, qui pourroit paroître plus vraifembla-
ble, fi ces appendices étoient placées au corcelet, où
font deux grands ftigmates, au lieu que la tête en eft
dépourvûe.

Les efpéces de ce genre font les fuivantes :

1. DERMESTES *thorace marginato* ; *elytris abfcif-
fis, nigris, fafciis duabus tranfverfis undulatis luteis.*
Planch. 1. fig. 6.

Linn. fyft. nat. edit. 10, p. 359, n. 2. Silpha oblonga, clypeo orbiculato inæ-
quali, elytris fafcia duplici ferruginea.
Aldrov. inf. p. 454, *tab. inferior, fig.* 3.
Mouff. inf. p. 149, lin. 7, *fig.* 1. Perpendicul. & *tab.* ult. Cantharus tertius.
Lift. tab. mut. tab. 17, *fig.* 5.
Lift. loq. pag. 381, n. 2. Scarabæus majusculus niger, duabus luteis fafciis un-
dulatis tranfverfim ductis fupra alarum thecas.
Frifch. germ. 11, p. 18, t. 3, *fig.* 2. Scarabæus mofchi odore.
Raj. inf. p. 106. Scarabæus fœtidus primus aldrovandi.
Linn. faun. fuec. n. 347. Scarabæus clypeo marginato, elytris nigris, fafciis dua-
bus tranfverfis rubris.
Rofel. inf. tom. 4, *tab.* 1, *fig.* 1, 2.

Le dermefte à point d'Hongrie.
Longueur 9 lignes.   Largeur 4 lignes.

J'ai toujours trouvé ce dermefte dans la fiente & les charognes. Lifter, qui en parle, l'a trouvé dans les mêmes endroits, & jamais on ne le rencontre fur les fleurs, que M.
Linnæus lui affigne pour domicile ordinaire. Sa tête n'a
point cette efpéce de chapeau que l'on voit fur celle des fcarabés ou des boufiers ; elle reffemble un peu, pour fa forme
& fes machoires avancées, à celle d'une guêpe. Ses antennes font auffi fort différentes de celles des fcarabés :
elles ont à leur extrémité une maffe rougeâtre formée par
quatre petites plaques enfilées l'une fur l'autre par leur
milieu, & dont la derniere, plus épaiffe, forme un petit

boûton irrégulier & pointu. Ce caractere eſt celui des dermeſtes, & m'a fait ranger cet inſecte dans ce genre, quoique pluſieurs Naturaliſtes lui euſſent donné le nom de ſcarabé. De plus, la forme allongée de ſon corps, & la maniere dont il le recourbe en baiſſant ſon corcelet & faiſant
rentrer ſa tête en dedans, lui donnent encore une autre
reſſemblance avec les dermeſtes. Sa tête, ſon corcelet &
ſon corps ſont noirs, chargés de quelques poils jaunâtres.
La forme de ſon corcelet mérite attention; il eſt aſſez rond,
forme quelques éminences, ſur-tout une au milieu, qui
eſt diviſée en deux par une rainure longitudinale, & tout
ſon contour eſt terminé par un bord large & plat. Ses étuis
ſont courts, comme coupés tranſverſalement au bout, &
laiſſent un tiers du corps à découvert; ils ſont noirs, avec
deux bandes jaunes, tranſverſes, dont les bords ſont terminés irréguliérement, à peu près comme ceux des points
d'Hongrie. Je ne ſçais pourquoi M. Linnæus dit que ces
bandes ſont rouges: je ne les ai jamais vûes que jaunes. Enfin un dernier caractere ſpécifique de cet inſecte,
ſe tire de la groſſeur de ſes dernieres cuiſſes, qui ont à leur
origine une appendice ou épine aſſez conſidérable. Cet inſecte eſt aſſez grand.

2. DERMESTES *thorace marginato, elytris abſciſſis,
totus niger.*

Aldrov. inſ. p. 454, tab. inferior, fig. 1.
Lyſt. loq. p. 381. ut ſupra. Idem ex toto niger.

Le grand dermeſle noir.
Longueur 14 lignes. Largeur 6 lignes.

Cette eſpéce eſt tout-à-fait ſemblable à la précédente,
& Liſter ne l'a regardée que comme une variété. La forme
du corcelet, des étuis & de tout le corps eſt la même, &
cette eſpéce a auſſi cette épine aux cuiſſes poſtérieures,
que l'on voit dans la précédente; elle n'en différe que par ſa
couleur, qui eſt toute noire, ſans mélange d'aucune autre, & par ſa grandeur, qui ſurpaſſe d'un tiers celle de l'in-

N ij

fecte précédent. Cette différence conftante m'a déterminé à féparer ces deux infectes, quoiqu'ils approchent beaucoup l'un de l'autre. Ils fe trouvent tous les deux dans les mêmes endroits ; mais celui-ci eft moins commun.

3. DERMESTES *niger, coleoptris punctis rubris binis.* *Linn. faun. fuec. n. 363.* •

Linn. *fyft. nat. edit.* 10, *p.* 359, *n.* 3. Silpha oblonga nigra, elytris fingulis puncto unico rubro.

Le dermefte à deux points rouges.
Longueur 2 lignes. Largeur 1 ligne.

Ses antennes font longues & minces, terminées par une maffe ronde & perfoliée. Son corcelet eft large & bordé. Ses étuis font auffi affez larges. Tout le corps de l'infecte eft noir, à l'exception de deux points ronds, de couleur rouge ; fçavoir, un au milieu de chaque étui. On trouve ce dermefte dans les charognes.

4. DERMESTES *niger, coleoptris punctis albis binis.* *Linn. faun. fuec. n.* 362.

Linn. *fyft. nat. edit.* 10, *n.* 3, *p.* 355, Pellio.
Frifch. germ. 5, *pag.* 22, *t.* 8.

Le dermefte à deux points blancs.
Longueur 2, 1 ½ lignes. Largeur 1 ⅓ ligne.

Cet animal varie pour la grandeur. Sa larve, qui eft velue, & formée d'anneaux jaunâtres & bruns, fe trouve dans les charognes & les pelleteries, auxquelles elle fait beaucoup de tort. L'infecte parfait qui en vient, fe trouve fouvent dans les maifons, & fe rencontre auffi dans les jardins, fur les fleurs. Tout l'animal eft brun, noirâtre, luifant, ayant feulement fur chaque étui un point blanc, formé par des petits poils de cette couleur. On voit auffi au milieu du corcelet, près de l'écuffon, & à fes deux côtés, près de l'origine des étuis, trois autres petits points blancs moins confidérables & moins marqués. Cet infecte, comme la plûpart des efpéces de ce genre, retire fa tête, fes pattes & ses antennes, & contrefait le mort dès qu'on le touche.

5. DERMESTES *niger, elytris antice cinereis. Linn.*
  faun. suec. n. 360.

Linn. syst. nat. edit. 10, n. 1. Lardarius.
Merian. ins. 2, t. 31.
Goéd. Belg. 2, p. 145, fig. 4. Dermestes. *Gall. tom. 3, tab. 41.*
List. goed. p. 276, fig. 14.
Raj. ins. p. 107, n. 4. Scarabæus antennis clavatis, clavis in angulos divisis
  quartus.
Frisch. germ. 5, p. 25, t. 9. Scarabæus lardi parvus, fascia transversali elytro-
  rum nigro-fuscorum albida,

Le dermeste du lard.
Longueur 3 lignes.

Cette espéce n'est que trop commune pour ceux qui font
des collections d'animaux séchés & conservés. Sa larve,
qui est allongée, un peu velue & divisée en anneaux bruns
& clairs alternativement, ronge & détruit les préparations
d'animaux, que l'on conserve dans les cabinets, & se
nourrit même des insectes; elle se trouve aussi dans le
vieux lard. L'insecte parfait qui en vient, est de forme allongée, & d'une couleur noire obscure, & il est très-reconnoissable par une bande grise, qui occupe transversalement
presque toute la moitié antérieure des étuis. Cette couleur
dépend de petits poils gris, qui sont à cet endroit. Cette
bande est irréguliere sur ses bords & coupée dans son milieu par une petite raie transversale de points noirs, au
nombre de trois sur chaque étui, dont celui du milieu est
un peu plus bas que les autres, ce qui donne à cette raie
noire une forme de zigzag.

6. DERMESTES *nigro fuscus, elytris antice palli-*
  dioribus nebulosis.

Le dermeste effacé.
Longueur 1 ½ ligne. Largeur ⅓ ligne.

Il ressemble beaucoup au précédent pour la forme, mais
il en différe beaucoup pour la grandeur. Sa couleur est brune

noire: feulement les bords de fon corcelet font plus clairs, & le devant des étuis, a une bande traverfe pâle, un peu jaunâtre, picotée de noir & mal terminée, comme fi la couleur étoit effacée en cet endroit. Cette bande occupe la moitié de la longueur des étuis. On trouve cette efpéce avec les précédentes.

7. DERMESTES *lævis niger, cinereo-nebulofus ; fcutello luteo. Linn. faun. fuec. n.* 365.

Linn. *fyft. nat. edit.* 10, *n.* 17. Dermeftes murinus.
Frifch. germ. 4, *p.* 34, *t.* 18. Scarabæus erucæ pinguis nigræ glabræ.

Le dermefte à écuffon jaune.
Longueur 2, 3 *lignes. Largeur* 1 *ligne.*

On trouve ce dermefte dans les charognes & les bois pourris. Le fond de fa couleur en deffus eft noir, mais il a des plaques de petits poils gris, qui le font paroître de couleur cendrée. Sur l'écuffon, ces poils font jaunes. Il y en a auffi quelques-uns de même couleur fur le corcelet. En deffous, l'infecte paroît tout blanc. Il varie quelquefois beaucoup pour la grandeur.

8. DERMESTES *flavefcens pilofus, oculis nigris.*

Le velours jaune.
Longueur 2 *lignes.*

Cette petite efpéce a le corps & le corcelet bruns ; mais couverts de petits poils jaunes. Ses étuis font d'un jaune châtain, couverts de femblables poils. Ses antennes font compofées de onze articles, dont les trois derniers font plus gros. De ces trois, deux font en feuillets tranf-verfes, enfilés par leur milieu & entourent le troifiéme ou dernier, qui forme un petit bouton. Ces articles du bout de l'antenne font un peu ferrés les uns contre les autres, ce qui, à la premiere vûe, feroit croire qu'ils ne forment qu'une feule maffe folide. Il faut les examiner à la loupe, pour voir diftinctement leur ftructure. Les yeux de l'in-fecte font noirs, & fon corcelet eft bordé. Tout le corps de ce petit animal eſt oblong : il ſe trouve dans les bois vieux & pourris.

9. DERMESTES *oblongus fuſcus, elytris ſtriatis.*

Le dermeſte levrier à ſtries.
Longueur 1 ligne. Largeur ¼ ligne.

Ce petit inſecte a le corps long & éfilé. Sa couleur eſt brune châtain. Son corcelet, plus long que large, eſt bordé ſur les côtés, & ſes étuis ſont chargés de beaucoup de ſtries longitudinales. On le trouve ſouvent dans les maiſons, où il ronge les bois.

10. DERMESTES. *oblongus ferrugineus, elytris punctato-ſtriatis.*

Le dermeſte levrier ponctué & ſtrié.

Cette eſpéce eſt un peu plus petite que la précédente, & ſes antennes forment une maſſe plus marquée à leur extrémité. Sa couleur imite celle de la rouille. Son corcelet eſt allongé, & ſes étuis ſont chargés de ſtries formées par des rangées de petits points. On trouve cet inſecte avec le précédent.

11. DERMESTES *tentaculis ante oculos antenniformibus mobilibus.*

Le dermeſte à oreilles.
Longueur 2 lignes. Largeur ¾ lignes.

La couleur de cette ſinguliere eſpéce eſt d'un gris brun, ſans ſtries ni points ſur les étuis. On voit ſeulement quelques poils courts ſur ſon corps.

Le deſſous de cet animal eſt d'une couleur un peu plus claire, & ſes yeux ſont noirs. Mais ce qui fait aiſément reconnoître cet inſecte, ce ſont deux appendices ſemblables à deux petites cornes ou oreilles coudées dans leur milieu, & ſemblables à des antennes qu'il porte au devant de ſa tête & qu'il remue en marchant. Les véritables antennes de la même longueur, que ces appendices font moins grofses & fouvent cachées en deffous, ce qui peut tromper à la première vûe : outre cette fingularité, cet infecte en a encore une autre. Le deffous de fon corcelet a, en devant, fur les côtés, deux pointes noires affez remarquables, dirigées vers la tête, & entre ces deux pointes, deux autres moins fenfibles. On trouve ce joli infecte dans l'eau dès le commencement du printems. Il fort quelquefois de l'eau, mais il ne s'en éloigne pas beaucoup.

12. DERMESTES *oblongus, glaber, teftaceus, oculis nigris. Linn. faun. fuec. n. 375.*

Linn. fyft. nat. edit. 10, *n.* 24. Dermeftes ftercorarius.

Le dermefte du fumier.
Longueur ½ ligne.

La longueur de ce petit infecte n'eft que d'une demi-ligne, comme nous le marquons, & quelquefois encore moindre. Tout fon corps eft d'un brun clair, à l'exception de fes yeux, qui font noirs. Sa couleur eft cependant quelquefois plus ou moins foncée. Son corcelet eft bordé, & cet infecte a tout le port d'un fcarabé, mais fes antennes ont le caractere de celles des dermeftes. On trouve ce petit animal dans le fumier. Il entre auffi affez fouvent dans les maifons.

13. DERMESTES *nigro fufcoque nebulofus, elytris vix ftriatis.*

Raj. inf. pag. 90, *n.* 11.

Le dermefte panaché.
Longueur 2 lignes. Largeur 1 ligne.

C'eft fous l'écorce des vieux arbres que l'on rencontre fouvent cette efpéce. Son corps eft un peu oblong, fes antennes font de couleur fauve en maffe & perfoliées. Sa tête eft affez faillante. Le corcelet eft bordé, & les étuis mêmes le font un peu. Leur fond eft de couleur fauve,

avec

avec des taches longitudinales noires, & quelques-unes
plus pâles, ce qui rend cet infecte singuliérement panaché.
Le corcelet est un peu raboteux, & les étuis vûs à la loupe
paroissent striés, mais peu profondément.

14. DERMESTES *nigro fuscoque nebulosus, thorace
elytrisque profundè striatis & punctatis.*

Le dermeste à côtes.
Longueur 1 ½ ligne. Largeur ⅓ ligne.

A la première vûe, cet infecte paroît semblable au précédent ; sa couleur est à peu près la même, seulement il a
moins de taches noires ; mais si on l'examine de près, on
voit que le rebord des étuis & du corcelet est moins considérable, ce qui donne à tout l'animal une forme moins
large & plus effilée. De plus, un caractere singulier de cette
espéce, ce sont des stries profondes sur le corcelet & les
étuis, qui les font paroître comme divisés par côtes. Il y
a sept de ces côtes relevées sur le corcelet, & quatre sur
chaque étui. Ces côtes sont bordées des deux côtés de
points, qui les rendent comme dentelées. Ce joli infecte
se trouve avec le précédent, mais plus rarement.

15. DERMESTES *viridi-ænæus, thorace fasciis quatuor elevatis, elytris punctato-striatis.*

Linn. syst. nat. edit. 10, *p.* 362, *n.* 21. Silpha cinærea elytris subtriatis, thorace marginato, longitudinaliter rugoso, virescente.

Le dermeste bronzé.
Longueur 1 ½, 3 ½ lignes. Largeur ⅔, 1 ¼ ligne.

Cette espéce tient beaucoup des deux précédentes. Elle
varie extrêmement pour la grandeur, depuis une ligne &
demie jusqu'à trois lignes & demie de long. Sa forme est
plus allongée. Sa couleur est brune, bronsée & un peu
brillante. Son corcelet est fort peu bordé, & les étuis le
font encore moins. On remarque sur le corcelet cinq enfoncemens sinueux, suivant sa longueur, entre lesquels

Tome I.   O

s'élevent quatre côtes. Il y a fur chacun des étuis dix ftries longitudinales ferrées, formées par des raies de points. Enfin les antennes font en maffe, & perfoliées au bout. On trouve cette jolie efpéce de dermefte dans l'eau, parmi le conferva.

16. DERMESTES *niger, cleoptris punctis rubris quaternis, elytris ftriatis, oblongus.*

Linn. faun. fuec. n. 364. Dermeftes niger, coleoptris punctis rubris quaternis.
-*Frifch. germ.* 9, *p.* 36, *t.* 19, Scarabæus parvus, luteo maculatus, erucæ lanigeræ.
Linn. fyft. nat. edit. 10, *p.* 359, *n.* 4. Silpha oblonga nigra, elytris punctis duobus ferrugineis.

Le dermefte à quatre points rouges, ftrié.
Longueur 2 ½ *lignes. Largeur* 1 *ligne.*

Sa couleur eft noire, & fon corps eft affez étroit. Ses étuis font ftriés longitudinalement, & fur chacun il y a deux points, ou marques rouges prefque quarrées, l'une en haut, l'autre vers le bas : lorfque les étuis font en place fur l'animal, ces quatre points forment par leur pofition une efpéce de quadrille. Cet infecte eft affez rare ; on le trouve quelquefois fur les arbres.

17. DERMESTES *niger, coleoptris punctis rubris quaternis, elytris lævibus, fubrotundus.*

Le dermefte à quatre points rouges, fans ftries.
Longueur 3 *lignes. Largeur* 1 ¼ *ligne.*

On voit fur cet infecte quatre points ou taches rouges comme fur le précédent : mais il en différe par fa forme, fa grandeur & le poli de fes étuis ; il eft plus grand, fon corps eft ovale, un peu arrondi, & fes étuis n'ont point du tout 'e ftries, mais font unis & luifans. Les quatre taches rouges font pofées comme dans l'efpéce précédente, deux fur chaque étui, mais elles font longues & obliques : les antennes de cet infecte font affez fingulieres. La première piéce, qui part de la tête, eft longue & cambrée, les trois

dernieres font en lames tranfverfes bien marquées & terminées par un bouton, & celles du milieu font petites,
courtes & très-ramaffées. Ce petit animal eft affez rare, on
le trouve fur les arbres dans les bois & les parcs.

18. DERMESTES *niger fubrotundus , elytris lævi-*
bus.

Le dermefte jayet.
Longueur 1 ½ ligne. Largeur ¾ ligne.

19. DERMESTES *niger fubrotundus , elytris ftria-*
tis.

Linn. faun. fuec. n. 372. Dermeftes ater , pedibus rufis.

Le dermefte en deuil.
Longueur 1 ¼ ligne. Largeur ⅓ ligne.

20. DERMESTES *niger fubrotundus , elytris lævi-*
bus , antennis thorace longioribus.

Le dermefte noir à longues antennes.
Longueur 1 ligne. Largeur ½ ligne.

Ces trois efpéces ont beaucoup de reffemblance entr'elles , ainfi qu'avec celle qui les précède. Toutes les
trois font noires , luifantes & ont le corps affez arrondi :
mais elles ont quelques différences qui ne permettent pas
de les confondre enfemble. *Le dermefte en deuil* a quelques ftries peu profondes fur fes étuis , au nombre de
neuf fur chacun , & il fe rencontre fur les plantes aquatiques , ce qui prouve que c'eft cette efpéce que M. Linnæus a voulu défigner. Quant aux deux autres efpéces ,
elles n'ont point de ftries & font très-liffes & très-polies :
mais la derniere a les antennes fort longues pour un dermefte. Ces antennes font prefque de la longueur de la
tête & du corcelet pris enfemble. On trouve ces deux
efpéces fur les plantes.

21. **DERMESTES** *niger oblongus , elytris punctatis , pedibus fulvis.*

Le dermeste noir à pattes fauves.
Longueur 1 ligne. Largeur ½ ligne.

Cette petite espéce est toute noire , à l'exception de ses antennes & de ses pattes qui sont fauves : elle paroît lisse à la vûe , mais en la regardant avec la loupe , on voit que son corcelet & ses étuis sont finement ponctués , sans que les points forment aucunes stries. On trouve cet insecte sur les fleurs , mais plus rarement que les précédens.

22. **DERMESTES** *elytris corneis pellucidis , thorace obscuriore.*

Le dermeste à étuis transparens.
Longueur 1 ligne. Largeur ⅓ ligne.

Ses étuis sont de la couleur de corne blonde , luisans & transparens , ses antennes sont de la même couleur , ainsi que ses pattes : le corcelet qui est large , est de couleur un peu plus foncée , & ses yeux sont presque noirs. Tout son corps est arrondi. On trouve ce petit dermeste sur les plantes , & particuliérement sur les fleurs en ombelle ou parasol.

BYRRHUS. *Dermestis spec. linn.*

LA VRILLETTE.

Antennæ articulis tribus ultimis longissimis , semi clavatæ.

Antennes presqu'en masse , dont les trois derniers articles sont beaucoup plus longs que les autres.

La vrillette n'a point été connue jusqu'ici , ou si l'on a remarqué quelques-unes des espéces de ce genre , elles ont été confondues avec les dermestes : cependant le caractere de ces deux genres est très-différent, comme on peut s'en convaincre, en jettant les yeux sur leurs antennes, & considérant leur forme. Celles de la vrillette un peu plus grosses par le bout, forment une espéce de masse, mais beaucoup moins marquée que dans les genres précédens : elles sont composées de onze anneaux, dont les huit premiers sont courts & grenus, & les trois derniers plus grands & plus longs que les autres, forment à eux seuls la moitié de la longueur de l'antenne.

Nous avons donné à ce nouveau genre le nom ancien de *byrrhus*, qui n'étoit appliqué à aucune espéce particuliere, à laquelle on pût le rapporter, & en françois nous l'avons appellé *vrillette*, parce que ces insectes percent le bois, & y font des trous ronds, comme feroit une vrille. On voit tous les jours les vieilles tables dans les maisons, les vieux meubles de bois percés d'une infinité de petits trous ronds, & tous vermoulus par ces insectes. Si l'on apperçoit à l'ouverture d'un de ces petits trous un amas de poussiere de bois fine, semblable à une sciure de bois fraîche, on peut conjecturer que la larve de l'insecte est dans ce trou : cette poussiere n'est que le débris du bois qu'elle perce & déchire actuellement, & qu'elle jette à mesure hors de son trou. Si on coupe peu à peu le bois par lames, pour découvrir le fond de ce trou, ou de ce canal que l'insecte a percé, on trouvera la larve. Cette larve ressemble à un petit vers blanc, mol, qui a six pattes écailleuses, la tête brune & pareillement écailleuse, & deux fortes machoires avec lesquelles elle déchire le bois dont elle se nourrit, & qu'elle rend ensuite par petits grains fort fins, qui forment cette poussiere de bois vermoulu dont nous avons parlé. Ainsi cette larve en prenant sa nourriture se creuse en même tems un logement qui lui est nécessaire, pour mettre à l'abri son corps, qui est mol & tendre. Ce n'est pas seulement dans nos maisons que les bois sont percés par les vrillettes : d'autres espéces attaquent les arbres verds & sur pied dans les campagnes

& les jardins, & elles y font de pareils trous. Enfin il y en a une efpéce qui travaille fur une matiere moins dure : le pain, la farine, la colle de farine lui fervent d'alimens. Qu'on laiffe traîner long-tems dans un tiroir des pains à cacheter, on les trouvera déchirés & mis en piéces par ce petit infecte, qui y forme des fillons & des canaux, comme les autres efpéces de vrillettes en font dans le bois.

Lorfque ces larves ont acquis toute leur grandeur & qu'elles ont changé plufieurs fois de peau, elles fe métamorphofent au fond du canal qu'elles ont creufé : mais auparavant quelques-unes tapiffent le fond de ce canal de quelques fils de foie qu'elles filent avec leur bouche : pour lors elles prennent la forme de chryfalide, & enfuite celle d'un infecte parfait, qu'on furprend quelquefois à la fortie du trou qu'il abandonne, dès qu'il a fubi fa derniere métamorphofe. Ces infectes ont une particularité, qui cependant leur eft commune avec les dermeftes, c'eft de refter immobiles & comme morts dès qu'on les touche.

Parmi les efpéces de ce genre, la premiere mérite notre attention, moins par fes couleurs qui font ternes, & fa figure qui n'a rien de bien remarquable, que par un petit bruit fingulier qu'elle excite, & qui fouvent a pu inquiéter quelques perfonnes. Qu'on refte parfaitement tranquille dans un appartement, on entend quelquefois, principalement du côté des fenêtres, un petit bruit régulier & fouvent continué affez long-tems, femblable au mouvement d'une montre. Les uns ont attribué ces petites pulfations aux araignées, d'autres à une efpéce de petit poux qui fe trouve dans les vieux bois & auquel ils ont donné le nom de *pediculus pulfatorius*. Quelques-uns enfin, fans connoître ou défigner l'infecte qui fait le bruit, l'ont fimplement qualifié du nom lugubre d'*horloge de la mort ; horologium mortis*. Mais ni les araignées, ni les poux de bois ne peuvent produire ces pulfations : elles font dûes à la vrillette qui frappe à coups redoublés le vieux bois pour le percer & s'y loger : en examinant l'endroit d'où part le bruit , il eft rare de ne point trouver un petit trou dans lequel travaille un de ces infectes : il eft vrai que le bruit ceffe fouvent dès qu'on s'approche , probablement parce que le mouvement que l'on fait intimide le petit animal , mais fi on refte immobile , il fe remet bientôt à l'ouvrage , les pulfations recommencent , & on peut parvenir à furprendre l'infecte dans fon travail.

1. B Y R R H U S *teftaceo-niger , thorace fubhirfuto.* planch. 1 , fig. 6.

Linn. faun. fuec. n. 368. Dermeftes niger , elytris grifeis margine nigris.

La vrillette des tables. .
Longueur 1 ½ 2 lignes. Largeur ⅖ ¾ ligne.

Cet infecte varie beaucoup de grandeur & de couleur. On en trouve qui font d'un brun foncé , & d'autres d'une couleur beaucoup plus claire : fa forme eft oblongue & prefque cylindrique ; fes étuis font ftriés , fon corcelet eft épais & un peu en boffe : lorfqu'on touche ce petit animal , il retire fa tête fous fon corcelet & fes pieds fous fon ventre , & refte tellement immobile , qu'on le croiroit mort. C'eft lui qui fait aux meubles de bois ces petits trous ronds qui les réduifent en poudre : il n'eft que trop commun dans les maifons.

2. B Y R R H U S *teftaceus glaber oculis nigris.*

Linn. fyft. nat. edit. 10, n. 7. Dermeftes ferrugineus , oculis rufis.

La vrillette de la farine.
Longueur 1 ligne. Largeur ⅓ ligne.

La forme de fon corps eft la même que celle de la premiere efpéce , mais celle-ci eft plus petite , & fa couleur eft brune , rougeâtre , luifante , au lieu que la premiere eft terne. On trouve cet infecte dans la farine qu'il mange , fouvent même il ronge & met en pouffiere le pain à cacheter dans les tiroirs.

3. BYRRHUS *fulvus obscurus, oculis nigris.*

Linn. syst. nat. edit. 10 , *n.* 7. Dermestes testaceus, oculis fuscis, antennis filiformibus.

La vrillette fauve.
Longueur 2 ½ *lignes. Largeur* 1 *ligne.*

Cette espéce approche infiniment de la précédente pour
la forme & pour la couleur, elle est seulement d'un brun
plus foncé, mais elle est beaucoup plus grande : ses yeux
sont noirs : elle vit dans l'intérieur des arbres, que sa larve
ronge & déchire. J'ai trouvé celle-ci dans un pin au Jardin
Royal.

4. BYRRHUS *totus nigro fuscus.*

Linn. faun. suec. n. 384. Cassida nigra, antennis setaceis, corpore teretiusculo.
Act. Ups. 1736 , *p.* 17, *n.* 5. Dermestes corpore oblongo, elytris striatis, capite
clypcato.
Linn. syst. nat. edit. 10 , *n.* 6. Dermestes fuscus antennis filiformibus.

La vrillette savoyarde.
Longueur 2 ½ *lignes. Largeur* 1 *ligne.*

Sa forme est précisément la même que celle des espéces
précédentes. Son corcelet fait une bosse sous laquelle l'animal retire sa tête lorsqu'il contrefait le mort : ses étuis sont
longs & serrés. Tout l'insecte est d'une couleur brune,
matte, obscure & presque noire, mais en dessus il a
des taches irrégulieres d'un jaune sale, qui vûes à la
loupe, paroissent formées par des petits poils courts. On
trouve souvent cet insecte dans les maisons : sa larve habite
dans les charognes & les bois pourris. Je lui ai donné
le nom de vrillette savoyarde, parce que le brun & le
jaune obscur qui se voyent sur son corps, imitent la
couleur de la suie.

5. BYRRHUS *fuscus, fasciis elytrorum transversis cinereis.*

La vrillette brune à bandes grises.
Longueur 1 ½ *ligne. Largeur* ¼ *ligne.*

Elle

Elle eſt de couleur brune, liſſe, avec trois bandes tranſ-verſes griſes ſur ſes étuis. Ces bandes paroiſſent velues & formées par des petits poils gris. La forme de l'inſecte reſſemble à celle des précédens. Il ſemble cependant commencer à en différer un peu par ſes antennes, dont toutes les piéces ſont preſqu'également allongées, au lieu que dans les autres les trois dernieres piéces ſont fort lon-gues, & les autres très-courtes.

ANTHRENUS. *Coccinellæ ſpec. linn.*

L'ANTHRÉNE.

Antennæ clavatæ inte,ræ,	Antennes droites en maſſe
clavâ ſolidâ compreſſâ.	ſolide, un peu applatie.

Nous avons donné à ce nouveau genre le nom *d'an-threnus*, parce qu'on trouve ſouvent cet inſecte par mil-liers ſur les fleurs, (*anthos*) & particuliérement ſur les fleurs en ombelle, & les fleurs compoſées & à fleurons. Quelques Auteurs ont confondu ces inſectes avec les coc-cinelles, dont ils ſemblent approcher par la forme de leur corps, mais dont ils différent, tant par le nombre des arti-cles de leurs tarſes, que par le caractere des antennes. Ces antennes ſont en maſſe, c'eſt-à-dire terminées par un bout ou extrémité plus groſſe, & ce bout n'eſt formé que par une ſeule piéce ſolide un peu applatie. Ce caractere paroît approcher de celui de l'eſcarbot, mais dans l'eſcar-bot les antennes ſont coudées & pliées dans leur milieu, où elles forment un angle, & dans l'anthréne elles ſont toutes droites, *integræ*.

Ces inſectes ſont fort jolis & habitent, comme nous l'avons dit, ſur les fleurs. Leurs larves qui ſont un peu velues, comme celles de certains dermeſtes, ont pour demeure des endroits moins propres & moins ſenſuels : elles ſe logent dans des corps ou des parties d'animaux

Tome I. P

morts, dans des plantes à moitié pourries, & fouvent elles détruifent les collections d'infectes défféchés, s'introduifant dans les corps de ces petits animaux qu'elles font tomber en poufliere : c'eft-là qu'elles fe nourriffent, qu'elles croiffent & qu'elles fe métamorphofent.

1. ANTHRENUS *fquamofus niger, fafcia punctif-que coleoptrorum albis, futuris fufcis.* Planch. 1, fig. 7.

Linn. fyft. nat. edit. 10, n. 20. Dermeftes tomentofus maculatus.
Linn. faun. fuec, n. 412. Coccinella villofa, coleoptrorum margine inflexo, futuris rubris.
Raj. inf. p. 85, n. 37. Scarabæus parvus, corpore fubrotundo, collo oblongo, alarum elytris nigris binis punctis albicantibus notatis.

L'anthrêne à broderie.
Longueur 1 *ligne. Largeur* ¼ *ligne.*

Cet infecte qui eft très-commun fur les fleurs, eft très-difficile à bien décrire. Son corps eft prefqu'ovale : le fond de fa couleur eft noir, mais le deffous du ventre paroît prefque tout blanc, à caufe d'une infinité de petites écailles de cette couleur qui le couvrent. Les antennes font courtes, en maffe, terminées par une palette applatie qui ne fe divife point en feuillets : la tête eft petite & fouvent renfoncée fous le corcelet : celui-ci eft large, couvert d'é-cailles blanches & rougeâtres, qui laiffent paroître par endroits le fond noir. Les étuis font recourbés & envelop-pent même un peu les côtés & le deffous du corps : ils font noirs avec des écailles blanches & rougeâtres qui forment une efpéce de broderie. On voit d'abord une bande tranfverfe blanche affez large au haut des étuis : au bas des mêmes étuis, il y a deux points blancs diftincts près la future, un fur chaque étui. La couleur rougeâtre occupe principalement le bas de la future des étuis, & le haut de cette même partie près de leur jonction avec le corcelet. Cette efpéce eft très-commune dans les jardins fur les fleurs : fi on la frotte, fes petites écailles colorées s'enlevent & elle paroît prefque toute noire.

2. ANTHRENUS *squamosus niger , elytris fuscis , fascia triplici undulata alba.*

L'amourette.

Longueur ⅓ ligne. Largeur ⅓ ligne.

L'amourette a beaucoup de rapport avec l'insecte précédent, mais elle est bien plus petite ; du reste sa figure & sa forme sont les mêmes : elle est pareillement toute couverte d'écailles, & elle se trouve communément avec lui sur les fleurs : seulement les écailles qui recouvrent ses étuis, sont plus nombreuses & plus serrées, ensorte que la couleur noire qui fait le fond des étuis ne paroît pas. Ces écailles forment trois bandes blanches transversales & ondées, entre lesquelles il y a des bandes rougeâtres brunes de même forme. Si l'on touche cet insecte ou qu'on le frotte, on emporte les petites écailles colorées qui le recouvrent, sa couleur disparoît, ensorte que l'animal reste noir & luisant. On en trouve quelquefois qui sont ainsi dépouillés d'une partie de leurs écailles, ce qui les rend presque méconnoissables. Les larves de cet insecte, ainsi que celles de l'espéce précédente, sont très-voraces, & ressemblent beaucoup à celles des dermestes. Ceux qui font des cabinets d'histoire naturelle, en sont très-incommodés, & ne les connoissent que trop.

CISTELA.

LA CISTELE.

Antennæ extrorsum crassiores non nihil perfoliatæ.	Antennes plus grosses & un peu perfoliées par le bout.
Thorax conicus non marginatus.	Corcelet conique & sans rebords.

Nous avons donné à ce nouveau genre le nom ancien de *cistela*, qui n'étoit attribué à aucun insecte en parti-

P ij

culier. Son caractere confiste dans la forme de ses antennes, qui vont en grossissant de la base à l'extrémité, & dont les articles ou anneaux en approchant de cette extrémité, deviennent de plus en plus perfoliés, ou composés de lames applaties, transverses & percées ou enfilées par leur milieu. Une autre partie de son caractere est tirée de la forme de son corcelet sans rebords & conique, ou allant un peu en diminuant vers le devant : c'est en quoi ce genre differe du suivant qui lui ressemble pour la figure des antennes, mais dont le corcelet est assez plat & avec de grands rebords. Nous ne dirons rien de l'histoire de ce genre, dont nous ne connoissons ni la larve, ni la chrysalide, & dont nous n'avons trouvé que l'insecte parfait. Les espéces qu'il renferme se réduisent aux suivantes.

1. CISTELA *subvillosa viridescens, fasciis longitudinalibus fuscis interruptis.* planch. 1, fig. 8.

La ciftele fatinée.
Longueur 4 lignes.　Largeur 1 ⅔ lignes.

Le corps de cet insecte est ovale : sa tête se retire assez volontiers sous son corcelet, comme celle des vrillettes. Le corcelet est conique, plus étroit du côté de la tête, réfléchi en dessous par les côtés : ses étuis enveloppent aussi un peu le corps en dessous. Le dessous de cet insecte est noir & lisse, le dessus est soyeux, satiné & comme couvert de petits poils très-courts : sa couleur est singuliere : elle est brune, claire, avec une nuance verdâtre, & de plus le corcelet & les étuis ont des bandes longitudinales, au nombre de cinq ou six de chaque côté de couleur brune, noire, mais interrompue de tems en tems par des taches de la couleur du fond. J'ai trouvé cet insecte dans le sable le long des chemins.

2. CISTELA *subvillosa atra, fascia elytrorum transversa aurato-fusca.*

La ciſtele à bande.
Longueur 2 ½ lignes. Largeur 1 ¾ ligne.

Sa forme ne différe pas de celle de la précédente , elle
eſt feulement un peu plus ovale. Sa couleur eſt noire :
le deſſous de l'inſeéte eſt d'un noir liſſe , & le deſſus d'un
noir matte & velouté , à cauſe des petits poils courts dont
il eſt couvert. Sur le milieu des étuis il y a une bande
tranſverſe large , un peu ondée , de petits poils d'un jaune
fauve & comme doré : le corcelet & la tête ont auſſi
de ſemblables poils , qui forment des deſſeins ſur le fond
noir de l'inſeéte.

3. CISTELA *nigra nitens , glabra.*

La ciſtele noire liſſe.
Longueur 1 ½ ligne. Largeur ⅔ ligne.

Elle reſſemble aux deux précédentes pour la forme de
ſon corps , mais elle eſt beaucoup plus petite. Sa couleur
eſt noire partout. Son corcelet & ſes étuis ſont très-liſſes &
luiſans , & en regardant de près , on voit qu'ils ſont pointillés finement & irréguliérement.

PELTIS. *Caſſidæ ſpec. linn.*

LE BOUCLIER.

Antennæ extrorſum craſ-ſiores nonnihil perfoliatæ.	Antennes plus groſſes & un peu perfoliées par le bout.
Thorax & elytra marginata.	Corcelet & étuis bordés.

Les eſpéces de ce genre avo'ent été jointes par quelques Auteurs avec celles de la caſſide , genre que nous
examinerons par la ſuite. Mais quoique ces deux genres ſe
reſſemblent un peu par les antennes , ils différent l'un de
l'autre par beaucoup d'autres endroits ; d'abord le nombre
des piéces du tarſe eſt différent , ce qui les éloigne l'un de

l'autre , & même les fait ranger dans des ordres différens : de plus la caſſide , comme nous le verrons , a ſa tête tout-à-fait cachée ſous le corcelet , au lieu que celle du bouclier le déborde & paroît au dehors. Nous avons donc dû faire un genre particulier de ces inſectes , & nous leur avons donné le nom de *peltis* , en françois bouclier , à cauſe de leur forme qui imite aſſez celle des boucliers des anciens.

Le caractere de ce genre eſt en premier lieu d'avoir les antennes de plus en plus groſſes , en avançant de la baſe vers l'extrémité , & en même tems perfoliées , ou compoſées de lames tranſverſes enfilées par leur milieu , en quoi ce genre reſſemble à celui de la ciſtele , qui vient de précéder ; & en ſecond lieu d'avoir le corcelet aſſez plat & bien bordé , ainſi que les étuis , ce qui le diſtingue du genre précédent.

Les larves des boucliers ſont ordinairement brunes , dures , preſqu'écailleuſes , applaties , & plus étroites vers la queue , qu'à la tête : elles ſont aſſez vives & courent à l'aide de leurs ſix pattes. On les trouve dans les corps d'animaux morts & à moitié gâtés : c'eſt-là qu'elles ſe nourriſſent , qu'elles croiſſent & qu'elles ſe métamorphoſent. C'eſt auſſi dans les mêmes endroits que l'on trouve ſouvent l'inſecte parfait , qui ſe nourrit de ces charognes & y dépoſe ſes œufs.

1. **PELTIS** *nigra , elytris lineis tribus elevatis , ſpatio interjecto punctato , thorace lævi.*

Linn. faun. ſuec. n. 385. Caſſida nigra , elytris lineis tribus elevatis lævibus , ſpatio interjecto punctato , clypeo antice integro.

Linn. ſyſt. nat. edit. 10 , p. 360 , *n.* 12. Silpha atra , elytris ſubpunctatis , lineis elevatis tribus lævibus , clypeo antice integro.

Raj. inſ. p. 84 , *n.* 33. Scarabæus minor , è rufo ſordide nigricans , elytris ſtriatis.

Le bouclier noir à trois raies & corcelet liſſe.
Longueur 4 , 5 , 6 *lignes. Largeur* 2 , 3 , 4 *lignes.*

Cet inſecte eſt aſſez grand , le mâle a quatre ou cinq

lignes de long , & fa femelle en a environ fix : l'un & l'autre font tout noirs , mais ce noir eft plus matte dans la
femelle & plus brillant dans le mâle. Leurs antennes
font compofées de onze articles qui vont en groffiffant
vers l'extrémité de l'antenne , & dont les derniers plus
larges que les autres , font perfoliés & enfilés par leur milieu. Le corcelet eft large , applati & bordé : la tête avance
& déborde quand l'infecte marche , mais quand on le touche , il la replie en deffous & la cache. Les étuis ont
un rebord grand & relevé en gouttiere ; on voit fur chacun
d'eux trois lignes élevées , longitudinales & liffes , &
l'efpace qui eft entre ces lignes, eft chargé d'une infinité de
petits points , enforte qu'il paroît comme chagriné. C'eft
dans les bois qu'on trouve cette efpéce , parmi les matieres pourries & les corps d'animaux morts : elle varie
beaucoup , & parmi le grand nombre de variétés qu'elle
donne , voici les principales que nous avons obfervées.

A. *Eadem fpatio interjecto punctato , thorace lævi ,
utrinque fulco arcuato.* Elle a deux fillons longitudinaux un
peu en arc fur fon corcelet, un de chaque côté : les lignes
élevées de fes étuis font plus luifantes que le refte de fon
corps.

B. *Eadem fpatio interjecto punctato , thorace lævi ubique
æquali.* Son corcelet n'a point de fillons , mais il eft tout
uni , les lignes élevées de fes étuis ne font pas luifantes.

C. *Eadem fpatio interjecto punctato , thorace lævi , punctis duobus impreffis.* Son corcelet a deux points enfoncés
proche l'un de l'autre dans fon milieu : fes étuis & leurs
lignes élevées font affez brillans.

D. *Eadem fpatio interjecto punctis latis inæqualibus ,
thorace lævi.* Les points des étuis entre les lignes élevées ,
font larges & inégaux , au lieu que ceux des précédens
font petits ferrés & égaux.

2. PELTIS *nigra , elytris lineis tribus elevatis , fpatio
interjecto minutiffime punctato , thorace fcabro.*

Le bouclier noir à corcelet raboteux.
Longueur 5, 6 lignes.   Largeur 2, 3 lignes.

La couleur de cette efpéce eft noire partout. Ses antennes reffemblent à celles de la précédente. Sa tête déborde le corcelet, qui eft raboteux & inégal. Les étuis ont chacun trois lignes longitudinales relevées, outre la gouttiere de leur rebord qui eft bien marquée. Ces étuis font plus longs que le ventre : ils ont quelquefois à leur extrémité une efpéce d'appendice, qui fouvent manque : l'efpace qui eft entre les trois lignes des étuis paroît liffe à la vûe, mais fi on le regarde à la loupe, on y voit une infinité de petits points menus. Cet infecte fe trouve avec le précédent, mais un peu plus rarement.

3. PELTIS *nigra, elytris lineis tribus elevatis, prima & fecunda gibbofitae connexis, thorace lævi.*

Le bouclier à boffes.
Longueur 9 lignes.   Largeur 4 lignes.

Il eft tout noir ; fes antennes font plus groffes par le bout & joliment feuillées : leur extrémité eft un peu fauve. Son corcelet eft liffe, brillant, & vû à la loupe paroît un peu ponctué. Ses étuis ont trois lignes longitudinales, liffes, élevées, dont la premiere & la feconde en commençant à compter par le côté extérieur, font jointes enfemble par une boffe, qui eft pofée un peu plus bas que le milieu des étuis : l'efpace entre ces lignes eft finement ponctué. Cette efpéce a une particularité, c'eft que fon ventre déborde d'un bon tiers fes étuis. On trouve cet infecte dans les charognes.

4. PELTIS *nigra, elytris lineis tribus elevatis acutis, fpatio interjecto veluti complicato, thorace fcabro.*

Le bouclier noir chiffonné à corcelet raboteux.
Longueur 5 ¼ lignes.   Largeur 2 lignes.

Cette efpéce reffemble beaucoup à l'avant-derniere

pour

pour la grandeur & la forme. Son corcelet est un peu
raboteux. Les étuis ont chacun trois lignes relevées, dont
l'extérieure est extrêmement aigue, & paroît comme rom-
pue vers le bas : l'espace qui est entre ces lignes, est
tout plissé & comme chiffonné. Cet insecte a le corcelet
large & bordé, & les étuis terminés par une espéce de
gouttiere comme le premier. On le trouve dans les mêmes
endroits.

5. PELTIS *nigra*, *elytris lineis tribus elevatis acutis ;*
spatio interjecto veluti complicato, thorace lævi.

Le bouclier noir chiffonné à corcelet lisse.
Longueur, Largeur idem.

On n'apperçoit d'autre différence entre cette espéce &
la précédente, que celle de son corcelet qui est lisse &
nullement raboteux. Sa couleur noire est assez matte &
point du tout brillante.

6. PELTIS *nigra*, *lineis tribus elevatis acutis, thorace*
ferrugineo.

Linn. faun. suec. n. 386. Cassida nigra, clypeo ferrugineo, elytris linea
elevata.
Linn. syst. nat. edit. 10, p. 360, *n.* 13. Silpha nigra elytris obscuris, linea elevata unica, clypeo retuso testaceo.
Raj. ins. p. 90, *n.* 10. Scarabæus primo similis, parum canaliculatus, scapulis
croceis.

Le bouclier à corcelet jaune.
Longueur 6 lignes. Largeur 2 ½ lignes.

Cette belle espéce ressemble beaucoup aux précédentes
pour la forme. Ses antennes sont noires : leur dernier article forme un bouton allongé, & les trois d'ensuite sont
assez larges & enfilés par leur milieu. Le corcelet est d'un
jaune couleur de rouille, & avec le secours de la loupe,
cette couleur paroît dûe à beaucoup de petits poils jaunâtres fort courts. Ce corcelet est large, bordé, raboteux &
un peu échancré en devant pour laisser paroître la tête.
Les étuis sont noirs, bordés à l'extérieur par une gouttiè-

Tome I. Q

re , & ont au milieu trois lignes longitudinales élevées ; principalement l'extérieure, qui paroît interrompue vers la fin. Tout l'animal eft ovale , oblong & applati. On le trouve dans les charognes & les endroits les plus fales.

7. P E L T I S *nigra , thorace elytrifque teflaceis , thoracis macula coleoptrorumque punctis quinque nigris.* Planch. 2 , fig. 1.

Le bouclier jaune à taches noires.
Longueur 6 lignes. Largeur 3 lignes.

Ce bouclier eft une des plus jolies efpéces de ce genre. Sa tête , fes antennes, fon corps & fes pattes font noirs. Le corcelet eft large , bordé , noir au milieu , jaune pâle fur les bords ; en devant il a une échancrure qui laiffe la tête à découvert. Les étuis font du même jaune , & portent chacun deux points ronds noirs , luifans , & tellement placés , que ces quatre points forment un quarré lorfque les étuis font fermés : de plus l'écuffon eft noir , ainfi que les bords des étuis qui lui font contigus , ce qui forme en tout cinq taches noires. Ces étuis font bordés d'une gouttiere & ont chacun dans leur milieu trois lignes longitudinales peu faillantes. Cet infecte eft affez rare ; on le trouve dans les bois avec les précédens.

8. P E L T I S *nigra tota , elytris lævibus , punctis minimis excavatis.*

R*aj. inf. p.* 90 , *n.* 9. *bis.* Scarabæus præcedenti fimilis , fed paulo major , nigrior , elytris lævibus.

La gouttiere.
Longueur 6 lignes. Largeur 3 lignes.

Cet infecte eft tout noir & tout uni , fans lignes élevées , ni ftries. Ses antennes vont en groffiffant vers le bout , & leurs derniers anneaux ne font que légérement perfoliés. La tête déborde le corcelet , qui eft large , bordé , mais fans échancrure en devant. Les étuis vûs de près paroiffent chagrinés d'une infinité de petits points : du reste ils font unis, & ont feulement pour rebord une efpéce de gouttiere bien marquée, ce qui a fait donner le nom de gouttiere à cette efpéce. On la trouve dans les bois humides & pourris.

9. PELTIS *tota teftacea.*

Le bouclier fauve.
Longueur 2 ½ lignes. Largeur 1 ¾ ligne.

Son corps eft partout de couleur teftacée ou fauve ; à l'exception du haut des antennes qui eft noir. Son corcelet & fes étuis font ponétués finement & irréguliérement.

10. PELTIS *nigro-fufca fubvillofa.*

Le bouclier brun velouté.
Longueur 1 ½ ligne. Largeur ½ ligne.

L'air & le port de cette efpéce la feroient d'abord pren-dre pour une mordelle, mais fes antennes & fes tarfes, ainfi que la forme de fon corcelet l'éloignent de ce genre, & la rapprochent de celui-ci. La couleur de cet infecte eft la même partout, brune, un peu noire, mais elle paroît changeante à caufe des petits poils courts dont fon corps eft couvert. Son corcelet eft large, & prefque point bor-dé, en quoi il différe de celui des autres boucliers. Ses étuis ne font ni ftriés, ni pointillés. Son allure reffemble à celle des mordelles, c'eft-à-dire qu'il a de longues pattes avec lefquelles il marche comme en boitant. Nous l'avons trouvé à terre dans le fable.

CUCUJUS. *Bupreftis linn.*

LE RICHARD.

Antennæ ferratæ breves.	Antennes courtes en fcie.
Thorax fubtus nudus.	Corcelet uni & fimple en def-fous.

Caput dimidium intra thora-   Grosse tête renfoncée à moitié,
cem , crassum.   dans le corcelet.

Nous avons ôté à ce genre le nom de buprefte , qui lui
avoit été donné par quelques Naturalistes modernes , &
qui a toujours désigné parmi les anciens un autre genre
auquel nous l'avons restitué. A la place de ce nom nous lui
avons donné celui de *cucujus* employé par les anciens
pour désigner un insecte d'un vert doré , tel que font
la plûpart des efpéces de ce genre.

Le caractere effentiel de ce genre est d'avoir des antennes compofées d'articles triangulaires , qui reffemblent à
des dents de fcie , ce qui donne à l'antenne qui est affez
courte , la figure d'une fcie : de plus le corcelet de ces infectes est uni en deffous , & dénué d'une efpéce de pointe
que l'on remarque dans le genre fuivant , qui d'ailleurs
reffemble affez à celui-ci pour la forme des antennes.
Un autre caractere acceffoire & moins effentiel fe tire
de la pofition de la tête , qui quoiqu'affez groffe , est à
moitié renfoncée dans la partie antérieure du corcelet.

Je ne connois ni la larve , ni la chryfalide de ces infectes , qui font tous affez rares dans ce Pays - ci. Quant aux
infectes parfaits , à l'exception du *richard triangulaire* ,
dont la partie antérieure plus large , donne à l'animal une
forme approchant de celle d'un triangle , tous les autres ,
tant d'ici que des Pays étrangers , ont un corps allongé en
forme d'olive. On peut dire que ce genre renferme les
plus belles efpéces d'infectes. Parmi celles que nous trouvons autour de Paris , il y en a trois très-belles , à qui il ne
manque que la grandeur pour les faire remarquer davantage , mais les Pays étrangers en fourniffent de très-grandes & très-brillantes : c'est ce qui nous a porté à donner le
nom de richard à cet insecte , fur lequel on voit briller
l'or & la couleur de rubis la plus éclatante : du refte ces
infectes font rares , & d'autant plus difficiles à trouver ,
que dès qu'on en approche , ils fe laiffent tomber à terre

& rouler le long des feuilles des arbuftes fur lefquels ils étoient.

1. CUCUJUS *aureus , elytrorum foſſulis quatuor im-preſſis nitentibus.*

Linn. fiſt. nat. edit. 10 , *p.* 409 , *n.* 7. Bupreſtis elytris ferratis longitudinaliter´ fulcatis , maculis duabus aureis impreſſis , thorace punctato.
Linn. faun. fuec. n. 556. Bupreſtis fufco-ænæa , elytris maculis æneis impreſſis.

Le richard à foſſettes.
Longueur 5 *lignes.   Largeur* 2 *lignes.*

Cette belle efpéce eſt d'une couleur dorée , un peu brune & foncée. Ses antennes font un peu plus courtes que fon corcelet. Ses yeux font gros comme ceux de toutes les efpéces de ce genre , & s'approchent beaucoup l'un de l'autre par derriere. La tête eſt large , courte & à moitié cachée & enfoncée fous le corcelet. Celui-ci auſſi large que les étuis , a moitié moins de longueur que de largeur , & paroît bordé fur les côtés. Les étuis allongés & un peu bordés fe terminent en pointe. On obferve fur chacun d'eux trois lignes longitudinales élevées , dont les deux intérieures plus marquées que l'extérieure fe joignent vers le bas : mais de plus chaque étui a deux enfoncemens ou foſſettes , une plus haut vers le tiers de l'étui , l'autre un peu plus bas. Ces foſſettes répondent à celles de l'autre étui , & les quatre enfemble paroiſſent difpofées en quarré ; elles font encore plus brillantes que le reſte du corps , & femblent d'une couleur d'or vif. Les pattes & le deſſous du corps de l'infecte , font d'un or plus brun. Ce n'eſt que depuis une couple d'années que l'on a trouvé ce bel animal autour de Paris. Il s'eſt rencontré dans les Chantiers de bois , fur-tout dans l'Ifle Louvier où on en a pris plufieurs : peut-être nous vient-il de quelqu'endroit plus éloigné : fa larve qui probablement vit dans les troncs d'arbres , aura été tranfportée ici avec le bois dans lequel elle étoit renfermée , ce qui nous aura enrichi de cette belle efpéce.

2. CUCUJUS *viridi-æneus, punctis quatuor impreſſis albis.*

Linn. ſyſt. nat. edit. 10, p. 408, n. 2. Bupreſtis elytris faſtigiatis muticis maculis quatuor albis, corpore cœruleo.
Leche nov. inf. ſpec. p. 21, n. 42.

Le richard à points blancs.
Longueur 5 lignes. Largeur 1 ½ ligne.

Cette eſpéce eſt une des plus allongées. Tout ſon corps eſt d'un vert doré un peu bleuâtre en deſſous : mais ce qui la diſtingue ce ſont quatre foſſettes blanches, ou quatre points blancs enfoncés qu'on voit ſur ſes étuis, deux ſur chacun. Un de ces points eſt ſur le bord extérieur de l'étui, ſur le milieu de ce bord, proche le ventre, c'eſt le plus grand : l'autre ſe trouve au bord intérieur, attenant la ſuture vers les trois quarts de cette ſuture en deſcendant, & tout vis-à-vis ſon pareil ſitué ſur l'autre étui : ce dernier eſt le plus petit. Tout le deſſus de l'inſecte vû à la loupe paroît finement pointillé. Cette eſpéce a été trouvée dans des Chantiers de bois.

3. CUCUJUS *viridi-auratus, oblongus, thorace punctato, elytris ſtriatis.* Planch. 2, fig. 2.

Linn. faun. ſuec. n. 555. Bupreſtis viridi-ænea immaculata.
Linn. ſyſt. nat. edit. 10, p. 409, n. 8. Bupreſtis ruſtica.

Le richard doré à ſtries.
Longueur 7 lignes. Largeur 2 lignes.

Sa couleur eſt par tout ſon corps d'un vert doré & très-brillant. Sa tête & ſon corcelet ſont ponctués. Ses yeux ſont de couleur rouge, un peu brune. Sur la partie inférieure de ſon corcelet, immédiatement avant l'écuſſon, il y a un enfoncement arrondi, bien marqué. Les étuis allongés, étroits, & qui n'ont point de rebords, ſont chargés chacun de dix ſtries longitudinales, formées par autant de rangées de points. Ce bel inſecte m'a été donné. Il a été trouvé à Paris même, dans le jardin des Apoticaires, & autour de Paris, fur des buiffons.

4. CUCUJUS *æneus, elytris fufcis, thorace rubro fafciis fufcis.* Planch. 2, fig. 3.

Le richard rubis.
Longueur 4 lignes. Largeur 1 ½ ligne.

Le deffous du corps de cet infecte, & fes cuiffes font d'un beau rouge cuivreux, brillant & éclatant, qui imite la couleur du rubis. Ses jambes font d'un noir verdâtre, ainfi que fes antennes. Sa tête eft d'un beau rouge brillant, fes yeux feulement font noirs. Le corcelet eft de même couleur que la tête, mais il a deux bandes brunes longitudinales, une de chaque côté, qui divifent la couleur rouge en trois bandes. Les étuis font bruns & un peu cuivreux, chargés de points ferrés, qui les font paroître comme ridés. Les antennes font un peu plus longues que la tête. Ce bel infecte a été trouvé fur un rofier.

5. CUCUJUS *viridi-cupreus, lævis oblongus.*

Le richard vert allongé.
Longueur 1 ½ lignes. Largeur ½ ligne.

On voit par les dimenfions que nous donnons de cette efpéce, qu'elle eft étroite & affez allongée. Sa largeur eft à peu près la même par-tout, feulement l'extrémité poftérieure va un peu en fe rétréciffant. Quant à la couleur, cet infecte eft tout vert, un peu doré; il n'y a que fes yeux qui foient d'un brun clair. Les antennes font courtes, n'égalant pas la longueur du corcelet. Elles font figurées en fcie. La tête eft large & applatie. Le corcelet eft prefque quarré, auffi long que large, applati en deffus, un peu inégal, avec des rebords fur les côtés. L'infecte vû à la loupe, paroît tout parfemé en deffus d'un nombre infini de petits points rangés fans aucun ordre, qui le rendent comme chagriné. On trouve affez fouvent ce petit animal fur

les feuilles des charmilles, mais il eſt difficile à attraper ;
ſe laiſſant gliſſer à terre dès qu'on veut le prendre.

6. CUCUJUS *fuſco-cupreus, triangularis, faſciis un-*
dulatis villoſo-albidis.

Le richard triangulaire ondé.
Longueur 1 ½ ligne. Largeur 1 ligne.

La plus grande largeur de cet inſecte, eſt à la jonction
du corcelet avec les étuis, qui vont en ſe rétréciſſant &
finiſſent en pointe ; enſorte que cet animal étant preſque
auſſi large que long, a une forme triangulaire. Sa tête eſt
très-applatie : ſes antennes ſont courtes, égalant à peine
la longueur du corcelet. Celui-ci eſt auſſi fort-court &
comme écraſé, mais large, avec des rebords ſur les côtés.
Poſtérieurement, il ſe termine irréguliérement. Tout l'inſecte eſt d'un brun noirâtre, cuivreux. Ses étuis ſont parſemés de quelques points, d'où partent des poils blancs. Ces
petits poils forment ſur les étuis quatre ou cinq bandes
tranſverſes, mais ondées, & comme en zigzag. On trouve cet inſecte ſur les feuilles d'orme. Il ſe laiſſe tomber,
comme le précédent, dès qu'on veut le prendre.

N. B. Les Pays étrangers fourniſſent beaucoup d'eſpéces de ce genre, dont nous ne pouvons faire mention ici,
& que l'on voit dans les cabinets des curieux. La France
en fournit auſſi quelques-unes. J'en ai reçu une entr'autres
de Languedoc, que m'a envoyée M. l'Abbé de Sauvages,
dont je ne donnerai ici que le nom & les dimenſions.

CUCUJUS *ater, thorace ſcabro, pulvere albicante*
conſperſo, elytris obſolete ſtriatis.
Longueur 9 lignes. Largeur 3 ½ lignes.

ELATER.

ELATER.

LE TAUPIN.

Antennæ ferratæ vel fili-formes intra capitis cavita-tem fubtus receptæ.

Antennes en fcie ou à fi-lets, qui fe logent dans une rainure formée en deffous de la tête.

Thorax fubtus aculeo intra cavi-tatem abdominis recepto.

Corcelet terminé en deffous par une pointe reçue dans une cavité du ventre.

Le caractere effentiel de ce genre, eft d'abord d'avoir les antennes ou en forme de fcie, femblables à celles du genre précédent, ce qui fe remarque dans les individus mâles, ou en fimples filets, ce qui eft ordinaire aux femelles : de plus, dans les uns & les autres, ces antennes fe logent dans une longue rainure, qui eft creufée en deffous de la tête & même du corcelet. Le fecond caractere particulier aux taupins fé tire de la forme du corcelet, qui en deffous, fe termine par une longue pointe, qui entre comme par reffort dans une cavité pratiquée dans la partie fupérieure du deffous du ventre.

C'eft par le moyen de cette efpéce de reffort, que ces infectes, lorfqu'ils font renverfés fur le dos, parviennent à fauter affez vivement en l'air, ce qui leur a fait donner le nom d'*élater*, & par d'autres Naturaliftes, celui de *noto-peda*, d'où l'on a tiré le nom François *taupin*. Pour conce-voir ce méchanifme, qui eft affez fingulier, il faut pren-dre un de ces infectes, & le pofer renverfé fur le dos. Ce taupin qui ne peut aifément fe retourner, redreffe fa tête & fon corcelet, & retire par ce mouvement la pointe in-férieure de fon corcelet de la cavité du bas ventre, dans laquelle elle étoit logée. Cette pointe eft dure & très-liffe. La cavité du ventre n'eft pas moins liffe, & fon entrée a

Tome I. R

un peu d'élévation. Pour lors, le taupin, qui étoit très-redreſſé, ſe replie un peu, & la pointe de ſon corcelet rentrant dans la cavité du ventre, retombe comme un reſſort, dès qu'elle a paſſé l'élévation de l'entrée, ce qui fait faire à l'inſecte un ſoubreſaut aſſez conſidérable. La partie du milieu de ſon corps, le corcelet & le haut des étuis allant frapper vivement le plan ſur lequel l'inſecte eſt poſé, il eſt élancé & pouſſé en l'air, & en retombant, ſouvent il ſe trouve retourné ſur ſes pieds.

Outre cette pointe ſinguliere du taupin, on doit encore faire attention à la forme particuliere de cet inſecte. Tout ſon corps eſt aſſez allongé & ſe termine poſtérieurement en pointe. Son corcelet forme une eſpéce de quarré long, dont les deux angles poſtérieurs finiſſent auſſi en pointes, quelquefois aſſez aigues.

Quant aux larves de ces inſectes, elles ſe trouvent dans les troncs d'arbres pourris, où elles vivent & ſe métamorphoſent. C'eſt auſſi dans les mêmes endroits, où l'on trouve ſouvent une partie des eſpéces de ce genre, tandis que d'autres ſe rencontrent ſur les fleurs.

1. E L A T E R *thorace elytrisque rubris.* Planch. 2, fig. 4.

Le taupin rouge.
Longueur 8 lignes. Largeur 3 lignes.

Le corcelet de cet eſpéce eſt rouge & finement ponctué. Les étuis ſont de la même couleur & ſtriés, outre beaucoup de petits points, d'où partent quelques poils courts. Les antennes ſont noires & bien formées en ſcie. Quant au reſte de la couleur, elle varie. Lorſque l'animal eſt jeune & nouvellement métamorphoſé, le deſſous de ſon corps, ſa tête & ſes pattes ſont d'un rouge couleur de chair; mais quand il eſt un peu plus vieux, au bout de quelques jours, tout le deſſous de l'inſecte & ſa tête ſont noirs, ainſi que l'écuſſon, qui eſt bien marqué dans cette eſpéce. Je l'ai trouvé dans des troncs de ſaules pourris.

2. ELATER *niger, elytris rubris. Linn. faun. fuec.*
574.

Linn. fyft. nat. edit. 10, *p.* 405, *n.* ⬛ Elater fanguineus.

Le taupin à étuis rouges.
Longueur 5 *lignes. Largeur* 1 ½ *ligne.*

Il varie pour la grandeur ; on en trouve qui n'ont pas à
beaucoup près les dimenfions que nous donnons. Tout
l'infecte eft noir, à l'exception des étuis, qui font rouges.
Ces étuis ont quelquefois la pointe un peu noire, & un
point noir chacun vers le haut, ce qui cependant n'eft pas
conftant. Les antennes font en fcie, fur-tout dans les mâles. Le corcelet eft luifant, poli, & vû à la loupe, il paroît
chargé de quelques poils noirs. Les étuis ont chacun dix
ftries ferrées, formées par autant de rangées de petits
points. On trouve cet infecte dans les bois, fous les écorces des arbres.

3. ELATER *niger, elytris flavis.*

Le taupin à étuis jaunes & corcelet liffe.
Longueur 5 *lignes. Largeur* 1 ½ *ligne.*

Cette efpéce donne les variétés fuivantes.

a. *Elater niger, elytris omnino flavis.*
b. *Elater niger, elytris flavis apice nigris.*
c. *Elater niger, elytris teftaceo-fufcis.*

On voit que ce taupin varie infiniment, & peut-être
n'eft-il lui-même qu'une variété de l'efpéce précédente.
Il lui reffemble beaucoup pour la forme, la grandeur, les
ftries des étuis, & même les couleurs. Il n'y a que la couleur des étuis qui foit différente. Dans tous, elle eft jaune ;
mais ce jaune eft quelquefois clair & couleur de paille ;
d'autres fois il eft brun & rougeâtre, ce qui l'approche encore davantage de l'efpéce précédente. De plus, une autre reffemblance avec le *taupin à étuis rouges*, c'eft que

celui-ci a quelquefois fur le haut des étuis les deux points noirs, dont nous avons parlé, ainfi que l'extrêmité des étuis noirs, ce qui fouvent auffi ne fe rencontre pas. On trouve cette efpéce avec la précédente, dans les bois pourris.

4. ELATER *thorace villofo, elytris teftaceis apice nigris. Linn. faun. fuec. n.* 573.

Lift. loq. p. 387, n. 18. Scarabæus ex fufco rufefcens five caftaneus.
Raj. inf. p. 92. n. 6. Scarabæus antennis articulatis quanto & quinto æqualis.

Le taupin à corcelet velouté.
Longueur. Largeur idem.

Il donne les variétés fuivantes.

a. *Elater thorace villofo, elytris flavefcentibus apice nigris.*

b. *Elater thorace villofo, elytris rubefcentibus apice nigris.*

On feroit encore porté à prendre cette efpéce pour une variété des deux précédentes. Elle leur reffemble parfaitement ; feulement fon corcelet, qui eft noir, paroît jaune, à caufe des poils jaunes un peu bruns, dont il eft chargé. Ses étuis ftriés comme ceux des précédens, ont une pointe noire, & varient pour la couleur, qui eft tantôt d'un jaune clair, tantôt d'un brun rougeâtre. On trouve cet infecte avec les précédens.

5. ELATER *niger, thorace rubro. Linn. faun. fuec. n.* 576.

Linn. fyft. nat. edit. 10, p 405, n. 8. Elater thorace rubro nitido antice nigro, elytris corporeque nigris.

Le taupin noir à corcelet rouge.
Longueur 3 lignes. Largeur 1 ligne.

Cette jolie efpéce eft toute noire, à l'exception du corcelet, qui eft rouge. Les étuis cependant tirent un peu fur le bleu. On voit fur chacun d'eux huit ftries, formées

par des rangées de points. Quant au corcelet, M. Linnæus dit qu'il a les bords antérieurs & postérieurs noirs,
ce qui formeroit comme une bande rouge au milieu. Le
mien a bien le bord postérieur un peu noir, mais tout le
reste est rouge. Peut-être cette différence vient-elle du
sexe, ce que je ne puis décider, n'en ayant qu'un seul.

6. E L A T E R *thorace nigro, circulo rubro, elytris fulvis, cruce nigra.*

Linn. syst. nat. edit. 10, p. 404, n. 6. Elater thorace nigro lateribus ferrugineis,
coleoptris flavis cruce nigra, margineque nigro.

Le taupin porte-croix.
Longueur 5 lignes. *Largeur* 1 ½ ligne.

Sa tête, ses antennes, ses pattes & le dessous de son
corps sont d'un brun noir, avec un peu de jaune cependant
sur les bords du ventre & du corcelet en dessous. Par dessus, le corcelet est noir, avec un cercle rouge interrompu
en devant, ou, si l'on aime mieux, le corcelet est rouge
bordé de noir, avec une grande tache noire au milieu,
qui se confond avec le bord antérieur; ensorte qu'il ne
reste qu'une bande rouge presque circulaire. Ce corcelet
vû de près paroît finement pointillé. Les étuis ont chacun
dix stries longitudinales formées par des points serrés. Le
fond de leur couleur est d'un jaune fauve, avec une espéce de croix noire. Cette croix est formée par la suture
longitudinale des étuis, qui est noire, & une large bande
transversale de même couleur, qui se trouve sur le milieu
des étuis. Outre cette croix, les étuis ont encore chacun
en haut, vers leur angle extérieur, une bande noire longitudinale courte, qui ne parcourt guères que le tiers de
leur longueur. Les antennes sont légèrement en scie. Ce
bel insecte m'a été donné.

7. E L A T E R *fusco-viridi-æneus. Linn. faun. suec. n.* 575.

Linn. syst. nat. edit. 10, p. 406, n. 22. Elater pectinicornis.
List. tab. mut. t. 17, f. 14.

Lift. loq. p. 387, n. 19. Scarabæus è nigro virens, corniculis altero tantum verfu pectinatis. (Maf.)
Act. Upf. 1736, p. 15, n. 3. Notopeda nigro - ænea, antennis fimplicibus.

Le taupin brun cuivreux.
Longueur 6 lignes.   Largeur 2 lignes.

Cet infecte eft d'une couleur brune, tirant fur le vert & un peu cuivreufe. Ses étuis ont chacun neuf ftries & font chargés de petits points, du fond defquels partent des poils courts, que l'on découvre avec la loupe. Ces étuis font auffi un peu bordés, fur-tout vers le bas, ce qui ne fe rencontre que très - rarement dans les efpéces de ce genre. Les antennes formées en fcie, font plus courtes que le corcelet : les dents de la fcie font beaucoup plus marquées dans les mâles. Ceux-ci font plus verdâtres, & les femelles plus noires & plus cuivreufes. J'ai trouvé cet infecte courant à terre, dans les brouffailles.

8. ELATER *nigro-fufcus cinereo-nebulofus.*

Linn. faun. fuec. n. 577. Elater totus nigro-fufcus.
Linn. fyft. nat. edit. 10, p. 406, n. 23. Elater niger.
Raj. inf. p. 78, n. 14. Scarabæus minor longo & angufto corpore, totus niger, faltatrix.
1. Raj. inf. p. 92, n. 1. Scarabæus antennis articulatis primus, maxime vulgaris.
Act. Upf. 1736, p. 15, n. 4. Notopeda atra, antennis fimplicibus.
2. Raj. inf. p. 92, n. 3. Scarabæus antennis articulatis tertius.
Act. Upf. 1736, p. 15, n. 5. Notopeda fufca, antennis fimplicibus.
Lift. tab. mut. t. 17, f. 14.

Le taupin brun nébuleux.
Longueur 5 lignes.   Largeur 2 lignes.

Cette efpéce, une des grandes de ce genre, eft plus large & moins allongée que les autres. Elle eft toute d'un brun noir, couverte de poils gris très-courts, qui la rendent nébuleufe. La quantité plus ou moins confidérable de ces poils fait varier fa couleur, ce qui a induit Raj & l'Auteur des Actes d'Upfal en erreur; ils ont fait plufieurs efpéces d'un feul & même infecte. Sous les poils, les étuis ont des ftries, mais difficiles à voir, parce qu'elles font cachées. Les antennes brunes font plus courtes que le corcelet, & médiocrement formées en scie. Cette espéce a une particularité très-remarquable : ce sont deux véiicules qui paroissent aux deux côtés de l'anus, pour peu qu'on presse le ventre. On trouve très-communément cet animal courant dans les bleds.

9. ELATER *niger, villoso-undulatus.*

Le taupin à plaques velues.
Longueur 5 lignes. Largeur 1 ⅟₇ lignes.

Le fond de la couleur de cet insecte est noir, mais il est chargé de poils fauves, un peu verdâtres, & comme dorés, qui forment des taches & des ondes sur son corps. Ses étuis sont striés. On le trouve à terre, dans les champs.

10. ELATER *niger, elytris villoso-murinis.*

Le taupin gris-de-souris.
Longueur 4, 5 ½ lignes. Largeur 1 ½ ligne.

Il varie, comme on le voit, pour sa grandeur : il en est de même de sa couleur. En général elle est noire ; mais il est couvert de petits poils gris-de-souris en plus ou moins grande quantité, & quelquefois si épais, qu'on ne peut distinguer les stries qui sont sur ses étuis. Les mâles sont plus petits & plus velus ; les femelles sont plus lisses & par conséquent plus noires. Elles sont aussi plus grandes que les mâles.

11. ELATER *niger, elytris fuscis, singulo fascia longitudinali fulva.*

Raj. ins. p. 78, n. 12. Scarabæus minor longo & angusto corpore, elytris bicoloribus è fulvo & nigro, saltatrix.

Le taupin bedeau.
Longueur 4 lignes. Largeur 1 ligne.

Il varie beaucoup pour la grandeur. Sa tête, son corcelet & le dessous de son corps sont noirs ; ses pattes sont de couleur fauve, & ses étuis ont des stries ponctuées. Ils sont d'un beau noir, avec une bande longitudinale fauve, assez large, posée dans leur milieu. Leur bord extérieur est aussi un peu fauve. Cet insecte est très - commun dans les champs.

12. ELATER *niger, elytris fuscis.*

Le taupin noir à étuis bruns.
Longueur 4 lignes. Largeur 1 ligne.

Cette espèce pourroit bien n'être qu'une variété de la précédente, dont elle ne paroît absolument différer que parce que ses étuis sont d'un brun maron, sans bandes fauves. On les trouve souvent ensemble.

13. ELATER *totus niger nitidus.*

Le taupin en deuil.
Longueur 5 lignes. Largeur 1 ½ ligne.

Il est tout noir, à l'exception de ses tarses ou pieds, qui sont bruns. Ses étuis sont finement striés & son corcelet est luisant & ponctué. Tout l'animal, vû à la loupe, paroît parsemé d'un petit duvet de poils.

14. ELATER *niger pedibus rufis.*

Le taupin noir à pattes fauves.
Longueur 3 lignes. Largeur ⅔ ligne.

Celui-ci est tout noir, comme le précédent, mais ses pattes sont de couleur fauve rougeâtre : son corcelet est lisse & un peu ponctué, & ses étuis sont très - finement striés. On trouve ce petit insecte sous les écorces des vieux arbres.

15. ELATER *niger elytrorum basi maculis rubris.*

Le taupin noir à taches rouges.
Longueur 3 lignes. Largeur 1 ligne.

Il est noir comme le précédent, auquel il ressemble infiniment, ses pattes sont pareillement fauves ; son corcelet est lisse, & ses étuis sont striés ; mais on voit sur chacun des étuis, à leur base, du côté extérieur, une tache

d'un

d'un rouge brun, qui ne fe voit pas dans l'efpéce précédente. Celle-ci fe trouve dans les mêmes endroits que les autres de ce genre.

16. ELATER *fufcus, antennis ferrato-clavatis.*

Le taupin à antennes en maffe.
Longueur 1 ligne. Largeur ¼ ligne.

C'eft la plus petite efpéce de celles que nous connoiffons de ce genre. Elle eft toute brune. Ses étuis font ftriés & un peu velus. Le corps eft plus large & moins allongé que dans les autres efpéces précédentes. Ce qui paroîtroit l'éloigner encore davantage des autres taupins, ce font fes antennes, dont les trois derniers articles plus gros, forment une maffe, comme dans les dermeftes. Néanmoins les antennes en fcie, la rainure du deffous de la tête, dans laquelle elles font reçues, la pointe du deffous du corcelet, qui lui fert à fauter, prouvent que cet infecte ne peut être rapporté qu'à ce genre. Ce petit animal eft affez rare; on le trouve dans les bois.

BUPRESTIS. *Carabus linn. cicindela linn.*
LE BUPRESTE.

Antennæ filiformes.	Antennes filiformes.
Trochanter magnus feu appendix ad bafim femorum pofteriorum.	Appendice confidérable à la bafe des cuiffes poftérieures.
Familia. 1ᵃ. Thorace cordato, capite latiore, elytris angufiore.	Famille 1°. A corcelet en cœur, plus large que la tête, plus étroit que les étuis.
——— 2ᵃ. Thorace capite elytrifque angufiore.	——— 2°. A corcelet plus étroit que la tête & les étuis.
——— 3ᵃ. Thorace capite latiore, elytrorum latitudine.	——— 3°. A corcelet plus large que la tête, & de la largeur des étuis.

Les anciens ont donné à ces infectes le nom du buprefte, (*bupreftis feu bupreftes*) formé de deux mots grecs, qui

Tome I. S

fignifie *faire crever les bœufs*, s'étant imaginé que ces petits animaux faifoient périr les bœufs qui en mangeoient par mégarde dans les prés, où ils fe trouvent fouvent. Quoique cette propriété de ces infectes, d'ailleurs affez dangereux & malfaifans, ne foit pas bien avérée & prouvée, nous leur avons reftitué ce nom fous lequel ils ont été connus, & que M. Linnæus avoit attribué à un autre genre fort différent, donnant à celui-ci le nom de *carabus*, qui n'eft que le mot de *fcarabæus* défiguré.

Quant au caractere ; premiérement, ces infectes ont l urs antennes filiformes, c'eft-à-dire prefque d'égale groffeur par-tout, diminuant feulement un peu vers leur pointe, & compofées d'anneaux ou articles qui ne font pas fort gros & fort faillans. Cette forme d'antennes eft commune à plufieurs genres d'infectes, comme nous le verrons. Secondement, un autre caractere particulier & effentiel à ce genre ; eft une grande appendice, qui fe trouve à la bafe des cuiffes poftérieures, femblable à un moignon d'autre cuiffe.

On peut ajouter à ces caracteres quelques autres particularités de ce genre, communes à la plûpart des efpéces qu'il renferme ; 1°. la forme des machoires, qui font plus groffes & débordent davantage la tête que dans la plûpart des infectes à étuis. Auffi quelques efpéces les plus groffes pincent-elles vivement ; 2°. la longeur des pattes de ces infectes, & la légéreté avec laquelle ils courent ; 3°. leur odeur puante & fétide, qui eft dûe à une efpéce de liqueur brune & cauftique, que jettent par la bouche & l'anus la plûpart des bupreftes, lorfqu'on veut les prendre. Cette odeur approche de celle du tabac, mais elle eft fétide & difgracieufe ; 4°. le manque d'aîles dans le plus grand nombre d'efpéces. Ces infectes ont à la vérité deux étuis féparés & mobiles ; mais fous ces étuis on ne trouve point d'aîles. Ils ne peuvent donc voler, mais la nature les en a en quelque façon dédommagés, en leur accordant une grande légéreté pour courir.

Comme ce genre eſt aſſez nombreux, nous l'avons diviſé en trois familles, d'après la forme & la grandeur du
corcelet. La premiere comprend ceux de ces inſectes,
dont le corcelet eſt plus large que la tête, & plus étroit
que les étuis. Dans cette premiere famille, le corcelet eſt
ordinairement figuré en cœur, dont la pointe feroit tronquée. La feconde renferme les bupreſtes, dont le corcelet
eſt plus étroit que la tête & les étuis. La tête de ceux-ci
eſt large; leurs yeux ſont fort gros, & leur corcelet prefque cylindrique eſt inégal & raboteux. De plus, au lieu
que la plûpart des autres bupreſtes n'ont point d'ailes,
ceux de cette famille en ont tous, & s'en ſervent pour
voler, quoiqu'ils courent auſſi très-légérement. M. Linnæus avoit fait de ces bupreſtes un genre particulier, ſous
le nom de *cicindele*; mais ils ont tous les caracteres des
autres bupreſtes, les antennes, l'appendice des cuiſſes &
même la légéreté, & la grandeur des machoires : ce qui
nous a porté à les remettre dans leur véritable genre. Enfin nous rapportons à la troiſiéme famille les bupreſtes
dont le corcelet eſt plus large que la tête, & de la même
largeur que les étuis. Dans ces eſpéces, le corcelet eſt
grand & preſque quarré.

Les larves de ces inſectes vivent en terre, & c'eſt probablement ce qui fait qu'elles ſont difficiles à rencontrer.
Au moins les inſectes parfaits courent dans les champs ſur
terre, & c'eſt auſſi en terre que j'ai trouvé les larves de la
feconde famille de ce genre, dont les autres doivent approcher. Ces larves ſont longues, cylindriques, molles,
blanchâtres, armées de ſix pattes brunes écailleuſes. Leur
tête eſt de même de couleur brune. Elle a en deſſus une eſpéce de plaque ronde, brune & écailleuſe, au devant de
laquelle eſt la bouche, accompagnée de deux fortes machoires. Cette larve ſe creuſe en terre des trous cylindriques profonds, dans leſquels elle ſe loge. L'ouverture de
ces trous eſt parfaitement ronde. Quelques eſpéces les
font dans les terreins ſecs & arides, d'autres dans des ter-

res plus humides au bord des ruiffeaux. C'eft au fond de ces trous qu'on rencontre fouvent la larve du buprefte. Pour la trouver, il faut creufer peu à peu le terrein dans lequel ce trou eft pratiqué. Mais comme fouvent, dans cette opération, la terre, en s'écroulant, remplit le trou & empêche de le reconnoître & de le fuivre, il eft néceffaire d'ufer d'une premiere précaution, c'eft de commencer par enfoncer dedans une paille ou un petit morceau de bois, qui, pénétrant jufqu'au fond, fert à conduire & à empêcher de perdre la fuite de ce conduit. Lorfqu'on eft parvenu au fond, on trouve la larve en queftion, qui, tirée hors de terre, fe replie volontiers en zigzag. Ces ouvertures que pratique dans la terre cette larve, ne lui fervent pas feulement à fe loger & à mettre à l'abri fon corps qui eft mol & tendre, mais encore à fe cacher pour dreffer des piéges aux infeftes dont elle fe nourrit. Cette larve fe tient en embufcade, précifément à l'ouverture ronde de ce trou. Sa tête eft à fleur de terre, & l'ouverture eft exactement remplie par cette plaque ronde, écailleufe, que la larve a au-deffus de fa tête. C'eft dans cet état que fe tient patiemment cette larve, à moins que quelqu'allarme ne la faffe enfoncer au fond de fa retraite. Les infeftes qui fe promenent fur ce terrein, venant à paffer fur l'ouverture du trou que ferme la tête de la larve, ou font faifis par fes machoires, qui font fortes, ou bien, s'ils ne font pas arrêtés fur le champ par ces fortes pinces, ils font précipités dans le trou par un mouvement que fait la tête de la larve, précifément comme celui d'une baffecule. Pour lors, la larve du buprefte les dévore à loifir. Rien n'eft plus amufant que d'obferver le manége de cet infecte, qui, fans fortir de fa retraite, trouve moyen de faire tomber dans fes piéges les autres infeftes, dont il fe nourrit. Quant aux larves des autres familles de bupreftes, elles ne font pas probablement moins carnaffieres, mais elles ne fe fervent pas des mêmes manéges pour faifir leur proye. Je ne connois qu'un petit nombre de ces larves,

mais la plûpart faififfent de vive force les infeétes qu'elles
dévorent. On trouve fouvent dans les nids des chenilles
qui vivent en fociété, & que M. de Reaumur a appellées
chenilles proceffionaires, une larve groffe, longue, noire,
un peu molle, à fix pattes écailleufes. Cette larve, qui
donne le *buprefte quarré couleur d'or*, attaque & dévore ces
chenilles, qui n'ont aucunes défenfes.

Ces différentes larves, après leur métamorphofe, lorfqu'elles font devenues infeétes parfaits, ne font pas moins
carnaffieres. En général, les bupreftes font des infeétes
très-voraces, qui mangent & dévorent impitoyablement
tous les autres, & même ceux de leur genre & de leur
efpéce. On rencontre fréquemment ces infeétes à terre,
dans les jardins & les campagnes. Ils courent tous fort
vîte. Plufieurs de leurs efpéces font fort belles & très-brillantes, mais la plûpart font fort venimeufes & très-caufti-
ques; enforte qu'on pourroit très-bien fubftituer cet infeéte
aux cantharides, dans l'ufage de la médecine. Peut-être
même les cantharides ont-elles moins de caufticité que lui.
Ayant un jour pris une des grandes efpéces dorées de ce
genre, & lui ayant preffé le ventre un peu fortement, pour
faire paroître les parties de la génération, il en fortit un
jet d'une liqueur acre & brûlante, qui réjaillit fur l'œil
d'un de mes amis, qui obfervoit cet infeéte avec moi. Il
y fentit pendant quelques momens une douleur très-vio-
lente. Pour moi, je n'en reçus que deux gouttes imperceptibles fur les lévres, & j'y éprouvai une cuiffon très-
confidérable. Cette obfervation peut faire foupçonner,
avec fondement, qu'un infeéte auffi cauftique, pris intérieurement, feroit un poifon très-vif & très-dangereux.

PREMIERE FAMILLE.

1. BUPRESTIS *ater*, *elytris rugofis.*

Linn. fyft. nat. edit. 10, *p.* 413., *n.* 1. Carabus apterus ater opacus, elytris punétis intricatis fubrugofis.

Le buprefte noir chagriné.
Longueur 14 lignes. Largeur 6 lignes.

Cette efpéce eft la plus grande de toutes celles que nous connoiffons dans ce Pays-ci. Sa couleur eft toute noire, liffe & luifante en deffous, opaque & terne en deffus. Sa tête & fon corcelet font pointillés irréguliérement. Les étuis le font auffi, mais les points font plus gros & fe confondent les uns dans les autres, ce qui rend ces étuis comme chagrinés. Le corcelet eft en cœur, plus étroit du côté des étuis, avec des bords faillans & relevés & un fillon longitudinal dans fon milieu, ce qui fe remarque dans tous les bupreftes de cette premiere famille. Les étuis ont auffi des rebords, mais moins faillans. Les quatre antennules font grandes, les machoires avancées & les yeux éminens, ce qui fe voit dans tous les infectes de ce genre. Cet infecte, ainfi que plufieurs autres bupreftes, n'a point d'aîles fous fes étuis : en récompenfe il court fort vîte. On le trouve dans les ordures humides des jardins & fous les pierres à la campagne.

2. BUPRESTIS *viridis, elytris obtufe fulcatis, non punctatis, pedibus antennifque ferrugineis.* Planch. 2, fig. 5.

Linn. faun. fuec. n. 517. Carabus viridis, elytris obtufe fulcatis abfque punctis, pedibus antennifque ferrugineis.
Linn. fyft. nat. edit. 10, p. 414, n. 4. Carabus apterus, elytris porcatis, fulcis fcabriufculis inauratis.
Raj. inf. 96, n. 6. Cerambyx dorfo in longas regulas divifo, omnium pulcherrimus.
Act. Upf. 1736, p. 19, n. 3. Carabus viridis, elytris fulcatis, lævibus.

Le buprefte doré & fillonné à larges bandes.
Longueur 11 lignes. Largeur 4 lignes.

Ce buprefte eft très-commun dans nos jardins, ce qui l'a fait nommer par quelques perfonnes le jardinier. Sa tête & fon corcelet font d'un vert doré ainfi que fes étuis : ceux-ci ont chacun trois larges fillons, entre lefquels fe trouvent des élévations ou côtes affez groffes. Le fond des fillons eft plus doré de même que le rebord des étuis, & les côtes ou élévations font plus vertes. Le corcelet bien formé en cœur avec un rebord, a dans fon milieu un fillon longitudinal peu enfoncé. Les yeux font bruns, les antennes & les pattes font d'une couleur fauve, & le deffous du corps eft d'un noir verdâtre un peu doré. Cet infecte n'a point d'aîles fous fes étuis, mais il court fort vîte. On le rencontre très-communément dans les endroits humides des jardins, fous les pierres & les tas de plantes pourries.

3. BUPRESTIS *niger, elytris æneis, convexe punctatis ftriatifque.*

Linn. faun. fuec. n. 513. Carabus niger, elytris æneis, convexe punctatis ftriatifque.

Linn. fyft. nat. edit. 10, *p.* 413, *n.* 2. Carabus apterus elytris longitudinaliter punctatis.

Le buprefte galonné.
Longueur 11 *lignes. Largeur* 5 *lignes.*

Cette efpéce, une des plus belles & des plus brillantes de ce Pays-ci, reffemble à la précédente pour la forme & pour la grandeur; elle eft feulement un peu plus large. Sa tête, fon corcelet & fes étuis font d'un vert cuivreux. Les étuis ont trois rangées longitudinales de points oblongs & élevés, & entre ces rangées, des lignes longitudinales élevées, accompagnées chacune de deux autres petites lignes femblables fur les côtés. Tout le deffous de l'infecte eft noir : il n'a point d'aîles fous fes étuis & court fort vîte. On le trouve avec le précédent, mais moins communément : il varie quelquefois pour la couleur & donne la variété fuivante.

Bupreftis totus violaceus, elytris convexe punctatis ftriatifque.

Cette variété eft plus rare que l'efpéce ci-deffus, elle n'en différe que par fa couleur, qui eft partout d'un beau violet.

4. BUPRESTIS *totus nigro-violaceus , elytris denſe ſtriatis.*

Le bupreſte azuré.

Il donne les variétés ſuivantes.

    a. —— *Elytro ſingulo ſtriis xvj , oris aureo-cupreis.*
    b. —— *Elytro ſingulo ſtriis xvj , tribus interruptis.*
    c. —— *Elytro ſingulo ſtriis xxij , tribus interruptis.*

Je joins enſemble , comme variétés , ces trois inſectes, attendu qu'ils ſe reſſemblent extrêmement , ſur-tout les deux premiers. Quant au troiſiéme , peut-être pourroit - il faire une eſpéce , le nombre des ſtries de ſes étuis étant différent. Leur grandeur n'eſt pas la même : le premier a plus d'un pouce de long ſur quatre lignes de large , le ſecond a un quart de moins pour ſa grandeur , & le troiſiéme n'a guères que la moitié de la longueur du premier & les trois quarts de ſa largeur. Tous trois ſont partout d'un noir violet , avec des ſtries fines ſur les étuis , ſur-tout ſur ceux du troiſiéme. Leur principale différence conſiſte en ce que les bords du corcelet & des étuis dans le premier ſont d'un rouge cuivreux , & que le ſecond & le troiſiéme ont chacun trois des ſtries de chaque étui interrompues par des petits points enfoncés. On trouve ces inſectes dans les ordures des jardins : ils n'ont point d'aîles ſous leurs étuis , mais ils courent fort vîte.

5. BUPRESTIS *nigro-violaceus , elytris latis æneis è viridi purpureis , ſingulo ſtriis ſexdecim.*

Linn. ſyſt. nat. edit. 10 , p. 414 , n. 9. Carabus aureo-nitens , thorace cœruleo , elytris aureo-viridibus ſtriatis abdomine ſubatro.
Leche novæ inſ. ſpec. n. 37. Carabus parallelepipedus viridi-æneus , elytrorum ſtriis moniliformibus , punctiſque excavatis trium ordinum.
Act. ſuec. 1750 , p. 292. Carabus alatus , viridi-æneus , elytris convexe punctatis ſtriatiſque , pedibus antenniſque nigris.
Reaum. inſect. tom. 2 , *tab.* 37 , *fig.* 18.

Le bupreſte quarré couleur d'or.
Longueur 7 *lignes. Largeur* 3 *lignes.*

La

La forme de cet infecte eft plus large & plus quarrée que celle des autres efpéces. Sa grandeur varie beaucoup. J'en ai de beaucoup plus petits que celui dont j'ai donné les dimenfions : mais tous ont également leurs étuis très-larges proportionnément à leur grandeur. Sous ces étuis l'infecte a des aîles : la tête , le corcelet , les antennes , les pattes & le deffous du corps font d'un noir violet , tirant en quelques endroits fur le vert. Le corcelet eft court , avec des rebords faillans & bronzés , & il eft très-étranglé à fa partie poftérieure. Les étuis font d'une belle couleur dorée , verte du côté intérieur , rougeâtre du côté extérieur : ils ont chacun feize ftries fines , qui font formées par des points ferrés.

Les bandes élevées de ces ftries font liffes , à l'exception de la quatrième , de la huitième & de la douziéme , qui font interrompues par des points pofés fur leur longueur de diftance en diftance. Je ne fçais pourquoi M. Leche , dans la Differtation citée , ne compte que douze ftries au lieu de feize fur chaque étui , à moins qu'il ne compte point celles qui font interrompues par des points. M. de Reaumur dit avoir trouvé cet infecte fur le chêne , qui mangeoit des chenilles : fa larve qui eft noire , n'eft pas moins carnaffiere & dévore pareillement les chenilles & autres infectes.

6. BUPRESTIS *totus è fufco-viridi cupreus , elytris latis , fingulo ftriis fexdecim.*

Le buprefte quarré couleur de bronze antique.
Longueur 6 lignes. Largeur 3 lignes.

C'eft précifément la même forme que celle de l'efpéce précédente , dont celle-ci approche beaucoup : elle n'en différe que pour la grandeur & la couleur. Cette derniere eft partout d'un brun cuivreux , femblable à la couleur des bronzes antiques , auxquels le tems a donné une efpéce de vernis. Le deffous du corps a cependant un peu de vert. Les étuis ont chacun feize ftries un peu raboteufes , dont

Tome I. T

la quatriéme, la huitiéme & la douziéme font entrecoupées
de points , comme dans l'efpéce précédente. On croiroit
que cet infecte n'en eft qu'une variété, s'il n'étoit conftamment de la même grandeur & de la même couleur.

7. BUPRESTIS ater , *elytro fingulo ftriis octo lævibus , pedibus nigris.*

Linn. faun. fuec. n. 515. Carabus ater elytro fingulo ftriis octo.
Linn. fyft. nat. edit. 10 , p. 413 , *n.* 3. Carabus apterus , elytris lævibus , ftriis
obfoletis octonis.
Lift. loq. 390. Scarabæus ex toto niger , alarum thecis cruftaceis fulcatis.

Le buprefte tout noir.
Longueur 8 lignes.　Largeur 3 ¾ lignes.

Sa couleur eft noire partout , tant en deffus qu'en deffous : chacun de fes étuis a huit ftries bien marquées.
Sa tête eft très-liffe ainfi que fon corcelet , qui a un fillon
longitudinal & enfoncé dans le milieu : en examinant de
très-près cet infecte , on apperçoit fur la troifiéme ftrie , en
commençant à compter de la future , deux petits points
enfoncés , ce qui fait en tout quatre points fur le dos.

8. BUPRESTIS niger , *elytro fingulo ftriis octo punctatis , pedibus ferrugineis.*

Le buprefte noir à pattes rougeâtres.
Longueur 4 , 5 lignes.　Largeur 2 lignes.

Cette efpéce reffemble à la précédente pour la couleur
& le nombre des ftries : mais elle en différe par plufieurs
endroits : d'abord par fa grandeur qui eft moindre ; fecondement par la forme de fon corcelet , qui eft encore plus
en cœur ; troifiémement par la ftructure des ftries des
étuis , qui font formées par des points petits & ferrés , au
lieu que dans le précédent elles font liffes : de plus on ne
voit point fur la troifiéme ftrie les petits points enfoncés
qui fe remarquent dans l'efpéce précédente : enfin les
pattes de celui-ci font rougeâtres , au lieu que celles du
précédent font noires.

9. BUBRESTIS *niger, elytro singulo striis octo læ-ribus, pedibus lividis.*

Le bupreste noir à pattes jaunes.
Longueur 3 lignes. Largeur 1 ligne.

Tout son corps est noir & lisse, à l'exception des anten-nules, des antennes & des pattes qui sont entiérement d'un jaune pâle : le noir des étuis est moins foncé, & leurs stries au nombre de huit sur chacun, sont lisses, sans qu'on y découvre de points, même à l'aide de la loupe.

10. BUPRESTIS *nigro-viridis, elytro singulo striis octo, punctis tribus impressis.*

Linn. *faun. suec. n.* 530. Carabus supra æneus, coleoptris punctis sex excavatis ; tibiis rufis.
Act. Ups. 1736, p. 20, *n.* 8. Buprestis capite nigro, collari elytrisque nigro-æneis.

Le bupreste à six points enfoncés.
Longueur 3 lignes. Largeur 1 ¼ ligne.

Sa couleur est partout d'un noir verdâtre, seulement le dessous de son corps est d'un noir plus foncé & le bout des pattes est plus clair. Chaque étui a huit stries formées par des petits points, & de plus trois enfoncemens rangés perpendiculairement sur son milieu, ce qui fait en tout six endroits creusés pour les deux étuis. Le corcelet a un sillon longitudinal dans son milieu, & de chaque côté un enfon-cement considérable à l'endroit de sa jonction avec les étuis. On voit aussi sur la tête, entre les antennes, deux points enfoncés. Ce bupreste a des aîles sous ses étuis. On remarque aux premiers anneaux qui forment la base de ses antennes, quelques poils assez longs : il varie pour la grandeur, & les stries des étuis qui sont plus ou moins marquées.

11. BUPRESTIS *viridis punctatus, elytro singulo striis octo, pedibus pallidis.*

T ij

Le bupreſte vert pointillé à huit ſtries & pattes fauves.
Longueur 4 lignes.　Largeur 1 ½ ligne.

Il eſt d'un vert doré, pointillé ſur tout le corps, avec huit ſtries ſur chaque étui ; ſes antennes & ſes pattes ſont de couleur fauve pâle, ainſi que les machoires, & ſouvent les bords du corcelet & des étuis.

12. BUPRESTIS *viridis nitidus, elytro ſingulo ſtriis octo, pedibus pallidis, punctis tribus impreſſis.*

Le bupreſte vert liſſe, à huit ſtries & pattes fauves.

Ce bupreſte eſt de la grandeur du précédent à peu de choſe près, & il eſt préciſément de même couleur, ſi ce n'eſt que ſes pattes ſont un peu plus foncées. Toute leur différence conſiſte, premiérement dans les petits points qui couvrent le précédent, & qui manquent dans celui-ci qui eſt tout-à-fait liſſe : ſecondement dans trois points rangés longitudinalement près la future des étuis, comme dans le *bupreſte à ſix points enfoncés*, mais plus petits que dans cette eſpéce.

13. BUPRESTIS *viridis, elytro ſingulo ſtriis octo, pedibus elytrorumque antica parte & margine fulvis.*

Le bupreſte à étuis verts & bruns.
Longueur 3 lignes.　Largeur 1 ½ ligne.

La tête & le corcelet de cet inſecte ſont verts : ce dernier eſt allongé & étroit. Les antennes, les pattes & les yeux ſont d'un fauve rougeâtre : les étuis ſont à huit ſtries liſſes, ſans points : ils ſont fauves vers leur partie antérieure ou leur baſe, & verts à leur partie poſtérieure, de façon cependant que tout le bord de l'étui eſt fauve, enſorte que la couleur verte ſemble faire une grande tache iſolée. Cet inſecte pourroit bien n'être qu'une variété de quelqu'une des eſpéces précédentes.

14. BUPRESTIS *nitens , capite thoraceque viridi , elytris cupreis punctulis duodecim.*

Linn. faun. fuec. n. 519. Carabus nitens , capite thoraceque cyaneo , elytris purpureis.
Linn. fyft. nat. edit. 10 , p. 416. Carabus fubæneus , elytris punctis longitudina-libus fex impreffis.
Act. Upf. 1736,p. 20, *n. 6.* Bupreftis capite collarique cœruleo , elytris rubro-æneis.
Bauh. ballon. p. 212 , *f. 4.* Cantharis auricolor.
Goed. belg. tom. 2 , p. 126 , *t. 31.*

Le bupreste à étuis cuivreux.
Longueur 4 *lignes. Largeur* 1 ½ *ligne.*

Sa tête & fon corcelet font d'un beau vert brillant ; fes étuis font d'un rouge éclatant cuivreux , chargés de ftries peu enfoncées & peu apparentes : entre la feconde & la troifiéme ftrie en commençant à compter de la future , on voit fur chaque étui fix points rangés longitudinale-ment : les bords extérieurs des étuis font verts : le deffous de l'infecte & fes pattes font d'un brun cuivreux. On le trouve fur le fable au bord des ruiffeaux.

15. BUPRESTIS *nitens , capite elytrifque viridibus , thorace cupreo , punctulis duodecim.*

Le bupreste à corcelet cuivreux.

Sa grandeur eft prefque la même que celle du précé-dent , dont je crois qu'il eft une variété : il eft moins bril-lant & moins beau , & il en différe en ce que la tête & les étuis font d'un beau vert , & que le rouge cuivreux fe trouve fur le corcelet.

16. BUPRESTIS *capite elytrifque cœruleis , thorace rubro.*

Linn. faun. fuec. n. 525. Carabus capite elytrifque cœruleis , thorace rubro.
Linn. fyft. nat. edit. 10 , p. 415 , *n. 14.* Carabus thorace pedibufque ferrugineis , elytris capiteque cyaneis.
Raj. inf. pag. 89, *n. 1* Cantharis feu fcarabæus exiguus , elytris & capite cœru-leis , fcapulis eroceis.

Le buprefte bleu à corcelet rouge.
Longueur 3 lignes. Largeur 1 ½ ligne.

Sa tête eft bleue, ainfi que fes étuis, qui n'ont que des petites ftries très-fuperficielles. Le corcelet & la bafe des antennes font rouges : les pattes font variées de noir & de rouge. Tout l'animal eft affez brillant & luifant.

17. BUPRESTIS *niger, thorace atro, elytris rubris, cruce nigrâ.*

Le chevalier noir.
Longueur 3 lignes. Largeur 1 ¼ ligne.

Cette efpéce eft toute noire, à l'exception de fes étuis. Ses antennes font de la longueur de la moitié de fon corps. Son corcelet eft noir, chagriné, taillé en cœur, fort retréci en haut & en bas & prefque rond. Ce corcelet a des points irréguliers profondément gravés. Les étuis ont chacun neuf ftries formées par des rangées de points très-diftinêts : ils font d'un rouge de brique, mais fur leur milieu ils ont une large bande tranfverfe noire, qui fe trouvant coupée par la futur des étuis pareillement noire & plus large en haut & en bas, forme une efpéce de croix de chevalier fur les étuis. Cet infeête eft rare ici, on le trouve affez communément à Fontainebleau.

18. BUPRESTIS *niger ; thorace pedibufque rubris ; elytris rubris cruce nigra.*

Linn. fyft. nat. edit. 10 , *p.* 416 , *n.* 28. Carabus thorace capiteque nigro-rubefcente, coleoptris ferrugineis cruce nigra.

Le chevalier rouge.
Longueur 3 lignes. Largeur 1 ½ ligne.

Il approche beaucoup du précédent pour la taille & les couleurs ; il porte de même fur fes étuis une efpéce de croix formée par une bande tranfverfe noire, qui coupe la futur des étuis, qui eft auffi de couleur noire. Mais cet infeête différe du précédent, premiérement, en ce que fon

corcelet & ſes pattes ſont d'un fauve rougeâtre ; ſecondement, en ce qu'il eſt plus large & plus quarré, & enfin
par la forme des ſtries de ſes étuis, qui ne ſont pas compoſées de points : de plus ſon corcelet eſt large & court.
Tout l'inſecte eſt liſſe, & ſa tête, ainſi que le deſſous
de ſon corps, eſt noire. Je ne connois point la demeure de
ce bupreſte qui m'a été donné.

19. BUPRESTIS *capite, thorace, pedibuſque rubris,*
elytris cœruleo-nigris.

Linn. ſyſt. nat. edit. 10, p. 414, *n.* 11. Carabus thorace, capite pedibuſque
ferrugineis, elytris nigris.
Act. ſtock. 1750, p. 292, *t.* 7, *f.* 2. Cicindela capite, thorace pedibuſque rufis,
elytris nigro-cœruleis.

Le bupreſte à tête, corcelet & pattes rouges & étuis bleus.

Cet inſecte eſt de la grandeur des deux ou trois précédens. Sa tête, ſes antennes, ſon corcelet & ſes pattes ſont
d'un rouge brun, ſes yeux ſont noirs, & le ventre &
les étuis ſont d'un bleu noirâtre. Ces étuis ont des ſtries
larges, mais peu profondes. On trouve cet inſecte ſous les
pierres.

20. BUPRESTIS *niger, thorace ovato, nigro, elytris*
ſtriatis, maculis quatuor lividis.

Linn. faun. ſuec. n. 528. Carabus niger, coleoptris pone faſcia ferruginea,
lateribus macula ferruginea.
Linn. ſyſt. nat. edit. 10, p. 416, *n.* 27. Carabus thorace nigricante, elytris obſ-
curis bifaſciatis.

Le bupreſte quadrille à corcelet rond & étuis ſtriés.
Longueur 1 $\frac{1}{2}$, 2 $\frac{1}{4}$, 3 *lignes. Largeur,* $\frac{1}{2}$, 1 *ligne.*

La grandeur de cet inſecte varie conſidérablement. Sa
tête & ſon corcelet ſont noirs. Ce corcelet eſt arrondi
& preſqu'hémiſphérique. Les pieds & la baſe des antennes
ſont bruns. Les étuis ont huit ſtries formées par des petits
points : ils ſont noirâtres avec quatre taches fauves, une à
la baſe de chaque étui aſſez ronde, & une oblongue vers

le bas. Ces deux dernieres fe touchent & fe joignent quelquefois , ce qui forme une efpéce de bande. On trouve cet infecte fur les bords des rivieres & des ruiffeaux.

21. BUPRESTIS *niger , thorace plano ferrugineo , elytris lævibus , maculis quatuor lividis.*

Linn. faun. fuec. n. 532. Carabus niger, thorace ferrugineo , elytrorum maculis quatuor lividis.
Linn. fyft. nat. edit. 10, p. 416 , n. 30. Carabus thorace flavo , elytris obtufiffimis fufcis, maculis duabus albis.

Le buprefte quadrille à corcelet plat & étuis liffes.
Longueur , Largeur idem.

Il y a beaucoup de reffemblance entre cet infecte & le précédent , il paroît feulement un peu plus petit. Sa tête eft noire : fon corcelet eft fauve , applati , avec des rebords faillans & bien marqués , en quoi il différe de l'efpéce précedente : de plus fes étuis font liffes & fans aucunes ftries : le refte eft affez femblable : car ces étuis font noirs avec quatre taches fauves pâles , placées comme dans l'infecte ci-deffus , & fes pattes font de la même couleur que les taches , ainfi que les antennes. On trouve cet animal avec le précédent.

22. BUPRESTIS *niger , thorace plano ferrugineo , elytris ftriatis , maculis quatuor lividis.*

Le buprefte quadrille à corcelet plat brun & étuis ftriés.
Longueur , Largeur idem.

Cette efpéce ne différe abfolument de la précédente , que par les ftries peu enfoncées , qui fe voyent fur fes étuis , au nombre de huit fur chacun : elle pourroit bien n'être qu'une variété.

23. BUPRESTIS *niger , thorace plano nigro , elytris ftriatis , maculis quatuor lividis.*

Le buprefte quadrille à corcelet plat & noir & étuis ftriés.

Il y a encore très-peu de différence entre cet infecte &

les

les précédens , feulement fon corcelet eft noir & fes étuis font ftriés. Tout l'animal paroît auffi un peu plus brun : du refte fa couleur , fa forme & fa grandeur font les mêmes.

24. BUPRESTIS *niger , elytris ftriatis , maculis octo lividis.*

Le buprefte noir à huit taches fauves.
Longueur 1 ligne.   Largeur ⅓ ligne.

Cette petite efpéce a la tête , le corcelet & le deffous du corps noirs & les pattes fauves. Le corcelet eft en cœur & prefqu'hemifphérique. Les étuis ont des ftries formées par des rangées de petits points quelquefois interrompues. Le fond de leur couleur eft noir , mais ils ont chacun quatre taches fauves livides , dont les deux fupérieures font comme partagées chacune en deux fuivant leur longueur , & les deux inférieures font plus larges. On trouve cet infecte courant dans le fable.

25. BUPRESTIS *teftaceus , capite nigro.*

Le buprefte fauve à tête noire.
Longueur 2 lignes.   Largeur ⅔ ligne.

Cet infecte a la tête noire ; le refte de fon corps eft d'une couleur fauve pâle , à l'exception du corcelet qui eft un peu plus rougeâtre : fes étuis font légérement ftriés.

26. BUPRESTIS *totus niger , lævis.*

Le buprefte noir fans ftries.
Longueur 1 ligne.   Largeur ⅓ ligne.

C'eft de toutes les efpéces de ce genre la plus petite que je connoiffe : elle a au plus une ligne de long : elle eft toute noire fans ftries , ni points & fans aucunes taches.

SECONDE FAMILLE.

27. BUPRESTIS *inauratus , fupra viridis , coleoptris punctis duodecim albis.*

Tome I.   V

Mouffet. theat. p. 145 , *f. infim.* Cantharis quarta.
Jonft. inf. tab. 15. Cantharis Mouffeti minor quarta.
Lift. tab. mut. tab. 2 , *f.* 12.
Lift. loq. p. 386 ; *n.* 17. Scarabæus viridis , cui decem maculæ albæ fupra
   alarum thecas funt.
Linn. faun. fuec. n. 548. Cicindela fupra viridis , coleopteris punctis decem
   albis.
Linn. fyft. nat. edit. 10 , *p.* 407 , *n.* 1. Cicindela campeftris.

Le velours vert à douze points blancs.
Longueur 6 lignes.   Largeur 2 ½ *lignes.*

Cet infecte , l'un des plus beaux de ceux que nous
ayons , varie un peu pour fa grandeur : le deffus de fon
corps eft d'une belle couleur verte , matte , un peu bleuâtre : le deffous , ainfi que les pattes & les antennes , font
d'une couleur dorée rouge , un peu cuivreufe. Les yeux
font très-faillans & font paroître la tête large. Le corcelet
eft anguleux & plus étroit que la tête , ce qui fait le caractere des bupreftes de cette fection ou famille : il eft
chagriné & d'un vert un peu doré , ainfi que la tête : les
étuis font finement & irréguliérement pointillés : chacun
d'eux a fix taches blanches , fçavoir une au haut de l'étui à
fon angle extérieur ; trois autres le long du bord extérieur ,
dont celle du milieu forme une efpéce de lunule ; une cinquiéme fur le milieu des étuis vis-à-vis cette lunule ;
celle - la eft plus large & affez ronde : enfin une fixiéme &
derniere au bout des étuis. On voit auffi quelquefois un
point noir fur le milieu de chaque étui , vis-à-vis la feconde tache blanche. La levre fupérieure eft pareillement
blanche , ainfi que le deffus des machoires , qui font très-
faillantes & aigues. Cet infecte court fort vîte & vole aifément. On le trouve dans les endroits fecs & fablonneux ,
fur-tout au commencement du printems. C'eft dans les
mêmes endroits qu'on rencontre fa larve , qui reffemble
à un ver long , mol , blanchâtre , armé de fix pattes &
d'une tête brune écailleufe , qui fait un trou perpendiculaire & rond dans la terre , & tient fa tête au bord de ce
trou pour attraper les infectes qui y tombent. Quelque-

fois la terre eſt criblée de ces trous qui ſont très-ronds. J'ai ſouvent pris de ces larves pour les voir ſe métamorpho-ſer chez moi, mais elles ſont toujours péries ſans ſe chan-ger, ſoit que j'aye trop humecté, ou laiſſé trop ſécher la terre où je les avois miſes.

28. BUPRESTIS *inauratus*, *ſupra fuſco - viridis*, *coleoptris faſciis ſex undulatis albis.*

Le bupreſte à broderie blanche.
Longueur 6 lignes. Largeur 2 ½ lignes.

Ce beau bupreſte eſt tout-à-fait ſemblable au précédent pour la grandeur, la forme & même en partie pour les couleurs : il n'en différe que par deux endroits. Premié-rement le deſſus de ſon corps n'eſt pas d'un beau vert clair, mais d'un brun verdâtre un peu cuivreux. Secondement il a trois bandes blanches & ondulées ſur chaque étui, la premiere en haut à l'extérieur, formant un G, dont les pointes regardent la ſuture des étuis : la ſeconde tranſverſe & très-ondulée placée au milieu ; la troiſiéme en bas & oblique. Toutes ces bandes ſont aſſez larges. Malgré ces différences, je ſuis très - porté à regarder cet inſecte com-me une ſimple variété du précédent. La couleur du fond des étuis ne peut conſtituer une eſpéce, puiſqu'elle varie aiſément, & quant aux bandes, elles paroîſſent n'être que les ſix points des étuis du bupreſte précédent, dilatés & joints enſemble. Le point de l'angle extérieur de l'étui avec le premier du même bord réunis enſemble, forment la premiere bande perpendiculaire : le point du bord figu-ré en lunule, avec celui du milieu de l'étui qui eſt vis-à-vis, forment la ſeconde bande tranſverſe, enfin le dernier point du bord avec celui du bout de l'étui, produiſent par leur jonction la derniere bande oblique. On trouve cet inſecte dans les mêmes endroits que le précédent.

29. BUPRESTIS *inauratus*, *ſupra fuſco - viridis*, *coleoptris punctis ſex albis.*

Linn. syst. nat. edit. 10, *p.* 407, *n.* 3. Cicindela viridis, elytris punctis duobus albis cum lineola apicum.

Le bupreste vert à six points blancs.
Longueur 4 lignes. Largeur 1 ligne.

Cette espéce est encore tout-à-fait semblable aux deux précédentes, seulement elle est constamment plus petite & plus étroite : elle est, comme les deux autres, dorée & cuivreuse, mais le dessus de son corps est d'un vert doré brun, encore plus foncé que dans la précédente. Sur chaque étui il y a trois points blancs, un en haut à l'angle extérieur de l'étui, un vers le milieu du bord extérieur, & un dernier plus long & oblique vers la pointe des étuis. C'est dans les terreins sablonneux, près des rivieres & des ruisseaux, qu'on trouve cet insecte.

30. BUPRESTIS *viridi-æneus, elytris punctis latis excavatis mammillosis.*

List. loq. p. 385, *n.* 12. Scarabæus parvus inauratus.
Linn. faun. suec. n. 550. Cicindela viridi-ænea, elytris punctis latis excavatis.
Linn. syst. nat. edit. 10, *p.* 407, *n.* 6. Cicindela riparia.
Act. Upf. 1736, *p.* 19, *n.* 3. Cicindela ænea, punctis excavatis.

Le bupreste à mammelons.
Longueur 2 ½, 3 lignes. Largeur 1 ligne.

Quoique cette espéce paroisse moins brillante que les précédentes, vûe de près & sur-tout à la loupe, elle n'est pas moins belle. Sa tête, son corcelet, son ventre, ses cuisses & ses pieds sont d'un vert doré matte & un peu brun. Les jambes seules sont brunes. Les yeux sont noirs & saillans. Le corcelet plus étroit que la tête, est anguleux & inégal. Les étuis sont couverts de larges points ronds & enfoncés, du milieu desquels s'éleve un petit mammelon : comme ces étuis sont d'un vert matte & pointillés, & que les mammelons sont d'un rouge cuivreux, ce mêlange forme une couleur singuliere. Ces larges points sont rangés longitudinalement, & joints ensemble par une rai élevée de couleur plus foncée. On trouve ce bel infecte dans les endroits fablonneux & humides.

31. BUPRESTIS *fufco-æneus, capite profunde ftriato, elytrorum ftria prima remotiffima.*

Linn. faun. fuec. n. 558. Buprestis fufco-ænea, glabra, nitida, thorace fub-marginato.
Linn. fyft. nat. edit. 10, *p.* 408, *n.* 7. Cicindela aquatica.
Act. Upf. 1736, *p.* 19, *n.* 20. Cicindela minima aurea lævis.
Lift. tab. mut. t. 31, *f.* 13.

Le buprefle à tête cannelée.
Longueur 3 lignes. Largeur ⁴⁄₃ ligne.

Les caractères fpécifiques de cette efpéce font très-diftinctifs, & il feroit à fouhaiter que toutes en euffent de pareils. Sa couleur eft d'un noir bronzé. Ses yeux font faillans, comme dans l'efpéce précédente, & entre les yeux on voit fur la tête des ftries longitudinales, ou canelures profondes. Les antennes font fines, & les machoires avancent & forment une efpéce de bec. Le corcelet eft large, marginé, un peu taillé en cœur, plus étroit cependant que la tête : il eft chargé de petits points. Les étuis ont des ftries formées par des rangées de points fort petits. La premiere de ces ftries eft proche la future des étuis, enfuite fe trouve un grand efpace liffe, formant près de la moitié de la largeur de l'étui, puis la feconde ftrie & les autres qui font affez ferrées ; fur la troifiéme fe trouve un point enfoncé affez profondément. M. Linnæus avoit rangé cet infecte parmi nos *richards* (cucujus) auxquels il avoit donné le nom de *bupreftes* : mais cet infecte n'en a point les caractères ; il doit être rapporté à ce genre comme on le voit par la forme de fes antennes & l'appendice de fes cuiffes poftérieures. Ce petit animal fe trouve dans le fable humide.

32. BUPRESTIS *cupreo viridique variegatus, punctis quatuor impreffis, pedibus pallidis.*

Le bupreste à quatre points enfoncés.
Longueur 1 ½ , 3 lignes. Largeur ½ , 1 ligne.

Sa grandeur varie beaucoup. Sa couleur est d'un bronzé rougeâtre, avec des taches vertes dorées ; le dessous de son corps est d'un noir bronzé, les pattes & les antennes sont fauves. On voit sur chaque étui deux points enfoncés proche la suture, un plus haut, l'autre plus bas, ce qui fait quatre en tout. On trouve cet insecte dans le sable près de l'eau.

33. BUPRESTIS *fusco-æneus , elytris striatis , punctis duobus impressis.*

Linn. faun. suec. n. 530. Carabus ater , pedibus antennisque nigris.

Le bupreste bronzé à deux points enfoncés.
Longueur 2 lignes. Largeur ⅘ ligne.

Sa couleur est d'un noir bronzé, quelquefois un peu bleuâtre, car elle varie. Son corcelet est plus étroit que la tête avec un sillon dans son milieu, les étuis sont chargés chacun de huit stries formées par des points : il y a de plus sur chaque étui un enfoncement sur la troisiéme strie en commençant à compter de la suture. Cet enfoncement est placé à peu près au tiers de l'étui, ce qui fait deux creux, un sur chaque côté. Le corcelet est quelquefois lisse & quelquefois pointillé. Cette seule & petite différence qu'on rencontre entre les individus de cette espéce, ne m'a pas paru assez considérable pour séparer des insectes tout-à-fait semblables d'ailleurs, & pour constituer deux espéces différentes. On trouve cet insecte avec les précédens, mais il est un peu plus rare qu'eux.

TROISIÉME FAMILLE.

Tous les buprestes de cette derniere famille, ont certains caracteres communs, qui les rendent fort semblables les uns aux autres. 1º. Leur corcelet a un sillon longitudinal

dans son milieu, & deux points enfoncés à sa partie postérieure, attenant les étuis, un de chaque côté. 2°. Tous
ont huit stries sur leurs étuis, & de plus, vers la base
des étuis, le commencement d'une neuviéme strie, entre
la premiere & la seconde, en commençant à compter de
la suture.

34. BUPRESTIS *ater, thorace lato, elytrorum striis
punctatis.*

Le bupreste paresseux.
Longueur 6 lignes. Largeur 3 lignes.

J'appelle ce bupreste le paresseux, parce qu'il marche
doucement, au lieu que presque tous ceux de ce genre
courent fort vîte. Il est assez large, & son port extérieur
le fait prendre d'abord pour un ténébrion, cependant il a
tous les caractéres des buprestes. Il est tout noir, à l'exception des appendices des cuisses, qui sont brunes. Son
corcelet est au moins aussi large que les étuis, nullement
taillé en cœur, garni à sa circonférence d'un large rebord,
avec deux enfoncemens à sa partie postérieure, un de chaque côté. Les étuis ont huit stries chacun, ce qui se rencontre dans tous les insectes de cette famille. En regardant
de près ces stries, on voit dans leur enfoncement des
points, ce qui fait le caractére distinctif de cette espéce.
On trouve cet insecte dans les terres séches & arides; il a
des aîles sous ses étuis.

35. BUPRESTIS *totus viridis, thorace lato.*

Le bupreste verdet.
Longueur 4 lignes. Largeur 3 lignes.

Il ressemble beaucoup pour sa forme, au précédent,
seulement son corcelet n'a pas des rebords tout-à-fait si
considérables, & les stries des étuis, qui sont au nombre
de huit, sont lisses & sans aucuns points. Tout l'insecte est

vert & luifant, à l'exception des pattes & des antennes, qui font brunes.

36. BUPRESTIS *infra niger, fupra nigro-æneus, thorace lato.*

Linn. faun. fuec. n. 527. Carabus nigro-æneus, antennis pedibufque nigris.
Linn. fyft. nat. edit. 10, *p.* 415, *n.* 20. Carabus vulgaris.

Le buprefte rofette.
Longueur 3 *lignes. Largeur* 1 ½ *ligne.*

Il eft moins grand que les précédens; du refte, il reffemble fi fort au dernier, que je croirois qu'il n'en eft qu'une variété; il n'en différe que par fa couleur, qui eft noire en deffous, & en deffus d'un noir bronzé, un peu rougeâtre, comme le cuivre rofette. La bafe des antennes eft un peu fauve, & la ftrie extérieure des étuis eft légérement ponctuée. On trouve cet infecte avec les précédens.

37. BUPRESTIS *totus niger, thorace lato lævi, elytrorum ftriis lævibus.*

Le buprefte en deuil.
Longueur 5 *lignes. Largeur* 1 ¼ *ligne.*

Cette efpéce eft plus allongée que les précédentes; elle eft toute noire. Son corcelet eft large, moins cependant que dans ceux qui précédent, & il n'excéde pas la largeur des étuis. Ce corcelet eft liffe, fur-tout dans fon milieu. Les étuis ont chacun huit ftries liffes. Dans quelques individus, les jambes & les antennes font brunes: dans d'autres, elles font feulement d'un noir moins foncé. On trouve ces animaux fous les pierres.

38. BUPRESTIS *ater fubvillofus, antennis pedibufque ferrugineis.*

Le buprefte noir velouté.
Longueur 6 *lignes. Largeur* 2 *lignes.*

Son corps eft affez allongé. Sa couleur eft noire; feulement
ment

ment ses pattes & ses antennes, sur-tout à leur base, sont d'un brun rougeâtre. Son corcelet est lisse, & ses étuis sont chargés d'un petit duvet gris, jaunâtre, & sont très-finement ponctués. Du fond de chaque point, part un des petits poils, dont les étuis sont couverts. On trouve cet insecte avec les précédens.

39. BUPRESTIS *ater, lævis, pedibus antennarumque basi ferrugineis.*

Le bupreste noir à pattes brunes.

Sa grandeur est la même que celle du précédent. Sa couleur est aussi semblable à la sienne. La principale différence consiste dans ses étuis, qui sont rases, sans aucun poil ni duvet. Une autre différence à remarquer, c'est que la troisiéme & la cinquiéme strie, en commençant à compter de la suture, ont des points enfoncés, ainsi que la derniere, tandis que les autres sont lisses, si ce n'est le bas de la seconde, où l'on voit quelquefois un ou deux points.

40. BUPRESTIS *totus viridi cupreus, antennis nigris.*

Le bupreste perroquet.
Longueur 5, 3 lignes. Largeur 2, 1 lignes.

Il y a peu d'espéces qui donnent autant de variétés pour la grandeur & la nuance des couleurs. On peut juger des différentes grandeurs par les dimensions que nous donnons. Quant à la couleur, elle est verte, tantôt claire, tantôt brune, toujours plus ou moins cuivreuse. Dans tous, le dessous du corps est plus noir. Les antennes sont noires, à l'exception de leur base, qui est brune; l'extrémité des pattes ou les tarses sont bruns. Le corcelet est à peu près de la largeur des étuis, avec un sillon longitudinal dans son milieu, & deux points enfoncés & oblongs près de sa jonction avec les étuis. Ceux-ci sont chargés chacun de huit stries lisses & sans aucuns points. Cet insecte est commun dans les jardins & les campagnes.

Tome I. X

41. BUPRESTIS *viridis, pedibus elytrorumque margine exteriore pallide testaceis.*

Le bupreste vert à bordure.
Longueur 4 ½ lignes. Largeur 2 lignes.

La tête & le corcelet de cette belle efpéce font d'un vert cuivreux. Ce dernier eft parfemé de petits points. Les étuis font d'un vert matte, chargés de huit ftries chacun, & ornés de petits points ferrés, du fond de chacun defquels part un petit poil. Le deffous de l'infecte eft noir. Les antennes font de couleur fauve pâle, ainfi que les pattes & le bord extérieur des étuis. On voit fur le corcelet le fillon longitudinal du milieu, & les deux points ou enfoncémens poftérieurs, qui font communs à toutes les efpéces de cette famille.

42. BUPRESTIS *niger, thorace, antennis pedibufque ferrugineis.*

Linn. faun. fuec. n. 514. Carabus niger, thorace, antennis pedibufque ferrugineis.
Linn. fyft. nat. edit. 10, p. 415, *n.* 15. Carabus melanocephalus.

Le bupreste noir à corcelet rouge.
Longueur 3 lignes. Largeur 1 ¼ ligne.

Le deffous de fon corps, fa tête & fes étuis font noirs; fes antennes, les pattes & le corcelet font d'un rouge brun. Sa forme eft femblable à celle des précédens, & fes étuis font rafes, avec huit ftries liffes & unies fur chacun.

43. BUPRESTIS *ferrugineo-lividus, elytris punctato-striatis.*

Le bupreste fauve.
Longueur 2 lignes. Largeur ¾ ligne.

Cette petite efpéce eft par-tout de la même couleur, brune, rougeâtre, un peu livide : fes yeux feuls font d'un brun plus noir. Les huit ftries de fes étuis font ponctuées dans leur fond , & ne font point unies. Tout le refte de l'infecte eft liffe & poli.

BRUCHUS.

LA BRUCHE.

Antennæ filiformes.	Antennes filiformes.
Thorax fubrotundus gibbus.	Corcelet arrondi en boffe.
Corpus fphæroïdæum , dorfo con-	Corps fpheroïde , convexe en
vexo.	deffus.

Le caractere de ce nouveau genre, confifte premiére-ment , dans fes antennes filiformes , prefque par-tout d'é-gale groffeur ; fecondement , dans la forme de fon corce-let , qui eft prefque fphérique & comme boffu en deffus. Un troifiéme caractere moins effentiel, eft la figure de ce petit animal , dont le ventre eft affez arrondi & fphérique, & dont le dos eft très-convexe.

C'eft dans les tas de feuilles féches, dans le foin, dans les herbiers qu'on trouve ces infectes. Leur larve paroît fe nourrir de ces feuilles ; qu'elle déchire & détruit. Ceux qui ont des collections de plantes , n'ont que trop fouvent occafion de les connoître. Lorfque cette larve veut fe mé-tamorphofer en chryfalide , elle fe fait une enveloppe d'un tiffu fin, foyeux & très-blanc. C'eft de cette efpéce de coque ou enveloppe, que fort l'infecte parfait, qu'on trou-ve fouvent dans les maifons.

La feconde efpéce de ce genre eft remarquable par fa forme prefque ronde , & par fes étuis qui font réunis en-femble , qui fe recourbent affez avant en deffous , & fous lefquels on ne trouve point d'aîles. Cette efpéce eft moins commune que la premiere. Nous avons donné à ce nou-veau genre le nom ancien de *bruche* (*bruchus*) par le-quel les Naturaliftes ont autrefois défigné un infecte qui dévoroit & rongeoit les plantes , ce qui convient très-bien à ceux de ce genre.

X ij

Les espéces que nous avons trouvées autour de Paris,
se réduisent aux deux suivantes.

1. BRUCHUS *testaceus, elytrorum fascia duplici albida.* Planch. 2 , fig. 6.

Linn. faun. suec. n. 487. Cerambix testaceus, elytrorum fascia duplici albida;
thorace spinoso.
Linn. syst. nat. edit. 10 , p. 393 , n. 33. Cerambyx fur.

La bruche à bandes.
Longueur 1 ¼ ligne. Largeur ⅓ ligne.

Les antennes de ce petit insecte sont plus longues que
son corps. Sa tête est large , un peu applatie , avec les
yeux saillans. Son corcelet est globuleux, assez petit, plein
de tubérosités irrégulieres , cependant sans pointes sur les
côtés, quoique M. Linnæus lui en attribue. Ce qui sem-
bleroit en former , ce sont des petites touffes de poils ,
qui sont sur les côtés & un peu sur le dessus du corcelet.
Ces poils sont blanchâtres : l'écusson est pareillement couvert de poils blancs. Les étuis sont convexes, avec des
stries formées par des points , & ils sont chargés de deux
bandes transverses de poils blancs, l'une proche le corcelet , l'autre plus bas, toutes deux interrompues dans leur
milieu. Souvent l'insecte retire sa tête & ses pattes en dessous , & contrefait le mort , principalement quand on le
touche. La couleur de cet animal est brune , mais elle varie
pour la nuance , qui est tantôt plus & tantôt moins claire.
Cet insecte est vorace & carnassier : il ronge & détruit les
animaux & les plantes que l'on conserve dans les cabinets ,
& les réduit en poudre.

2. BRUCHUS *totus testaceus , elytris coadunatis.*

La bruche sans aîles.
Longueur 1 ligne. Largeur ¼ ligne.

Rien n'est plus singulier, pour la forme , que ce petit
insecte ; il ressemble à un globe brun & lisse, porté sur des

pattes. Sa tête fait feulement une petite pointe d'un côté. Cette tête eft très-petite , & il en fort des antennes prefqu'auffi longues que le corps & placées au devant des yeux , qui font très - petits. Le corcelet eft large & fort court. Les étuis font convexes , liffes , polis & d'une couleur de maron ; ils font joints & réunis enfemble , & de plus , ils envelopent une grande partie du deffous du corps, enforte que l'infecte eft tout cuiraffé. Sous ces étuis réunis & immobiles , il n'a point d'aîles. Ses pattes & fes antennes font un peu velues & d'une couleur claire ; le refte de fon corps eft brun & liffe. J'ai trouvé plufieurs fois chez moi ce petit animal , dans des endroits ou l'on n'avoit pas touché depuis long-tems. On le trouve auffi dans le vieux foin. Je ne fçais point dans quel endroit fe rencontre fa larve.

LAMPYRIS *Cantharidis fpec. linn.*

LE VER-LUISANT.

Antennæ filiformes.	Antennes filiformes.
Caput clypeo thoracis marginato veflum.	Tête cachée par un large rebord du corcelet.
Abdominis latera plicato - papillofa.	Côtés du ventre pliés en papilles.

Pendant long-tems, on n'a connu que la femelle de la premiere efpéce de ce genre , qui , n'ayant point d'aîles ni d'étuis , reffemble à une efpéce de ver , ce qui a fait donner à ce genre le nom de *ver - luifant* , à caufe de la lueur & de la clarté que cet animal jette pendant la nuit. Nous lui avons confervé le nom de *lampyris* , qui lui avoit été donné anciennement.

Ce genre a plufieurs caracteres très-diftincts. 1°. La forme de fes antennes , qui font fimples , & qui vont en diminuant infenfiblement de la bafe à la pointe , ce qui lui eft commun avec quelques-autres genres. 2°. La figure de fon corcelet qui eft grand , avec de larges rebords , fous lequel fa tête eft cachée. Cette tête rentre dans une large ouverture, pratiquée dans le deffous de ce corcelet. 3°. Enfin la forme des côtés des anneaux du ventre, qui font pliffés & repréfentent des efpéces de papilles molaffes. La réunion de ces trois caractères fuffit pour reconnoître cet infecte, & diftinguer ce genre de tous les autres.

Nous ne connoiffons dans ce Pays que trois efpéces de vers-luifans ; encore la feconde pourroit-elle bien n'être qu'une variété de la premiere ; mais les Pays étrangers en fourniffent quelques-autres, qui, comme les nôtres, ont la finguliere propriété de luire pendant la nuit. Les femelles, qui font dépourvûes d'ailes & qui rampent fur terre, ont cette propriété à un degré beaucoup plus confidérable que les mâles, qui n'ont que quelques points lumineux. Il paroît que cette lueur a été accordée à la femelle, qui ne peut voler, pour être apperçue des mâles, qui la cherchent en voltigeant. En effet, fi l'on prend le foir dans fa main des vers-luifans vers la fin de Juin, qui eft le temps de leur accouplement, on voit quelquefois le mâle qui vient voltiger autour de fa femelle, & par ce moyen on parvient à le prendre. Cette lumiere que jettent les femelles, eft fouvent fi vive, qu'on la prendroit pour un charbon ardent. La matiere qui la produit paroît être un véritable phofphore, femblable à la matiere lumineufe que donnent certains poiffons & les vers qui habitent quelques coquilles. Plus l'infecte eft en mouvement, plus l'éclat de ce phofphore eft vif & brillant, & lorfqu'il commence à diminuer, on n'a qu'à agiter, irriter l'infecte & le faire marcher, auffi-tôt la clarté augmente & reprend fa premiere vivacité.

Je ne connois point la larve du mâle du ver-luifant. M. de Geer, dans les Mémoires Etrangers de l'Académie, donne la figure de celle de la femelle. Quant aux efpéces de ce genre, elles fe réduifent aux trois fuivantes.

1. LAMPYRIS *fœminâ apterâ*. Planch. 2 , fig. 7.

Linn. faun. fuec. n. 584. Cantharis fæmina aptera.
Linn. fyft. nat. edit. 10 , p. 400 , *n.* 1. Cantharis oblonga **nigra** ; thorace teftaceo , margine laterali nigro.
Aldrov. inf. p. 495. *fig.* 1, 2.
Colum. ecphr. 1 , p. 38 , *t.* 36. Noctiluca terreftris.
Jonft. inf. t. 15 , *fig.* 2. Cicindela Mouff.
Charleton. exercit. p. 47. Cicindela.
Merret. pin. p. 201. Cicindela.
Mouffet. lat. p. 109 , *f.* 1. Maf. 2 fæmina.
Bradl. nat. t. 26 , *fig.* 3. *A.* Fæmina. *B.* Maf.
Raj. inf. p. 78 , *n.* 15. Scarabæus lampyris fordide nigricans, corpore longo & angufto , feu cicindela maf.
Raj. inf. p. 79. Cicindela impennis feu fæmina.
Lift. tab. mut. tab. 2 , *fig.* 11.
Dal. pharmac. p. 391. Cicindela.
Leche nov. infect. fpec. p. 23 , *n.* 47. Cantharis mas coleopterus.

Le ver - luifant à femelle fans aîles.

Le mâle. Longueur 3 ⅓ *lignes. Largeur* 1 ⅓ *ligne.*
La femelle. Longueur 6 *lignes. Largeur* 2 ½ *lignes.*

On connoît affez le ver - luifant femelle , mais peu de perfonnes connoiffent le mâle. Nous allons commencer par décrire celle-là , & nous donnerons enfuite la defcription de fon mâle.

Le ver - luifant femelle varie beaucoup pour la grandeur. Sa couleur eft brune. On n'apperçoit point d'abord fa tête : la plaque du corcelet qui eft large , applatie , demi-circulaire , & qui déborde beaucoup , la couvre entiérement , à peu près comme dans les *caffides* , que nous examinerons par la fuite. Mais fi on regarde en deffous , on voit une efpéce de fourreau évafé , dans lequel fe retire cette tête , qui eft fort petite. Les antennes qui font filiformes , affez unies , font à peine de la longueur du corcelet , & lorfque la tête eft retirée , elles font cachées en partie. Le refte du corps de l'infecte eft nû , fans aîles ni étuis , & compofé de dix anneaux , unis en deffus , mais qui en deffous ont fur leurs bords de chaque côté un repli molaffe. Lorfque l'animal eft en vie , les trois derniers anneaux font jaunâtrés , & dans l'obfcurité , ils répandent une lumiere affez vive pour pouvoir lire , fur-tout fi l'on a trois ou quatre de ces vers. Cette lumiere s'apperçoit fouvent le soir, pendant l'été, dans les jardins & les campagnes.

Le mâle est plus petit que sa femelle. Sa tête est figurée précisément de même, & recouverte pareillement par la plaque du corcelet ; seulement elle paroît un peu plus grosse que celle de la femelle ; elle est noire, ainsi que les antennes. Le ventre de ce mâle, moins gros & moins long que celui des femelles, a les plis & les papilles des côtés bien moins marqués. Mais la plus grande différence qui se trouve entre les deux sexes, c'est que le mâle est couvert d'étuis bruns, chagrinés, chargés de deux lignes longitudinales relevées, plus longs que le ventre, & sous lesquels sont les aîles. Les derniers anneaux du ventre ne sont pas aussi lumineux que ceux de la femelle ; on voit seulement quatre points de lumiere, deux sur chacun des deux derniers anneaux.

2. LAMPYRIS *hemiptera.*

Le ver-luisant à demi-fourreaux.
Longueur 2 ⅓ lignes. Largeur ⅓ ligne.

Sa couleur est brune, comme celle de l'espéce précédente. Il en différe ; premiérement, par ses antennes, qui sont assez grosses & de la longueur de la moitié du corps : secondement, par le corcelet, dont la plaque est plus allongée, avec une élévation longitudinale dans son milieu : troisiémement, par ses fourreaux ou étuis, qui sont courts, & ne couvrent que la moitié de son corps. Celui que j'ai, est un mâle. Je croirois volontiers qu'il n'est qu'une variété de l'espéce précédente, ou peut-être le même insecte mal développé. Néanmoins les différences que j'ai rapportées, m'ont engagé à mettre ici cet insecte, jusqu'à ce que l'on soit certain qu'il ne différe pas du précédent, d'autant que les deux derniers anneaux de son corps étoient lumineux.

3. LAMPYRIS *elytris rubris, thorace rubro, nigra macula.*

Linn.

Linn. faun. fuec. n. 587. Cantharis elytris rubris , thorace rubro nigra macula.
Linn. fyft. nat. edit. 10 , p. 401 , *n.* 13. Cantharis fanguinea.
Frifch. germ. 12 , p. 41 , t. 3 , ic. 7 , fig. 2. Scarabæus arboreus parvus ruber , elytris longis , clypeo pectorali linea nigra.
Raj. inf. p. 101 , *n.* 4. Cantharis prioribus fimilis quarta.
Act. Upf. 1736 , p. 19 , *n.* 3. Cantharis elytris ruberrimis.

Le ver - luifant rouge.
Longueur 4½ *lignes. Largeur* 1¼ *ligne.*

Ses antennes , fes pattes & tout fon corps font noirs , à l'exception de fon corcelet & de fes étuis , qui font d'un beau rouge. Sur le milieu de fon corcelet , eft une tache longitudinale noire , qui en occupe plus d'un tiers , & qui s'étend jufqu'au petit écuffon , qui eft pareillement noir. Ses étuis ont des ftries fines & légeres. La tête eft toute cachée fous le corcelet , dont les rebords font grands & larges. Les antennes font de la longueur de la moitié de l'infecte , & fes étuis débordent fon corps. Cette jolie efpéce a été trouvée par M. Mallet , mon confrere , qui me l'a communiquée.

CICINDELA. *Cantharis. linn.*

LA CICINDELE.

Antennæ filiformes.	Antennes filiformes.
Thorax planus , marginatus.	Corcelet applati & bordé.
Caput detectum.	Tête découverte.
Elytra flexilia.	Etuis flexibles.

La cicindele a été confondue avec la cantharide par quelques Auteurs ; mais fon caractere l'éloigne beaucoup de la vraie cantharide des boutiques , qui fe trouve même placée dans un ordre tout - à - fait différent , ayant cinq piéces aux tarfes des deux premieres paires de pattes , & quatre feulement aux tarfes de la derniere paire , au lieu que le genre que nous traitons , a cinq piéces à tous les tarfes , tant des jambes poftérieures , que des pattes antérieures. Nous trouvant donc obligés de féparer ce genre des can-

Tome I. Y

tharides, nous lui avons donné le nom ancien de *cicindele*, qui autrefois, étoit celui d'un genre approchant du ver-luisant, & peut-être de ce même genre auquel nous le restituons aujourd'hui.

Le caractere des cicindeles consiste, 1°. dans leurs antennes; qui sont filiformes, comme celles du genre précédent, 2°. dans la forme de leur corcelet, qui est un peu applati & bordé, mais qui ne couvre point la tête de l'insecte; 3°. dans la flexibilité de leurs étuis, qui, sans être membraneux, sont cependant beaucoup plus mols que ceux de la plûpart des autres insectes à étuis.

Les espéces de ce genre sont communes, & se trouvent ordinairement sur les fleurs. Je ne connois point leurs larves. Quant aux insectes parfaits, il y en a quelques-uns qui ont une singularité qui mérite d'être remarquée. Ces cicindéles ont de chaque côté deux vesicules rouges, charnues, irréguliéres, & à plusieurs pointes, qui partent des côtés du corcelet & du ventre, un peu en dessous, & que l'insecte fait enfler & défenfler. Ces espéces d'appendices rouges à plusieurs pointes, ont été appellées par quelques amateurs d'histoire naturelle des *cocardes*, & les cicindeles qui en sont pourvûes, portent le nom de *cicindeles à cocardes*. J'en ai remarqué autour de Paris trois espéces; sçavoir, la cicindele bedeau, la cicindele verte à points rouges, & la cicindele verte à points jaunes, dont il y a deux variétés. Quel peut être l'usage de cette partie singuliere, qui n'a point certainement été donnée à ces insectes sans quelques raisons? C'est ce qu'il est difficile de décider. J'ai quelquefois mutilé ces cicindeles; je les ai privées d'une ou de toutes ces vesicules, sans qu'elles ayent paru moins agiles & moins vives. Peut-être quelque hazard heureux, ou quelqu'observation suivie donneront-ils plus de lumiere sur l'usage de ces parties.

1. CICINDELA *elytris nigricantibus, thorace rubro, nigra macula*. Planch. 2, fig. 8.

Linn. fyft. nat. edit. 10, p. 401, *n.* 10. Cantharis fufca.
Linn. faun. fuec. n. 586. Cantharis elytris nigricantibus, thorae rubro, nigra
    macula.
Raj. inf. p. 84, *n.* 29. Cantharus fepiarius major, elytris nigricantibus, dorfo
    feu thorace fupino obfcure rufo.
Raj. inf. p. 101, *n.* 2. Captharis femiunciam longa.
Act. Upf. 1736, p. 19, *n.* 2. Cantharis elytris fufcis.

La cicindele noire à corcelet maculé.

Longueur 5 *lignes. Largeur* 1⅓ *ligne.*

Cet infecte a la tête noire, mais fes machoires font rouges. Ses antennes, qui font un peu applaties, vont en diminuant par le bout, & ont une longueur égale à celle de
la moitié du corps. Elles font noires & leur bafe eft rougeâtre. Le corcelet élevé dans fon milieu avec des rebords
larges & plats, eft d'un rouge fauve, & a fur le devant
une tache noire prefque ronde. Les étuis font affez larges :
leur couleur eft noire, & ils font mols, flexibles, un peu
chagrinés & comme foyeux. Les cuiffes font rouges, mais
leurs extrémités, ainfi que les jambes & les tarfes, font
noires. Le deffous de l'animal eft tout noir, à l'exception
des derniers articles du ventre, qui font d'un jaune rougeâtre : les côtés font auffi de la même couleur jaune, &
forment des replis papillaires. On trouve cet infecte très-
communément fur les fleurs.

2. **CICINDELA** *thorace rubro immaculato, genubus
poſticis, nigris.*

Linn. fyft. nat. edit. 10, p. 401, *n.* 11. Cantharis livida.

Elle donne les variétés fuivantes.

    a. *Cicindela elytris teftaceis, thorace rubro immacu-
    lato, genubus poſticis nigris.*

Raj. inf. p. 84, *n.* 28. Cantharus fepiarius major, è rufo flavicans, elytris
    non maculatis.
Act. Upf. 1736, p. 19, *n.* 1. Cantharis elytris teftaceis.
Linn. faun. fuec. n. 585. Cantharis elytris teftaceis, thorace rubro imma-
    culato.

b. *Cicindela elytris nigricantibus, thorace rubro immaculato, genubus poſticis nigris.*

Raj. inſ. p. 101, *n.* 3. Cantharis præcedenti ſimilis & æqualis.

La cicindele à corcelet rouge.
Longueur 5 , 6 *lignes. Largeur* 1 ½ *ligne.*

On voit que cet inſecte varie pour la couleur des étuis, qui ſont tantôt noirs & tantôt de couleur jaunâtre. On en trouve de noirs qui ſont accouplés avec des jaunes, & d'autres fois des noirs accouplés enſemble, ce qui prouve très-certainement que ce ne ſont que des variétés. D'ailleurs les uns & les autres, à la couleur près de leurs étuis, ſe reſſemblent parfaitement. Ils reſſemblent auſſi beaucoup à l'eſpéce précédente. Leurs antennes noires, applaties & jaunâtres à leur baſe, ſont de la longueur de la moitié du corps. La tête eſt toute d'un jaune rouge, avec les yeux noirs. Le corcelet figuré comme dans la précédente eſpéce, eſt entiérement d'un rouge fauve, ſans tache noire. Les étuis fléxibles & ſoyeux, ſont ou noirs ou d'un jaune pâle. Les pattes ſont de cette derniere couleur, à l'exception des genoux & des jambes des pattes poſtérieures, & quelquefois de celles du milieu, qui ſont noirs. Le deſſous de l'animal eſt noirâtre, mais les côtés & les derniers anneaux du ventre, ſont jaunes. On trouve cet inſecte ſur les fleurs, avec le précédent.

3. CICINDELA *elytris nigricantibus, thorace rubro immaculato, genubus omnibus rubris.*

La petite cicindele noire.
Longueur 2 ¼ *lignes. Largeur* 1 *ligne.*

Les antennes de cette eſpéce ſont de la longueur de la moitié du corps ; elles ſont fauves, plus noires vers l'extrémité. La tête eſt de même fauve en devant, mais ſa partie poſtérieure eſt noire, ainſi que les yeux, ce qui forme une longue bande tranſverſe. Le corcelet eſt rouge,

fans aucune tache. Les étuis font d'un noir un peu cendré
& matte. les pattes font rougeâtres, & n'ont point du tout
de noir, fi ce n'eft un peu au milieu des pattes poftérieures, dans les mâles feulement. C'eft par-là qu'on peut
plus fûrement diftinguer cette efpéce des précédentes,
dont elle différe beaucoup pour la grandeur. Le deſſous
du ventre eft noir, avec des anneaux rouges. On trouve
cet infecte avec les précédens.

4. CICINDELA *elytris teftaceis, thorace rubro im-*
maculato, genubus omnibus rubris.

La petite cicindele pâle.
Longueur 3 lignes. Largeur ¼ ligne.

C'eft précifément la même forme que celle des précédentes, peut-être même n'eft-ce qu'une variété de quelqu'une de ces efpéces : elle a les yeux noirs, la tête &
le corcelet rouges fans aucune tache, les étuis pâles,
le deſſous du corps cendré & les pattes fauves, fans
que les jambes poftérieures foient noires.

5. CICINDELA *rubra, elytris teftaceis, apice ni-*
gris.

La cicindele à étuis tachés de noir.
Longueur 4 lignes. Largeur 1 ligne.

Celle-ci eft toute rouge, à l'exception des antennes &
des pieds, ou bouts des pattes qui font noirs. Les étuis
qui font de couleur fauve, ont auſſi un peu de noir à
leur extrémité ; du refte elle reſſemble beaucoup aux précédentes.

6. CICINDELA *nigra, elytris pedibufque pallidis.*

Elle varie pour la couleur du corcelet.

a. *Cicindela nigra, thorace omnino nigro, elytris*
pedibufque pallidis.

b. *Cicindela nigra , thoracis margine flavo , elytris pedibufque pallidis.*

La cicindele noire à étuis jaunes.
Longueur 2 , 2 ½ lignes. Largeur ⅓ ligne.

Il y a encore beaucoup de reſſemblance entre cette eſpéce & les précédentes : elle varie pour la couleur du corcelet : dans les unes , la tête , le corcelet & le ventre ſont noirs, & les pattes ainſi que les étuis , ſont d'une couleur fauve pâle : dans les autres , la tête & le ventre ſont noirs ; le corcelet eſt auſſi noir , mais bordé de jaune ; enfin les cuiſſes ſont noires , & les pattes ainſi que les étuis , d'un jaune pâle : dans les unes & les autres la baſe des antennes eſt de la couleur des étuis, & leur extrémité eſt noire : le corcelet eſt un peu plus applati dans celles où il eſt bordé de jaune. Cet inſecte ſe trouve avec les précédens.

7. CICINDELA *viridi-ænea, elytris extrorſum rubris.*

Linn. faun. ſuec. n. 588. Cantharis viridi-ænea , elytris extrorſum rubris.
Linn. ſyſt. nat. edit. 10 , p. 402 , *n.* 16. Cantharis ænea.
Raj. inſ. 77 , *n.* 12. Scarabæus minor , corpore longiuſculo , elytris rubicundis.

La cicindele bedeau.
Longueur 3 lignes. Largeur 1 ½ ligne.

La tête de cette eſpéce eſt verte , & ſes machoires ſont d'un jaune citron , ainſi que les trois ou quatre premiers anneaux de ſes antennes. Ces antennes ſont verdâtres à leur extrémité , elles ſont preſqu'auſſi longues que la moitié du corps , & elles ont une particularité remarquable ; c'eſt que leur ſecond anneau a une appendice formée en pointe , & le troiſiéme une autre qui fait le crochet. Le corcelet liſſe & preſqu'applati avec des rebords , eſt vert ; il a ſeulement un peu de rouge ſur les côtés. Le ventre & les pattes ſont verts. Les étuis le ſont auſſi à leur baſe, & le long du côté intérieur qui forme la future, ſans cependant que cette couleur aille juſqu'au bas de la futurе. Tout le reste de l'étui qui en fait plus des deux tiers , sçavoir le côté extérieur & le bas, sont rouges. Quand l'insecte est en vie , on voit deux vesicules rouges comme charnues , terminées par deux pointes , placées aux deux côtés du corcelet , qui s'enflent & se défenflent alternativement. Il y a deux semblables vesicules aux deux côtés du ventre : c'est à cause de ces vesicules à pointes qui ressemblent à des cocardes , que l'on a donné à cette cicindele & à ses semblables, le nom de *cicindeles à cocardes*. On trouve cet insecte sur les fleurs.

8. CICINDELA *æneo - viridis , elytris apice rubris.*

Linn. Faun. suec. n. 589. Cantharis æneo-viridis , elytris apice rubris.
Act. Upf. 1736 , *p.* 19 , *n.* 5. Cantharis elytris viridi - æneis apice rubris.
Linn. syst. nat. edit. 10 , *p.* 402 , *n.* 17. Cantharis bipustulata.

La cicindele verte à points rouges.
Longueur 3 *lignes. Largeur* 1 ½ *ligne.*

Ses antennes font un peu moins longues que la moitié de son corps : elle a , comme la précédente , des crochets aux premiers anneaux de ses antennes , ce qui est commun aux cicindeles à cocardes : aussi celle-ci a-t-elle des vesicules rouges tricuspidales aux côtés du corcelet & du ventre , comme la précédente ; quant à la couleur, elle est partout d'un vert bronzé , seulement le bout de ses étuis se termine par une tache ponceau. Le dessus du ventre caché par les ailes & les étuis , est aussi rouge. Cet insecte se trouve sur les fleurs avec le suivant.

9. CICINDELA *æneo-viridis elytris apice flavis.*

Raj. inf. p. 101 , *n.* 7. Cantharis vix tres octavas unciæ longa.

Elle donne les deux variétés suivantes.

a. *Cicindela tota æneo - viridis , elytris apice flavis.*
b. *Cicindela cæruleo - viridis , thoracis margine rubro , elytris apice flavis.*

La cicindele verte à points jaunes.

Sa grandeur est la même que celle de la précédente ; dont elle pourroit bien n'être qu'une variété : elle-même varie pour la couleur. Tantôt elle est toute verte avec des points jaunes à l'extrémité de ses étuis ; tantôt on trouve d'autres individus qui sont bleuâtres , & qui outre les taches jaunes du bout des étuis , ont encore le rebord de leur corcelet rouge : les unes & les autres ont les cocardes ou vesicules rouges aux côtés du corcelet & du ventre.

10. CICINDELA *fusca*, *elytris apice flavis*, *thorace rubro nigra macula*.

Linn. faun. suec. n. 592. Cantharis fusca , elytris apice flavis, thorace rufo.
Linn. syst. nat. edit. 10, p. 402 , n. 21. Cantharis minima.

La cicindele noire à points jaunes & corcelet rouge.
Longueur 1 ½ ligne. Largeur ½ ligne.

Cette petite espéce a la tête & les antennes noires. Son corcelet est rougeâtre avec une tache noire au milieu. Les étuis sont d'un brun foncé , lisses , avec un point jaune à l'extrémité de chacun. Les pattes sont assez longues & noirâtres , ainsi que le dessous de l'animal. Je n'ai pu m'assurer si cette cicindele avoit des cocardes ou vesicules. On la trouve sur les fleurs avec la suivante.

N. B. Une chose qui me paroît singuliere , c'est que M. Linnæus dans sa dixiéme édition du *Systema Naturæ*, donne pour synonime à cette cicindele , & joigne avec elle la deuxiéme espéce de necydale qui en différe beaucoup & qu'il avoit séparée dans sa *Fauna Suecica* ; il faut qu'il y ait au moins un de ces deux insectes qu'il n'ait pas vû.

11. CICINDELA *fusca*, *elytris apice flavis* , *thorace fusco*.

Linn. faun. suec. n. 591. Cantharis elytris nigris , apice flavis , thorace atro.
Linn. syst. nat. edit. 10, p. 402 , n. 20. Cantharis biguttata.

La cicindele noire à points jaunes & corcelet noir.

Sa

Sa grandeur ne diffère pas de celle de l'espéce précédente. Quant à la couleur, elle est partout d'un brun noirâtre un peu vert , sans aucune couleur rouge sur le corcelet : seulement ses étuis sont terminés par deux points jaunes un peu rougeâtres , & ses jambes sont jaunes.

12. CICINDELA *elytris nigris , fasciis duabus rubris.*

Linn. faun. suec. n. 590. Cantharis elytris nigris , fasciis duabus rubris.
Linn. syst. nat. edit. 10 , p. 402 , *n.* 19. Cantharis fasciata.
Raj. inf. p. 102 , *n.* 22.
Act. Upf. 1736 , p. 19 , *n.* 6.

La cicindele à bandes rouges.

Cette espéce est semblable à la précédente pour la grandeur. Ses antennes & ses pattes sont noires , ses pieds seulement sont un peu pâles. Sa tête & son corcelet sont d'un vert un peu bleuâtre. Ses étuis sont noirs ; chargés de deux bandes transverses d'un beau rouge , l'une au haut ou à la base de l'étui, quelquefois interrompue dans son milieu , l'autre placée à la pointe , où elle termine l'étui sans être interrompue : la largeur de ces bandes varie , ensorte que tantôt le noir & tantôt le rouge domine sur les étuis : le dessous de l'insecte est noir.

13. CICINDELA *viridis , thorace rubro immaculato.*

La cicindele verte à corcelet rouge.
Longueur 1 ¼ *ligne. Largeur* 2/7 *ligne.*

Cette petite espéce est toute noire , à l'exception du corcelet qui est rouge , sans taches noires. Les étuis qui sont très-lisses , sont entiérement de couleur verte , sans aucuns points à leur extrémité , comme dans les espéces précédentes. Les antennes sont de la longueur du corcelet & les pattes sont jaunâtres. On trouve cet insecte sur les fleurs.

14. CICINDELA *viridi-cærulea.*

Tome I.   Z

Elle donne les variétés fuivantes.

a. *Cicindela viridis.*
b. *Cicindela cœrulea.*
c. *Cicindela viridi-cœrulea.*

La cicindele verdâtre.
Longueur 3 lignes. Largeur 1 ligne.

Cette cicindele plus allongée que les précédentes, eft partout de la même couleur, mais cette couleur varie : dans les unes elle eft verte, dans d'autres bleue, & dans quelques autres elle tient le milieu entre le vert & le bleu. Les antennes ont leurs anneaux moins applatis, moins allongés & un peu plus ronds : elles n'égalent pas la longueur du corcelet. Ce corcelet eft convexe avec des rebords, moins applati que dans la plûpart des autres efpéces : il eft pointillé ainfi que les étuis.

15. CICINDELA *plumbeo-nigra.*

La cicindele plombée.
Longueur 2 lignes. Largeur ½ ligne.

C'eft précifément la même forme que dans l'efpéce précédente, enforte que je croirois qu'on pourroit ne la regarder que comme une variété, fi elle n'étoit conftamment plus petite. Celle-ci a aufli une particularité, c'eft que les antennes dans les mâles font courtes comme dans l'efpéce précédente, égalant à peine le corcelet, & qu'elles font compofées d'anneaux affez arrondis, au lieu que dans les femelles les antennes font formées d'articles plus longs, plus triangulaires, qu'elles approchent de celles des autres cicindeles & qu'elles égalent la moitié de la longueur du corps. Tout l'infecte eft de couleur noire luifante, un peu plombée & fans aucune tache.

16. CICINDELA *villofo-cinerea.*

La cicindele cendrée.
Longueur 1 ligne. Largeur ½ ligne.

Celle - ci diffère un peu des autres par sa forme. Ses antennes font courtes , d'un tiers moins longues que son
corcelet , & vont un peu en groffiffant vers le bout ; elles
font de couleur brune tirant fur le maron , ainfi que les
pattes. Le corcelet eft plus convexe & a des rebords moins
marqués que dans les autres cicindeleles. Tout l'animal eft
noirâtre , mais paroît cendré à caufe des petits poils ferrés
& blanchâtres , qui le recouvrent partout : les yeux font
noirs & affez faillans.

17. CICINDELA *plumbeo - cuprea , tibiis pallidis ,*
abdomine fubrotundo.

La cicindele bronzée.
Longueur : ligne.

Cette petite cicindele eft moins allongée & plus arrondie que les précédentes : fes étuis n'ont ni points, ni ftries.
Tout fon corps eft de couleur plombée , à l'exception des
jambes feules , qui font d'un jaune ou fauve pâle.

OMALISUS.

L'OMALISE.

Antennæ filiformes.	Antennes filiformes.
Thorax planus tetragonus , an-gulis pofterioribus in fpinam pro-ductis.	Corcelet applati à quatre an-gles , dont les deux poftérieurs finiffent en pointes aigues.

J'ai donné à ce genre inconnu jufqu'ici le nom d'omalife , qui veut dire applati , à caufe de la forme platte
de la feule efpéce qu'il renferme.

Son caractere confifte premiérement dans la figure de
fes antennes qui font filiformes , fecondement & particuliérement dans la forme finguliere de fon corcelet qui eft
applati & repréfente un quarré long , dont les angles póf-
térieurs qui regardent les étuis fe prolongent en pointes

longues & aigues. Cette forme a quelque léger rapport
avec celle du corcelet des taupins, dont les omalifes différent par les antennes & par le deffous de leur corcelet qui
eft nud, fimple, & qui n'a point cette efpéce de pointe
que nous avons fait remarquer dans les taupins. Nous n'a-
vons encore trouvé qu'une feule efpéce de ce genre, qui
paroît même affez rare & difficile à rencontrer, & nous ne
connoiffons point fa larve.

1. OMALISUS. Planch. 2, fig. 9.

L'omalife.
Longueur 2 ¼ lignes. Largeur 1 ligne.

Le corps de cet infecte eft applati. Ses antennes font
noires & de la longueur de la moitié du corps : il les porte
droites en avant & parallèlement l'une à l'autre. Son corcelet eft quarré applati, avec deux échancrures poftérieurement, & fes angles poftérieurs font aigus & fe terminent
en pointe. Les étuis font applatis & fe courbent fur le
côté, en formant une efpéce d'angle ou d'équerre. Ils ont
chacun neuf ftries longitudinales formées par des points,
fçavoir fix depuis la future jufqu'à l'angle ou courbure, &
trois depuis cette élévation anguleufe jufqu'au bord extérieur. Tout l'infecte eft noir, à l'exception du bord extérieur & de l'extrémité des étuis, qui font d'un rouge
fafrané. Ce rare infecte s'eft trouvé à Fontainebleau.

HYDROPHILUS. *Dytifcus linn.*

L'HYDROPHILE.

Antennæ clavatæ perfolia- *tæ antennulis breviores.*	Antennes en maffe, perfo-liées, plus courtes que les antennules.
Pedes natatorii.	Pattes en nageoires.

L'hydrophile approche beaucoup des deux genres fuivans pour fa forme & le lieu où on le trouve ; mais il est aifé de l'en diftinguer par fes antennes. Dans cet insecte elles font en maffe , ou terminées par un bout plus gros que le refte de l'antenne , & qui est compofé d'articles applatis , minces & enfilés par leur milieu. Une efpéce de bouton allongé termine cette maffe & toute l'antenne. On voit que cette conformation des antennes reffemble beau-coup à celle des dermeftes que nous avons décrite , & l'hydrophile pourroit prefque fe rapporter à ce genre , fi deux autres caracteres ne l'en éloignoient. Le premier est la longueur des antennules qui furpaffe celle des anten-nes qui font affez courtes. Le fecond fe tire de la forme des tarfes , qui dans les hydrophiles font larges , plats & minces , bordés du côté intérieur de poils ferrés & femblables à des nageoires. Ces tarfes étoient nécef-faires à des infectes qui font leur féjour ordinaire dans l'eau.

On rencontre fouvent les larves des hydrophiles dans les eaux : elles font allongées & ont fix pattes écailleufes. Leur corps est compofé de onze anneaux. Leur tête est groffe , avec quatre barbes ou antennes en filets & de fortes machoires. Les derniers anneaux de leur corps ont des rangées de poils fur les côtés , & le ventre fe termine par deux pointes chargées de femblables poils , qui for-ment des efpéces de panaches. Ces larves font fouvent d'un brun verdâtre panaché : elles font vives , agiles & très-voraces : elles mangent & dévorent les autres infectes aquatiques , & fouvent fe détruifent & fe déchirent les unes les autres. L'infecte parfait n'est guères moins vorace que fa larve , mais il ne peut attaquer que les larves , les infectes parfaits comme lui , fe trouvant à l'abri des coups par le moyen de cette efpéce de cuiraffe écailleufe dont leur corps est revêtu. Il faut prendre cet in-fecte avec précaution : outre que fes machoires peuvent pincer , il a encore fous le corcelet une autre défenfe : c'est une longue pointe aigue & très - piquante , qu'il fçait

enfoncer dans les doigts en faifant des efforts pour marcher en reculant.

Les œufs des hydrophiles font affez gros ; ils les renferment dans une efpéce de coque foyeufe blanchâtre , un
peu grife , affez forte & épaiffe , de forme ronde , & qui fe
termine par une longue appendice , ou queue mince de
même matiere. On rencontre affez fouvent ces coques
dans l'eau. C'eft dans leur intérieur qu'éclofent les œufs
& que naiffent les petites larves des hydrophiles. Ces fortes
coques fervent probablement à ces infectes à défendre
leurs œufs contre la voracité de plufieurs autres infectes
aquatiques , & même contre leurs femblables qui ne les
épargneroient pas.

1. HYDROPHILUS *niger , ely tris fulcatis , anten-*
nis fufcis. Planch. 3 , fig. 1.

Linn. faun. fuec. n. 561. Dytifcus antennis perfoliatis fufcis.
Linn. fyft. nat. edit. 10 . p. 411 , n. 1. Dytifcus piceus.
Frifch. germ. tom. 2 , tab. 6.

Le grand hydrophile.
Longueur 17 lignes. Largeur 9 lignes.

Ce grand infecte eft tout noir & affez luifant. Sa tête eft
un peu applatie , munie de grandes machoires , & les yeux
font placés fur fes côtés poftérieurement. Les antennes
pofées en deffous & immédiatement devant les yeux , font
brunes & compofées de neuf articles : fçavoir un long ,
courbe & applati , qui tient à la tête , un fecond plus court
& rond , trois autres très-courts , enfuite quatre qui forment la maffe ou le gros de l'antenne , comme dans les
derneftes. Le premier de ces quatre eft évafé en enton-
noir , les deux d'enfuite font applatis & enfilés par leur
milieu , ce que nous appellons perfoliés , le dernier qui
termine l'antenne , forme une efpéce de cône , qui finit en
pointe. Ces antennes font de la longueur de la tête. Les
quatre antennules font de la même couleur que les antennes , mais deux des quatre furpaffent les antennes en lon-

gueur. Le corcelet eſt uni & poli : les étuis le font auſſi ;
on y apperçoit feulement quelques fillons fuperficiels ,
dont trois font plus apparens. Sous le corcelet de l'infecte
eſt une élevation longitudinale, confidérable, qui formant
une eſpéce de fternum, paſſe entre fes pattes & fe termine
du côté du ventre par une pointe forte & aigue aſſez faillante. Le bout des jambes a deux épines aigues , & les
tarſes de l'infecte font applatis avec des barbes de poils du
côté intérieur , ce qui les fait reſſembler à des nageoires :
auſſi l'infecte nage-t-il très-bien. Les piéces des tarſes qui
font au nombre de cinq, font difficiles à diſtinguer. Enfin le
pied fe termine par des onglets courbes ou eſpéces de
griffes au nombre de quatre , comme dans la plûpart des
infectes à étuis , quoique quelques Auteurs prétendent le
contraire. C'eſt à l'aide de ces crochets que l'animal marche fur terre & hors de l'eau , quoique fa démarche foit
irréguliere , fes pattes n'ayant pas le mouvement de rota-
tion ou de genou, comme celles de la plûpart des infectes ,
mais feulement celui de charniere.

2. HYDROPHILUS *niger , elytrorum punctis per
ſtrias digeſtis , antennis nigris.*

Linn. faun. ſuec. n. 561. Dytiſcus antennis perfoliatis nigris, elytris lævibus.
Linn. ſyſt. nat. edit. 10, p. 411 , n. 2, Dytiſcus caraboides.

L'*hydrophile noir picoté.*
Longueur 7 lignes. Largeur 3 lignes.

Il eſt d'un noir luiſant , moins allongé & plus arrondi
poſtérieurement que le précédent , qui le furpaſſe beaucoup pour la grandeur. Un de fes principaux caracteres
diſtinctifs fe tire de la forme des étuis , qui au lieu d'être
fillonnés comme dans la premiere eſpéce , ont feulement
des points rangés en ſtries fur leur milieu & poſés irréguliérement fur leur bord extérieur. La pointe du corcelet
ou du *ſternum* en deſſous eſt peu faillante : enfin les antennes & antennules font noires.

3. HYDROPHILUS *niger, elytris lævibus denſe punctatis.*

L'hydrophile liſſe à points.
Longueur 2 lignes. Largeur 1 ligne.

Cette eſpéce eſt noire, aſſez arrondie, liſſe & ſans ſtries; mais en la regardant à la loupe, on voit que ſon corcelet & ſes étuis ſont chargés d'un nombre infini de petits points. On la trouve dans l'eau avec les précédentes.

4. HYDROPHILUS *niger, elytris ſtriatis, pedibus fuſcis.*

Linn. faun. ſuec. n. 563. Dytiſcus antennis perfoliatis nigris; pedibus fuſcis; elytris ſtriatis.
Linn. ſyſt. nat. edit. 10, *p.* 411, *n.* 3. Dytiſcus fuſcipes.

L'hydrophile noir ſtrié.
Longueur 3 ½ *lignes. Largeur* 1 ⅓ *ligne.*

Il eſt noir : ſes pattes & ſes antennules ſont brunes : les antennes ſont noires; le corcelet eſt ponctué, & les étuis ont des ſtries formées par des points ſerrés.

5. HYDROPHILUS *fulvus.*

L'hydrophile fauve.
Longueur 2 *lignes. Largeur* 1 *ligne.*

Le deſſous de ſon corps eſt noir, & ſes pattes ſont de couleur fauve, ainſi que la tête, le corcelet & les étuis. Sur ces derniers on voit un peu de noir diſpoſé par bandes longitudinales, mais peu terminées & peu diſtinctes. Les œufs de cet inſecte ſont de couleur blanche : il les porte à l'extrémité de ſon corps, où ils ſont diſpoſés en paquets de forme ovale.

DYTICUS.

DYTICUS. *Dytiscus linn.*

LE DITIQUE.

Antennæ filiformes, capite longiores.	Antennes filiformes plus longues que la tête.
Pedes natatorii.	Pattes en nageoires.

Le ditique, comme qui diroit le plongeur, que quelques modernes ont appellé ditifque, reffemble tout-à-fait pour la forme extérieure au genre précédent : il eft comme lui de forme ovale, allongée & terminé poftérieurement en pointe mouffe, mais il en différe par fon caractere.

Ce caractere confifte ; 1°. dans la figure de fes antennes filiformes, qui vont en diminuant infenfiblement de la bafe à la pointe, & qui font plus longues que la tête de l'infecte & que fes antennules ; 2°. dans la figure de fes pieds, qui font en forme de nageoires, bordées de poils, comme dans le genre précédent.

Quant à la larve de ces infectes, elle approche infiniment de celle des hydrophiles : elle vit comme elle dans l'eau, & c'eft pareillement dans l'eau qu'elle fe métamorphofe, ayant foin néanmoins de s'enfoncer dans la terre qui eft au fond de l'eau pour y faire fa coque : l'infecte parfait qu'elle produit, fe trouve fréquemment dans les ruiffeaux & les mares. On trouve ces animaux en grande quantité, lorfqu'on vuide des baffins, ou qu'on pêche des étangs : les poiffons en détruifent & en mangent beaucoup. Les efpéces de ce genre font :

1. DYTICUS *fufcus, margine coleoptrorum thoracifque flavo.*

Frifc. germ. 13, *t.* 1, *f.* 7.
Rofel. inf. vol. 2. Infect. aquat. claff. 1, tab. 2.

Le ditique brun à bordure.
Longueur 8 lignes. Largeur 4 lignes.

Tome I. A a

Le deſſous du corps de cet inſecte eſt noir, ainſi que ſa tête & ſon corcelet, ſeulement le deſſus des machoires eſt rougeâtre. Sur la partie ſupérieure de la tête on voit deux enfoncemens l'un à côté de l'autre. Les côtés du corcelet ſont jaunes. Les étuis ſont très-liſſes, chargés ſeulement chacun de deux ſtries longitudinales de points très-ſuperficiels, & moins apparens ſur les femelles que ſur les mâles. Si on regarde ces étuis à la loupe, on voit qu'ils ſont finement ſtriés tranſverſalement, en quoi cette eſpéce différe de la ſuivante, ainſi que par la couleur. Cette couleur des étuis eſt d'un gris brun, avec une bordure jaune ſur les côtés, principalement dans le haut & un peu vers le bas. Le ſternum en deſſous ſe termine par une eſpéce de fourche. Les pattes n'ont que l'articulation de charniere. Les antennes ſont de la longueur du corcelet & de couleur fauve. On trouve ces inſectes dans les eaux dormantes & tranquilles.

2. DYTICUS *niger , margine coleoptrorum thoraciſque flavo.*

Linn. ſyſt. nat. edit. 10 , *p.* 411 , *n.* 5. Dytiſcus marginalis.
Linn. faun. ſuec. n. 565. Dytiſcus niger , margine coleoptrorum thoraciſque flavo.
Mouffet , lat. pag. 145 , *fig.* 1 , 3.
Mouff. append. tab. 1. Hydrocantharus.
Raj. inſ. p. 93 , *n.* 1. Hydrocantharus noſtras.
Liſt. tab. mut. t. 5 , *f.* 2.
Roſel. inſ. vol. 2. Inſect. aquatil. claſſ. 1 , *tab.* 1 , *fig.* 9, 11.

Le ditique noir à bordure.
Longueur 1 pouce. *Largeur* 6 lignes.

Sa couleur en deſſus eſt très-noire, à l'exception du bord extérieur du corcelet & des étuis, & d'une raie fauve tranſverſe placée ſur la lévre ſupérieure au-devant de la tête. Le deſſous du corps eſt mêlé de jaune & de brun. Les étuis ſont très-liſſes, & n'ont que quelques points enfoncés, éloignés les uns des autres, formant deux bandes longitudinales ſur chaque étui. Le ſternum en deſſous ſe

termine par une fourche mouſſe. Les pattes n'ont que
l'articulation de charniere. Les quatre antérieures ſont
figurées ſinguliérement dans les mâles. Les quatre premieres piéces de leurs tarſes ſont très-courtes , larges ,
avec des broſſes en deſſous , ce qui forme une palette
ronde dont cet inſeƈte ſe ſert pour accrocher ſa femelle.
La derniere piéce de ces mêmes tarſes eſt longue & ſoutient les onglets. Les pattes poſtérieures ont leurs tarſes
applatis , barbus , formés en nageoires , & les onglets de
ces pattes droits & nullement crochus. Les antennes &
antennules ſont de couleur fauve. Cette eſpéce vit dans
l'eau comme la précédente. Je n'ai jamais trouvé que des
mâles de cet inſeƈte , mais je ſoupçonne beaucoup l'eſpéce
ſuivante d'être ſa femelle.

3. DYTICUS *elytris ſtriis viginti dimidiatis*. Planch. 3,
fig. 2.

Linn. faun. ſuec. n. 567. Dytiſcus elytris ſtriis viginti dimidiatis.
Linn. ſyſt. nat. edit. 10 , p. 412 , n. 9. Dytiſcus ſemiſtriatus.
Friſch. germ. 2 , tab. 7 , fig. 4 , p. 35.
Bradley , nat. tab. 25 , f. 2. A.
Raj. inf. p. 94 , n, 2. Hydrocantharus elytris ſtriatis ſeu canaliculatis.
Roſel. inf. vol. 2. Inſeƈt. aquatil. claſſ. 1 , tab. 1 , f. 5 , 6 , 7 , 10.

Le ditique demi-ſillonné.
Longueur 14 lignes. *Largeur* 7 lignes.

Ce grand ditique eſt noir en deſſus , mais ſa tête , ſes
antennes , le tour de ſon corcelet & les bords extérieurs
des étuis ſont jaunes , en quoi il reſſemble beaucoup aux
ditiques à bordure , qui ſont plus petits que lui. Le
deſſous de ſon corps & ſes pattes ſont preſqu'entiérement
jaunes. Les étuis ont chacun dans le haut dix ſtries profondes , mais qui ne deſcendent que juſqu'aux deux tiers ;
le tiers inférieur de l'étui eſt liſſe. On trouve cet inſeƈte
dans l'eau avec les autres de ce genre : ceux que j'ai
trouvés étoient tous femelles.

4. DYTICUS *cinereus*, *margine coleoptrorum flavo*, *thoracis medietate flava*.

Linn. fyft. nat. edit. 10, *p.* 412, *n.* 8. Dytifcus cinereus.
Linn. faun. fuec. n. 566. Dytifcus cinereus, margine coleoptrorum flavo, thoracis medietate flava.
Lift. tab. mut. t. 5, *f.* 1.
Rofel. inf. vol. 2, *tab.* 3, *fig.* 3, 4, 5, 6, 8. Infect. aquatili. claff. 1.
Petiv. gazoph. tab. 70, *fig.* 3.

Le ditique à corcelet à bandes.
Longueur 7 lignes. *Largeur* 4 lignes.

Le fond de la couleur de fa tête eft noir, mais la partie antérieure eft jaune, & il y a de plus cinq taches jaunes, fçavoir une en devant en équerre, dont l'angle regarde la partie poftérieure ; deux autres aux côtés de celle-la, oblongues, obliques, & fe réuniffant avec le jaune du devant de la tête, & enfin deux poftérieures à côté l'une de l'autre, figurées en lunules, dont les pointes regardent le corcelet. Celui-ci eft noir, mais tous fes bords, tant en devant & en arriere que fur les côtés, font jaunes. Il a de plus dans fon milieu une large bande tranfverfe de la même couleur, qui fe termine à chaque bout par une tache ronde fans fe réunir à la bordure jaune. Les étuis font d'une couleur cendrée, formée par le mélange de jaune & de noir dont ils font pointillés : leurs bords font jaunes. Le deffous de l'infecte eft noir, à l'exception des côtés des anneaux du ventre qui ont des taches jaunes. Les pattes de devant font variées de jaune & de noir, & celles de derriere font noires, à l'exception des cuiffes qui font jaunes. Les antennes font pareillement jaunes. Tous ceux que j'ai de cette efpéce, font des mâles qui ont aux quatre pattes de devant les broffes dont nous avons parlé, en décrivant la feconde efpéce : peut-être leurs femelles font-elles différentes. Je foupçonnerois l'efpéce fuivante d'être la femelle de celle-ci, n'en ayant trouvé que des femelles, mais jamais je ne les ai rencontrés accouplés, ce qui fait que je n'ofe affurer ce fait.

5. DYTICUS *elytris fulcis decem longitudinalibus, thoracis medietate flava.*

Linn. faun. fuec. n. 569. Dytifcus elytris fulcis decem longitudinalibus.
Linn. fyft. nat. edit. 10, *p.* 412, *n.* 10. Dytifcus fulcatus.
Raj. inf. p. 94, *n.* 3. Hydrocantharus minor, corpore rotundo plano.
Rofel. inf. vol. 2, *tab.* 3, *fig.* 7. Infect. aquatil. claff. 1.

Le ditique fillonné.
Longueur 6 lignes. Largeur 4 lignes.

Ce ditique paroît être la femelle de l'efpéce précédente ; quelques perfonnes même m'ont affuré les avoir vûs
accouplés enfemble, & je n'ai jamais trouvé que des
femelles parmi ceux-ci : cependant dans l'incertitude j'ai
féparé ces infectes qui paroiffent fort différens. La tête &
le corcelet de ceux-ci font bien femblables à ceux de l'efpéce précédente, mais leurs étuis ne le font aucunement.
Ces étuis dans cette efpéce font noirs avec quatre fillons
enfoncés fur chacun & cinq élévations entre ces fillons :
le creux des fillons eft garni de poils grifâtres un peu
fauves. Le deffous de l'animal eft précifément de même
que dans le précédent. Toutes ces reffemblances femblent
prouver que ces deux infectes ne différent que par le fexe :
le dernier n'a point à fes pattes de devant les broffes qui
ne fe trouvent que dans les mâles.

6. DYTICUS *totus niger lævis.*

Le ditique en deuil.
Longueur 4 lignes. Largeur 2 lignes.

Il eft tout noir, feulement fes antennes font un peu
brunes, & fes pattes moins noires que le refte du corps.
Ses étuis n'ont ni ftries, ni points. On voit feulement vers
le haut le commencement de deux fillons fuperficiels, qui
difparoiffent avant que de parvenir au milieu de l'étui.

7. DYTICUS *fulvus, maculis fparfis nigris.*

Le ditique fauve à taches noires.
Longueur 3 lignes. Largeur 1½ ligne.

En deſſous cet inſecte eſt noir, à l'exception des pattes & des antennes, qui ſont de couleur fauve ou brune claire. Sa tête eſt de même couleur fauve, ainſi que ſon corcelet & ſes étuis ; il n'y a que ſes yeux qui ſont noirs. Le corcelet a une bande tranſverſe plus brune dans ſon milieu ; & les étuis qui ſont aſſez liſſes & ſeulement chargés de quelques points enfoncés rangés en ſtries, ont quantité de petits points noirs & ronds, qui ſe tiennent la plûpart les uns avec les autres.

8. DYTICUS *fuſcus, elytris antice & externe flavis.*

Le ditique à bordure panachée.
Longueur 2 lignes. Largeur 1 ligne.

La tête de cet inſecte eſt jaune & ſes yeux ſont noirs. Son corcelet eſt brun avec les bords jaunes. Les étuis ſont pareillement bruns & chargés de quatre taches d'une couleur jaune pâle, diſpoſées vers le bord des étuis, ce qui rend ces bords comme panachés. Il y a auſſi ſur le milieu des étuis deux petites taches longues, ſemblables aux précédentes, mais moins marquées. Le deſſous de l'inſecte eſt d'un jaune un peu brun. On trouve cet animal dans l'eau comme tous ceux de ce genre, & il paroît luiſant quoiqu'un peu velu. Cet inſecte a une particularité : c'eſt que les quatre pattes antérieures ſemblent n'avoir que quatre piéces aux tarſes, la premiere piéce qui s'articule avec la jambe, étant fort petite, preſqu'imperceptible & cachée dans l'articulation.

9. DYTICUS *ater, elytris fuſcis.*

Linn. faun. ſuec. n. 568. Dytiſcus ſupra fuſcus, ſubtus ater.

Le ditique noir à étuis bruns.
Longueur 1 lignes. Largeur 1 ligne.

Sa tête, ſon corcelet & le deſſous de ſon corps ſont noirs. On voit cependant une petite raïe brune qui termine la

tête poſtérieurement. Les étuis ſont bruns. Tout l'inſecte
eſt liſſe , mais peu brillant.

10. DYTICUS *ovatus fuſcus , capite thoraceque rubi-*
cundis.

Linn. faun. ſuec. n. 571. Dytiſcus ovatus fuſcus , capite thoraceque rubris.
Act. Upſ. 1736 , p. 15 , n. 5. Dytiſcus ovatus, collari ventrique rubro , alis
 fuſcis.

Le ditique ſphérique.
Longueur 2 lignes. Largeur 1 ½ ligne.

La grandeur de cette eſpéce varie., les dimenſions que
nous donnons ſont celles du plus grand nombre des individus : en général ces inſectes ſont gros , renflés & preſque
ſphériques : leur couleur eſt partout d'un brun rougeâtre ,
plus brun ſur les étuis , plus rouge ſur la tête , le corcelet
& le ventre : leurs yeux ſont noirs. Ces inſectes ſont liſſes ,
& ont un certain air ſoyeux & comme ſatiné , ſans cependant être velus.

11. DYTICUS *flavo-fuſcus , oculis nigris , elytris*
lævibus.

Le ditique aux yeux noirs.
Longueur 1 ¼ ligne. Largeur ¾ ligne.

Le deſſous du corps de ce petit inſecte eſt jaunâtre. Sa
tête & ſon corcelet ſont de la même couleur. Ses yeux ſont
noirs. Ses étuis ſont liſſes , ſans points ni ſtries , & d'une
couleur brune formée par le mêlange du jaune & du noir.

12. DYTICUS *cinereus , capite nigro , thorace luteo ,*
elytris nigro-maculatis , punctato-ſtriatis.

Le ditique ſtrié à corcelet jaune.
Longueur 1 ligne. Largeur ½ ligne.

La tête de ce petit ditique eſt noire , ainſi que le deſſous
de ſon corps. Son corcelet eſt jaune & ſes pattes ſont
de couleur fauve. La couleur de ſes étuis eſt cendrée , &

ils font chargés de ftries formées par des points & de quelques taches noires. Mais un caractere particulier de cette
efpéce , c'eft que le deffous du corcelet où le *fternum*
fe termine en formant deux larges plaques qui couvrent
l'articulation des pattes poftérieures & la moitié de leurs
cuiffes , ce qui les empêche de fe mouvoir , fi ce n'eft
horifontalement : auffi cet infecte nage-t-il très-bien par ce
mouvement, mais il ne peut marcher fur terre : les onglets
de fes pattes poftérieures font courts & droits.

13. DYTICUS *niger , thorace flavo , elytris lævibus ,
maculis limboque luteis.*

Le ditique panaché fans ftries.
Longueur 2 lignes. Largeur 1 ¼ ligne.

Sa tête eft jaune & fes yeux font noirs. Le corcelet
eft auffi jaune , fi ce n'eft antérieurement à l'endroit où il
touche la tête où il eft noir. Les étuis font noirs , liffes ,
fans points ni ftries , avec quatre taches jaunes le long du
bord extérieur , & deux autres qui forment chacune un
quarré long fur le milieu des étuis , l'une plus haut & l'autre plus bas. Ces deux taches avec les deux correfpondantes de l'autre étui , forment enfemble une efpéce de quarré. Le deffous du corps eft mêlé de noir & de brun , & les
antennes ainfi que les pattes font jaunes. On trouve cette
efpéce avec les autres.

14. DYTICUS *niger , elytris maculis & limbo luteis ,
ftria unica.*

Le ditique à une feule ftrie.
Longueur 1 ligne. Largeur ⅓ ligne.

Ce petit infecte eft tout noir , à l'exception des côtés du
corcelet , où l'on voit un peu de jaune , & des étuis qui
font tachés de jaune avec leur bord de même couleur :
il n'a fur chaque étui qu'une feule ftrie proche la future ,
le refte eft liffe fans ftries ni points.

15.

15. **DYTICUS** *fuscus, capite thoraceque fulvo, antennis subclavatis, scutello nullo.*

Le ditique à grosses antennes.
Longueur 2 lignes. Largeur 1 ligne.

La couleur de cet insecte est brune. Sa tête & son corcelet sont d'un brun plus clair & rougeâtre ; ses yeux sont noirs, & ses étuis sont lisses. Une singularité assez remarquable de cette espéce, c'est que les sept dernieres piéces des antennes sont beaucoup plus grosses que les quatre premieres, ce qui donne à l'antenne une forme apparente de masse ou massue ; mais ces antennes sont plus longues que la tête, ce qui rapproche cet insecte de ceux de ce genre. Il sert comme de passage pour conduire au genre suivant. Une autre particularité de ce même animal, c'est de n'avoir point d'écusson entre les étuis.

GYRINUS. *Dytiscus. Linn.*

LE TOURNIQUET.

Antennæ rigidæ, capite breviores.	Antennes roides, & plus courtes que la tête.
Pedes natatorii.	Pattes en nageoires.
Oculi quatuor.	Quatre yeux.

Ce genre, auquel nous avons donné le nom de Tourniquet, à cause de la maniere dont il tourne dans l'eau & des cercles qu'il décrit, s'approche beaucoup des deux genres précédens. Ses pattes sont en nageoires, comme les leurs ; mais il en différe 1°. par la figure de ses antennes, qui sont assez grosses, courtes, roides, à anneaux serrés, moins longues que la tête, & qui ont à leur base une appendice latérale ; 2°. en ce que cet insecte a quatre grands yeux, ce qui ne se remarque point dans les autres insectes à étuis, qui n'en ont que deux. Je ne connois qu'une es-

Tome I. Bb

péce de ce genre, dont je n'ai obfervé ni la larve, ni la chryfalide.

1. GYRINUS. Planch. 3, fig. 3.

Linn. faun. fuec. n. 572. Dytifcus ovatus glaber, antennis capite brevioribus obtufis.

Linn. fyft. nat. edit. 10, *p.* 412, *n.* 14. Dytifcus natator.

Merr. pin. 203. Pulex aquaticus.

Petiv. gaz. p. 21, *t.* 13, *fig.* 9. Scarabæus niger noftras fupra aquam velociter circum natans.

Raj. inf. p. 87, *n.* 10. Scarabæus aquaticus fubrotundus è cæruleo-viridi fplendente colore undique tinctus.

Rofel. inf. fupplem. 2, *tom.* 3, *tab.* 31.

Le tourniquet.

Longueur 2 ¼ *lignes. Largeur* 1 ⅓ *ligne.*

Ce petit animal eft un des plus finguliers infectes que nous ayons. Il eft d'un noir liffe & brillant, comme du jayet, fes pattes feules font jaunes. Ses étuis ont des ftries fines de petits points, qu'on n'apperçoit guères qu'avec la loupe. La premiere fingularité de cet infecte, c'eft qu'il a quatre yeux, deux en deffus, à la place ordinaire, & deux en deffous, un peu plus en arriere. Tous quatre font gros & apparens. La feconde, c'eft que fur la partie poftérieure des bords de fes étuis, on voit de petites éminences portées fur des pédicules, qui s'enlevent aifément, quand l'animal eft mort; il faut les voir fur l'infecte vivant. La troifiéme confifte dans la forme de fes pattes, fur-tout des pattes poftérieures, qui font courtes, ramaffées, applaties & fort larges. L'infecte nage très-bien avec ces pattes. Souvent il court à la furface de l'eau, où on le voit briller, l'eau ne s'attachant pas à fes étuis, qui font très-liffes. Il décrit des cercles en courant fur la furface de l'eau avec une très-grande vîteffe, enforte qu'on a peine à l'attraper, & lorf-qu'on veut le prendre, il fe plonge au fond, pour revenir bientôt au deffus.

ORDRE SECOND.

Insectes qui ont quatre articles à toutes les pattes.

MELOLONTHA. *Chrysomela. Linn.*

LA MELOLONTE.

Antennæ serratæ ante ocu-los positæ.	Antennes en scie posées au devant des yeux.

CE genre est le premier de ceux qui renferment les insectes du second ordre, qui ont quatre pièces ou articulations aux tarses de toutes les pattes. La forme de la melolonte approche de celle d'un genre nombreux, que nous examinerons bientôt, & qui est connu sous le nom de chrysomele; elle lui ressemble encore par un autre endroit, c'est par la configuration des tarses, dont toutes les pièces ont en dessous des espèces de brosses ou éponges, sur lesquelles l'insecte pose & appuye en marchant. Ces brosses sont composées de petits poils fort drus & fort courts, souvent de couleur brune.

Le caractere générique de la melolonte, est, 1°. d'avoir les antennes en forme de scie, comme dentelées d'un côté, & composées d'anneaux, qui approchent de la figure triangulaire; 2°. d'avoir ces mêmes antennes posées à la partie antérieure de la tête, au devant des yeux. C'est par cette position que la melolonte differe du genre suivant, dont les antennes sont pareillement en forme de scie.

1. MELOLONTHA *coleoptris rubris, maculis quatuor nigris, thorace nigro.* Planch. 3, fig. 4.

Linn. faun. suec. n. 432. Chrysomela oblonga nigra, coleopteris rubris, maculis quatuor nigris.

Linn. fyft. nat. edit. 10, *p.* 374, *n.* 50. Chryfomela cylindrica, thorace nigro, elytris rubris, punctis duobus nigris, antennis brevibus.

La melolonte quadrille à corcelet noir.
Longueur 4 *lignes.* *Largeur* 2 *lignes.*

En deffous, cette melolonte eft noire & chargée de quelques petits poils, qui vûs dans un certain jour, paroiffent foyeux & un peu blancs. Ses pattes, fes aîles, fa tête, fes antennes, fon corcelet & l'écuffon font noirs & un peu luifans. Les étuis feuls font d'un rouge un peu jaune, avec deux taches noires fur chacun; l'une plus petite & plus ronde vers le haut de l'étui, à fon angle extérieur; l'autre plus grande & comme tranfverfale, prefque au milieu de l'étui, tirant un peu vers le bas. Les antennes formées en fcie font affez courtes, & n'égalent guères que le corcelet en longueur. J'ai trouvé cet infecte fur le prunellier fauvage.

2. MELOLONTHA *coleoptris rubris,* *maculis quatuor nigris, thorace rubro nigra macula.*

La melolonte quadrille à corcelet rouge.
Longueur 2 *lignes.* *Largeur* 1 *ligne.*

Cet infecte femblable au précédent, eft plus petit. Il eft tout noir en deffous: fa tête eft de la même couleur. Son corcelet eft rouge, avec un point noir dans le milieu. Ses étuis font pareillement rouges & chargés de quatre points ou marques noires, deux fur chaque étui, placées comme dans l'efpéce précédente. Ces étuis ont des petits points affez peu réguliers. Cet infecte eft plus rare que le précédent.

3. MELOLONTHA *nigro-viridis, elytris luteopallidis.*

La melolonte lifette.
Longueur 2 *lignes.* *Largeur* 1 *ligne.*

La couleur de cet infecte eft par-tout d'un vert foncé;

à l'exception des antennes, qui font noires, & des étuis, qui font d'une couleur pâle un peu jaune. Tout l'animal eſt aſſez petit. Ses antennes font compoſées de onze piéces, qui imitent très-bien les dents d'une ſcie. Elles égalent la moitié du corps en longueur. Cette eſpéce a été trouvée à Saint-Cloud, dans le Parc.

4. MELOLONTHA *cærulea , thorace pedibuſque ferrugineis.*

Linn. ſyſt. nat. edit. 10 , p. 374 , n. 53. Chryſomela cylindrica , thorace cæruleo nitido , elytris cæruleis , pedibus teſtaceis.

La melolonte bleuette.
Longueur 1 ½ ligne.   Largeur ¼ ligne.

Le deſſous de ſon corps & ſa tête ſont d'un bleu noir: ſes étuis ſont d'un bleu plus clair. Les pieds & le corcelet ſont d'un rouge brun ; & les antennes ſont noires, un peu brunes à leur baſe. Les étuis ſont parſemés de points irréguliers.

5. MELOLONTHA *viridi-cærulea , thorace rubro cærulea macula , tibiis ferrugineis.*

La melolonte mouche.
Longueur 1 ¾ lignes.   Largeur 1 ligne.

La forme de cet inſecte a quelque choſe de ſingulier. Il a la tête ſort groſſe & le corcelet aſſez large, enforte que ces deux parties ſont la moitié de la longueur du corps. Les étuis au contraire ſont courts. Le deſſous du corps, la tête & les étuis ſont bleus : les cuiſſes & la baſe des antennes ſont de couleur fauve, tandis que l'extrêmité de ces mêmes antennes & les tarſes ſont noirs. Enfin le corcelet eſt rouge, une peu fauve, avec une tache bleue au milieu. Les machoires de cette melolonte ſont grandes & avancées ; les antennes ſont courtes, & égalent au plus le quart de la longueur du corps, & les étuis ſont chargés de points irréguliers, avec des rebords aſſez marqués.

PRIONUS. *Cerambyx. Linn. Raj. &c.*

LE PRIONE.

| *Antennæ serratæ in oculo positæ.* | Antennes en scie, dont l'œil entoure la base. |

Le prione a été ainsi appellé, à cause de la forme de ses antennes, qui représentent une scie. C'est ce que signifie son nom latin, dérivé du mot grec. Le caractere de ce genre consiste donc d'abord à avoir les antennes en forme de scie, comme dans le genre précédent ; mais il différe des melolontes par un second caractere, c'est la position de ces antennes, dont l'œil entoure tellement la base, qu'elles semblent implantées au milieu de l'œil. Je ne connois encore qu'une seule espéce de ce genre autour de Paris, encore est-elle rare ; & je n'ai rencontré ni sa chrysalide ni sa larve. Je soupçonne cependant beaucoup cette derniere d'habiter dans les troncs d'arbres.

1. PRIONUS. Planch. 3, fig. 5.

Linn. faun. suec. n. 480. Cerambyx niger, thorace planiusculo, margine utrinque tridentato, coleopteris piceis.
Linn. syst. nat. edit. 10, p. 389, n. 4. Cerambyx thorace marginato-dentato ; corpore piceo, elytris mucronatis, antennis corpore brevioribus.
Frisch. germ. 13, p. 15, tab. 9. Cerambyx niger antennis serratis.
Raj. ins. 95. Cerambyx maxima, cornibus magnis articulatis & reflexis.
Rosel. ins. tom. 2. Scarab. terrestr. præfat. class. 2. tab. 1. fig. 1, 2.

Le prione.
Longueur 15 lignes. Largeur 6 lignes.

On peut regarder cet insecte comme un des plus singuliers pour la forme ; il est fort grand, comme on le voit par les dimensions que je donne ; elles ont même été prises sur un mâle que j'ai, & sa femelle est encore plus grande. Tout son corps est assez luisant & d'une couleur brune tirant sur le noir. Sa tête a des machoires fortes, au dessous desquelles on voit quatre antennules, deux plus grandes, compofées de quatre piéces, & deux plus petites, qui n'en ont que trois. Les antennes font compofées de onze articles, dont les neuf derniers font prefque triangulaires, ayant cependant leur angle extérieur plus allongé & plus pointu, ce qui donne à l'antenne la figure d'une fcie. Ces antennes égalent prefque la moitié de la longueur du corps. Leur pofition a quelque chofe de particulier, c'eft que leur bafe, à l'endroit de fon infertion avec la tête, eft environnée par l'œil, au moins en partie, enforte que l'œil fe trouve par-là retréci dans fon milieu & prend la figure d'un rein, comme on le voit dans la planche 3, fig. 5. Cette infertion de l'antenne fait différer cet infecte des melolontes, qui lui reffemblent par leurs antennes en fcie, & le rapprocheroit des capricornes & des leptures; mais les antennes de ceux-ci font autrement figurées. Le corcelet eft large, affez applati; fes côtés font aigus & garnis chacun de trois pointes aigues. Les étuis ont des rebords bien marqués; ils font luifans & comme chagrinés, fans aucunes ftries. Je n'ai trouvé qu'une feule fois cet infecte par terre, au bois de Boulogne, dans le mois d'août.

CERAMBYX.

LE CAPRICORNE.

Antennæ à bafi ad apicem decrefcentes, in oculo pofitæ.	Antennes qui vont en diminuant de la bafe à la pointe, & dont l'œil entoure la bafe.
Thorax aculeatus.	Corcelet armé de pointes.

Ce genre eft un de ceux qui fourniffent les plus beaux infectes; il a trois caracteres génériques, qui le font aifément reconnoître. Le premier de ces caracteres confifte dans la forme de fes antennes, qui font fort longues, dont les articulations font bien marquées, & qui vont en diminuant infenfiblement d'articles en articles, depuis leur bafe jufqu'à la pointe. Le fecond dépend de la pofition finguliere de ces mêmes antennes, dont l'œil entoure la bafe, de même que dans le genre précédent, enforte que l'antenne femble fortir du milieu de l'œil. Enfin le corcelet fournit le troifiéme caractere. Dans ces infectes, il eft armé de chaque côté d'une pointe latérale, fouvent affez aigue. C'eft par ce dernier caractere que ce genre des capricornes fe diftingue du genre fuivant, qui lui reffemble beaucoup. Il y a cependant encore une autre petite différence entre ces deux genres; elle dépend de la maniere dont les capricornes portent leurs antennes; ils les tiennent recourbées en arriere, de façon qu'elles forment un arc, à peu près comme les cornes de bélier.

La larve qui produit ces infectes, reffemble à un ver mol, allongé & affez éfilé, dont la tête eft écailleufe, & la partie antérieure armée de fix pattes dures. Ces larves font fouvent de couleur blanche; elles fe trouvent dans l'intérieur des arbres qu'elles percent, fe nourriffant de la fubftance du bois, qu'elles réduifent en poudre.

C'eft dans ces mêmes trous qu'elles fe métamorphofent en chryfalides, dont fort l'infecte parfait, qu'on furprend quelquefois à la fortie du trou, dans lequel il s'eft métamorphofé. L'infecte parfait eft de forme allongée : fes pattes font longues & leurs tarfes font garnis en deffous d'efpéces de broffes ou pelottes fouvent jaunâtres. Plufieurs efpéces répandent une odeur forte affez agréable, que l'on fent de loin. Quelques-unes, lorfqu'on les prend dans la main, font une efpéce de cri, produit par le frotement du corcelet fur le haut du ventre & des étuis. Du refte, ces infectes ne font aucun mal.

1. CERAMBYX *fufco-niger, elytris rugofis, apice interiore fpinofis, antennis corpore longioribus.*

Frifch. germ. 13, tab. 8.

Le grand capricorne noir.
Longueur 1½ pouce. Largeur 6 lignes.

2. CERAMBYX *ater, elytris rugofis integris, anten-*
nis corpore longioribus.

Le petit capricorne noir.
Longueur 9 lignes. Largeur 3 ½ lignes.

Ces deux infectes font fi femblables, qu'on feroit porté
d'abord à n'en faire qu'une feule efpéce. Ils femblent ne
différer que par la couleur, qui eft beaucoup plus foncée
dans le fecond, & par la grandeur; mais fi on les examine
avec foin, on voit que ce font réellement deux efpéces
différentes. Le grand capricorne répand une odeur de
rofe affez forte, que ne donne point le petit. De plus, on
remarque à l'angle intérieur de l'extrémité des étuis du
grand capricorne, des petites pointes épineufes, une efpéce d'appendice, qui manque aux étuis de la petite efpéce. A cela près, ces deux infectes fe reffemblent: tous
deux font noirâtres. Leur corcelet a des rugofités confidérables, & une épine aigue de chaque côté; leurs étuis
font chagrinés & leurs antennes ont une fois & demi la
longueur de tout le corps. Elles font, comme dans tous
les infectes de ce genre, compofées de onze articles ou
anneaux, dont le premier eft gros & le fecond fort court.
On trouve ces infectes autour des arbres, où ils cherchent
à dépofer leurs œufs. Leurs larves habitent dans les troncs
des vieux arbres qu'elles mangent & détruifent.

Nota. Je ne fçais fi ce feroit une de ces deux efpéces que
M. Linnæus auroit voulu défigner *faun. fuec. n.* 482; il
lui donne des taches jaunes, qui ne fe trouvent point
dans les nôtres, ce qui me fait croire que l'efpéce qu'il a
défignée eft différente de celle-ci.

3. CERAMBYX *ater, elytris punctis elevatis, an-*
tennis corpore brevioribus.

Le capricorne noir chagriné.
Longueur 1 pouce. Largeur 5 lignes.

Tome I. Cc

Cet infecte est plus raccourci & plus gros que les précédens. Sa couleur est noire partout. Ses antennes sont assez
grosses & plus courtes que dans la plûpart des autres espé-
-ces , elles n'égalent guères que les deux tiers de la longueur du corps. Le corcelet a deux pointes aigues, une de
chaque côté & est ridé ; mais les sillons de cette partie
sont assez fins , ce qui rend sa couleur matte. Les étuis
sont ovales , larges , & comme chagrinés & parsemés de
petits points ronds élevés. Les pattes sont grosses. Cet infecte m'a été donné ; on l'avoit trouvé sur les vieux bois
d'un chantier.

4. CERAMBYX *cinereo-cœrulescens , elytrorum ma-*
culis sex fuscis. Planch. 3 , fig. 6.

Linn. syst. nat. edit. 10, *p.* 392, *n.* 23. Cerambyx thorace spinoso, coleoptris
    obtusis, fascia maculisque quatuor atris , antennis longis.
It. scan. 260. Cerambyx subcœrulescens , fascia maculisque quatuor nigris.
Robert, ic. 8.
Petiv. gazoph. tab. 65 ,*fig.* 3.
Scheuzer. itin. alpin. it. 1 , *tab.* 1 , *f.* 5 , *pag.* 87 , *vol.* 1. Capricornus seu
    Κεραμβοξ primus mouffeti , coloris fere cinerei , cujus venter , crura , &
    cornua dilute , imo eleganter cœrulea , articulis nigris interstincta , scapulæ ,
    cauda & elytra , nigris quibusdam maculis variegata.
Jonst. ins. tab. 14, *ord.* 1 ,*f.* 9.
Mouff. ins. pag. 150 ,*f.* 2.

La rosalie.
Longueur 15 *lignes. Largeur* 4 *lignes.*

Cet infecte est un des plus beaux de ce Pays-ci. Sa tête
est d'un bleu cendré , avec les machoires plus noires. Ses
antennes sont grandes , elles ont une fois & demi la longueur de tout le corps : elles sont du même bleu , ayant à
l'extrémité de chaque article une touffe de duvet brun , ce
qui entrecoupe la couleur bleue & rend ces antennes très-
belles. Le corcelet est bleu , avec une tache brune de couleur de suie sur le devant. Les étuis sont de la même couleur cendrée bleuâtre , chargés chacun de trois taches ,
une en bas plus petite , une au milieu fort grande , tenant
toute la largeur de l'étui & une moyenne en haut. Ces

taches font brunes de couleur matte & comme veloutées : elle font entourées ainfi que celle du corcelet, par une raie de couleur plus claire que le refte du corps. Tout le deffous de l'animal eft d'un beau bleu, les jointures des pattes font feulement plus brunes. Cet infecte fe trouve dans les troncs d'arbres pourris comme le précédent. On le rencontre quelquefois dans les chantiers.

5. CERAMBYX viridi-cœrulefcens.

Linn. faun. fuec. n. 478. Cerambyx viridi-cœrulefcens, antennis corpus fubæquantibus.
Act. Upf. 1736, *p.* 120, *n.* 1. Cerambyx viridi-æneus.
Linn. fyft. nat. edit. 10, *p.* 391, *n.* 22. Cerambyx mofchatus.
Mouff. p. 149, *f. ult.* Cerambyx tertius. *p.* 150.
Lift. loq. p. 384, *n.* 11. Scarabæus magnus fuaviter olens.
Raj. inf. pag. 81, *n.* 17. Scarabæus capricornus dictus major, viridis odoratus.
Frifch. germ. 13, *p.* 17, *tab.* 11. Scarabæus arboreus cœruleo-viridis.

Le capricorne vert à odeur de rofe.
Longueur 1 *pouce. Largeur* 3 ½ *lignes.*

Tout le corps de ce beau capricorne eft d'un vert tirant un peu fur le bleu, luifant, brillant & doré, quelquefois il eft d'un bleu doré & azuré. La defcription que M. Linnæus en donne, eft affez exacte. Le ventre, dit-il, eft bleu en deffus ; les aîles font noires, les jambes bleues ; ainfi que les tarfes qui font velus en deffous. Le corcelet a de chaque côté une pointe, & entre ces pointes fur le bas du corcelet proche les étuis, fe trouvent trois tubercules, & quelques autres plus petits fur le devant du corcelet, ce qui le fait paroître raboteux. Les étuis font longs, un peu mols & fléxibles & finement chagrinés : ils ont chacun deux raies longitudinales un peu élevées. M. Linnæus en marque trois, il n'y en a cependant que deux. Je ne fçais pas non plus pourquoi il trouve les antennes autrement conformées que dans les autres capricornes : elles font précifément de même, fi ce n'eft que l'extrémité des articles ou anneaux eft un peu moins renflée. Ces antennes font au moins de la longueur du corps. On trouve cet infecte

Cc ij

fur le faule, où il répand une odeur fort femblable à celle de la rofe. Cette odeur fe fait fentir au point de fe répandre dans des prés où il y a des faules chargés de quelques-uns de ces infectes : ils font affez communs.

6. CERAMBYX *niger, elytris thoracifque lateribus rubris.*

Le capricorne rouge.

Longueur 8 lignes. Largeur 2 ¼ lignes.

Il eft d'un noir matte & velouté prefque partout, il n'y a que fes étuis & les bords de fon corcelet qui foient d'un beau rouge. Ses antennes font à peu près de la longueur de fon corps. Le corcelet a deux pointes latérales peu faillantes, mais fenfibles & aigues. Tout le corps eft un peu velu, à l'exception des étuis qui font liffes, mais chargés de points pofés irréguliérement. On obferve entre les mâles & les femelles, une différence affez fenfible : outre que les premiers font plus petits, comme il eft ordinaire parmi les infectes, leur corcelet de plus eft tout noir, orné feulement de deux taches latérales, rondes, de couleur rouge, une de chaque côté & tout-à-fait ifolées ; au lieu que dans les femelles, ces taches rouges ne font point ifolées, mais communiquent enfemble par une bande de même couleur, qui borde le devant du corcelet. On trouve cet infecte dans les vieux bois, où fa larve fait fon domicile : il n'eft pas fort commun autour de Paris.

7. CERAMBYX *niger, elytris vellere cinereo marmoratis, antennis pedibufque cinereo interfectis.*

Le capricorne noir marbré de gris.

Longueur 3 ½ lignes. Largeur 1 ligne.

Cette efpéce eft beaucoup plus petite que les précédentes. Ses antennes ont environ le double de la longueur de fon corps. Leurs anneaux font entrecoupés de noir & de gris. Le corps de l'infecte eft noir ; fes étuis & fon corcelet font pointillés par ſtries longitudinales , & de ces points ſoitent des petits poils gris , qui forment ſur l'inſecte des taches griſes. Cette couleur griſe forme principalement ſur le milieu des étuis une large bande tranſverſe , bordée en haut & en bas par des bandes irréguliéres plus noires que le reſte des étuis. Les cuiſſes de l'inſecte ſont larges , courtes & ovales : les jambes , ainſi que les tarſes , ſont griſes vers le haut , noires vers le bas. Ce petit inſecte a été trouvé ſur des ſaules.

8. CERAMBYX *ater ovatus , antennis corpore dimi-dio brevioribus , elytris vellere cinereo albidis.*

N. B. *Idem elytris fuſcis vellere cinereo faſciatis.* Varietas.

Friſch. germ. 13 , t. 19.

Le capricorne ovale cendré.
Longueur 6 lignes. Largeur 2 ½ lignes.

La forme de ce capricorne différe de celle des précédens : il eſt plus ovale & moins allongé. Ses antennes ſont courtes , elles n'égalent que la moitié de la longueur de tout le corps. La tête eſt pointillée ainſi que le corcelet. Tout l'animal eſt noir , à l'exception des étuis. Ces étuis ſont ovales , arrondis & couverts de petits poils drus , qui varient pour la couleur. Tantôt ils ſont d'un gris cendré égal & uniforme partout , ce qui fait paroître les étuis blanchâtres & de couleur cendrée : tantôt ce gris eſt moins clair , mais il y a trois bandes longitudinales plus blanches ſur chaque étui , une au milieu & une de chaque côté , de façon cependant qu'il ne paroît que cinq raies ſur l'inſecte , parce que les raies blanches qui ſont ſur le bord intérieur des deux étuis proche la future , ſe joignent & ne forment qu'une ſeule bande : tantôt enfin le duvet des étuis eſt brun , & les bandes ſeules ſont de couleur cendrée ; ce qui fait des variétés qui ſe multiplient encore par les différentes nuances de couleur. J'ai trouvé aſſez fréquemment cet insecte sur les haies & les buissons, particuliérement sur l'aubépine.

9. CERAMBYX *ovatus fuscus*, *elytris antice cinereis*, *apice bidentatis*.

Linn. syst. nat. edit. 10, *p.* 391, *n.* 18. Cerambyx thorace spinoso, elytris subpræmorsis, punctisque tribus trispidis, antennis hirtis longioribus.
Linn. faun. suec. n. 484. Cerambyx cinereus, elytris præmorsis nigris, punctis faciaque alba, antennis corpore sesqui-longioribus.
Raj. ins. p. 97. Scarabæus antennis articulatis longis 4ᵘˢ.

Le capricorne à étuis dentelés.
Longueur 3 lignes. Largeur 1 ⅓ ligne.

On peut regarder cette espéce de capricorne comme une des plus singuliéres de ce Pays-ci. Sa couleur est brune plus ou moins foncée en différens endroits. Ses antennes surpassent d'un bon tiers la longueur de son corps : elles sont composées d'anneaux moitié bruns, moitié gris, avec un anneau tout-à-fait blanc vers leur milieu. Le corcelet outre les épines latérales, a deux tubercules considérables en dessus, un de chaque côté. Les étuis sont bruns, ornés d'une large bande grise transversale proche de leur base. Cette bande est formée par des petits poils cendrés, & elle n'est pas partout du même blanc, mais elle paroît comme panachée de différentes nuances. On voit sur les étuis deux ou trois stries longitudinales élevées, chargées de quelques poils gris & de plusieurs touffes de poils bruns. L'extrémité de chacun des deux étuis a deux pointes aigues, une extérieure plus longue & une intérieure plus courte. On trouve cet insecte dans les prés.

10. CERAMBYX *ovatus fuscus*, *elytris integris*.

Le capricorne brun de forme ovale.
Longueur 2 lignes. Largeur ¾ ligne.

Ce capricorne approche beaucoup du précédent ; il est un peu plus petit. Sa couleur est brune, plus foncée en quelques endroits & plus claire en d'autres. Ses antennes surpassent d'un tiers la longueur de son corps, & leurs anneaux font d'une couleur un peu plus claire vers leur bafe. Le corcelet eft garni de pointes latérales, & les étuis ont deux ftries longitudinales élevées, qui vers le bout font chargées de petites touffes de poils. Ces étuis n'ont point de bande grife comme dans le précédent.

LEPTURA.

LA LEPTURE.

Antennæ a bafi ad apicem decrefcentes, in oculo pofitæ.	Antennes qui vont en diminuant de la bafe à la pointe, & dont l'œil entoure la bafe.
Thorax inermis.	Corcelet nud & fans pointes.
Familia 1ª. Thorace cylindraceo.	Famille 1°. A corcelet cylindrique.
——— *2ª. Thorace globofo.*	——— 2°. A corcelet globuleux.
——— *3ª. Thorace inæquali fcabro.*	——— 3°. A corcelet inégal & raboteux.

On voit par le caractere que nous donnons, que ce genre approche infiniment du précédent, & même dans l'ordre naturel on pourroit joindre les leptures aux capricornes, dont elles ne différent que par leur corcelet, qui n'eft point armé de pointes comme celui des infectes précédens : auffi n'avons-nous féparé ces deux genres, que pour faciliter la méthode & éviter d'en furcharger un feul d'un trop grand nombre d'efpéces. Nous avons encore fait plus, comme les efpéces de leptures font nombreufes, nous les avons diftribuées en trois familles, d'après les formes différentes de leur corcelet.

Pour tout le refte, les leptures reffemblent tout-à-fait aux capricornes, tant pour la forme du corps, que pour leurs larves, leurs chryfalides & l'endroit où elles fe trouvent : ainfi il ne nous refte qu'à décrire les efpéces que renferme ce genre & qui font prefqu'auffi belles que celles du genre précédent.

PREMIERE FAMILLE.

1. LEPTURA *cinerea , nigro - punctata , thorace cylindraceo.*

Linn. faun. fuec. n. 493. Cerambyx grifeus , nigro - punctatus , thorace inermi.
Petiv. gazoph. 5 , t. 2 , f. 1. Capricornus norvegicus nigrefcens , vaginis punctatis , maculifque pallidis afperfis.

La lepture chagrinée.
Longueur 1 pouce. Largeur 4 lignes.

Cette grande lepture eft toute couverte de petits poils, qui la font paroître d'un gris cendré un peu jaunâtre. A travers cette couleur on voit des points noirs, liffes, élevés. Les antennes font de la longueur du corps , compofées de onze articles , dont la bafe eft grife & le fommet noir , en quoi M. Linnæus s'eft trompé , marquant précifément le contraire. Le corcelet eft cylindrique avec un petit fillon élevé dans fon milieu.

2. LEPTURA *tota cæruleo-atra , capite thoraceque fubvillofo.*

La lepture ardoifée.
Longueur 4 ½ lignes. Largeur 1 ¾ ligne.

La forme de cet infecte eft la même que celle du précédent ; il eft feulement beaucoup plus petit. Il eft partout d'une couleur noire , bleuâtre ardoifée. Ses antennes font de la longueur de fon corps. Sa tête & fon corcelet font un peu velus , & fes étuis font pointillés , mais irréguliérement. On voit fur ces étuis deux raies longitudinales plus élevées. J'ai trouvé cet infecte fur les fleurs.

3. LEPTURA *nigra , thoracis lineis tribus , elytrorumque maculis villofo - flavis , thorace cylindraceo , antennis corpus æquantibus.*

La

La lepture à corcelet cylindrique & taches jaunes.
Longueur 4 , 5 , 6 *lignes.* *Largeur* 1 , 1 ½ *lignes.*

Nous avons marqué dans la phrase de cette espéce, que son corcelet est cylindrique, pour la distinguer d'une autre lepture à taches jaunes, mais dont le corcelet est globuleux, dont nous ferons mention incessamment en examinant les leptures de la seconde famille. Celle-ci varie beaucoup pour la grandeur, comme on en peut juger par les dimensions que nous donnons. Sa tête est noire, ornée de trois lignes de poils jaunes, qui partent de l'intervalle des antennes, & descendent vers le corcelet en s'éloignant les unes des autres. Le corcelet est noir & pointillé, chargé de trois bandes longitudinales, qui sont la suite de celles de la tête, sçavoir une au milieu & une sur chaque côté. Les étuis sont noirs, pointillés, couverts de petits poils jaunâtres, qui forment dans différens endroits des plaques plus jaunes, dont on distingue quatre ou cinq paires plus marquées, rangées longitudinalement, outre l'écusson qui est jaune. Les pattes sont noires & un peu velues. Les antennes sont de la longueur du corps, & la base de chacun de leurs anneaux est grise, ce qui rend les antennes entrecoupées de gris & de noir. On trouve cet insecte au commencement de l'été sur le bouleau.

4. LEPTURA *nigra ; elytris flavis ; apice nigris.*
Linn. faun. suec. n. 506.

La lepture noire à étuis jaunes.
Longueur 2 *lignes.* *Largeur* ½ *ligne.*

Cette espéce a en petit la même forme que les précédentes. Sa couleur est noire ; il n'y a que ses étuis qui sont jaunes avec l'extrémité noire, & les pattes de devant qui sont aussi jaunes. Les antennes sont un peu plus courtes que le corps. Les étuis sont pointillés irréguliérement, & plus mols que ceux des autres espéces de ce genre. Tout

Tome I, D d

l'animal vû à la loupe , paroît couvert d'un petit duvet de poils. On le rencontre affez communément.

5. LEPTURA *nigro - cinerea , thorace elytrifque maculis oculiferis atris , circulo cinereo , thorace fubcylindraceo.*

La lepture aux yeux de paon.
Longueur 5 *lignes. Largeur 2 $\frac{1}{2}$ lignes.*

Elle eft de couleur noire , cendrée , un peu bleuâtre. Ses antennes font panachées alternativement de gris & de noir ; le gris occupe la bafe de chaque article , & le noir eft à l'extrémité. Sur le corcelet on voit quatre taches , deux de chaque côté , dont la fupérieure eft plus grande que l'inférieure. Ces taches font d'un noir matte , velouté , & elles font entourées d'un petit cercle gris. Chaque étui a deux taches femblables , une plus haut & plus petite , l'autre plus bas. Ces taches reffemblent à des yeux dont l'iris feroit gris & la pupille noire. Il y a outre cela fur les étuis quelques taches & lignes cendrées peu marquées. Les étuis & le corcelet vûs de près paroiffent ponctués. Cette lepture eft rare. Celle que j'ai , a été trouvée au Jardin du Roi & m'a été donnée par M. Bernard de Juffieu.

6. LEPTURA *tota nigro - ferruginea , thorace fubcylindraceo.*

La lepture rouillée.
Longueur 17 *lignes. Largeur 5 lignes.*

Cette efpéce la plus grande de ce genre , approche beaucoup pour fa forme du grand capricorne noir. Sa couleur eft d'un brun noirâtre vers le haut , fçavoir fur les antennes , la tête & le corcelet : mais les étuis font d'un brun clair couleur de rouille. Les antennes plus longues que le corps & compofées de onze anneaux , ont une particularité : c'eft que les premiers anneaux , fur-tout le troifiéme font très - longs , & les derniers vont en diminuant confidérablement de longueur. Les machoires font fort prominentes & avancées, & les étuis paroiffent chagrinés. Les pattes font longües. On trouve cet infecte dans les bois.

SECONDE FAMILLE.

7. LEPTURA *nigra, maculis villoſo-flavis, thorace globoſo, antennis corpore dimidio brevioribus.*

La lepture à corcelet rond & taches jaunes.
Longueur 6 ½ lignes. Largeur 2 lignes.

Le fond de la couleur de cet infecte eſt noir., & ſon corps eſt couvert de petits points, du fond defquels partent quelques poils jaunâtres qui forment des taches. Il y en a deux oblongues ſur la tête entre les antennes, plufieurs ſur le corcelet rangées en deux lignes tranſverſales, & nombre d'autres ſur les étuis grandes & petites, dont les plus grandes font au nombre de cinq ſur chaque étui & de formes différentes. Les antennes font courtes, égalant à peine la moitié de la longueur du corps, & le corcelet eſt large & ſphérique : les pattes font noires.

N. B. J'ai vû une variété de cette efpéce, où les poils jaunâtres du corcelet formoient quatre raies longitudinales, & les taches velues des étuis repréſentoient des figures d'U en différens ſens.

8. LEPTURA *nigra, villoſo-flava, maculis duabus in elytro ſingulo glabris nigris.*

La lepture velours jaune.
Longueur 5 lignes. Largeur 2 lignes.

Son corps eſt noir, mais il paroît jaune, à caufe des petits poils de cette couleur qui couvrent la tête, le corcelet & les étuis. Ses antennes font noirâtres ; leur longueur n'excéde pas la moitié de celle du corps. Les yeux font noirs. Il y a ſur les étuis quatre taches noires liffes, deux fur chaque étui, formées par le fond de la couleur de l'animal, qui paroît en ces endroits où le poil jaune manque. Le deſſous de l'inſecte & ſes pattes ſont noirs. J'ai trouvé ce petit animal ſur les fleurs, mais il n'eſt pas fort commun.

9. LEPTURA *nigricans ; capite thoraceque rubro ; punctis nigris.*

La lepture à corcelet rouge ponctué.
Longueur 4 lignes. Largeur 1 ligne.

Ses antennes ſont à peu près de la longueur de ſon corps. Sa tête eſt d'un rouge terne, avec un point noir entre les deux antennes, & trois autres à ſa jonction avec le corcelet. Celui-ci eſt noir en deſſous, & en deſſus de la même couleur que la tête, avec ſept points noirs, ſçavoir un au milieu proche les étuis & trois de chaque côté. Les étuis ſont noirâtres, un peu ardoiſés & chargés de petits points. Le ventre en deſſous eſt de la même couleur, rougeâtre ſeulement vers le bout. Les pieds ſont roux avec les jointures noires.

10. LEPTURA *nigra, elytrorum lineis quatuor arcuatis, punctiſque flavis, pedibus teſtaceis.*

Petiv. gazoph. tab. 63, *fig.* 7.
Linn. ſyſt. nat. edit. 10, *p.* 399, *n.* 19. Leptura thorace globoſo nigro, elytris nigris, faſciis linearibus flavis, tribus retrorſum arcuatis, pedibus ferrugineis.
Lecke. nov. inſ. ſpec. diſſ. abo. n. 30. Cerambyx niger, elytris faſciis quatuor flavis arcuatis.
Raj. inſ. p. 83, *n.* 23. Scarabæus major, corpore longo anguſto niger, cum tribus in utravis ala lineis tranſverſis luteſcentibus.
Friſch. germ. 12, *p.* 31, *t.* 3, *f.* 4. Scarabæus quartæ magnitudinis niger, caracteribus flavis.

La lepture aux croiſſans dorés.
Longueur 5, 6, 8 lignes. Largeur 1 ½, 2 lignes.

Cette belle eſpéce varie beaucoup pour la grandeur. Le fond de ſa couleur eſt d'un brun noirâtre, matte & comme velouté. Ses pattes & ſes antennes ſont d'une couleur

fauvé claire ; ces dernieres font à peu près de la longueur
du corps. Sur la machoire fupérieure, il y a une raie tranfverfale d'un jaune citron , une autre pareille fur la tête
entre les antennes , & enfin la bafe de la tête eft entourée
d'une raie ou bande de même couleur. Le corcelet qui eft
rond & large , eft de même terminé en haut & en bas par
une femblable ligne , qui ne fe voit qu'en deffus & non en
deffous , & de plus au milieu du corcelet , il y a encore
une bande jaune tranfverfe , mais fouvent interrompue
dans fon milieu. L'écuffon qui eft entre les étuis vers leur
bafe , eft jaune. Sur chaque étui aux deux côtés de l'écuffon , il y a une tache ou point jaune. Sur la future , plus
bas que l'écuffon , fe trouve une grande tache ronde , jaune , commune aux deux étuis : enfuite en defcendant , on
voit fur chaque étui trois bandes tranfverfales en arc ou
croiffant , dont les pointes regardent le bas de l'infecte. La
premiere de ces bandes ne va pas tout-à-fait jufqu'à la
future , les deux autres y vont & fe joignent aux correfpondantes de l'autre étui : enfin l'étui eft terminé par une
quatriéme & derniere bande ou tache longue , qui partant
de l'angle extérieur, remonte vers la future. Toutes ces taches & raies font formées par des petits poils d'un beau
jaune doré : en deffous l'animal eft noir avec quelques
poils jaunes , & quatre raies tranfverfes jaunes fur les anneaux du ventre. On trouve ce bel infecte dans les troncs
d'arbres pourris.

N. B. J'ai vû une variété affez finguliere de cette efpéce
de lepture. La différence ne confiftoit que dans les étuis.
Ils étoient bruns au lieu d'être noirs. Vers leur bafe il n'y
avoit qu'une feule bande jaune , tout le refte de l'étui jufques vers le milieu de fa longueur, n'avoit point de jaune :
au contraire toute la moitié inférieure de ces mêmes étuis
étoit jaune , à l'exception de deux bandes brunes tranfverfes , placées à peu près à diftances égales. Ces étuis étoient
affez liffes & nullement veloutés comme dans l'efpéce ci-

deffus : du refte la tête, le corcelet & les pattes n'avoient aucune différence.

Une autre variété qui n'étoit pas moins finguliere, différoit, & par le corcelet, & par les étuis. Le corcelet étoit, comme dans l'efpéce ci-deffus, terminé par une bande jaune en haut & en bas ; mais ces deux bandes étoient larges, enforte que le noir du milieu du corcelet ne faifoit qu'une bande tranfverfe affez étroite. Les bandes jaunes étoient pâles, à l'exception de l'endroit où elles bordoient la bande noire, qui étoit plus foncé. Les étuis liffes & noires avoient cinq bandes jaunes tranfverfes, à l'exception de celle du milieu qui étoit un peu oblique. La derniere de ces bandes terminoit les étuis qui n'avoient pas d'autres taches ou points ifolés.

11. LEPTURA *nigra , elytrorum lineis tribus tranf-verfis punctifque flavis , pedibus teftaceis.*

Linn. faun. fuec. n. 507. Leptura nigra , elytrorum tranfverfis flavis ; pedibus teftaceis.
Linn fyft. nat. edit. 10 , p. 399 , *n.* 20. Leptura thorace globofo nigro , elytris nigris , fafciis flavis , fecunda antrorfum arcuata , podibus ferrugineis.
Raj. inf. p. 82 , *n.* 22. Scarabæus medius , abdomine longo , angufto , niger , lineolis & maculis luteis pulchre variegatus.
Frifch. germ. 12 , p. 32 , *t.* 3 , *f.* 5.
Lift. tab. mut. t. 2 , *f.* 1.
Lift. loq p. 385 , *n.* 14. Scarabæus niger , lineolis quibufdam luteis diftinc-tus , fubcroceis pedibus.
Petiv. gazoph. tab. 63 , *fig.* 6.
Act. Upf. 1736 , p. 20 , *n.* 8. Leptura elytris nigris , lineis flavis.

La lepture à trois bandes dorées.
Longueur 3 lignes. *Largeur* 1 ligne.

Cet infecte approche infiniment du précédent pour la forme & les couleurs. Il en différe pour la grandeur, qui cependant varie beaucoup. Sa couleur eft d'un noir brun velouté, comme celle de l'efpéce précédente. Sur la tête on ne voit point de taches jaunes. Le corcelet eft bordé de jaune en haut & en bas, mais fans raie tranfverfe au milieu. L'écuffon eft jaune. A fes côtés font deux raies oblongues, une fur chaque étui, qui ne vont point jufqu'à

la future : enfuite viennent deux autres raies fur chaque
étui ; la premiere en arc , dont les extrémités regardent
la tête de l'animal , la feconde tout-à-fait tranfverfe , joignant fa correfpondante. L'étui eft terminé par une derniere tache ou raie oblongue en arc , qui fuit le bord
de cette partie. L'animal en deffous eft noir avec deux
points jaunes de chaque côté de la poitrine , & quatre
bandes femblables fur les anneaux du ventre. Les pattes
& les antennes font fauves. Celles-ci égalent la moitié de
la longueur du corps , & font quelquefois plus brunes
à l'extrémité. On trouve cet infecte communément fur les
fleurs.

12. LEPTURA *nigra* , *elytrorum lineis tranfverfis
punctifque albis.*

Raj. inf. p. 83 , n. 25. Scarabæus parvus oblongus niger , elytris duabus lineis
albis tranfverfis diftinctus.
Petiv. gazoph. tab. 63 , fig. 5.

La lepture à raies blanches.
Longueur 2 ½ , 4 lignes. Largeur 1 , 1 ½ ligne.

Cette efpéce encore femblable aux précédentes , varie
auffi pour la grandeur. Elle eft noire , fes cuiffes antérieures font renflées en maffue , & fes antennes égalent la
moitié de la longueur de fon corps. La tête eft noire , ainfi
que le corcelet , qui a feulement en bas un petite bordure
fouvent prefqu'imperceptible de poils blancs. L'écuffon
eft blanc : du bas de l'écuffon partent deux raies blanches,
qui s'écartant l'une de l'autre , defcendent obliquement
chacune fur un-étui , & fe terminent bientôt au milieu de
la largeur de cet étui. A cet endroit , eft un point blanc
rond , & en dehors en remontant une tache longue de
même couleur : plus bas eft une raie blanche tranfverfe un
peu en arc , dont la pointe intérieure remonte le long de
la future : enfin l'étui fe termine par une tache blanche
oblongue. En deffous l'animal eft noir , avec deux taches
blanches fur chaque côté de la poitrine , & trois raies

tranfverfales femblables fur les anneaux du ventre. J'ai trouvé cet infecte fur les fleurs des plantes en ombelle.

13. LEPTURA *nigra , elytris pallido-fufcis , fignaturis flavis.*

La lepture noire à étuis gris tachés de jaune.
Longueur 4 ½ lignes. Largeur 1 ⅓ ligne.

Sa tête eft noire , avec deux raies jaunes longues entre les antennes , qui defcendent jufqu'aux machoires. Ses antennes pareillement noires , ne font guères plus longues que le corcelet. Celui-ci eft aufli noir , avec quatre bandes jaunes longitudinales , étroites & peu marquées. Les étuis font d'une couleur brune , pâle , un peu grife & affez finguliere. Ils ont plufieurs taches jaunes , fçavoir d'abord à leur bafe deux points , qui fouvent fe réuniffent & forment une bande : enfuite une bande étroite en arc , dont les pointes regardent l'extrémité de l'infecte ; plus bas deux points ou une bande interrompue dans fon milieu , qui defcend du bord extérieur vers le bord intérieur : enfuite une bande tranfverfe en zigzag , qui fe prolongeant le long de la future , va gagner le bas de l'étui & former à fon bord une derniere bande. Les pattes font brunes.

14. LEPTURA *villofo-flava , elytris lineis tribus tranfverfis nigris.*

La lepture jaune à bandes noires.
Longueur 4 lignes. Largeur 1 ligne.

Le fond de la couleur de cette lepture eft noir , mais elle paroît jaune , à caufe des petits poils de cette couleur dont elle eft couverte en deffus & en deffous. Les antennes égalent en longueur la moitié du corps : elles font noirâtres , ainfi que les pattes. Les étuis ont trois bandes noires tranfverfes formées par le défaut des poils jaunes : la premiere de ces bandes ne va pas jufqu'à la future , mais remonte & fe recourbe , faifant un double coude , qui

imite

imite la figure d'un G : les deux autres font droites, bien
tranfverfes, & fe joignent aux correfpondantes de l'autre
étui. L'étui eft terminé par la couleur jaune. Les yeux
de l'infecte font noirs. Cette efpéce eft très-jolie.

15. LEPTURA *nigra, elytris maculis teftaceis, nigris, albidis, lineifque nigris & albicantibus variegatis.*

Raj. inf. p. 83, n. 26. Scarabæus parvus, corpore angufto longo, elytris triplici colore rufo, albo, nigroque pulchre diftinctis.
Lift. append. 386, n. 15. Scarabæus niger, fummis alarum thecis flavefcentibus, iifdem que imis albicantibus, præter alias quafdam lineolas albidas.

La lepture arlequine.
Longueur 5 lignes. Largeur 1 ½ ligne.

Il y a peu d'infectes dont les couleurs foient auffi difficiles
à décrire que celles de celui-ci. Sa tête & fon corcelet font
noirs. Ses antennes font noires à la bafe, blanchâtres au milieu, brunes au bout, & prefque de la longueur du corps. L'é-
cuffon eft jaunâtre. Les étuis font d'abord d'un brun rougeâtre en haut. Cette couleur eft terminée par une raie blanchâtre, qui, partant du bord extérieur, remonte, en faifant l'arc, jufques vers la future, fans cependant y toucher, enforte que cette raie ne fe joint point à fa correfpondante. Suit une raie noire de même forme, qui va jufqu'à la future, puis une raie blanche, & une autre noire
femblable, mais qui l'une & l'autre n'occupent que le
deffus de l'étui, dont le bord extérieur eft brun. Enfin
vient une raie blanchâtre en zigzag, qui termine tout-à-
fait la couleur brune, & après laquelle eft une grande tache
noire arrondie. Après cette tache en vient une blanchâtre,
grande & velue, qui termine l'étui. En deffous, l'animal eft
noir, avec des taches jaunes fur les côtés de la poitrine,
& des bandes tranfverfes de même couleur fur les anneaux
du ventre. Cet infecte eft rare : je ne l'ai trouvé qu'une
feule fois au Jardin Royal.

16. LEPTURA *cærulea, tibiis rufis, thorace fubglobofo.*

Tome I.   E e

La lepture bleue.
Longueur 3 lignes. Largeur ¾ ligne.

Elle eſt en deſſous noirâtre, un peu dorée. Sa couleur en deſſus eſt d'un beau bleu foncé, à l'exception des antennes & des jambes. La baſe des antennes eſt fauve, & l'extrémité eſt noirâtre. Quant aux pattes, les cuiſſes ſont groſſes & bleues, comme les étuis, mais les jambes ſont fauves, ainſi que les tarſes. Le corcelet, & ſur-tout les étuis, ſont ponctués irréguliérement & comme chagrinés. On trouve cet inſecte dans les Chantiers.

TROISIÉME FAMILLE.

17. LEPTURA *teſtaceo-fuſca, thorace rhomboïdali villoſo, elytrorum maculis quatuor albidis tranſverſim poſitis.*

La lepture brune à corcelet romboïdale.
Longueur 5 ½ lignes. Largeur 2 lignes.

Les antennes de cette lepture ſont courtes, & n'ont guéres que le tiers de la longueur du corps. Le corcelet eſt comme quarré, raboteux, ayant deux tubercules en deſſus un de chaque côté; il eſt un peu velu, ainſi que la tête. Les étuis ſont finement chagrinés. La couleur de l'inſecte eſt par-tout d'un brun obſcur; ſeulement vers le tiers des étuis, en deſcendant, on voit quatre points blanchâtres formés par des petits poils & rangés tranſverſalement au nombre de deux ſur chaque étui. De ces deux points, celui qui eſt proche de la ſuture, eſt le plus large. Le deſſous de l'animal eſt de la même couleur que le deſſus.

18. LEPTURA *teſtacea, thorace glabro.*

Linn. ſyſt. nat. edit. 10, p. 396, *n.* 47. Cerambyx teſtaceus.
Linn. faun. ſuec. n. 491. Cerambyx teſtaceus, thorace glabro.
Act. Upſ. 1736, p. 20, *n.* 3. Bupreſtis collari glabro, elytris teſtaceis.

La lepture livide à corcelet liſſe.
Longueur 4 ¼ lignes. Largeur 1 ½ ligne.

Ses antennes font de la longueur de fon corps, à peu de chofe près. Son corcelet eft raboteux & inégal. Ses étuis font pointillés finement, fans raies ni ftries. Quant à la couleur, les antennes, la tête, le corcelet & les pattes font d'une efpéce de rouge fade, ou de couleur fauve brune. Les yeux feulement font noirs, & dans quelques-uns les jointures des cuiffes : ces derniers font les mâles. Les étuis font d'une couleur fauve plus claire. Le deffous du corps eft jaune un peu livide & mêlé de noir. On trouve cet infecte fur les fleurs. A la premiere vûe, on eft tenté de le prendre pour la *cicindele à corcelet rouge. Cicindela n. 2. a.*

19. L E P T U R A *atra, thorace teftaceo, femoribus craffis.*

La lepture noire à corcelet rougeâtre.

Cette efpéce eft femblable à la précédente pour la forme & la grandeur ; elle n'en différe que par la couleur noire de la tête & des étuis. Le corcelet, par ce contrafte de couleur, paroît un peu plus rouge. Le deffous du ventre eft femblable à celui de l'efpéce précédente, & les pattes font de même couleur fauve, avec leurs articulations noires. J'aurois été fort tenté de regarder ces différences comme de fimples variétés de fexe, fi je n'eûffe trouvé des mâles & des femelles de chacune de ces deux efpéces. On les trouve toutes deux dans les mêmes endroits.

20. L E P T U R A *atra, femoribus craffis rufis.*

La lepture noire à groffes cuiffes brunes.

Je ne vois aucune différence entre cette lepture & la précédente ; elles fe reffemblent pour la forme, la grandeur & la couleur ; feulement le corcelet de celle-ci eft noir, comme fes étuis. Elles pourroient bien n'être que variétés l'une de l'autre.

21. LEPTURA *nigra, thorace coleoptrifque fericeo-rubris.*

Linn. fyft. nat. edit. 10 , p. 396 , n. 51. Cerambyx thorace mutico fubrotundo , elytrifque fanguineis , corpore nigro , antennis mediocribus.

La lepture veloutée couleur de feu.
Longueur 5 *lignes. Largeur* 1 ¾ *ligne.*

Les antennes de cette belle efpéce font de la longueur des deux tiers du corps ; elles font noires , ainfi que la tête & tout l'animal , à l'exception du corcelet & des étuis , qui font d'un beau rouge couleur de feu , & qui paroiffent foyeux , à caufe des petits poils dont l'infecte eft couvert. On voit auffi un peu de rouge au dernier anneau du ventre , en deffous. Le corcelet eft très-raboteux , & on feroit tenté de le croire épineux , & de faire de cet infecte un capricorne ; mais quand on regarde de près , on voit que ces efpéces de pointes , qu'on apperçoit dans quelques-uns , ne font que des touffes du petit poil qui couvre le corcelet. Cet infecte vient dans les vieux bois. On le trouve dans les Chantiers , & fouvent dans les buchers des maifons.

22 LEPTURA *nigra , elytris pedibufque rubefcentibus lividis , coleoptris attenuatis.*

La lepture à étuis étranglés.
Longueur 4 *lignes. Largeur* 1 *ligne.*

Cette efpéce eft une des plus fingulieres de ce genre. Sa tête eft toute noire , ainfi que les antennes , qui égalent les deux tiers de la longueur du corps. Le corcelet eft raboteux , un peu velu , chagriné , avec un tubercule liffe fur chaque côté , & un plus petit au milieu. Ce corcelet , dans quelques-uns , eft tout noir ; dans d'autres , il eft bordé de jaune citron en haut & en bas. L'écuffon eft du même jaune. Les étuis larges par en haut , fe trouvent retrécis & étranglés vers le milieu , & n'ont vers le bas que moitié de la largeur qu'ils ont en haut ; vers cette extrémité , ainfi retrécie, ils s'éloignent l'un de l'autre, ce qui leur donne une figure cambrée. Leur couleur est d'un fauve rougeâtre & livide, avec un peu de noir seulement en haut. Les pattes sont de la couleur des étuis ; il n'y a que les quatre cuisses de devant qui sont arrondies & formées en masse, dont le gros bout, proche l'articulation, soit teint en noir. Tout le dessous de l'insecte est noir. On voit seulement aux côtés du ventre les bords des anneaux colorés de jaune. Cet insecte se trouve communément sur les fleurs.

ST. ENOCORUS. *Leptura Lin. Cerambycis sp. linn.*

LE STENCORE.

Antennæ à basi ad apicem decrescentes, ante oculos positæ.	Antennes qui vont en diminuant de la base à la pointe, posées devant les yeux.
Elytra apice angustiora.	Etuis plus étroits par le bout.
Familia. 1ª. *Thorax armatus spina vel tuberculo laterali.*	Famille 1°. Corcelet armé d'une pointe ou d'un tubercule latéral.
——— 2ª. *Thorax inermis.*	——— 2°. Corcelet nud.

Les antennes du stencore ressemblent tout-à-fait à celles des deux genres précédens ; mais il en diffère par deux caracteres particuliers à ce genre, & qui nous ont engagé à le séparer des leptures & des capricornes. Le premier consiste dans la position des antennes, qui sont devant les yeux & séparés d'eux, au lieu que celles des capricornes & des leptures sont comme implantées dans l'œil même. Le second se tire de la forme des étuis, qui, dans ces insectes, vont en se retrécissant vers le bout plus ou moins. Ce dernier caractere n'est pas aussi essentiel que le premier. C'est cette forme d'étuis retrécis par le bout, qui a fait donner à ce nouveau genre le nom de *stenocorus*, comme qui diroit retréci, *angustatus*.

Parmi ces stencores, quelques-uns ont le corcelet armé

de pointes latérales, comme les capricornes, ou de tubercules moufles, & non pointus; d'autres ont le corcelet uni, comme les leptures.

Nous aurions pû, d'après cette diverfité de corcelet, féparer ce genre & le divifer en deux, puifque ce n'eft que par un pareil caractere que les capricornes & les leptures différent entr'eux ; mais comme ce genre n'eft pas à beaucoup près aufli nombreux, nous nous fommes contenté d'en former deux familles : la premiere comprend les ftencores, qui ont au corcelet des pointes ou des tubercules fur les côtés : dans la feconde, font les autres infectes de ce genre, qui ont un corcelet nud & uni.

Les larves de ces infectes, ainfi que leurs chryfalides, reffemblent à celles des deux genres précédens. Plufieurs d'entr'elles habitent aufli dans l'intérieur des arbres. Il y a cependant un ftencore dont la larve pourroît bien être aquatique ; c'eft la derniere efpéce. On la trouve toujours aux bords des ruiffeaux, fur les flambes ou iris qui y croiffent. Ces plantes font couvertes de ces infectes, dont la larve, que je ne connois pas, doit probablement fe nourrir des feuilles ou même des racines d'iris, qui viennent dans l'eau. Cette efpéce eft une des plus belles.

PREMIERE FAMILLE.

1. STENOCORUS *glaber, è fufco niger, elytro fingulo lineis tribus elevatis, maculis duábus luteis, thorace fpinofo.*

Linn. faun. fuec. n. 486. Cerambyx cinereus, coleopterorum fafciis duabus flavis, antennis corpore dimidio brevioribus, thorace fpinofo.

Le ftencore liffe à bandes jaunes.
Longueur 8, 9 lignes. Largeur 2 ½ lignes.

La tête de cet infecte, ainfi que celle de prefque tous ceux de ce genre, eft allongée, avec les antennules affez grandes & bien marquées. Les antennes, qui n'égalent que la longueur de la moitié du corps, font pofées devant les yeux, en quoi cet infecte diffère des capricornes. Le corcelet eſt allongé, étroit & cylindrique, avec une épine bien marquée ſur chaque côté. La couleur de la tête & du corcelet eſt noire, avec quelques petits poils gris. Les étuis ſont aſſez larges, liſſes, luiſans, & ils ont chacun trois raies longitudinales plus élevées; ils ſont de plus pointillés. Leur couleur eſt d'un noir rougeâtre, ſur-tout vers le bas, entre-coupée par deux taches jaunes, l'une vers le haut de l'étui, qui deſcend obliquement en s'approchant de la ſuture; l'autre plus bas, formée en croiſſant, dont les pointes regardent le bout de l'étui. L'écuſſon eſt jaune : les pattes ſont noires & les cuiſſes d'un brun rougeâtre. On trouve cet infecte dans les bois.

2. STENOCORUS *niger, vellere flavo variegatus, elytris lineis duabus elevatis, thorace ſpinoſo.*

Linn. *ſyſt. nat. edit.* 10, p. 393, n. 32. Cerambyx inquiſitor.
Linn. *faun. ſuec. n.* 485. Cerambyx cinereus, nigro-nebuloſus, antennis corpore dimidio brevioribus, thorace ſpinoſo.
Act. Upſ. 1736, p. 20, n. 1. Necydalis cinereo-maculata, ſulcata.

Le ſtencore noir velouté de jaune.
Longueur 6 ½ lignes. Largeur 2 lignes.

Ce ſtencore approche beaucoup du précédent. Il eſt tout noir, chargé de points & couvert de petits poils jaunes, qui ſouvent forment différentes plaques ſur les étuis. Sa tête eſt allongée; les antennules ſont bien marquées, & les antennes placées devant les yeux & courtes, n'égalent que le tiers de la longueur du corps. Derriere les yeux, il y a une tache noire oblongue, & entr'eux un ſillon aſſez profond, ainſi que dans l'eſpéce précédente. Le corcelet eſt aſſez cylindrique, avec une pointe aigue de chaque côté. Les étuis ont chacun deux lignes longitudinales élevées, & en regardant de près, il ſemble qu'on apperçoive le commencement d'une troiſiéme.

3. STENOCORUS *è fuſco niger, femoribus rufis, articulis nigris.*

Le ſtencore à genoux noirs.
Longueur 7 , 8 , 10 lignes. Largeur 1 ½ , 2 ; 2 ¼ , lignes.

Celui-ci eſt long & étroit. Sa grandeur varie. Sa têté eſt
noire , ſemblable pour la forme à celle des eſpéces précédentes. Ses antennes ſont environ de la longueur du corps ,
noires en haut , fauves vers leur baſe. Le corcelet eſt pareillement noir , avec une pointe mouſſe de chaque côté.
Il eſt couvert , ainſi que la tête & le deſſous de la poitrine , de petits poils , qui , vûs à un certain jour , paroiſſent dorés. Les étuis vont en ſe retréciſſant vers leur extrémité. Ils ſont parſemés de petits points , & ſont d'un brun
fauve à leur baſe & noirs au bout. La loupe y fait découvrir quelques poils. Les cuiſſes & les jambes ſont de la
même couleur fauve , mais leurs articulations , ainſi que
les tarſes, ſont noirs. J'ai trouvé cet inſecte ſur les fleurs.

4. S T E N O C O R U S *ruber , oculis nigris , elytris violaceis.*

Le ſtencore rouge à étuis violets.
Longueur 9 lignes. Largeur 2 ¼ lignes.

Certe eſpéce eſt grande & belle. Ses antennes , qui égalent les trois quarts de la longueur de ſon corps , ſont rouges à leur baſe , noires à leur extrémité. La tête & le
corcelet ont ſur le milieu un ſillon profond , ce qui fait paroître ces parties comme raboteuſes , ſur-tout le corcelet ,
qui ſemble formé de deux tubercules hémiſphériques. Ce
corcelet a de chaque côté une eſpéce de tubercule mouſſe ,
nullement pointu. Les étuis ſont liſſes & finement pointillés. Tout l'animal eſt d'un rouge un peu terne , à
l'exception du bout des antennes , des yeux , des étuis &
de la partie ſupérieure du ventre , qui ſont d'un bleu violet , un peu noir. Les étuis ſont ſeulement bordés d'un peu
de rouge. J'ai trouvé cet inſecte ſur un orme.

5. S T E N O C O R U S *niger , elytris teſtaceo-flavis ,
punctis duobus , cruce faſciiſque nigris.*

Linn.

Linn. faun. fuec. n. 508. Leptura nigra, elytris teftaceis, punctis duobus, cruce, fafciifque nigris.

Le ftencore jaune à bandes noires.
Longueur 6 lignes. Largeur 1 ½ ligne.

Les antennes, qui font placées devant les yeux, égalent la longueur du corps de cet infecte. Il les porte fouvent couchées fur le dos, comme plufieurs efpéces de ce genre. Leur couleur eft noire, mais entrecoupée de brun fauve, qui fe trouve à la bafe de chaque articulation. La tête eft noire, mais les antennules, qui font affez apparentes, font de couleur fauve, ainfi que deux touffes de poils, qui font proche des machoires. Le corcelet eft noir, allongé & figuré en cône, dont la bafe pofe fur les étuis; il a de chaque côté un tubercule mouffe. Les étuis font jaunes & un peu pâles, chacun a d'abord en haut deux points noirs détachés, un en deffus, l'autre fur le côté, tenant au bord extérieur. Entre ces points, un peu plus bas, fe trouve une tache commune aux deux étuis, & qui tient à la future, qui eft noire. Plus bas, vers le milieu des étuis, fe trouve une grande tache noire, qui part du bord extérieur, & va fe joindre à la future en diminuant un peu, ce qui forme la croix. En defcendant, vient une large bande noire tranfverfe, & enfin les étuis font terminés par une tache noire confidérable. Ces étuis vont en fe retréciffant vers le bas, & leur bout paroît comme échancré à l'angle intérieur, qui eft beaucoup moins allongé que l'extérieur. Le deffous de l'animal eft noir: les deux paires de pattes antérieures font jaunes, & leurs tarfes noirs: les cuiffes & les jambes poftérieures font noires, avec un peu de jaune feulement à leur bafe. On voit à ces dernieres cuiffes une épine ou appendice vers leur milieu, mais dans les mâles feulement. Cet infecte, qui eft affez beau, fe trouve fréquemment fur la ronce.

SECONDE FAMILLE.

6. STENOCORUS niger, elytris rubefcentibus, apice futuræque medietate nigris.

Linn. faun. fuec. n. 498. Leptura nigra , elytris nigricante lividoque variis.
Linn. fyft. nat. edit. 10 , *p.* 391 , *n.* 16. Cerambyx thorace fpinofo pubefcente , elytris faftigiatis lividis , fafcia obfcura longitudinali flexuofa , antennis brevioribus.

Le ftencore bedeau.

La forme de cette efpéce & des trois fuivantes, eft femblable à celle de la précédente. Quant à la grandeur, elle varie beaucoup. Les plus grands individus ont plus de demi-pouce de long, fur deux lignes & demi de large ; d'autres n'ont guéres que moitié de cette grandeur. Les antennes font de la longueur du corps, prefqu'auffi groffes à leur extrémité qu'à leur bafe. Le corcelet eft en cône, comme dans le précédent, plus arrondi cependant, & fans pointes ni tubercules latéraux. Tout le corps eft noir, à l'exception des étuis, qui font d'un rouge brun, fi ce n'eft à leur extrémité, où ils font noirs, & fur la moitié poftérieure & un peu plus de la future, qui a une bande noire affez large. Cette bande eft plus large en haut & va en fe retréciffant à mefure qu'elle defcend, jufqu'à ce qu'elle fe joigne à la partie noire, qui termine les étuis.

7. STENOCORUS niger, elytris rubefcentibus lividis. Planch. 4, fig. 1.

Stenocorus niger, elytris rubefcentibus lividis, apice nigris. M A s.　　Stenocorus niger, elytris rubefcentibus lividis, apice fimili. F œ M I N A.

Linn. faun. fuec. n. 499. Leptura nigra , elytris rubefcentibus lividis.
Linn. fyft. nat. edit. 10 , *p.* 397 , *n.* 2. Leptura melanura.
Act. Upf. 1736 , *p.* 20 , *n.* 5. Leptura elytris teftaceis , apice nigris. (quæ maf.) *n.* 4. Leptura elytris rubris.
Raj. inf. p. 97 , *n.* 6. Cerambyx capite , fcapulis , antennis nigris ; elytris flavis , extremitatibus nigris.
Frifch. germ. 12 , *p.* 38 , *t.* 6 , *f.* 5. Scarabæus arboreus major , violaceo-ruber.

Le ſtencore noir à étuis rougeâtres.

Il en eſt de cette eſpéce comme de la précédente ; à laquelle elle reſſemble extrêmement : elle varie infiniment pour la grandeur : en total cependant , elle eſt plus petite que le *ſtencore bedeau.* Tout ſon corps eſt noir , à l'exception des étuis , qui ſont tantôt rouges , ceux-là ſont les femelles ; tantôt rougeâtres avec le bout noir , & quelquefois les bords inférieurs des étuis , & ceux-là ſont les mâles. Les étuis ſont retrécis vers le bout , & vûs à la loupe ils paroiſſent ponétués & couverts de poils. Il y a auſſi des poils ſur le corcelet & le ventre , qui à un certain jour luiſent & paroiſſent blanchâtres ou un peu jaunes. On trouve cet inſeéte ſur les brouſſailles , principalement ſur les ronces.

8. STENOCORUS *niger , elytris luteis , apice nigris.*

Le ſtencore noir à étuis jaunes.

Cette eſpéce reſſemble aux deux précédentes pour la forme , la grandeur & les couleurs , ſeulement ſes étuis ſont d'un jaune pâle , & noirs à leur extrémité : peut-être n'eſt-ce qu'une variété : elle ſe trouve auſſi ſur la ronce.

9. STENOCORUS *niger nitidus , abdomine fuſco-rubente.*

Le ſtencore noir à ventre rougeâtre.
Longueur 3 lignes. Largeur 1 ligne.

On retrouve encore dans cette eſpéce la même forme que dans les précédentes, elle eſt ſeulement plus petite. Sa couleur eſt par-tout d'un noir luiſant , ſon ventre ſeul eſt d'un brun rougeâtre.

10. STENOCORUS *niger , femoribus clavatis rufis , apice nigris.*

Le ſtencore noir à cuiſſes rouges.
Longueur 1 ½ lignes. Largeur ½ ligne.

Les antennes de ce ſtencore ſont de la longueur de ſon corps. Sa tête, ſon corcelet & ſes étuis ſont noirs, mais la couleur n'en eſt pas matte, à cauſe des petits poils gris dont ils ſont couverts, & qu'on voit à l'aide de la loupe ſortir d'autant de petits trous ou points. Le deſſous du corps eſt pareillement noir, ainſi que les tarſes & les jambes poſtérieures : mais les cuiſſes & les quatre jambes antérieures ſont d'un rouge brun, & noires ſeulement à leur extrémité ; de plus les cuiſſes vont un peu en groſſiſſant & forment la maſſe.

STENOCORUS *totus niger.*

Longueur 3 ¾ lignes. Largeur 1 ⅓ ligne.

Cette variété eſt toute noire & paroît un peu veloutée ; à cauſe de quelques petits poils noirs ; du reſte elle eſt préciſément ſemblable à la précédente, à la couleur des cuiſſes & la grandeur près.

11. STENOCORUS *niger, thorace rubro.*

Linn. faun. ſuec. n. 551. Cicindela atra, thorace rufo, elytris nigro-cœruleis.

Le ſtencore noir à corcelet rouge.
Longueur 4 lignes. Largeur 1 ¼ ligne.

Ses antennes ſont de la longueur des trois quarts de ſon corps : elles ſont noires, ainſi que la tête & les pattes. Le corcelet eſt d'un rouge foncé, liſſe, & parſemé ſeulement de quelques points éloignés les uns des autres. Les étuis ſont d'un noir bleuâtre, fortement & irréguliérement pointillés. Ils ſont moins retrécis vers le bas, que dans la plûpart des eſpéces de ce genre. Le deſſous du corps eſt noir, à l'exception du ventre qui eſt jaunâtre. Cet inſecte ſe trouve à Fontainebleau.

12. STENOCORUS *deauratus* , *femoribus poflicis dentatis*.

Linn. faun. fuec. n. 509. Leptura deaurata , antennis nigris , femoribus poflicis dentatis.

Frifch. germ. 12 , *p.* 33 , *tab. 6 , f.* 2. Scarabæus arboreus , purpuro-aureus medius.

Linn. fyft. nat. edit. 10 , *p.* 397 , *n.* 1. Leptura aquatica.

Il donne les variétés fuivantes.

α. *Stenocorus rubro - æneus* , *femoribus poflicis dentatis*.

Aft. Upf. 1736 , *p.* 20 , *n.* 3. Leptura rubro - ænea?

β. *Stenocorus viridi - æneus* , *femoribus poflicis dentatis*.

Aft. Upf. 1736 , *n.* 2. Leptura viridi - ænea.

γ. *Stenocorus flavo - æneus* , *femoribus poflicis dentatis*.

δ. *Stenocorus violaceo - æneus* , *femoribus poflicis dentatis*.

Linn. faun. fuec. n. 510. Leptura fubæneo - violacea , femoribus poficis dentatis.

Aft. Upf. 1736 , *n.* 1. Leptura cœruleo-nigra.

ε. *Stenocorus nigro - æneus* , *femoribus poflicis dentatis*.

Le flencore doré.
Longueur 2 ½ , 3 , 4 *lignes.* Largeur ⅔ , 1 *ligne.*

Les deux efpéces que donne M. Linnæus , ne font que des variétés , ainfi que toutes celles que j'ai rapportées , qui ne différent que par la couleur rouge , verte , jaune , violette & noire , mais toujours dorée. Cet infecte varie auffi beaucoup pour la grandeur , comme pour la couleur. C'eft un des plus beaux que nous ayons , fur-tout quand on le regarde de près. Ses antennes font de la longueur des deux tiers du corps , & moins dorées que le refte. Elles font pofées comme dans les autres efpéces de ce genre. Le corcelet eſt cylindrique avec un tubercule de chaque côté vers le haut & un ſillon dans ſon milieu. La tête, le corcelet & tout le corps ſont parſemés de petits points, qui ſont plus grands ſur les étuis & y forment des eſpéces de ſtries au nombre de dix, qui néanmoins dans quelques-uns ne ſont pas bien diſtinctes. Ces étuis vont en ſe retréciſſant, moins cependant que dans les eſpéces précédentes, ce qui donne à l'inſecte un air un peu différent de ceux de ce genre, quoique la poſition de ſes antennes, ainſi que la grandeur de ſes antennules l'en rapprochent. Les cuiſſes poſtérieures ſont plus larges & plus longues que les autres, & ont une épine ou pointe aigue au côté intérieur, ce qui fait la note ſpécifique de cet inſecte. On le trouve au bord des ruiſſeaux & dans les prés ſur la flambe ou iris qui en eſt quelquefois toute couverte.

LUPERUS.

LE LUPERE.

Antennæ filiformes articulis longis.	Antennes filiformes à longs articles.
Thorax planus, marginatus.	Corcelet plat & bordé.

Les inſectes de ce genre, dont la figure approche aſſez de celle de la chryſomele, ont une démarche lourde, peſante & qui ſemble avoir quelque choſe de *triſte*, ce qui leur a fait donner le nom de luperes, *luperus*, *triſtis*.

Leur caractere conſiſte, premiérement dans la forme de leurs antennes aſſez longues, dont les articles ſont de même allongés, & qui ſont ſemblables à des fils d'égale groſſeur à leur baſe & à leur extrémité: ſecondement dans la forme de leur corcelet qui eſt aſſez applati, ou du moins très-peu convexe, & dont le contour eſt garni de rebords. C'eſt par ce dernier caractere que ce genre ſe diſtingue du ſuivant, qui lui reſſemble tout-à-fait pour la forme des antennes. Les larves des luperes font affez groffes, courtes, de forme ovale : elles ont fix pattes & une petite tête écailleufe. Le refte de leur corps eft mol & d'un blanc fale. On trouve ces larves fur l'orme, dont elles mangent les feuilles. Je ne connois que deux efpéces de ce genre.

1. L U P E R U S *niger , thorace pedibufque rufis.* Planch. 4, fig. 2.

Le lupere noir à corcelet & pattes rouges.

2. LUPERUS *niger , pedibus rufis.*

Le lupere noir à pattes rouges.
Longueur 1 ½, 2 lignes. Largeur ¾ ligne.

Ces deux infectes font de même grandeur & fe reffemblent parfaitement. Tous les deux font noirs avec les pattes fauves & leurs antennes fort longues : feulement les uns ont leur corcelet rouge & les autres l'ont noir. Ces derniers font ordinairement mâles, & leurs antennes font plus longues que leur corps ; pour les autres leurs antennes font plus petites, ils font plus grands, & tous ceux que j'ai trouvés étoient femelles, enforte que ces deux infectes pourroient bien n'être qu'une fimple variété de fexe. Leurs étuis font fort brillans & mols comme ceux des cicindeles, dont ils approchent pour la forme du corcelet & des antennes, mais dont ils différent par leurs tarfes qui n'ont que quatre piéces. Ces infectes fe trouvent enfemble fur l'orme & plufieurs autres arbres.

CRYPTOCEPHALUS. *Chryfomelæ fpec. linn.*
LE GRIBOURI.

Antennæ filiformes articulis longis.	Antennes filiformes à longs articles.
Thorax gibbus hæmifphæricus.	Corcelet hémifphérique & en boffe.

Le gribouri, cet infecte fi connu & fi redouté des culti

vateurs , ou n'étoit point décrit par les Auteurs méthodiques d'hiftoire naturelle , ou , s'ils en connoiſſoient quelques eſpéces , ils les confondoient avec la chryſoméle , dont cependant ce genre différe beaucoup , comme on s'en apperçoit aifément en examinant les caracteres de l'un & de l'autre. Celui du gribouri confifte premiérement dans la figure de ſes antennes longues , filiformes , compofées d'articles allongés & d'égale groſſeur par-tout : fecondement dans la forme de ſon corcelet hémifphérique , qui imite le dos rond d'un boſſu , & fous lequel eft cachée en partie la tête de l'infecte , ce qui lui a fait donner le nom de *cryptocephalus* , comme qui diroit *tête cachée*.

Les larves de ces infectes affez femblables à celles du genre précédent , rongent & défolent les différentes plantes fur leſquelles elles ſe trouvent ; mais celle qui fait le plus de tort eft la larve du gribouri de la vigne ; elle détruit les jeunes pouffes de vigne , elle en fait périr les fleurs , & lorſque ces infectes font nombreux , ils cauſent un très-grand dommage dans les Pays de vignobles. Les infectes parfaits , que produifent ces larves , font de forme ovale : leurs pattes font affez longues , & leur tête eft petite & cachée en partie par la rondeur du corcelet. Plufieurs eſpéces de ce genre font affez belles.

1. CRYPTOCEPHALUS *violaceus , punctis inordinatis.*

Linn. faun. ſuec. n. 416. Chryſomela nigro-purpurea , punctis excavatis aſperſa.
Linn. ſyſt. nat. edit. 10 , *p.* 369 , *n.* 6. Chryſomela ovata violacea , elytris punctis excavatis ſparſis.
Friſch. germ. 7 , *p.* 13 , *t.* 8. Scarabæus alni cœruleus.

Le gribouri bleu de l'aûne.
Longueur 4 *lignes. Largeur* 3 *lignes.*

Ce gribouri , le plus grand de tous ceux que nous avons , eft d'un beau violet , tant en deſſus qu'en deſſous.
Ses

Ses étuis, vûs à la loupe, paroissent parsemés de très-petits points irréguliers. La forme de son corcelet sous lequel rentre sa tête, le range parmi les insectes de ce genre. On le trouve ordinairement sur l'aûne & quelquefois sur d'autres arbres, mais toujours dans des endroits humides. Il vient au printems.

2. CRYPTOCEPHALUS *niger, elytris rubris.*

Le gribouri de la vigne.
Longueur 2 lignes. Largeur 1 ligne.

Cet insecte n'est que trop connu dans les Pays où il fait du ravage. Sa tête est noire & renfoncée sous son corcelet, comme dans tous ceux de ce genre. Ses antennes sont noires, longues & filiformes. Son corcelet est noir, luisant & comme bossu, renflé dans son milieu. Son ventre est large & quarré. Les étuis qui le recouvrent sont d'un rouge sanguin & couverts de plusieurs petits poils, ainsi que le corcelet. L'animal en dessous est noir & a les pattes fort allongées. La larve de ce gribouri se trouve sur la vigne.

3. CRYPTOCEPHALUS *viridi-auratus sericeus.*

Linn. faun. suec. n. 418. Chrysomela viridis nitida, thorace æquali, elytris punctis excavatis contiguis, pone dehiscentibus.
Act. Ups. 1736, p. 17, n. 2. Chrysomela viridis nitida.

Le velours vert.
Longueur 3, 4 lignes. Largeur 2 lignes.

La forme de son corps est un peu allongée. Il est par-tout d'un beau vert brillant & soyeux. Son corcelet est un peu bombé & couvert de petits points séparés les uns des autres. Les antennes & les tarses sont noirâtres. Les étuis sont couverts de points qui se touchent les uns aux autres, ce qui rend l'animal moins lisse, & fait paroître sa couleur plus riche. On trouve ce gribouri sur le saule ; il n'est pas absolument bien commun ici.

4 CRYPTOCEPHALUS *niger, elytro singulo duplici linea longitudinali flava.*

Tome I. Gg

Le gribouri à deux bandes jaunes.
Longueur 1 ½ , 2 lignes. Largeur ¼ ligne.

La grandeur de cet infecte varie , principalement fui-vant la diverfité de fexe. Sa couleur eft noire par-tout & affez brillante , il n'y a que fes étuis qui foient chargés de deux bandes longitudinales jaunes , l'une plus étroite fut le bord extérieur de l'étui, l'autre plus large fur fon milieu. Le bord intérieur eft noir , enforte que la future du milieu des étuis forme une large bande noire. La bande jaune la plus large , ne va que jufqu'aux deux tiers de l'étui , au lieu que celle du bord extérieur s'étend en bas , & embraffe tout le rebord de l'étui jufqu'à l'angle , fans cependant fe joindre tout-à-fait à celle de l'autre côté. Les étuis font ftriés ; tout le refte de l'animal n'a ni points, ni ftries. Je l'ai trouvé à la fin de juin dans les prés & aux environs des prés fur les buiffons.

5. CRYPTOCEPHALUS *niger , capite thoracequé antice luteis , elytro fingulo externe macula duplici flava.*

Le gribouri à deux taches jaunes.

Cet infecte reffemble beaucoup au précédent pour la forme , la grandeur & les couleurs , & fe trouve dans les mêmes endroits, & dans le même tems. Il eft tout noir en deffous , à l'exception de fes pattes de devant qui ont un peu de jaune à leur partie intérieure. La tête eft noire , avec une tache jaune fur le devant , qui fe divife en deux branches & forme l'Y-grec. Le corcelet eft pareillement noir , bordé de jaune fur le devant & les côtes. Les étuis qui font ftriés , font auffi noirs , ayant fur leur bord ex-térieur & fur l'inférieur deux taches jaunes affez larges & féparées l'une de l'autre.

6. CRYPTOCEPHALUS *niger , elytris rubris ftriatis , maculis quatuor limboque nigris.* Planch. 4 , fig. 3.

Le gribouri rouge strié à points noirs.
Longueur 2 ¼ lignes. Largeur 1 ½ ligne.

Le dessous de son corps, ses pattes, ses antennes, sa tête & son corcelet sont noirs & luisans, sans qu'on apperçoive aucun point sur le corcelet. Les étuis seuls sont rouges & striés longitudinalement. Leurs bords, tant extérieurs qu'intérieurs sont noirs, & de plus chaque étui a deux taches noires, l'une grande & ronde, placée inférieurement un plus bas que le milieu de l'étui, l'autre petite & allongée, placée vers son angle supérieur & extérieur. Les antennes égalent la longueur du corps de l'animal. J'ai trouvé ce gribouri sur le *cirsium.*

7. CRYPTOCEPHALUS *niger, thorace lineis flavis, elytris rubris punctatis, maculis quatuor limboque nigris.*

Le gribouri rouge sans stries à points noirs.

On seroit porté à faire de cette espéce une variété de la précédente, tant elle lui ressemble pour la grandeur & les couleurs : elle en différe cependant par deux endroits. Premiérement, son corcelet a trois bandes longitudinales jaunes, une de chaque côté assez large, & une au milieu plus étroite, souvent interrompue dans le bas, au lieu que dans l'espéce précédente le corcelet est tout noir. La seconde différence beaucoup plus essentielle, c'est que dans cette espéce les étuis sont ponctués & chagrinés sans simétrie, au lieu que dans la précédente il y a des stries longitudinales bien marquées : du reste la couleur & les taches sont les mêmes, si ce n'est que dans celle-ci la tache noire inférieure est moins arrondie, mais allongée transversalement, & que le bord noir des étuis est un peu moins marqué. Le bout inférieur des cuisses a aussi un peu de jaune.

8. CRYPTOCEPHALUS *cœruleo-violaceus, punctis per strias digestis.*

Le gribouri bleu strié.
Longueur 2 lignes.　Largeur 1 ligne.

Ce petit insecte est en dessous d'un noir un peu bleuâtre, le dessus est d'un bleu plus brillant. Sa forme est assez quarrée, comme celle de tous ceux de ce genre. Ses antennes minces sont de la longueur des trois quarts du corps. Le corcelet renflé & élevé, cache une partie de la tête : il est poli & luisant. Les étuis ont des stries longitudinales au nombre de onze sur chacun, formées par des bandes de points. Tout l'animal est lisse & luisant.

9. CRYPTOCEPHALUS *cæruleus, punctis sparsis, tibiis anticis ferrugineis.*

Le gribouri bleu à points.
Longueur 2 lignes.　Largeur 1 ¼ ligne.

Cette espéce est de la même couleur que la précédente ; son corcelet est aussi fort lisse, & ses étuis sont ponctués, mais les points des étuis sont semés irréguliérement sans former de stries : de plus les jambes des pattes antérieures sont de couleur fauve, ce qui ne se voit point dans le précédent. On remarque de plus dans cette espéce une petite tubérosité au haut des étuis attenant le corcelet.

10. CRYPTOCEPHALUS *niger striatus, pedibus rufis.*

Le gribouri noir strié.
Longueur 1 ¼ ligne.　Largeur ¾ ligne.

Il est tout noir, à l'exception des tarses & de la base des antennes : du reste sa forme ressemble tout-à-fait à celle des précédens. Son corcelet est lisse & ses étuis sont couverts de stries formées par des points : il a, comme le précédent, une petite tubérosité vers le haut des étuis.

11. CRYPTOCEPHALUS *niger striatus, thorace pedibusque rufis.*

Le gribouri noir à corcelet rouge.
Longueur 1 ½ ligne. Largeur ¾ ligne.

Sa couleur eſt noire, mais ſes pattes ſont fauves, ainſi que ſon corcelet qui eſt même rougeâtre. Ses étuis ont des ſtries longitudinales de points, & au haut de leur bord extérieur, on voit une petite raie longitudinale jaune. A cette différence près, ainſi qu'à la couleur du corcelet, cet inſecte reſſemble beaucoup au précédent.

12. CRYPTOCEPHALUS *capite thoraceque fulvo, elytris pallidis.*

Le gribouri fauve.
Longueur 1 ligne. Largeur ⅓ ligne.

En deſſous ce gribouri eſt d'un brun noirâtre. Sa tête, ſon corcelet & ſes pattes ſont d'une couleur fauve rougeâtre. Ses antennes ſont noires, & ſes étuis, dont la couleur eſt d'un jaune pâle, ſont ſtriés. Son corcelet eſt ſans ſtries, ni points, & fort luiſant.

CRIOCERIS. *Chryſomelæ ſpec. linn.*

LE CRIOCERE.

Antennæ cylindraceæ articulis globoſis.	Antennes cylindriques à articles globuleux.
Thorax cylindraceus.	Corcelet cylindrique.

Deux caractères diſtinguent eſſentiellement ce genre de tous les autres & en particulier de celui des chryſomeles avec leſquelles on l'avoit confondu. Le premier conſiſte dans la forme des antennes qui ſont aſſez groſſes, mais d'égale groſſeur par-tout, & dont les articles courts & ronds les font reſſembler à une eſpéce de *cordonnet*, d'où a été tiré le nom de ce genre. Le ſecond caractère conſiſte dans la figure du corcelet qui eſt cylindrique & allongé, ainſi que le corps.

Les larves de ces infectes font grofles, courtes, ramaffées & lourdes. Leur corps eft mol & couvert d'une peau
affez fine. Elles ont une tête écailleufe & fix pattes pareillement écailleufes. Ces larves vivent fur différentes plantes, mais c'eft en terre qu'elles fe métamorphofent. Elles
s'y forment une efpéce de coque dont les parois font enduits en dedans d'un vernis brillant & argenté. Ce verni
n'eft point produit par des fils de foie, comme il arrive à
plufieurs autres coques d'infectes : la larve du criocere ne
file point, elle jette feulement une efpéce de bave, qui fe
féche, fe durcit, & enduit tout l'intérieur de la coque ou
cavité dans laquelle elle eft renfermée. Ces coques ne font
pas aifées à trouver, & fouvent on ne les diftingue pas,
parce qu'elles reffemblent à des petites mottes de terre.
Lorfqu'on les ouvre, on y apperçoit la chryfalide, dans
laquelle on reconnoît aifément toutes les parties qui doivent compofer l'infecte parfait.

Quelques-uns de ces infectes ont quelques particularités
qui méritent d'être remarquées. La larve de la premiere
efpéce qui fe trouve fur le lys, eft une des plus lourdes :
auffi outre les fix pattes écailleufes, elle a à la queue deux
mammelons membraneux qui l'aident à marcher. On voit
fur les côtés de fon corps une fuite de points noirs, qui
font les ftigmates de l'infecte, au nombre de deux fur chaque anneau, un de chaque côté, excepté fur le fecond
anneau. Mais ce que cet infecte a de plus fingulier, c'eft
que fa peau qui eft très-fine & délicate, fe trouve mife à
l'abri du foleil & des injures de l'air par fes excrémens
dont il eft toujours couvert. Pour cet effet, l'anus de cet
animal n'eft point pofé en deffous, comme dans la plûpart
des autres infectes, mais en deffus entre le dernier &
l'avant-dernier anneau, & il fe trouve tellement difpofé,
que les excrémens en fortant, ne peuvent prendre d'autre
direction, que celle de remonter fur le corps de l'infecte.
Arrivés en cet endroit, ils font pouffés plus haut par ceux
qui les fuivent & que rend fucceffivement l'animal; ils

parviennent ainfi jufqu'à fa tête. Ce mouvement progreffif eft encore aidé par les ondulations que l'infecte exécute avec fa peau , qui pouffent ces excrémens vers le haut : de cette façon l'animal fe trouve couvert d'un enduit fale & mal propre , qui met fa peau à l'abri de la trop grande féchereffe. Sa tête feule paroît à l'extérieur & n'en eft pas couverte , ainfi que le deffous de fon corps , qui eft pofé contre la feuille fur laquelle eft l'infecte. Cette couverture d'excrémens , lorfqu'elle eft fraîche , reffemble à un paquet de feuilles broyées , par la fuite elle devient plus brune , elle fe durcit & fe féche : pour lors l'infecte s'en débarraffe aifément par un leger frottement contre quelque feuille , & fe recouvre d'un nouvel enduit plus frais. Quand ces infectes font parvenus à leur grandeur , ils font moins couverts de cette ordure , ils font auffi moins lourds , ils marchent plus vîte , leur corps prend une teinte un peu rougeâtre , & ils vont fe retirer & s'enfoncer en terre , où ils fe métamorphofent , comme nous l'avons dit. D'autres larves , comme celles du *criocere porte-croix* de l'afperge , font plus propres : elles font auffi plus allongées , mais prefqu'auffi lourdes.

Enfin un des infectes de ce genre des plus finguliers , eft celui de la derniere efpéce. Je ne connois point la larve de cet animal qui eft rare : pour ce qui eft de l'infecte parfait , je l'ai trouvé plufieurs fois & toujours fur le *gramen*. Tout le corps de ce petit animal eft hériffé de pointes , dont plufieurs même font fourchues , enforte qu'il reffemble à une coque de châteigne , auffi l'avons-nous nommé *la châteigne noire* , à caufe de fa couleur.

1. CRIOCERIS *rubra.*

Linn. faun. fuec. n. 425. Chryfomela rubra , thorace cylindraceo , utrinque impreffo.
Linn. fyft. nat. edit. 10 , *p.* 375 , *n.* 62. Chryfomela merdigera.
Merian. europ. 2 , *tab.* 21.
Reaum. inf. vol. 3 , *t.* 17 , *f.* 1 , 2.

Le criocere rouge du lys.
Longueur 3 *lignes. Largeur* 1 $\frac{1}{2}$ *ligne.*

Cet infecte dont la couleur eft très-belle, varie pour la grandeur. Nous avons donné les dimenfions de ceux que l'on trouve le plus ordinairement ; mais il y en a de plus petits. Le deffous du corps, les pattes, la tête & les antennes font noires ; le corcelet & les étuis font d'un beau rouge vermillon, & fur ces derniers on voit des ftries formées par des rangées longitudinales de petits points. La larve, qui donne cet infecte, eft molaffe, affez groffe, de couleur de chair, avec fix pattes au-devant de fon corps. On la trouve fur les plantes liliacées qu'elle ronge & détruit. Elle eft toujours couverte de fes ordures qu'elle fait remonter fur fon dos, & fous lefquelles elle eft à l'abri. Souvent les lys font tous mangés par ces efpéces de larves. L'infecte auffi beau & auffi propre que fa larve eft fale & dégoûtante, fe trouve pareillement fur le lys. Lorfqu'on le prend, il fait une efpéce de cri produit par le frottement des jointures du corcelet avec la tête & le corps. La nymphe tient, pour ainfi dire, le milieu entre la larve & l'infecte parfait : on y voit très-diftinctement toutes les parties de l'animal qui en doit fortir. L'accouplement de ces crioceres eft long, il dure plufieurs heures. La femelle après avoir été fecondée, dépofe fes œufs irréguliérement les uns auprès des autres fur la partie inférieure de quelque feuille de lys. Ces œufs font difpofés par tas de huit ou dix, & font enduits d'une liqueur qui les colle à la feuille. Ils font oblongs, de couleur rougeâtre lorfqu'ils font nouvellement dépofés, mais en fe féchant ils deviennent bruns. Au bout de quinze jours, on en voit fortir les petites larves qui fe répandent fur les feuilles des lys.

2. CRIOCERIS *rubra, punctis tredecim nigris.* Planch. 4, fig. 5.

Frifc. germ. 13, *tab.* 28.

Le criocere rouge à points noirs.
Longueur 2 ½ *lignes. Largeur* 1 ¼ *ligne.*

II

Il y a beaucoup de reſſemblance entre cet inſecte & le précédent pour la forme, la grandeur & même la couleur. Sa tête eſt rouge avec les yeux & les antennes noirs. Le corcelet eſt rouge en deſſus, noir en deſſous. Ses étuis ſont rouges, ſtriés & chargés chacun de ſix points ou marques noires qui forment deux eſpéces de triangles, l'un ſupérieur dont la baſe regarde l'intérieur, l'autre inférieur, dont la baſe eſt tournée vers le rebord extérieur de l'étui : outre ces douze points des étuis, il y en a un treiziéme en haut à la jonction des deux étuis, poſé ſur l'écuſſon. Les pattes de l'animal ſont rouges avec les jointures & les pieds ou tarſes noirs : enfin les anneaux du ventre ſont rayés tranſverſalement de rouge & de noir. C'eſt ſur l'aſperge que l'on trouve ce joli inſecte avec le ſuivant, mais moins fréquemment que lui.

3. CRIOCERIS *thorace rubro punctis duobus nigris, coleoptris flavis, cruce cœruleo-nigra.*

Linn. faun. ſuec. n. 430. Chryſomela thorace rubro cylindraceo punctis duo- bus nigris, coleopteris flavis cruce nigra.
Frifch. germ. 1, p. 27, t. 6. Scarabæus cruciatus, erucæ aſparagi.
Linn. ſyſt. nat. edit. 10, p. 376, n. 70. Chryſomela aſparagi.
Roſel. inſ. vol. 2. Scarab. terreſtr. claſſ. 3, tab. 4.

Le criocere porte-croix de l'aſperge.
Longueur 2 ⅔ lignes. Largeur 1 ligne.

C'eſt encore ſur l'aſperge que l'on trouve communé- ment cet inſecte, un des plus joliment habillés que l'on puiſſe voir. Il eſt aſſez allongé. Tout le deſſous de ſon corps, ainſi que ſes pattes & ſa tête, ſont d'un noir bleuâ- tre : les antennes ſont noires. Le corcelet eſt rouge, ayant ſur ſon milieu deux points noirs ordinairement aſſez mar- qués, mais ſi petits dans quelques-uns, qu'à peine les voit-on. Les étuis ſont longs, ſtriés, d'une couleur fauve vers le rebord extérieur, & variés diverſement pour la cou- leur. Le jaune paroît faire le fond ; ſur ce fond, eſt une eſ- péce de croix de couleur noire bleuâtre, dont la branche du milieu aſſez large, eſt ſur le bord intérieur de l'un &

Tome I. H h

de l'autre étui, & commune à tous les deux. Les bras de la croix font au milieu : ils font larges & courts, & ne vont point jufqu'au bord extérieur des étuis. Au haut de ce bord extérieur, eft une marque ou tache bleue, qui ordinairement eft féparée de la croix, & quelquefois y eft jointe. Vers le bas des étuis, font deux femblables taches rondes, qui tiennent au pied de la croix. Quelquefois ces taches & ces couleurs varient, & j'ai quelques-uns de ces infectes où les branches de la croix manquent tout-à-fait, & font fuppléées par les taches du haut & du bas. La larve de cet infecte, eft d'un brun gris & de forme allongée. On la trouve fréquemment fur l'afperge, ainfi que l'infecte parfait.

4. CRIOCERIS *cæruleo-viridis*, *thorace femoribufque rufis*.

Linn. faun. fuec. n. 440. Chyfomela cœruleo-viridis, thorace femoribufque rufis.

Act. Upf. 1736, p. 19, Attelabus fubrotundus, cæruleo-nigricans, collari teftaceo.

Raj. inf. p. 100. Scarabæus antennis clavatis quartus.

Reaum. inf. tom. 3, t. 17. f. 15.

Le criocere bleu à corcelet rouge.
Longueur 2 lignes. Largeur ⅓ ligne.

Le deffous du corps de ce criocere, ainfi que fa tête & fes étuis, eft de couleur bleue. Son corcelet & fes cuiffes font rouges : les tarfes & les antennes font noirs. Ses étuis font ftriés, ce qui me feroit prefque douter que ce fût cet infecte que M. Linnæus eût voulu défigner par la phrafe que je cite, parce qu'il ne parle point des ftries ; cependant tout le refte de fa defcription quadre très-bien avec notre efpéce. La larve qui la produit, eft femblable à celle du criocere rouge du lys, mais plus petite. Elle eft tantôt couverte, comme elle, de fes excrémens, & tantôt d'une fimple matiere gluante & tranfparente. Elle fait auffi fa métamorphofe en terre. On trouve cette larve fur les feuilles de l'orge & de l'avoine.

5. CRIOCERIS *tota cœruleo-viridis.*

Linn. syst. nat. edit. 10, *p.* 376, *n.* 66. Chryfomela oblongâ cœrulea, thorace cylindrico, lateribus gibbis.

Le criocere tout bleu.
Longueur 2 *lignes. Largeur* ¾ *ligne.*

Cette efpéce reffemble tout-à-fait à la précédente, fi ce n'eft qu'elle eft toute bleue. Ses étuis font ftriés : fes antennes & fes pattes tirent fur le noir pour la couleur.

6. CRIOCERIS *pallida, oculis nigris.*

Le criocere aux yeux noirs.
Longueur 2 ¼ *lignes. Largeur* 1 *ligne.*

Sa tête, fes pattes & fes antennes font d'une couleur fauve pâle : fes étuis font d'un jaune encore plus pâle, & chargés de points irréguliers. Ses yeux font noirs. Les antennes font auffi longues que la moitié du corps. Tout le corps de l'animal eft allongé, comme celui des infectes de ce genre.

7. CRIOCERIS *tota atra, fpinis horrida.*

La châteigne noire.
Longueur 1 ½ *ligne. Largeur* ⅔ *ligne.*

Cette jolie & finguliere efpéce eft toute noire, & fa couleur eft matte & foncée. Tout fon corps eft couvert en deffus de longues & fortes épines, ce qui la rend hériffée, comme une coque de châteigne. Il y a même une épine à la bafe des antennes. Le corcelet en a un rang pofé tranfverfalement : ces dernieres font fourchues. Enfin fes étuis en ont une très-grande quantité, qui font fimples. Ces pointes font dures & roides. J'ai trouvé plufieurs fois, quoiqu'affez rarement, ce petit infecte fur le haut des tiges du *gramen*. Il eft difficile à attraper, & il fe laiffe tomber à terre, dans le gazon, dès qu'on en approche. Il porte fes antennes droites devant lui. Je ne connois point fa larve.

Hh ij

ALTICA Mordella. Linn.

L'ALTISE.

Antennæ ubique æquales. Antennes d'égale grosseur tout du long.

Femora postica crassa subglobosa. Cuisses postérieures grosses, presque sphériques.

Une particularité des insectes de ce genre, c'est de sauter vivement en l'air, aussi agilement que des puces, ce qui leur a fait donner le nom latin de *altica*, comme qui diroit en françois *sauteurs*, au lieu du nom de *mordelles*, sous lequel ils étoient décrits par quelques Auteurs modernes. Nous avons réservé ce dernier nom à quelques insectes, qui font un genre très-différent de celui-ci, quoiqu'on eût confondu les uns & les autres ensemble.

Pour exécuter ce saut si vif & si considérable, la nature a donné aux altises les pattes de derriere, plus grandes & plus fortes que les autres. Les cuisses de ces pattes sont sur-tout remarquables. Elles sont dans presque tous ces insectes démésurément grosses, & souvent presque sphériques, ce qui fait qu'ils marchent mal & lentement, mais aussi ces grosses cuisses renferment des muscles assez forts, pour exécuter un mouvement aussi violent que celui que font ces animaux pour sauter. Nous avons tiré le caractere de ce genre de ces grosses cuisses, & de la forme des antennes, qui sont assez longues & de la même grosseur partout. Les altises sont toutes assez petites. On les trouve en grande quantité sur les plantes potageres, sur-tout au printems. Elles les criblent & les rongent. J'ai trouvé aussi sur ces mêmes plantes quantité de petites larves, qui pourroient bien être celles de ces altises, ce que je n'ose cependant assurer, n'ayant pas suivi leur changement.

1. ALTICA *viridi - cœrulea.*

Linn. fyft. nat. edit. 10, *p:* 372, *n.* 35. Chryfomela faltatoria, córpore vireſ, centi-cœruleo.
Linn. faun. fuec. n. 539. Mordella fubrotunda atro-ænea.

L'altife bleue.
Longueur 2 *lignes. Largeur* 1 *ligne.*

Cette altife eſt bleue en deſſus & en deſſous, & quelquefois un peu verdâtre. Sa tête eſt aſſez quarrée ; ſes yeux font faillans, & ſes antennes de la moitié de la longueur de fon corps. Le corcelet eſt quarré, un peu large, liſſé, avec un enfoncement tranſverſale à ſa partie poſtérieure. Ses étuis font liſſes, & vûs à la loupe, ils paroiſſent parſemés de petits points irréguliers. Cet inſecte faute très-bien, & a les cuiſſes poſtérieures groſſes, comme tous ceux de ce genre. Il ſe trouve communément dans les jardins.

2. ALTICA *nigra, elytris cœruleis, thorace pedibuſ-qué rubris.*

L'altife de la mauve.

3. ALTICA *nigra, elytris nigro - æneis ſtriatis, thorace rubro, pedibus nigris.* Planch. 4, fig. 4.

L'altife bedaude.
Longueur 1 ½ *ligne. Largeur* 1 *ligne.*

Ces deux eſpéces ſe reſſemblent beaucoup pour la figure, la grandeur & les couleurs. Toutes deux font noires, & ont le corcelet & la tête rouge, avec les yeux noirs. Mais la premiere a les étuis bleuâtres, l'autre les a d'un noir bronſé. De plus, les pieds de la ſeconde font noirs, & ceux de la premiere font rouges. Enfin cette premiere a les étuis preſqu'unis, & la ſeconde les a chargés de points rangés par.ſtries. La premiere de ces deux eſpéces ſe trouve en quantité ſur la mauve & les plantes malvacées, & l'autre habite ſur les choux.

4. ALTICA *nigro-ænea, elytris ftriatis, pedibus ferru-gineis.*

L'altife noire dorée.
Longueur 1 *ligne.* *Largeur* ½ *ligne.*

Cette altife eft par-tout d'un noir un peu doré, à l'ex-ception de la bafe des antennes & des pattes, qui font d'une couleur roufle. Il faut cependant remarquer que les grofles cuifles de derriere font de la même couleur que le corps, & qu'il n'y a que leurs jambes qui foient de cou-leur rougeâtre. Les étuis font chargés de ftries formées par des points. Cet infecte eft très-commun dans les jar-dins.

5. ALTICA *nigro-ænea, ovata, pedibus nigris.*

L'altife noire ovale.
Longueur 1 ½ *ligne.* *Largeur* 1 *ligne.*

Elle eft par-tout d'un noir verdâtre un peu bronzé. Ses étuis font chargés de points irréguliers, en quoi elle différe de la précédente, ainfi que par fes pattes, qui font de la même couleur que le refte de fon corps.

6. ALTICA *nigro-ænea, oblonga, pedibus nigris.*

L'altife noire allongée des cruciferes.
Longueur 1 *ligne.* *Largeur* ⅓ *ligne.*

Elle eft de la même couleur que la précédente, mais bien plus allongée & plus petite. Je l'ai trouvée en quan-tité fur les plantes cruciferes, & fur-tout fur le *crambe* ou choux-marin à feuilles découpées.

7. ALTICA *nigra, ovata, pedibus rufis, elytris non ftriatis.*

L'altife noire à pattes fauves.
Longueur 1 ¾ *ligne.* *Largeur* ⅓ *ligne.*

Elle eft ovale, toute noire, finement chagrinée, fans

aucunes ftries, avec les pattes un peu fauves. Si on regarde fes étuis à la loupe, on voit qu'ils font parfemés de
petits points, d'où partent de très-petits poils. A la vûe
fimple, ces étuis paroiffent liffes.

8. ALTICA *nigra, fubrotunda, tibiis ferrugineis.*

L'altife noire à jambes jaunes.
Longueur ⅔ ligne. Largeur ⅓ ligne.

Cet infecte eft très-petit. Il eft par-tout d'un noir affez
liffe, à l'exception des jambes, qui font de couleur fauve.
Ses antennes font noires, & fes étuis n'ont point de ftries.
Sa petiteffe & l'agilité avec laquelle il faute, le feroient
prendre pour une puce. Il différe principalement du précédent, en ce que fes pattes font noires, & qu'il n'y a
que fes jambes qui foient de couleur fauve. De plus, il
eft beaucoup plus petit.

9. ALTICA *atra, elytris longitudinaliter in medio*
flavefcentibus.

Linn. faun. fuec. n. 542. Mordella oblonga atra, elytris longitudinaliter in
medio flavefcentibus.
Linn. fyft. nat. edit. 10, p. 373, n. 42. Chryfomela faltatoria, corpore atro,
elytris linea flava, pedibus pallidis.
Lift. tab. mut. t. 2, f. 29.
Act. Upf. 1736, p. 18, n. 6. Gyrinus niger, utrinque albus.

L'altife à bandes jaunes.
Longueur ½, 1 ligne. Largeur ¼, ½ ligne.

Cet infecte eft un des plus jolis & des plus petits de
ce genre. Sa grandeur varie cependant quelquefois de
moitié. Tous ont tout le corps noir, à l'exception de la
bafe des antennes, qui eft un peu fauve, ainfi qu'une
partie des pattes poftérieures. Sur chaque étui regne une
bande longitudinale jaune, que le noir borde de tous côtés. Ces étuis font chargés de points noirs, mais irréguliers & fans ftries. Cette altife eft commune dans les jardins, fur-tout fur les plantes odorantes.

10. ALTICA *nigra ; thorace elytrifque flavis ; oris nigris.*

L'altife à bordure noire.
Longueur 1 ¼ ligne.   Largeur ⅓ ligne.

On trouve à la premiere vûe une grande reffemblance entre cet infecte & l'altife à bandes jaunes ; mais outre que celui-ci eft plus grand, la forme de fon corps eft plus arrondie. D'ailleurs les bandes jaunes font plus larges, & couvrent tout l'étui, à l'exception du bord, qui eft noir : elles font d'un jaune pâle, & le corcelet eft pareillement jaune, au lieu que dans l'altife à bandes, il eft noir. Celle-ci a donc les pattes, les antennes, la tête & tout le deffous du corps noirs. Son corcelet eft d'un jaune pâle, avec un peu de noir aux côtés. Ses étuis font jaunes bordés de noir, tant intérieurement, qu'extérieurement, de façon cependant que cette bordure fe termine un peu avant la bafe de l'étui, & ne va pas jufqu'au corcelet, laiffant le haut tout jaune.

11. ALTICA *cœrulea ; elytris ftriatis ; tibiis ferrugineis.*

Linn. faun. fuec. n. 540. Mordella ovata, cœrulea, nitida, tibiis ferrugineis.
Linn. fyft. nat. edit. 10, p. 372, n. 37. Chryfomela faltatoria, corpore virefcenti-cœruleo, pedibus teftaceis, femoribus pofticis violaceis.
Raj. inf. p. 98, *n.* 9. Scarabæus antennis articulatis longis, feu capricornus exiguus faltatrix.
Act. Upf. 1736, p. 18, *n.* 5. Gyrinus cœruleus nitidus.

L'altife du choux.
Longueur 1 ligne.   Largeur ½ ligne.

En deffus ce petit infecte eft d'un beau bleu brillant, avec des ftries de points fur fes étuis. Ses pattes font de couleur de rouille, à l'exception des cuiffes poftérieures. La bafe des antennes eft de la même couleur. On trouve cet infecte en grande quantité fur les choux, qu'il ronge & dévore.

12. ALTICA *cœrulea*, *elytris punctis sparsis*, *tibiis ferrugineis*.

L'altise bleue sans stries.
Longueur 1 ¼ ligne. Largeur ⅘ ligne.

Cette altise est, comme la précédente, d'un beau bleu; mais ses étuis sont chargés de points placés irréguliérement, qui ne forment point de stries, en quoi elle différe de l'altise du choux. De plus, la base des antennes & les pattes sont d'une couleur de rouille, mais plus foncée que dans l'espéce précédente. A ces deux circonstances près, ces espéces se ressemblent beaucoup.

13. ALTICA *nigro-aurata*, *thorace aureo femoribus. ferrugineis*.

Linn, *syst. nat. edit.* 10, p. 373, n. 41. Chrysomela saltatoria ; elytris cœruleis, capite thoraceque aureo, pedibus ferrugineis.

L'altise rubis.
Longueur 1 ligne. Largeur ½ ligne.

Ce joli insecte est d'une belle couleur bronsée. Son corcelet est d'un rouge doré, vif, éclatant, & imitant la couleur du rubis. Il est chargé de points irréguliers, & ses étuis ont des stries régulieres. Les pattes & la base des antennes sont de couleur fauve. On trouve communément cet insecte sur le saule.

14. ALTICA *aurea*, *pedibus flavis.*

Le plutus.
Longueur 1 ⅓ ligne. Largeur ⅖ ligne.

Tout le dessus de cet insecte est d'une belle couleur d'or; en dessous il est d'un noir bronsé. Ses antennes & ses pattes, à l'exception des cuisses postérieures, sont d'un jaune un peu fauve. Ses étuis sont striés. Il se trouve dans les jardins.

Tome I. Ii

15. ALTICA *nigra, coleoptris punctis quatuor rubris.*

L'altife à points rouges.

Longueur 1 ½ *ligne. Largeur* ⅘ *ligne.*

Il eſt aiſé de reconnoître ce petit inſecte par les quatre points rouges ou plutôt fauves, dont il eſt chargé. En deſſus, il eſt d'un noir luiſant, & chacun de ſes étuis a deux points rougeâtres; l'un vers l'extrémité inférieure, l'autre en haut, vers la partie extérieure. Les pattes, à l'exception des cuiſſes poſtérieures & la baſe des antennes, ſont de la même couleur que les points des étuis. Ceux-ci vûs à la loupe, paroiſſent finement & irréguliérement piqués.

16. ALTICA *oblonga, ferruginea, elytris ſtriatis.*

L'altife fauve à ſtries.

17. ALTICA *ovata, ferruginea, elytris punctis ſparſis.*

L'altife fauve ſans ſtries.

Ces deux inſectes ſont aſſez ſemblables. Ils varient pour la grandeur, & ils ont l'un & l'autre depuis une ligne juſqu'à deux lignes de long. Le ſecond eſt ovale & plus large que le premier, qui eſt allongé. Tous deux ſont d'une couleur fauve, à l'exception de leurs yeux, qui ſont noirs. Mais ce qui conſtitue la principale différence de ces deux eſpéces, c'eſt que les étuis de la premiere ſont ſtriés réguliérement, au lieu que ceux de la ſeconde n'ont que des petits points irréguliers.

18. ALTICA *flava.*

Linn. faun. ſuec. n. 535. Mordella flava.
Linn. ſyſt. nat. edit. 10, *p.* 373, *n.* 40. Chryſomela ſaltatoria, corpore flaveſcente, pedibus teſtaceis.

L'altife jaune.

Longueur 1 ¼ *ligne. Largeur* 1 *ligne.*

La différence de grandeur me feroit preſque douter que

cet infecte fût le même que celui que M. Linnæus a voulu défigner, fi tout le refte n'étoit femblable. Tout le corps de notre efpéce eft jaune. Cette couleur eft plus pâle fur le corcelet, la tête & les étuis; & plus fauve aux pattes, aux antennes & fur le deffous du corps: les yeux feuls font bruns. Cet infecte eft affez commun dans les jardins.

19. A L T I C A *elytris pallido-flavis, capite nigro.*

La paillette.
Longueur 1 ligne. Largeur ½ ligne.

Ce petit infecte eft noir en deffous : fa tête eft de la même couleur; mais fes étuis, fon corcelet, la bafe de fes antennes & fes pattes, à l'exception des cuiffes poftérieures, font d'une couleur jaune pâle, imitant la couleur de la paille. Les points, dont fes étuis font chargés, font irréguliers, & ne forment aucunes ftries. On trouve fouvent cet infecte dans les jardins.

G A L E R U C A *Chryfomela. Linn.*

LA GALERUQUE.

Antennæ ubique æquales, articulis fubglobofis.	Antennes d'égale groffeur par-tout, à articles prefque globuleux.
Thorax inæqualis, fcaber, marginatus.	Corcelet raboteux & bordé.

Les deux caraEteres que nous donnons, & qui confiftent dans la forme des antennes & du corcelet de ce genre, fuffifent pour le diftinguer de tous les autres genres de cet ordre, & en particulier de celui de la chryfomele, dont il approche le plus. Les antennes de cette derniere vont en groffiffant vers le bout, au lieu que celles de la galeruque font par-tout d'égale groffeur : de plus, elle a le corps plus allongé que la chryfomele, qui eft tout-à-fait hémifphérique.

Les larves de ces insectes sont allongées, & ont six pattes, qui sont écailleuses, ainsi que leur tête. On les trouve
sur les feuilles de plusieurs arbres. Mais il y en a une singuliere, qui vit dans l'eau, c'est celle de la galeruque
aquatique. Cette larve, qui est noire, se trouve sur les
feuilles du *potamogeton*, dans le fond même de l'eau. Souvent en tirant ces feuilles de l'eau dans certain tems de
l'année, on les trouve toutes chargées des ces insectes,
qui les dévorent. Quoique tirées de l'eau, ces larves ne
sont point mouillées. Il paroît qu'il transpire de leur corps
quelque matiere grasse, qui ne permet pas à l'eau de s'y
attacher, de même que les plumes des canards & autres
oiseaux aquatiques, sont enduites d'une espéce d'huile,
qui les empêche d'être mouillées par l'eau dans laquelle
ces oiseaux vivent ordinairement.

1. **GALERUCA** *atro-fusca, elytris lineis tribus*
elevatis, punctis numerosis. Planch. 4, fig. 6.

Linn. faun. suec. n. 413. Chrysomela atra, punctis excavatis contiguis.
Linn. syst. nat. edit. 10, p. 369, n. 1. Chrysomela ovata atra punctata, antennis pedibusque nigris.

La galeruque brunette.
Longueur 4 lignes. Largeur 3 lignes.

Cette espéce est par-tout d'un brun noir, tantôt plus,
tantôt moins foncé. Ses antennes composées de onze articles, comme celles de tous les insectes de ce genre, égalent environ la moitié de son corps. Sa tête est presque
quarrée, avec les yeux saillans. Son corcelet est aussi
quarré, avec des bords saillans, une impression ou sinuo-
sité au milieu, & des enfoncemens sur les côtés, ce qui
rend ce corcelet inégal & raboteux; il est de plus chargé
de beaucoup de points. Les étuis un peu allongés en sont
pareillement chargés, & ont chacun quatre lignes longitudinales élevées, dont les deux qui sont les plus proches
de la suture, sont plus marquées & plus apparentes. Cet
insecte est assez commun dans les prés.

N. B. *Galeruca fusca, elytris lineis elevatis interruptis.*

Celle-ci eft une variété de la précédente, à laquelle elle reffemble tout-à-fait pour la figure, la forme & la grandeur; elle n'en différe que par fa couleur, qui eft d'un brun moins foncé, & par les lignes élevées des étuis, qui font interrompues en plufieurs endroits, ce qui forme plu-fieurs points longs.

2. GALERUCA *fanguineo-rubra.*

La galeruque fanguine.
Longueur 2 ½ lignes. Largeur 1 ½ ligne.

Tout le deffous de cette galeruque eft noir, & le deffus eft d'un rouge couleur de fang. Sa tête & fon corcelet ont des fillons ou enfoncemens longitudinaux. Ses yeux font noirs, & le corcelet, ainfi que les étuis, font parfemés de petits points. Cet infecte approche beaucoup pour la forme des précédens.

N. B. Il y a une variété de cette efpéce plus petite d'un bon tiers, & d'une couleur rouge plus foncée, du refte tout-à-fait femblable.

3. GALERUCA *pallida, thorace nigro variegato, elytris fafciis duabus longitudinalibus nigris.*

La galeruque à bandes de l'orme.
Longueur 2, 3 lignes. Largeur 1 ½, 2 lignes.

On trouve communément fur l'orme cet infecte, qui varie beaucoup pour la grandeur. Sa forme eft affez allon-gée, comme celle de tous ceux de ce genre. En deffous il eft noir, avec les pattes d'une couleur jaunâtre pâle. Le deffus eft de la même couleur jaune. Ses yeux font noirs, & il y a au milieu de fa tête une petite tache noire. Le corcelet, qui eft renfoncé tranfverfalement dans fon milieu, a trois taches noires, une au milieu plus allongée,

& deux autres rondes, une fur chaque côté. Enfin chaque
étui a une bande noire aſſez large vers ſon bord extérieur,
outre une autre petite & courte que l'on rencontre ſouvent vers le haut de l'étui, plus intérieurement. Les feuilles de l'orme ſont quelquefois toutes rongées & piquées
par les larves de cet inſecte. On y rencontre auſſi en grande
quantité leurs œufs, qui ſont blancs, oblongs, pointus
par le haut & rangés par bandes aſſez ſerrées, qui forment
des groupes ſur ces feuilles.

4. G A L E R U C A *pallida, thorace nigro variegato,*
elytris unicoloribus pallidis.

La galeruque aquatique.
Longueur 2 lignes.　Largeur 1 ½ ligne.

Il y a très-peu de différence entre cette eſpéce & la précédente. La ſeule que j'aie obſervée, c'eſt que ſes étuis
ſont d'une ſeule couleur jaunâtre & pâle, ſans avoir de
bandes longitudinales noires. On trouve cette galeruque
au bord de l'eau, ſur le *potamogeton.* La larve qui la produit vient ſur les feuilles de cette plante, dans l'eau même :
elle eſt toute noire.

5. G A L E R U C A *nigra, thorace elytriſque luteo-lividis.*

La galeruque griſette.
Longueur 2 ½ lignes.　Largeur 1 ½ ligne.

Elle reſſemble encore beaucoup aux deux précédentes.
Sa tête eſt noire, ainſi que le deſſous de ſon corps & ſes
antennes, dont cependant la baſe eſt un peu jaunâtre. Les
pattes ont auſſi une petite teinte de jaune à leur extrémité. Le corcelet eſt pâle, varié de quelques points noirs
rangés tranſverſalement, comme dans la galeruque de
l'orme. Les étuis ſont pâles, d'une ſeule couleur, & parſemés de points, ainſi que le corcelet. On trouve cette galeruque ſur le bouleau.

6. G A L E R U C A *nigro-violacea.*

La galeruque violette.
Longueur 3 lignes. Largeur 1 ½ ligne.

Ce joli animal est d'un violet foncé, plus noir en dessous & plus clair en dessus. Il ressemble par la couleur à
la chrysomele du saule, mais il en différe par le caractere
& la grandeur. Sa tête est quarrée, & ses yeux sont saillans. Ses antennes sont de la longueur de la moitié du
corps. Son corcelet est bordé, un peu quarré, avec un léger sillon dans son milieu : ses étuis ont aussi des rebords.
Ils sont chargés de points, ainsi que le corcelet. Je ne connois point la larve de cette galeruque.

CHRYSOMELA.

LA CHRYSOMELE.

Antennæ à basi ad apicem crescentes, articulis globosis.	Antennes plus grosses vers le bout, à articles globuleux.
Thorax æqualis marginatus.	Corcelet uni & bordé.

Les couleurs brillantes, dont sont parées plusieurs espéces de chrysomeles, sur lesquelles on croit voir reluire
l'or & l'airain, ont fait donner à ce genre le nom qu'il porte ; mais son caractere n'avoit point été assez examiné jusqu'ici, ensorte que l'on rapportoit à ce genre plusieurs insectes qui en différent beaucoup. Deux caracteres cependant
peuvent faire sûrement distinguer les chrysomeles des autres insectes, qui en approchent. Le premier consiste dans
la forme de leurs antennes, qui vont en augmentant de
grosseur vers le bout, & dont les articles sont courts &
presque ronds. Le second se tire de leur corcelet, qui est
uni, large & bordé sur ses côtés. On peut ajouter à ces
caracteres une troisiéme marque, mais qui n'est pas à beaucoup près aussi essentielle, c'est la forme du corps de ces
insectes, qui sont ordinairement hémisphériques. Il y a

cependant une efpéce, c'eft la derniere de ce genre, qui n'a point cette forme, & qui eft de figure allongée.

Les larves de ces infeétes ont en général un corps ovale, un peu allongé, mol, à la partie antérieure duquel font fix pattes écailleufes, ainfi que la tête. Une de ces larves s'eft changée chez moi en chryfalide, dans laquelle la chryfomele eft reftée informe & a péri : peut-être cet infeéte a-t-il befoin de faire fa transformation dans la terre. Quant à l'infeéte parfait, outre fa forme arrondie & les autres caraéteres que nous avons rapportés ci-deffus, fes pattes méritent encore une attention particuliére ; elles font toutes terminées par des pieds ou tarfes compofés de quatre articles, qui tous ont en deffous des efpéces de pelottes brunes ou fauves, beaucoup plus fenfibles que dans la plûpart des autres infeétes. Auffi les articles des tarfes font-ils larges & applatis.

Parmi les efpéces que renferme ce genre, plufieurs font très-belles ; mais on doit fur-tout admirer la *chryfomele à galons* & *l'arlequin doré*, qui font ornées des plus riches couleurs. Ces deux efpéces, ainfi que plufieurs autres, ont encore un autre ornement, qui ne paroît que lorfque ces infeétes volent : c'eft la couleur de leurs aîles, qui font d'un très-beau rouge. Une autre efpéce, c'eft l'avant-derniere, eft remarquable par une autre particularité ; elle n'a point d'aîles fous fes étuis, & de plus, les deux étuis font réunis & n'en forment qu'un feul. On fent qu'un infeéte ainfi conformé n'avoit pas befoin d'aîles, qui lui feroient devenues inutiles.

Les efpéces du genre des chryfomeles font :

1. **CHRYSOMELA** *nigro-cœrulea*, *elytris rubris apice nigris*. Linn. faun. fuec. n. 428.

Linn. fyft. nat. edit. 10, p. 370, n. 20. Chryfomela populi.
Merian. inf. 14. t. 27,
Albin. inf. 63. f. C.

La grande chryfomele rouge à corcelet bleu.
Longueur 5, 6 lignes. Largeur 4 lignes.

Cette

Cette efpéce eft une des plus grandes. Là forme de fon corps eft ovale & arrondie. Sa tête & fon corcelet font d'un bleu un peu verdâtre. Tout le deffous du corps eft de la même couleur, ainfi que les pattes. Ses antennes font noires, compofées de onze articles, qui vont fenfiblement en grofliffant. Il y a fur le corcelet deux foffettes ou impref-fions oblongues pofées fur fes côtés. Les étuis font rou-ges, avec un peu de noir à leur pointe inférieure. Leur bord eft élargi & embraffe le corps. On trouve cet infecte fur le peuplier, dont fa larve ronge & mange les feuilles. Souvent on voit ces feuilles toutes rongées & difféquées, à l'exception des nervures, que laiffe cet animal. Cette larve eft très-puante, & lorfqu'on la touche, il tranfude de fon corps une efpéce d'huile jaunâtre.

N. B. *Eadem elytris omnino rubris.*

La petite chryfomele rouge à corcelet bleu.
Longueur 3 lignes. Largeur 2 lignes.

Cette variété eft plus petite d'un tiers : fon corcelet eft d'un bleu un peu plus vif, & elle n'a point de taches noi-res à l'extrémité de fes étuis; du refte elle eft parfaite-ment femblable à la précédente, tant pour fa forme & fes couleurs, que pour fa larve & l'endroit où on la trouve.

2. CHRYSOMELA *viridi-ænea, elytris rubicun-dis, punctis fparfis.*

Linn. faun. fuec. n. 427. Chryfomela viridi-ænea, elytris rubicundis.
Linn. fyft. nat. edit. 10, p. 370, n. 18. Chryfomela ovata, thorace aurato; elytris rufis.

La chryfomele rouge à corcelet doré.
Longueur 3 ½ lignes. Largeur 2 ⅓ lignes.

Cette chryfomele en deffous eft d'un vert bronzé. Sa tête & fon corcelet font d'une couleur brillante cuivreufe & dorée. Ses étuis font d'un rouge terne de couleur de brique, parfemés de points placés irréguliérement. Les

aîles qui font fous ces étuis font rouges , les antennes feules font noires.

3. CHRYSOMELA *nigra , elytris rubris ſtriatis ;*
ſtriis punctatis.

La chryſomele rouge à corcelet noir.
Longueur 2 ½ lignes.　Largeur 1 ¾ ligne.

Tout ſon corps eſt noir , à l'exception de ſes étuis qui
font rouges. Sur ces étuis font des ſtries longitudinales de
points très-régulieres. Le corcelet eſt liſſe , mais peu brillant.

4. CHRYSOMELA *rubra , elytro ſingulo maculis*
quinque nigris. Linn. faun. ſuec. n. 1354.

La chryſomele rouge à points noirs.
Longueur 3 lignes.　Largeur 2 lignes.

Les antennes de cette belle eſpéce font rouges à leur
baſe , noires à leur extrémité & de la longueur du corcelet. La tête eſt noire. Le corcelet eſt rouge , mais ſa partie
poſtérieure qui touche les étuis eſt noire. Cette marque
noire n'eſt qu'au milieu & n'eſt pas égale dans toute ſa
longueur , car ſes extrémités font plus larges. L'écuſſon eſt
auſſi noir. Les étuis aſſez liſſes & luiſans , ont chacun neuf
ſtries longitudinales compoſées de points. Ils font rouges
avec cinq taches noires ſur chacun , ſçavoir trois taches
rangées longitudinalement ſur le bord extérieur de l'étui ,
& deux proche la future. Le deſſous du ventre eſt noir &
les pattes font rouges. Cette chryſomele ſe trouve ſur
le ſaule.

5. CHRYSOMELA *tota violacea.*

Linn. ſyſt. nat. edit. 10 , p. 369 , n. 8. Chryſomela ovata violacea alis rubris.

La chryſomele violette.
Longueur 3 ½ lignes.　Largeur 3 lignes.

Cette eſpéce eſt grande , bien ronde , & par-tout d'un

beau violet : elle eſt liſſe & polie en deſſus : ſes aîles qui ſont cachées ſous ſes étuis , ſont rouges.

6. CHRYSOMELA *cœrulea , thorace violaceo.*

La chryſomele bleue à corcelet violet.
Longueur 4 *lignes.* *Largeur* 2 ½ *lignes.*

Elle eſt toute d'un bleu noirâtre , à l'exception du corce-let qui eſt violet. Ce dernier eſt très-liſſe & brillant : les étuis ſont d'une couleur plus matte & ponctués irrégulié-rement. Les aîles ſous les étuis ſont rouges & les an-tennes noires.

N. B. *Eadem thorace nigro-violaceo.*

Le corcelet de cette variété eſt plus noir & plus foncé.

7. CHRYSOMELA *tota nigra.*

La chryſomele noire à aîles rouges.
Longueur 3 *lignes.* *Largeur* 2 *lignes.*

Elle eſt toute noire , ſes aîles ſeules qui ſont cachées ſous ſes étuis , ſont rouges : les étuis ſont ponctués.

8. CHRYSOMELA *nigro-cœrulea , elytris atris punctatis , margine exteriore rubro.* Planch. 4 , fig. 7.

Linn. ſyſt. nat. edit. 10 , *p.* 371 , *n.* 26. Chryſomela ovata nigra , elytris mar-gine ſanguineis.

La chryſomele noire à bordure rouge.
Longueur 5 *lignes.* *Largeur* 4 *lignes.*

Elle eſt ovale & aſſez large. Sa tête & ſon corcelet ſont bleus , ainſi que le deſſous de ſon corps , ce qui ſemble la rapprocher de la premiere eſpéce. Elle lui reſſemble enco-re par une impreſſion qu'on remarque ſur les côtés du cor-celet , qui le rend comme bordé. Mais les étuis ſont d'un noir foncé , chargés de points , qui les ſont paroître cha-grinés. Ils ſont bordés ſur les côtés juſqu'au bas d'une

bande affez large d'un rouge clair. Les aîles font rouges.
On trouve dans les bois ce joli infecte.

9. **CHRYSOMELA** *nigro-cœrulea , elytris lucidis
punctatis , margine exteriore & anteriore rubris.*

La chryfomele bleue à bordure rouge.
Longueur 3 ½ lignes. Largeur 3 lignes.

Il y a beaucoup de reffemblance entre cette efpéce
& la précédente : elle eft affez arrondie. Tout fon corps
eft d'une couleur bleue foncée. Sa tête , fon corcelet & fes
étuis font chargés de petits points. Ces derniers font luifans & ne font point noirs comme dans la précédente
efpéce , mais de la même couleur que le refte du corps , &
de plus ils ont une large bordure rouge , non-feulement
fur les côtés , mais en devant à leur jonction avec le corcelet. J'ai trouvé cet infecte une feule fois à Bondy , dans
une prairie près de la forêt ; il étoit à terre dans le gazon.
Je ne connois point fa larve.

10. **CHRYSOMELA** *viridi-cœrulea. Linn. faun.
fuec. n. 419.*

Act. Upf. 1736 , p. 17 , n. 1. Chryfomela viridi-cœrulea nitida.
Linn. fyft. nat. edit. 10 , p. 369 , n. 4. Chryfomela ovata viridis nitida , antennis
pedibufque concoloribus.

Le grand vertubleu.
Longueur 4 lignes. Largeur 3 lignes.

Ce bel infecte eft ovale & fort convexe. Sa couleur eft
par-tout d'un beau vert glacé d'un peu de bleu, ce qui produit de très-beaux reflets. Il n'y a en tout que fes yeux qui
foient jaunâtres. Son corcelet eft échancré en devant , à
l'endroit de la tête. Il eft parfemé , ainfi que les étuis ,
de petits points qui ne fe touchent pas & qui font quelques ftries , mais peu régulieres. On trouve cette chryfomele fur le *galeopfis* , le *lamium* , la menthe & les autres
plantes labiées.

11. CHRYSOMELA *viridis nitida , thorace antice æquali , elytris pone contiguis. Linn. faun. suec. n.* 421.

La chrysomele dorée.
Longueur 2 , 3 lignes. Largeur 1½ , 2 lignes:

12. CHRYSOMELA *viridis nitida , thorace antice excavato , fasciis elytrorum longitudinalibus cœruleis.*

Linn. faun. suec. n. 420. Chrysomela viridis nitida , thorace antice excavato. *Linn. syst. nat. edit.* 10 , p. 369 , n. 5. Chrysomela ænea.

Le petit vertubleu.
Longueur 2½ lignes. Largeur 1¼ ligne.

Je joins ces deux espéces , qui ont beaucoup de ressemblance entr'elles , ainsi qu'avec l'espéce 10 : elles sont assez ovales , la premiere paroît seulement un peu plus allongée : toutes deux sont par-tout d'un beau vert doré , & ont le corcelet & les étuis parsemés de points. Quant aux différences qui se rencontrent entr'elles , la derniere a le corcelet assez échancré en devant , au lieu que l'autre l'a plus uni : les points de celle-ci sont plus serrés sans former aucunes stries , ceux de la derniere sont un peu plus éloignés & forment quelques stries. Enfin la différence la plus remarquable à la premiere vûe , c'est que la premiere espéce est toute du même vert , au lieu que dans l'autre le vert doré est entrecoupé par une bande d'un beau bleu qui se trouve le long de chaque étui au milieu , outre la future longitudinale de ces étuis qui est de la même couleur , ce qui divise tout le dessus des étuis en sept bandes ou raies longitudinales , dont quatre sont d'un vert doré , & trois bleues , aussi un peu dorées. On trouve ces deux insectes sur les plantes labiées avec la dixiéme espéce. Les aîles de ces deux chrysomeles sont rouges.

13. CHRYSOMELA *viridis nitida , striis decem cupreis , punctorum duplici serie divisis.*

La chryfomele à galons.
Longueur 4 lignes. Largeur 3 lignes.

Ce magnifique infecte eft ovale. Son corps en deffous eft d'un vert doré, ainfi que fa tête & fon corcelet, qui n'ont aucuns points & font très-liffes. On voit fur la tête & aux deux côtés du corcelet, quelques taches d'un rouge cuivreux : mais ce qu'il y a de plus beau dans cet infecte, ce font fes étuis. Le fond de leur couleur eft d'un vert brillant. Ce vert eft entrecoupé par dix bandes longitu-dinales d'un beau rouge cuivreux très-éclatant ; il y en a cinq fur chaque étui. Entre chaçune de ces bandes il y a deux rangées de points en ftries qui font fur la bande verte & forment comme un galon, tandis que la bande cuivreufe eft très-liffe. Pour voir encore mieux toute la beauté de cet animal, il faut le regarder avec la loupe. On le trouve, comme les précédens, fur les plantes labiées. Ses aîles font rouges.

14. CHRYSOMELA *aurea, fafciis cæruleis, cu-preifque alternis, punctis inordinatis.*

L'arlequin doré.
Longueur 3, 3 ½ lignes. Largeur 2, 2 ¼ lignes.

Cette chryfomele approche infiniment de la *chryfomele à galons.* Chacun de fes étuis a quatre belles bandes longi-tudinales d'un rouge cuivreux, entrecoupées par autant de bandes bleues, & fur les bords des unes & des autres font d'autres bandes d'un vert jaune & brillant fort étroi-tes. Cet affemblage produit les plus belles couleurs. Le corcelet eft pareillement couvert de trois bandes cuivreu-fes, entrecoupées par quatre bandes bleues, bordées auffi de jaune un peu vert. La tête eft ornée des mêmes cou-leurs. Le deffous de l'infecte, fes antennes & fes pattes font de couleur violette, en quoi il différe de l'efpéce précédente : mais leur principale différence confifte en ce que dans celle-ci les étuis font chargés de points irréguliers, au lieu que dans la chryfomele à galons, il y a des ftries fingulieres bien marquées. Les aîles de cette chryfomele font rouges. On la trouve dans les endroits arides & élevés.

15. CHRYSOMELA *fupra rubro - cuprea , infra nigra nitens.*

La chryfomele briquetée.
Longueur 4 ½ lignes. Largeur 3 lignes.

Je ne fçais fi cette chryfomele feroit celle que M. Linnæus a voulu défigner , n°. 426 du *Faun. Suecic.* fous le nom de *Chryfomela ænei coloris.* La nôtre en deffous eft d'un noir verdâtre & bronzé : fa tête eft d'un vert doré, & fon corcelet eft d'un rouge cuivreux fort brillant. Ses étuis font d'un rouge brun un peu bronzé , que je ne puis mieux comparer qu'à ces médailles de bronze antique , à qui le tems a fait acquérir une efpéce de vernis. Son corcelet, ainfi que fes étuis, font parfemés de petits points , qui forment quelques ftries irréguliéres. Les aîles que cachent ces étuis, font d'un beau rouge. Cet infecte a été trouvé autour de Paris, mais comme il m'a été donné, je ne puis dire fur quelle plante il fe trouve,

N. B. Il y a une autre variété de cette efpéce, qui n'en différe qu'en ce que le corcelet eft de la même couleur que les étuis : du refte elles font toutes deux abfolument femblables.

16. CHRYSOMELA *nigra , elytris cœruleo-viridibus , thorace , pedibus antennarumque bafi rufis.*

Reaum. inf. tom. 3 , t. 2 , f. 18.

La chryfomele verte à corcelet rouge.
Longueur 1 ¼ , 1 ½ ligne. Largeur 1 ligne.

Le corps de cette chryfomele eft noir : fa tête eft d'un noir verdâtre , ainfi que fes antennes dont la bafe eft rougeâtre. Son corcelet eſt large & de couleur rouge. Ses étuis ſont verdâtres, un peu bleus, parſemés, ainſi que le corcelet, de petits points ſerrés. Les pattes ſont rouges, à l'exception des tarſes qui ſont noirs. J'ai trouvé cette chryſomele ſur la mauve, la guimauve & les autres plantes malvacées.

17. CHRYSOMELA *nigro-purpurea, punctis excavatis ſtriata. Linn. faun ſuec. n.* 415.

Raj 90, *n.* 5.

Act. Upſ. 1736, *p.* 19, *n.* 3. Attelabus cœruleus nitidus oblongiuſculus, ſubtus niger.

Linn. ſyſt. nat. edit. 10, *p.* 369, *n.* 7. Chryſomela betulæ.

Roſel. inſ. vol. 2. Scarab. terreſtr. claſſ. 3. tab. 1.

La chryſomele bleue du ſaule.

Longueur 1 ½, 2 *lignes. Largeur* 1, 1 ⅓ *ligne.*

La larve qui produit cet inſecte, reſſemble beaucoup à celle des coccinelles. Sur chacun de ſes anneaux il y a une bande de petites pointes qui font paroître cette larve comme hériſſée. Lorſqu'on examine ces pointes à la loupe, on voit qu'elles ſont un peu velues à leur extrémité, & il en ſuinte un peu d'humeur. On trouve ſouvent les feuilles du ſaule & celles du bouleau toutes chargées en deſſous de ces petites larves qui rongent le parenchyme des feuilles, ſans toucher aux nervures & à la pellicule ſupérieure. Lorſqu'elles veulent ſe métamorphoſer, elles s'attachent fortement à la feuille par l'extrémité poſtérieure de leur corps, & reſtent immobiles & comme arrondies pendant une quinzaine de jours. Au bout de ce tems, la peau de cette eſpéce de chryſalide ſe fend vers le corcelet, & on en voit ſortir l'inſecte parfait, ou la chryſomele. Celle-ci eſt aſſez arrondie, de couleur pourpre imitant la couleur de violette, quelquefois bleue ou verdâtre, rarement noire, car ſa couleur varie beaucoup. Sa tête, ſon corcelet & ſes étuis ſont chargés d'une infinité de petits points, qui regardés à la loupe, paroiſſent former ſur les étuis des ſtries aſſez régulieres. On trouve pendant une partie de l'été, l'été beaucoup de ces infectes fur les faules & les bou-leaux.

18. CHRYSOMELA *rubra , thorace punctis duobus nigris , coleoptrorum futura nigra.*

La chryfomele à future noire.
Longueur 1 ¼ ligne. Largeur ⅘ ligne.

Cette petite efpéce eft noire en deffous avec les pattes fauves ; en deffus elle eft rouge. A la bafe du corcelet , il y a deux points noirs qui touchent aux étuis. La jonction des deux étuis forme auffi une future noire , leur bord intérieur fe trouvant de couleur noire. Sur chaque étui il y a onze ftries longitudinales , formées par des points rangés réguliérement , à l'exception néanmoins de deux ftries fur le milieu de chaque étui , qui ne font pas régulieres & fe confondent enfemble. Les yeux de l'infecte font noirs.

19. CHRYSOMELA *atro-purpurea , elytris coadunatis , alis nullis.*

Linn. faun. fuec. n. 595. Tenebrio atra , coleoptris pone rotundatis , maxillis prominentibus.
Linn. fyft. nat. edit. 10 , p. 418 , *n.* 14. Tenebrio caraboïdes.
Frifch. germ. 13 , *p.* 27 , *t.* 22.

La chryfomele à un feul étui.
Longueur 3 , 6 , 7 *lignes.*

Quoique M. Linnæus faffe de cet infecte un ténébrion , c'eft cependant une vraie chryfomele , qui a tous les caracteres des efpéces de ce genre. Ses antennes , fes pattes avec les petites éponges bien marquées , enfin jufqu'à fa forme arrondie ; tout le rapproche des chryfomeles. Ce petit animal varie beaucoup pour la grandeur. Les plus petits font ordinairement les mâles , & les plus gros font des femelles. Les uns & les autres font d'un noir foncé , fouvent un peu violet , plus matte dans les femelles , & plus luifant dans les mâles. Le corcelet eft large , un peu plus étroit vers fa bafe. Les pattes ont leurs petites éponges

Tome I. L l

jaunâtres : mais ce qui caractérise cet insecte, c'est que ses étuis sont réunis ensemble, & ne forment qu'un seul fourreau, dont le rebord extérieur embrasse le corps & sous lequel il n'y a point d'ailes. Cette particularité avoit fait ranger cet insecte parmi les ténébrions ; mais s'il falloit y avoir égard, on devroit aussi ranger dans le même genre plusieurs charansons, & des buprestes dans lesquels elle se trouve. Cette chrysomele se rencontre communément dans les jardins & les bois. Sa larve habite sur le *caille-lait* dont elle se nourrit.

20. **CHRYSOMELA** *oblonga nigra, elytrorum lineis duabus longitudinalibus luteis.*

Linn. faun. suec. n. 438. Chrysomela nigro - ænea , elytrorum lineis duabus luteis.

La chrysomele à bandes jaunes.
Longueur 2 ½ lignes. Largeur ⅘ ligne.

Cette chrysomele différe de toutes les autres, en ce qu'elle est très-allongée : en dessous elle est noire, mais ses cuisses sont bariolées de jaune un peu brun. Sa tête est toute noire. Son corcelet est large, quarré, noir, avec des rebords jaunes sur les côtés, & parsemé de points posés irréguliérement. Ses étuis sont longs, avec des stries de points bien marquées. Ils sont lisses, & sur chacun il y a deux bandes longitudinales jaunes, sçavoir une au bord extérieur, & une approchant du bord intérieur : entre ces deux dernieres bandes, est la suture noire des étuis. Les deux bandes jaunes communiquent & se joignent ensemble par le bas. Les antennes vont en grossissant par le bout & sont de la longueur du corcelet. On trouve cet insecte dans les prés.

MYLABRIS.

LE MYLABRE.

Antennæ sensim crescentes,　　Antennes plus grosses vers

articulis hæmisphæricis, ros- le bout, à articles hémisphé-
tro brevi plano insidentes. riques, posées sur une trompe courte & large.

Antennulæ quatuor in extremo Quatre antennules à l'extrémité
rostri. de la trompe.

Le mylabre semble tenir le milieu entre le genre précédent & les deux suivans ; son caractere approche de celui
des uns & des autres. Ses antennes ressemblent à celles de
la chrysomele, étant plus grosses vers le bout, & composées d'articles hémisphériques un peu triangulaires, mais
elles sont posées sur une espéce de trompe, qui ne différe
de celle des genres suivans, qu'en ce qu'elle est large
& courte. Un autre caractere, c'est que la bouche de l'infecte & les quatre antennules qui l'accompagnent, sont
posées à l'extrémité de cette trompe. On peut encore à
ces caractere en ajouter un moins essentiel, c'est la forme
des étuis qui sont presque ronds & si courts, qu'ils laissent toute la partie postérieure de l'insecte à découvert. Je
ne connois point les larves de ces insectes qu'on trouve
assez communément sur les fleurs.

1. MYLABRIS *fusca, cinereo-nebulosa, abdominis*
apice cruce alba. Planch. 4, fig. 9.

Le mylabre à croix blanche.
Longueur 2 lignes. Largeur 1 ligne.

Ses antennes sont de la longueur du tiers de son corps.
Leurs sept derniers anneaux vont en grossissant. Elles sont
placées devant les yeux, sur une espéce de petite avance, ou trompe platte & courte, au bout de laquelle sont
les antennules. Ses yeux sont assez saillans. Le corcelet est
large & uni sans rebords. Les étuis ont des stries longitudinales assez serrées. Ils sont courts & laissent au moins le
quart du ventre à découvert. Tout l'insecte est brun, mais
chargé par endroits d'un duvet cendré qui forme sur le

corcelet & les étuis des taches nébuleufes. L'écuffon & le
bout du corcelet qui y touche, font ordinairement plus
blancs. Le bout du ventre qui déborde les étuis, eft d'un
gris blanc avec deux taches noires, une de chaque côté,
ce qui partage le blanc en trois raies qui fe coupent &
forment une efpéce de croix d'autant plus remarquable,
que l'extrémité des étuis eft brune. Les cuiffes de l'infecte
ont chacune une petite appendice en forme de dent ou
d'épine. On trouve ce petit animal fur les fleurs.

2. MYLABRIS tota fufca.

Le mylabre brun.
Longueur 3 lignes.   Largeur 1 ½ ligne.

Cette efpéce approche fi fort de la précédente, que je
penferois volontiers qu'elle n'en eft qu'une variété : néanmoins outre la groffeur & la couleur qui font différentes,
on peut encore les diftinguer par un autre endroit, ce qui
m'a engagé à les féparer : c'eft que dans cette efpéce
les étuis couvrent prefqu'entiérement le ventre, ce qui ne
fe remarque pas dans les deux autres efpéces de ce genre,
où les étuis font fort courts : du refte elles fe reffemblent
pour la forme, les antennes, la tête, le corcelet, les
cuiffes qui ont une petite dent ou épine latérale, & les
ftries des étuis, qui dans leurs enfoncemens font ponctuées : feulement le ventre ne déborde point les étuis, &
on ne voit point fur le corps cette efpéce de duvet blanchâtre qu'on apperçoit dans l'efpéce précédente. Cet infecte m'a été donné & je ne connois point fa larve.

3. MYLABRIS nigra, abdomine albo fericeo.

Le mylabre fatiné.
Longueur 1 ligne.   Largeur ½ ligne.

Ce petit infecte eft tout noir & luifant. Ses étuis font
ftriés & fouvent chargés d'un petit duvet foyeux & un
peu blanc. Le ventre déborde ces étuis, & eft beaucoup

plus chargé du même duvet, qui le fait paroître blanc. Cet insecte se trouve sur les fleurs très-communément.

RHINOMACER. *Curculio, linn.*

LE BECMARE.

Antennæ clavatæ integræ, roftro longo infidentes.	Antennes en masse toutes droites, posées sur une longue trompe.

On voit par le caractere que nous donnons de ce genre, & celui que nous donnerons du genre suivant, que ces deux genres, le becmare & le charanson, approchent beaucoup l'un de l'autre : aussi ne les aurions-nous pas séparés, si le genre des charansons n'eût pas déja été surchargé d'un grand nombre d'espéces. Tous deux ont leurs antennes avec une extrémité fort grosse, formant une espéce de masse, en quoi ils différent déja du genre précédent ; tous deux ont leurs antennes posées sur une trompe souvent fort longue, & quelquefois assez fine. Mais ces antennes dans le becmare sont toutes droites & leurs articles sont presque tous aussi longs les uns que les autres, au lieu que les antennes du charanson sont coudées & ployées dans leur milieu, & que leur première moitié est presque toute formée d'une seule piéce beaucoup plus longue que les autres. Au bout de la trompe sur laquelle les antennes sont posées, on observe les machoires de l'insecte qui sont fort petites, & qui ne sont point accompagnées de quatre antennules comme dans le mylabre. Quant aux larves & aux chrysalides des becmares, elles sont précisément les mêmes que celles des charansons, que nous détaillerons dans un instant. Les espéces de ce genre sont :

1. RHINOMACER *corpore angufto longo niger, thorace fafciis quatuor albicantibus.*

Le becmare levrette.
Longueur 3 *lignes.* *Largeur* $\frac{2}{3}$ *ligne.*

Ce becmare eſt très-allongé. Sa grandeur varie un peu. Sa trompe eſt de la longueur de ſon corcelet. Ses étuis ont des ſtries longitudinales formées par des rangées de points. Tout l'inſecte eſt noir : ſeulement on voit ſur ſon corcelet quatre raies longitudinales blanchâtres , formées par des petits poils , ſçavoir deux ſur le dos du corcelet , & une de chaque côté. J'ai trouvé cet inſecte ſur les chardons.

2. RHINOMACER *totus viridi-ſericeus.*

Le becmare vert.

Longueur 3 lignes. Largeur 2 lignes.

Ce bel inſecte eſt par-tout d'un vert doré. Sa trompe eſt de la longueur de ſon corcelet & fort dorée. Sa tête & ſon corcelet ſont verts , quelquefois dorés , chargés de petits points. Les étuis qui ſont de la même couleur & de forme un peu quarrée , ſont chargés de points qui forment des ſtries aſſez ſerrées ; mais peu régulieres.

3. RHINOMACER *viridi-auratus , ſubtus nigro-violaceus.*

Le becmare doré.

Longueur 2 lignes. Largeur 1 ½ ligne.

Cette eſpéce reſſemble aſſez à la précédente. Le deſſous de ſon corps eſt d'un noir violet ; ſes antennes & ſes pattes ſont auſſi noires. Le deſſus , ſçavoir la trompe , le corcelet & les étuis ſont d'un beau vert doré. Ces derniers ſont chargés de ſtries formées par des points : parmi ces inſec- tes , il y en a quelques-uns , qui ont de chaque côté du corcelet une épine latérale dreſſée en devant & fort aigue; mais cette pointe n'eſt pas conſtante & ne ſe trouve pas dans tous.

4. RHINOMACER *niger , elytris rubris , capite thoraceque aureis , proboſcide longitudine fere corporis.*

Le becmare doré à étuis rouges.

Longueur 1 ¼ , 2 lignes. Largeur ⅔ 1 ligne.

La grandeur des individus de cette efpéce varie. Les petits font les mâles , & les gros les femelles. Ces dernieres portent une trompe de la longueur de leur corps, les autres l'ont moins longue d'un grand tiers. Les uns & les autres ont la trompe , les pattes , les antennes & le deffous du corps noirs , les étuis rouges avec des ftries , & la tête ainfi que le corcelet d'un bronzé rougeâtre & un peu obfcur. Souvent les étuis vûs à la loupe paroiffent un peu velus.

5. RHINOMACER *fubvillofus cœruleus.*

Le becmare bleu à poil.
Longueur 1 , 1 ½ , 2 ½ *lignes.* Largeur ½ , 1 , 1 ¼ *ligne.*

Ce becmare varie finguliérement pour la grandeur & même pour les couleurs , enforte qu'on feroit tenté d'en faire plufieurs efpéces. La plûpart font par-tout d'un bleu foncé noirâtre uniforme , tandis que quelques-uns ont le corcelet d'un vert affez brillant : du refte , tous vûs à la loupe , paroiffent couverts de petits poils affez drus : tous ont une trompe allongée de la longueur du quart de leur corps , fur le milieu de laquelle font pofées les antennes. Tous enfin ont les étuis quarrés & affez fortement ftriés. Cet infecte fe trouve fur les fleurs.

6. RHINOMACER *nigro-fufcus , glaber , punctatoftriatus.*

Le becmare noir ftrié.

Il y a peu de différences entre cette efpéce & la précédente. Il eft vrai qu'elle eft parfaitement liffe & qu'on n'apperçoit fur fon corps aucuns petits poils , mais fa forme eft la même. Les étuis ont auffi des ftries formées par des points. Quant à la couleur , elle eft par-tout d'un brun noir & affez foncé ; quelquefois le noir eft un peu bleuâtre & luifant. Cet infecte fe trouve avec le précédent.

7. RHINOMACER *nigro - viridefcens ; oblongus ; ftriatus.*

Le becmare allongé.
Longueur 1 ⅓ ligne.   Largeur ⅓ ligne.

Cette efpéce différe beaucoup de la plûpart des précédentes : premiérement elle eft petite , allongée , enforte que l'animal , loin d'avoir une forme quarrée , eft fort étroit. Sa couleur eft uniforme , noire , bronzée d'un peu de vert, ou plutôt femblable à l'iris de l'acier qui a paflé au feu : de plus les ftries longitudinales de fes étuis font unies , & ne font point formées par des rangées de points , ce qui fait une diftinction fpécifique très - marqué. Cet infecte fe trouve fur les fleurs des plantes ombelliferes.

8. RHINOMACER *fubglobofus , niger , ftriatus ; femoribus rufis.*

Le becmare noir à pattes fauves.
Longueur 1 ligne.   Largeur ½ ligne.

Ce petit infecte eft de la groffeur d'une puce. Sa trompe fine & aigue eft prefque de la longueur de fon corps. Ses étuis ont des ftries éloignées & diftinctes , & font renflés ; enforte que le corps a une figure ronde un peu ovale. Tout l'animal eft d'un noir luifant , à l'exception des cuiffes qui font rougeâtres. On le trouve fur les fleurs.

9. RHINOMACER *fubglobofus , villofus , niger, pedibus elytrifque rufis.*

Le becmare-puce.
Longueur ⅔ ligne.   Largeur ⅓ ligne.

Cet infecte eft encore plus petit que le précédent. Il a, comme lui , le ventre affez renflé, & le devant du corps éfilé. Sa trompe affez fine , eft plus longue que fon corcelet ; fa tête eft noire , ainfi que fon corcelet : fes pattes & fes étuis font bruns. Ces étuis font ftriés. Tout le corps eft couvert

couvert de petits poils. Cet animal varie pour la couleur, qui est plus ou moins claire. J'en ai aussi une variété, où les stries des étuis sont moins marquées : peut-être fait-elle une espéce différente ; mais cet insecte est si petit, qu'on n'y peut découvrir de caracteres spécifiques.

10. RHINOMACER *niger, thorace elytrisque rubris, probofcide longitudine capitis.*

Le becmare laque.
Longueur 1 ½, 3 *lignes.* *Largeur* ⅔, 1 ¼ *ligne.*

Quant à la forme, cet insecte est arrondi & comme bossu. Il varie beaucoup pour la grandeur. Sa trompe est large & courte, égalant seulement la longueur de la tête. Tout l'insecte est noir, à l'exception du corcelet & des étuis qui sont rouges. On voit sur ces étuis qui sont lisses, quelques stries, mais peu apparentes. Il y a une certaine conformité de figure entre cet insecte & le gribouri de la vigne, quoiqu'ils paroissent très-différens, en les regardant l'un auprès de l'autre.

11. RHINOMACER *niger, thorace elytrisque rubris, capite pone elongato.*

Linn. faun. Suec. n. 476. Curculio niger, elytris rubris, capite pone elongato.
Linn. syst. nat. edit. 10, p. 387, n. 1. Attelabus niger, elytris rubris.
Act. Upf. 1736, p. 19, n. 4. Necydalis rubra, capite minimo rubro.

La tête écorchée.
Longueur 3 *lignes.* *Largeur* 1 ½ *ligne.*

Cette espéce est la plus singuliere de ce genre, sur-tout pour la figure de sa tête. Elle paroît d'abord approcher de la précédente pour la grandeur & les couleurs, elle est seulement ordinairement un peu plus grande. Sa trompe qui est grosse & courte, n'égale pas la moitié de la longueur de sa tête. Les antennes posées sur le milieu de cette trompe, sont aussi assez courtes, & ne surpassent guères la longueur de la tête. Celle-ci est longue & presque

Tome I. M m

d'une forme triangulaire allongée , dont la pointe tien-
droit au corcelet , & dont la base donneroit naissance à la
trompe , ayant à ses deux angles les deux yeux. Cette
forme de tête , dont l'articulation avec le corcelet est
comme étranglée , & qui va ensuite en s'élargissant ,
la fait ressembler à un squelette , ou à une tête écorchée.
Le dessous du corps est noir , ainsi que la tête , les antennes , le devant du corcelet , l'écusson & les jambes. Les
cuisses , les étuis & les deux tiers postérieurs du corcelet
sont d'un beau rouge. On voit sur les étuis , des stries formées par des points. Cet insecte se trouve sur les charmes
dans les bois.

CURCULIO.

LE CHARANSON.

Antennæ clavatæ fractæ , *rostro longo corneo insiden-* *tes.*	Antennes en masse , cou- dées dans leur milieu, & po- sées sur une longue trompe.
Familia. 1ª. *Femoribus inermi-* *bus.*	Famille 1°. A cuisses simples.
——— 2ª. *Femoribus denticu-* *latis.*	——— 2°. A cuisses dente- lées.

Le caractere du genre des charansons , est un des plus
aisés à appercevoir du premier coup d'œil. Il approche
beaucoup de celui du becmare. Ses antennes sont terminées comme celles de ce genre par un bout plus gros , formant une espéce de masse , & elles sont posées sur une
trompe longue , souvent éfilée : mais il y a une différence
très-sensible entre ces deux genres. Les antennes du becmare sont droites , & composées d'anneaux ou articles
presqu'égaux entr'eux , au lieu que celles du charanson
sont coudées dans leur milieu , & comme divisées en deux
parties , dont la premiere , sçavoir celle qui tient à la
trompe , est composée d'un seul article très-long , qui à lui

ſeul égale preſque tous les autres. Cette différence nous a
porté à ſéparer le genre des becmares de celui des charanſons, dont les eſpéces ſont en grand nombre. Nous avons
fait plus : pour faciliter encore la connoiſſance du genre
nombreux des charanſons, nous l'avons diviſé en deux
familles. La première comprend ceux de ces inſectes,
dont les cuiſſes ſont ſimples & unies, comme dans la plûpart des autres inſectes : dans la ſeconde, ſont renfermés les
charanſons, qui ont à leurs cuiſſes une eſpéce de pointe,
ou de dent, une appendice épineuſe. Ce caractere eſt aiſé
à appercevoir & nous a ſervi à diſtinguer d'une façon naturelle ces inſectes.

Les larves des charanſons ne différent pas de celles de
la plûpart des inſectes à étuis. Elles reſſemblent à des vers
allongés & mols ; elles ont en devant ſix pattes écailleuſes,
& une tête pareillement écailleuſe. Mais les endroits où
habitent ces larves & leurs métamorphoſes, préſentent
quelques particularités. Certaines eſpéces, que l'on re-
doute par les déſordres qu'elles ſont dans les greniers,
trouvent moyen de s'introduire dans les grains de bled,
lorſqu'elles ſont encore petites : c'eſt-là leur domicile.
Cachées dans le grain, il eſt très-difficile de les y découvrir ;
elles y croiſſent à leur aiſe, & aggrandiſſent leur demeure
à meſure qu'elles croiſſent, aux dépens de la farine intérieure du grain dont elles ſe nourriſſent. Les greniers ſont
ſouvent déſolés par ces inſectes, qui quelquefois ſont en
ſi grand nombre, qu'ils dévorent & detruiſent tous les
grains. Lorſque l'inſecte, après avoir mangé toute la farine, eſt parvenu à ſa groſſeur, il reſte dans l'intérieur du
grain, caché ſous l'écorce vuide, qui ſubſiſte ſeule, il s'y
métamorphoſe, y prend l'état de chryſalide, & n'en ſort
que ſous la forme d'inſecte parfait, en perçant la peau
extérieure de ce grain, dont tout le dedans eſt vuide. On
ne peut guéres reconnoître à la vûe les grains de bled qui
ſont ainſi attaqués & vuidés par ces inſectes ; ils paroiſſent
extérieurement gros & rebondis ; mais l'état où le charan-

fon les a mis, les rend beaucoup plus légers ; & fi on jette
dans l'eau du bled attaqué par ces infectes, tous les grains
gâtés nagent au deffus de l'eau, tandis que les autres
tombent au fond. D'autres larves de charanfons ne font
pas auffi friandes du bled, mais elles attaquent plufieurs
autres graines de la même maniere. Les féves, les pois,
les lentilles, que l'on conferve après les avoir fait fécher,
font expofés à être gâtés par ces petits animaux, qui rongent l'intérieur de ces graines, dans lefquelles ils fe font
logés, & n'en fortent qu'après avoir achevé leur tranf-
formation, en perçant la peau éxtérieure de ces mêmes
graines. C'eft ce que l'on peut reconnoître en jettant ces
graines dans l'eau. Celles qui furnagent, font ordinairement piquées par les charanfons. Quelques autres efpéces fe logent dans l'intérieur des plantes : les têtes des ar-
tichaux, des chardons, font fouvent piquées & rongées intérieurement par des larves de charanfons affez grands.
Une autre efpéce plus petite, mais finguliere, perce &
mine intérieurement les feuilles d'ormes. Souvent prefque toutes les feuilles d'un orme paroiffent jaunes & comme mortes vers un de leurs bords ; tandis que tout le refte
de la feuille eft verd. Si on examine ces feuilles, on voit que
cet endroit mort forme une efpéce de fac ou veficule. Les
deux lames ou pellicules extérieures de la feuille, tant en
deffus qu'en deffous, font entieres, mais éloignées & féparées l'une de l'autre, & le parenchyme qui eft entr'elles,
a été rongé par plufieurs petites larves de charanfons,
qui fe font formé cette demeure, dans laquelle on les
rencontre. Après leur transformation, elles en fortent en
perçant cette efpéce de veficule, & il en vient un charanfon, qui eft brun, petit & difficile à attraper, à caufe de
l'agilité avec laquelle il faute. Cette propriété de fauter,
qu'a cette feule efpéce, dépend de la forme & de la longueur de fes pattes poftérieures. Nous lui avons donné
le nom de *charanfon fauteur*.

Il feroit trop long d'entrer ici dans le détail des diffé-

rentes efpéces de charanfons, qui attaquent prefque toutes les parties de plufieurs plantes : nous ne pouvons cependant nous difpenfer de dire encore un mot des charanfons de la fcrophulaire. Ces petits animaux, malgré
leur grandeur médiocre, font au nombre des plus jolies
efpéces de ce genre, par le travail fingulier de leurs étuis.
Mais ce n'eft pas encore ce qui les rend le plus remarquables. Lorfque leurs larves, après avoir rongé les feuilles
de la fcrophulaire, font parvenues à leur groffeur & font
prêtes à fe transformer, elles forment au haut des tiges
une efpéce de veffie à moitié tranfparente, dans laquelle
elles s'enferment & fe métamorphofent. Cette veffie ronde & affez dure, paroît produite par une humeur vifqueufe,
dont on voit la larve couverte. Comment l'infecte peut-
il, avec cette efpéce de glu, former cette véficule ronde ? C'eft ce que je n'ai pû parvenir à appercevoir. J'ai
feulement trouvé les larves nouvellement renfermées
dans cette véficule ; je les y ai vûes fous la forme de nymphes, & enfin l'infecte parfait en eft forti fous mes yeux.
Ces véficules font de la groffeur des coques qui renferment les graines de la fcrophulaire, & fouvent mêlées avec
elles ; mais on les diftingue aifément par leur tranfparence
& leur forme ronde, qui différe du fruit de la fcrophulaire, qui fe termine en pointe.

Parmi les infectes parfaits que renferme ce genre, nous
pourrions en faire remarquer plufieurs qui ont différentes
particularités. La longue trompe du *charanfon trompette*,
les écailles, qui recouvrent les étuis de plufieurs efpéces,
& fur-tout du beau *charanfon à écailles vertes* & dorées,
le défaut d'aîles du *charanfon cartifanne*, & des charanfons gris ; dont les étuis font réunis & comme foudés enfemble, enforte qu'ils n'en forment qu'un feul ; enfin les
pointes ou épines, qui arment le corcelet ou même les
étuis de quelques-uns, font autant de fingularités qui feront détaillées dans l'examen que nous allons faire des efpéces de ce genre.

P R E M I E R E F A M I L L E.

1. C U R C U L I O *albo nigroque varius, proboscide pla-*
niusculá carinatá , thoracis longitudine. Linn. faun.
suec. n. 448. Planch. 4 , fig. 8.

Frisch. germ. 11 , p. 32 , t. 23 , fig. 5. Curculio brevi-roftris.

Le charanson à trompe sillonnée.
Longueur 6 lignes.　Largeur 2 lignes.

La trompe de ce charanson eft groffe ; de la longueur
du corcelet, portant un sillon creux en deffus dans toute
fa longueur. Elle eft de couleur noire , avec des bandes
longitudinales grifes. Le corcelet eft chagriné & parfemé
de points noirs élevés. Le fond de fa couleur eft noir,
mais il eft couvert de petits poils qui le font paroître gris :
de plus , on voit fur ce corcelet cinq bandes grifes longitudinales plus claires que le refte , une au milieu , & deux
de chaque côté. Les étuis font pareillement noirs & chagrinés , mais ils paroiffent gris & comme nébuleux , à
caufe des petits poils de cette couleur qui les recouvrent.
Les patres font grifes , ainfi que le deffous de l'animal. On
trouve cet infecte fur les arbres.

2. C U R C U L I O *totus fuscus rugosus.*

Le charanson ridé.
Longueur 4 lignes.　Largeur 2 lignes.

Ce charanson eft par-tout de couleur brune. Sa trompe
affez groffe , eft de la longueur du corcelet. Celui-ci & les
étuis font ridés irréguliérement ; il y a cependant fur le
bord extérieur des étuis , deux ou trois ftries longitudinales élevées. Cet infecte fe trouve dans les prés.

3. C U R C U L I O *fufco - nebulofus , thorace fulcato ,*
elytris ftriatis.

Le charanson à corcelet sillonné.
Longueur 3 ½ lignes.　Largeur 2 lignes.

La longueur de cet insecte est la même à peu près que celle du précédent ; il est seulement un peu moins allongé. Sa trompe est grosse, quarrée, sillonnée en dessus, & de la longueur du corcelet. Ses yeux sont noirs & sa tête brune, avec quelques bandes longitudinales plus foncées en couleur. Le corcelet est brun, sillonné profondément. Les étuis sont bruns, chargés de taches plus claires : ils ont des stries larges formées par des points enfoncés assez grands, ce qui fait paroître ces stries comme noueuses. Les pattes & le dessous du corps sont d'un gris plus clair. L'animal n'a point d'aîles sous ses étuis. Je l'ai trouvé avec l'espéce précédente.

4. CURCULIO *oblongus, elytris villoso-cinereis ; sutura nigra.*

Linn. faun. suec. n. 445. Curculio fuscus oblongus, elytris rectis acuminatis. *Act. Ups.* 1736, *p.* 16, *n.* 1. Curculio acuminatus longus fuscus.

Le charanson à suture noire.
Longueur 5 *lignes. Largeur* 1 ½ *ligne.*

Cet insecte est allongé & de couleur noire. Sa trompe est grosse, de la longueur du corcelet, un peu évasée par le bout & chargée sur ses côtés d'un peu de gris. Le dernier article des antennes est un peu moins gros que dans la plûpart des espéces de ce genre. On voit sur son corcelet quatre bandes longitudinales grises un peu ondées, deux de chaque côté, formées par des petits poils. Les étuis sont pareillement d'un gris cendré, excepté le long de la suture du milieu, qui est noire ; de plus, il y a sur la partie grise des étuis de chaque côté, deux taches plus obscures, l'une plus haut, l'autre plus bas. Ces étuis se terminent assez en pointes, & ils ont des stries de points qui se réunissent en formant des angles aigus.

5. CURCULIO *fuscus, fulvo maculatus ; elytris striatis, striis alternatim nigro maculatis.*

Le charanſon à côtes tachetées.
Longueur 3 ½ lignes. Largeur 1 ¾ ligne.

Le deſſus de cette eſpéce eſt d'un brun noirâtre, & le deſſous de ſon corps eſt fauve. Sa trompe aſſez groſſe eſt un peu moins longue que le corcelet. Celui-ci a trois bandes longitudinales fauves. Les étuis ſont un peu veloutés, & ont chacun neuf ſtries ponctuées. Les eſpaces entre ces ſtries ſont ponctués & ſont alternativement noirâtres & d'un brun clair. Sur ces derniers endroits, ſont des taches noires formées par un duvet court de cette couleur. La femelle eſt un peu plus groſſe que le mâle, & ſa couleur eſt plus claire. On trouve communément cette eſpéce dans les lieux arides au printems.

6. **CURCULIO** *oblongus, fuſcus, thoracis lateribus albidis, elytris ſtriatis, puncto albo.*

Le charanſon à deux points blancs.
Longueur 4 lignes. Largeur 1 ½ ligne.

La forme de cet inſecte eſt allongée. Sa couleur eſt brune un peu noirâtre. Sa trompe aſſez forte & plus groſſe à ſon extrémité, eſt au moins de la longueur du corcelet. Celui-ci a ſur chacun de ſes côtés une raie longitudinale d'un blanc un peu fauve, formée par des petits poils. Il y a un ſemblable point blanc au milieu de chaque étui, & quelques poils vers le bas, ſur les côtés. Ces étuis ont des ſtries formées par des points, qui ne ſont pas contigus.

7. **CURCULIO** *nigro-fuſcus, thorace utrinque faſcia longitudinali, elytris duplici tranſverſa cinerea.*

Le charanſon à deux bandes tranſverſes.
Longueur 9 lignes. Largeur 4 lignes.

En deſſous ce grand charanſon eſt de couleur cendrée; en deſſus, ſa tête eſt noire. Sa trompe eſt large & courte. Son corcelet eſt chagriné de couleur noire, avec les côtés de couleur cendrée. Ses étuis qui ſont noirâtres, ont pareillement

teillement chacun deux bandes grifes tranfverfes ; la premiere pofée un peu plus haut que le milieu de l'étui, panachée dans fon milieu par différentes taches nuageufes &
noirâtres ; la feconde fur la partie poftérieure de ces mêmes
étuis. On trouve cet infecte fur les chardons, avec le fuivant.

8. CURCULIO *niger, ftriatus, maculis villofo-
fufcis nebulofus.*

Le charanfon tacheté des têtes de chardon.
Longueur 2 ½, 4 lignes. Largeur 1 ¾, 2 lignes.

On voit que la grandeur de cet infecte varie beaucoup.
Le fond de fa couleur eft d'un brun noir. En deffous, il eft
tout couvert de petits poils gris, courts, qui le font paroître
gris, quand on le regarde à un certain jour. En deffus, il
eft parfemé d'un grand nombre de taches d'un gris roux,
formées pareillement par des petits poils. Les mâles en
ont plus que les femelles, qui font plus groffes & plus
noires. La trompe eft groffe & de la longueur de la tête &
du corcelet. Ce dernier eft chagriné & les étuis font ftriés.
La larve de ce charanfon habite dans les têtes des chardons & dans celles du *cirfium*, qu'elle ronge. On reconnoît ces têtes lorfqu'elles font piquées par ces infectes,
parce qu'elles ont un endroit noir & defféché. Lorfque la
larve eft parvenue à fa groffeur, elle fait fa coque dans ces
mêmes têtes, d'où fort l'animal parfait.

9. CURCULIO *niger, thorace punctato, elytris
alternatim ftriatis & punctatis.*

Le charanfon brodé.
Longueur 3 ⅔ lignes. Largeur 1 ¼ ligne.

Ce charanfon eft noir, & reffemble à la premiere vûe à
beaucoup d'autres efpéces de ce genre ; mais fon caractere
fpécifique confifte dans les ftries de fes étuis. Il y en a
neuf fur chacun, & entre chaque ftrie fe trouvent deux
rangées de points, qui quelquefois fe confondent. La
Tome I. N n

trompe eſt à peu près de la longueur du corcelet. Celui-ci eſt long, ponctué, environ de la longueur des trois quarts des étuis.

10. CURCULIO *cinereus, ſquamoſus, alis carens, elytris ſtriatis.*

Linn. fauṇ. ſuec. n. 452. Curculio cinereus, oblongus, elytris obtuſiuſculis. Liſt. loq. p. 394, n. 30. Scarabæus fuſcus, lanugine incanus.

Le charanſon gris, ſtrié & ſans aîles.
Longueur 2 ½, 4 lignes. Largeur 1 ½, 2 ¼ lignes.

Cette eſpéce eſt une des plus communes, on la rencontre par-tout dans les jardins & dans les bois. Elle varie aſſez conſidérablement pour la grandeur. Quant à ſa forme, ſa trompe eſt très-courte, n'égalant pas la longueur du corcelet. Son corps eſt aſſez renflé, rond & obtus par le bout. Ses étuis ſont larges & ſe recourbent, en enveloppant une partie du ventre. Cette configuration les empêche d'agir & de ſe lever : auſſi n'en eſt-il pas beſoin ; car il n'y a point d'aîles ſous ces étuis. Le corps de l'inſecte eſt brun, mais il eſt tout couvert d'écailles griſes plus ou moins foncées, qui donnent à cet animal une couleur griſe, comme marbrée. La tête & le corçelet ſont chagrinés, & les étuis ont chacun dix ſtries formées par des rangées de points.

11. CURCULIO *oblongus, totus niger, thorace punctato, elytris ſulcatis.*

Le charanſon noir à ſillons.
Longueur 2 lignes. Largeur ⅓ ligne.

La couleur de cette petite eſpéce eſt noire par-tout, à l'exception des pattes, qui ſont un peu fauves. Son corcelet eſt ponctué, & ſes étuis ont des ſillons profonds formés par des points.

12. CURCULIO *ſquamoſo-viridis, roſtro thorace breviore, pedibus rufis.*

Linn. faun. fuec. n. 449. Curculio æneo-fufcus, roftro thorace breviore.
Act. Upf. 1736. *p.* 16, *n.* 2. Curculio acuminatus, oblongiufculus, æneo-fufcus.

Le charanfon à écailles vertes & pattes fauves.
Longueur 2, 3 *lignes. Largeur* $\frac{2}{3}$, 1 $\frac{1}{3}$ *ligne.*

La grandeur de ce charanfon varie ; en général, il eft affez allongé. Sa couleur eft brune, mais tout fon corps eft parfemé de petites écailles d'un vert bronfé, ce qui le fait paroître d'une couleur très-brillante. Ces écailles fe détachent par le frotement. Les pattes, qui quelquefois font couvertes des mêmes écailles, font d'une couleur plus claire que le refte du corps. Quant à la forme, la trompe de cet infecte eft courte & n'égale guéres que les deux tiers du corcelet. Celui-ci eft chagriné, & les étuis ont chacun environ dix ftries. On trouve très-communément ce charanfon fur les arbres & fur les plantes.

13. CURCULIO *roftro thoracis longitudine, thorace tribus ftriis pallidioribus,*

Le charanfon à corcelet rayé.
Longueur 2 $\frac{1}{2}$ *lignes. Largeur* 1 $\frac{1}{2}$ *ligne.*

Cette efpéce approche infiniment du charanfon qu'a décrit M. Linnæus, n. 450 de fa *Fauna fuecica* ; mais la différence de grandeur, jointe à celle de la longueur de la trompe, me font beaucoup douter que ce foit la même efpéce. Quoi qu'il en foit, le mien eft par-tout de la même couleur grife un peu fauve, feulement fes yeux & les côtés de fa trompe font noirs. Son corcelet a auffi quatre bandes longitudinales brunes, entrecoupées par trois bandes plus claires. Les étuis ont chacun neuf ftries, au lieu que celui de M. Linnæus n'en a que quatre fur chaque étui, ce qui fait encore une nouvelle différence. On trouve cet infecte fur les arbres & les buiffons. Vû à la loupe, il paroît couvert d'un petit duvet de poils.

14. CURCULIO *roſtro thorace breviore, ſquamis nitentibus, thoracis elytrorumque faciis longitudinalibus.*

Le charanſon écailleux à bandes.
Longueur 2 lignes. Largeur ⅓ ligne.

On feroit d'abord tenté de prendre cet inſecte pour une ſimple variété du précédent, mais il y a pluſieurs différences ſpécifiques qui l'en diſtinguent. Premiérement, il eſt plus petit. Secondement, ſa trompe eſt groſſe & courte, égalant à peine la moitié de la longueur du corcelet. Troiſiémement, tout l'animal eſt brun, mais couvert d'écailles un peu cuivreuſes. Ces écailles forment trois bandes longitudinales ſur le corcelet, une au milieu & une ſur chacun des côtés. Les étuis ont des ſtries de points, & ſont auſſi couverts d'écailles, qui forment quatre bandes longitudinales ſur chaque étui, mais moins diſtinctes que ſur le corcelet. J'ai trouvé cet inſecte ſur les fleurs.

15. CURCULIO *rufus, ſubvilloſus, capite nigricante, roſtro thorace breviore.*

Le charanſon griſette.
Longueur 1 ½ lignes. Largeur ⅔ ligne.

Cette petite eſpéce eſt par-tout d'un roux pâle, à l'exception de ſa tête, qui eſt noirâtre. Sa trompe eſt groſſe & courte, environ de la moitié de la longueur du corcelet. Celui-ci eſt pointillé irréguliérement, ainſi que la tête. Les étuis ont chacun dix ſtries longitudinales formées par des points. Tout l'animal vû à la loupe, paroît couvert de poils clair-ſemés.

16. CURCULIO *cœruleo-viridis nitens, thorace punctato, elytris ſtriatis.*

Petiv. gazoph. p. 77, n. 6. Curculio parvus ſplendide viridis.

Le charanſon ſatin-vert.
Longueur 1 ½ ligne. Largeur ½ ligne.

La couleur de cet infecte varie : quelquefois il est d'un beau vert brillant & bronzé ; d'autres fois sa couleur est plus obscure & bleuâtre. Quant à sa grandeur & sa forme allongée, il approche beaucoup du charanson brun des bleds, seulement son corcelet n'est pas si allongé. Ce corcelet est chargé de points, & les étuis sont striés. La couleur des pattes & des antennes, est un peu plus obscure que celle du reste du corps. J'ai trouvé assez communément cet infecte sur les plantes cruciferes, au printems.

17. CURCULIO *oblongus, niger ; abdomine squamoso, lateribus albis.*

La pleureuse.

Je soupçonnerois cet infecte de n'être qu'une variété du précédent, sans les écailles dont son ventre est chargé ; il a la même forme allongée, la même grandeur, son corcelet est de même ponctué, & ses étuis chargés de stries, entre chacune desquelles se trouve une rangée de points. Seulement l'animal est noir & luisant : son ventre est couvert d'écailles blanches, qui étant en plus grande quantité sur les côtés, les rendent très-blancs.

18. CURCULIO *rufo-testaceus oblongus, thorace elytrorum fere longitudine. Linn. faun. suec. n. 462.*

Linn. syst. nat. edit. 10, p. 378, n. 12. Curculio longi-rostris piceus oblongus, thorace punctato longitudine elytrorum.

Raj. ins. p. 88. Scarabæus parvus corpore breviore sordide seu obscure fulvus, proboscide longa, deorsum arcuata.

Le charanson brun du bled.
Longueur 1 ½ ligne.   Largeur ½ ligne.

Les personnes qui ont des greniers ne connoissent que trop ce petit animal, qui fait de grands ravages dans les bleds. Tout l'infecte est assez allongé ; sa trompe est mince & longue. Sa couleur est par-tout d'un brun noirâtre ; sa tête & son corcelet sont chargés de points, & ses étuis ont des stries longitudinales, dans lesquelles la loupe fait découvrir des petits points. Ce qui fait le caractere spécifique de cet insecte, c'est son corcelet, dont la longueur égale presque celle des étuis. Cette espéce approche beaucoup, à la grandeur près, du grand charanson, que donne le ver palmiste. Il dépose ses œufs dans les grains de bled. C'est-là que croît sa larve, qui ronge la farine du grain & n'en laisse que l'écorce, que l'animal parfait perce pour en sortir après sa transformation.

19. CURCULIO *rufus, femoribus posticis crassioribus, elytris rufis.*

Le charanson sauteur brun.

20. CURCULIO *rufus, femoribus posticis crassioribus, elytris maculis quatuor nigris.*

Linn. faun. suec. n. 473. Curculio lividus, coleoptris maculis quatuor obscuris.

Linn. syst. nat. edit. 10 , *p.* 381 *, n.* 34. Curculio alni.

Le charanson sauteur à taches noires.
Longueur 1 ½ ligne. Largeur ⅔ ligne.

Je serois fort porté à regarder ces deux insectes comme variétés l'un de l'autre. Ils se ressemblent parfaitement, à l'exception des points noirs, qui sont sur le second, & qui ne se trouvent pas sur le premier. Tous deux sont de la même grandeur. Tous deux ont leur tête, leur trompe & le dessous de leur corps noirs, & le dessus de couleur fauve. Les pattes sont de cette derniere couleur, à l'exception cependant des cuisses, qui dans la seconde espéce sont noires, ce qui n'est pas suffisant pour constituer une espéce différente. Leurs étuis à tous deux sont striés. Leurs cuisses postérieures sont fort grosses & leur servent à sauter. La plus grande différence qu'on remarque entre ces deux insectes, c'est que ceux de la seconde espéce ont deux taches noires sur chaque étui, l'une plus petite à la base, l'autre plus large, un peu plus bas que le milieu de l'étui. J'ai des mâles & des femelles de chacune de ces deux espéces, enforte qu'on ne peut pas les regarder comme des variétés de sexe.

Ces insectes font assez communs, principalement sur les buissons. Leurs larves viennent sur l'orme, où elles forment ces cavités que l'on trouve entre les membranes des feuilles de cet arbre, qui paroissent renflées & desséchées.

21. CURCULIO *cinereus, elytrorum puncto quadruplici nigricante, probofcide thorace breviore.*

Le charanson quadrille à courte trompe.
Longueur 1 ½ ligne. Largeur ⅖ ligne.

. Ce petit insecte est assez allongé. Il est tout gris ; mais le milieu de sa tête est plus brun, & il a deux bandes longitudinales plus obscures sur le dessus du corcelet. Ces deux bandes, à leur base, se terminent par deux taches plus noires. Les étuis sont striés & de la même couleur que le reste, à l'exception de deux points noirs sur chaque étui, séparés par un point blanc, l'un plus haut, l'autre plus bas, placés chacun vis-à-vis son correspondant de l'autre étui, enforte que ces quatre points forment une espéce de quarré.

22. CURCULIO *cinereus, elytrorum puncto quadruplici albo, probofcide thorace longiore.*

Linn. syst. nat. edit. 10, p. 380, n. 25. Curculio longi-rostris griseus, coleoptris maculis quatuor albidis.

Le charanson quadrille à longue trompe.
Longueur 2 lignes. Largeur 1 ligne.

Il ressemble beaucoup au précédent, dont il différe, 1°. par sa trompe, qui est fine, longue, & dont la longueur excéde d'un bon tiers celle du corcelet ; 2°. parce que chaque étui est chargé de deux points blancs posés au-dessus l'un de l'autre, & séparés par un point noir, ce qui est tout le contraire de l'espéce précédente. Tout le reste est semblable, à la grandeur près, & ses étuis sont aussi striés.

23. CURCULIO *niger, ovatus, ſtriatus, totus villoſo-cinereus, thorace inermi.*

Le charanſon ſatin-gris.
Longueur 1 ½ ligne. Largeur 1 ligne.

Cet inſecte paroît tout gris & comme ſoyeux, à cauſe des petits poils dont il eſt couvert, quoique le fond de ſa couleur ſoit noir. Il eſt aſſez ovale : ſes étuis ont des ſtries qui ne ſont point formées par des points, mais chaque petit poil part du fond d'un point entre ces ſtries.

24. CURCULIO *ovatus, nigro-cinereus, thorace utrinque denticulato.*

Le charanſon à corcelet épineux.

Ce charanſon eſt de la groſſeur d'un grain de millet ; aſſez ovale, & d'une couleur noire cendrée. Son caractere ſpécifique, eſt d'avoir aux deux côtés du corcelet une épine ou pointe médiocrement ſaillante, preſque comme les capricornes. Ses étuis ſont ſtriés avec deux rangs de points entre les ſtries. Le fond de la couleur de l'animal eſt noir, & la teinte cendrée vient d'un duvet de petits poils blanchâtres.

25. CURCULIO *ſubrotundus, niger, ſquamoſus, elytris ſtriatis ; thorace utrinque aculeato, lateribus lineaque media albis.*

Le charanſon à bandes blanches.

On peut regarder ce charanſon comme un des plus petits. Il égale à peine la groſſeur d'un grain de millet. Il eſt ovale, preſque rond, & ſon corps eſt tout couvert d'écailles. Sa trompe eſt aſſez longue. On voit ſur le dos de ſon corcelet une ligne blanche dans le milieu, & ſur les côtés de larges bandes de la même couleur ; elles ſont formées par les écailles, qui dans ces endroits ſont blanches
ſur

fur un fond noir. Les étuis font ftriés, & les ftries font formées par des points qui fe touchent.

26. CURCULIO *fubglobofus, cinereo-ater, ftriatus ; probofcide thoracis longitudine.*

Le charanfon noir ftrié.
Longueur 1 ligne. Largeur ½ ligne.

Ce petit animal eft tout noir, feulement en deffous il paroît cendré. Cette couleur vient de quelques écailles dont il eft couvert en deffous. Sa tête & fon corcelet font pointillés, & fes étuis font chargés de ftries ferrées. Sa trompe eft longue, éfilée, & fouvent il la recourbe en deffous. On trouve cet infecte fur les fleurs.

27. CURCULIO *globofus rufus, elytris ftriatis, fafcia tranfverfa alba.*

Le charanfon roux à bande tranfverfale blanche.
Longueur 1 ligne. Largeur ⅔ ligne.

Il eft par-tout de couleur fauve, un peu rouffe. Ses étuis font ftriés avec une bande tranfverfe blanchâtre au milieu, qui eft fort apparente, & deux autres peu fenfibles, l'une plus haut, l'autre plus bas, qui fouvent ne paroiffent point du tout. Ces bandes font formées par des petits poils blancs.

28. CURCULIO *globofus niger, elytris ftriatis, fafcia tranfverfa alba.*

Le charanfon noir à bande tranfverfale blanche.

Celui-ci pourroit bien n'être qu'une variété du précédent. Il lui reffemble pour tout, la grandeur, la forme, les taches, à l'exception de la couleur du fond, qui eft rouffe dans le précédent, & noire dans celui-ci. Il fembleroit cependant que le corcelet de celui-ci feroit plus étroit, & la loupe y fait appercevoir quelques petits poils blancs. On trouve cette efpéce fur le faule dont fe nourrit fa larve.

Tome I.

O o

29. CURCULIO *fubvillofo-murinus, fcutello albicante.*

Le charanfon fouris.
Longueur 1 ligne. Largeur ½ ligne.

Le fond de la couleur de ce charanfon eft noir, mais il eft tout couvert de poils de couleur de gris-de-fouris. Sa trompe eft affez fine, & de la longueur de fon corcelet. L'extrémité de ce corcelet près de l'écuffon, ainfi que l'écuffon, eft blanchâtre, ce qui fuffit pour reconnoître cet infecte, dont la couleur varie un peu, tantôt plus & tantôt moins foncée.

30. CURCULIO *totus fufcus fpinofus, elytris ftriis elevatis villofo-fpinofis.*

Le charanfon à côtes épineufes.
Longueur 1 ¼ ligne. Largeur ⅓ ligne.

Il eft tout brun & obfcur. Sa trompe eft groffe, de la longueur du corcelet. Ses étuis ont neuf ftries longitudinales, & fur leur élévation font des petits poils courts & roides comme des épines. Il y a auffi de femblables épines fur le corcelet.

31. CURCULIO *niger, fcutello albicante, elytrorum ftriis utrinque denticulatis.*

Le charanfon noir à côtes.
Longueur 1 ligne. Largeur ½ ligne.

Cet infecte eft d'un noir de jayet, liffe & luifant. Sa trompe eft plus longue que fon corcelet. Celui-ci eft chagriné, & les étuis ont des ftries bien marquées. Si on les examine à la loupe, on apperçoit que ces ftries font dentelées, à caufe des points élevés qui font dans le creux qui forme un intervalle entr'elles, & qui fouvent fe joignent à la crête élevée de la ftrie.

32. CURCULIO *pyriformis nigro-cærulefcens abdomine ovato.*

Linn. faun. suec. n. 463. Curculio piceus , abdomine ovato.
Linn. syst. nat. edit. 10 , *p.* 378 ; *n.* 9. Curculio acridulus.

Le charanson pyriforme.
Longueur 1 ¾ *ligne.* *Largeur* ½ *ligne.*

La forme de ce charanson est assez singuliere. Il a le ventre gros & ovale ; son corcelet va en diminuant , & sa tête se termine en devant par une trompe assez fine , ce qui lui donne une figure de poire ou de cucurbite. Tout son corps est d'un noir bleuâtre. Sa tête & son corcelet sont pointillés. Ses étuis sont fortement striés & dans le fond des stries on apperçoit des points enfoncés. On trouve communément sur les fleurs ce charanson qui varie beaucoup pour la grandeur.

33. CURCULIO *lividus* , *coleoptris fasciis plurimis obscuris.*

Le charanson marbré à bandes.
Longueur ⅓ *ligne.* *Largeur* ¼ *ligne.*

Cette espéce est la plus petite de celles de ce genre que j'aye ramassées. Le brun paroît dominer dans sa couleur. Sa tête , son corcelet & ses cuisses sont noirs ; ses antennes & ses pieds sont roux. L'écusson est un peu blanchâtre. Les étuis sont striés , & d'une couleur rouge brune , mais variés par bandes transverses qui descendent un peu obliquement du côté extérieur de l'étui vers la suture , où elles forment un angle avec celles de l'autre côté : de plus chaque étui a une petite raie noire longitudinale proche la suture. La trompe est fine & de la longueur du corcelet. J'ai trouvé ce petit insecte sur les fleurs , il est sur-tout en très-grande quantité sur les fleurs de la salicaire.

SECONDE FAMILLE.

34. CURCULIO *niger apterus , thorace utrinque puncto duplici fulvo , basi pilis fulvis coronata.*

O o ij

Le charanſon à corcelet couronné.
Longueur 6 lignes.   Largeur 2 ½ lignes.

Ce charanſon eſt tout noir & luiſant. Sa trompe eſt groſſe & de la longueur du corcelet. Celui-ci eſt liſſe & ponctué. Il a ſur les côtés quatre taches fauves, deux de chaque côté, formées par des petits poils de cette couleur, & toute la baſe du corcelet eſt ornée d'une rangée de ſemblables poils, qui forment une bande, dont le bas du corcelet ſe trouve comme couronné. Les étuis ſont chagrinés, aſſez fortement réunis enſemble, & leur courbure recouvre une partie du deſſous du ventre. Sous ces étuis l'animal n'a point d'aîles.

35. CURCULIO *niger, maculis villoſo-flavis, elytris ſubrugoſis.*

Le charanſon tigré.
Longueur 6 lignes.   Largeur 3 lignes.

Il eſt noir ; ſa trompe eſt groſſe ſur-tout par le bout, & auſſi longue que le corcelet. Celui-ci, ainſi que les étuis, eſt comme ridé finement & chagriné. Les uns & les autres ſont parſemés de taches fauves formées par des petits poils. Cet inſecte eſt très-rare ici, mais on le trouve communément plus loin de Paris du côté de la Normandie.

36. CURCULIO *cinereus, ſquamoſus, alis carens, elytris rugoſis.*

Le charanſon gris à étuis réunis & chagrinés.
Longueur 6 lignes.   Largeur 2 ½ lignes.

A peine pourroit-on diſtinguer cette eſpéce du *charanſon gris, ſtrié & ſans aîles* du n°. 10, ſans les petites épines des cuiſſes de celui-ci. Il paroît ſeulement beaucoup plus grand : du reſte il eſt préciſément de même pour la forme & la couleur. Sa trompe eſt groſſe & courte, & n'égale pas la longueur du corcelet. Celui-ci eſt chagriné & aſſez rond. Les étuis ne ſont point ſtriés, mais ſeulement chagrinés, en quoi ils différent de ceux de l'espéce du n°. 10. Ces étuis font larges , & se recourbent en enveloppant une partie du dessous du corps. Ils sont assez fortement réunis ensemble , & sous ces étuis l'insecte n'a point d'ailes. Tout l'animal est brun , mais recouvert d'écailles grises.

37. CURCULIO *fuscus , apterus , elytris rugoso-striatis.*

Le charanson cartisanne.
Longueur 3 , 4 ½ lignes. Largeur 1 ½ , 2 ½ lignes.

La grandeur de cet insecte varie considérablement : pour sa forme , il ressemble aux deux précédens. Sa couleur est d'un brun obscur , plus rougeâtre vers les pattes. Sa trompe est courte , moitié moins longue que le corcelet , mais large & grosse. Le corcelet est chagriné & les étuis ont chacun environ onze stries assez marquées. Ces stries sont larges & paroissent raboteuses , à cause des points ou tubercules , dont elles sont chargées , tant dans leur fond , que sur leur crête élevée. Les étuis sont fortement réunis ensemble , ils se recourbent sous le ventre , & l'animal n'a point d'ailes dessous.

38. CURCULIO *squamosus , viridi-auratus.*

Linn. faun. suec. n. 459. Curculio femoribus omnibus denticulo notatis , corpore viridi oblongo.
Linn. syst. nat. edit. 10 , *p.* 384 ; *n.* 59. Curculio argentatus.

Le charanson à écailles vertes.
Longueur 4 lignes. Largeur 1 ½ ligne.

Ce charanson ressemble beaucoup au charanson à écailles dorées , il est seulement plus grand : du reste il est de même d'une couleur brune noirâtre , mais tout couvert d'écailles , qui le font paroître d'une couleur verte bronzée. Ses antennes & ses pattes sont plus brunes. Sa trompe est à peu près de la longueur de son corcelet. Ce dernier est chagriné , ainsi que la tête , & les étuis sont chacun chargés de dix ftries formées par des rangées de points ; mais ce qui conftitue la différence fpécifique de cet infecte & du charanfon à écailles dorées , c'eft que toutes les cuiffes de celui-ci ont des petites dents ou épines , qui ne fe trouvent point dans l'autre. On rencontre communément cet infecte dans les jardins fur les arbres.

39. CURCULIO *oblongus , niger , elytris pedibufque teftaceis.*

Le charanfon à étuis fauves.
Longueur 2 ½ lignes. Largeur 1 ligne.

Il eft tout noir , à l'exception des pattes , des antennes & des étuis , qui font de couleur fauve. Sa trompe eft plus courte que fon corcelet. Celui-ci eft étroit & chagriné , ainfi que la tête. Les étuis font luifans , chargés chacun de fept ftries formées par des points enfoncés. On trouve ce charanfon fur les arbres.

N. B. Il y a une variété de cette efpéce , dont le corcelet eft de la même couleur que les étuis.

40. CURCULIO *fubglobofus , nigro-fufcus , fquamofus , lineolis albis variegatus.*

Le charanfon geographie.
Longueur 2 lignes. Largeur 1 ⅓ ligne.

La forme de ce charanfon eft affez ovale. Je mefure fa longueur fans compter fa trompe , qui eft ordinairement repliée fous fa tête , & dont la longueur furpaffe celle de la tête & du corcelet pris enfemble. Le fond de la couleur de l'infecte eft d'un brun noir , mais il eft orné de petites écailles blanches , femblables à celles des aîles des papillons , qui couvrent fon corps en différens endroits , tant en deffus qu'en deffous. Ces écailles en deffus forment plufieurs lignes blanches fur le fond noirâtre de l'animal. Sur le corcelet on apperçoit en deffus trois de ces lignes blanches longitudinales , une au milieu & deux aux côtés. Elles font coupées par trois autres tranfverfales moins marquées, dont la derniere plus apparente, occupe le bord poftérieur du corcelet. Les étuis ont plufieurs raïes longitudinales femblables, moins diftinctes, & quelques tranfverfales : de l'écuffon principalement, partent deux lignes, une de chaque côté, qui defcendant obliquement & extérieurement vers le bas, coupent les raies longitudinales à angles aigus. Le deffous de l'infecte eft encore plus chargé de ces mêmes écailles blanches, qui forment fur le corps de l'animal des figures irréguliéres, comme celles d'une carte de géographie. Les pattes font auffi variées de femblables taches blanches. Les étuis font ftriés, & toutes les cuiffes ont chacune une dent ou épine très-marquée. J'ai trouvé ce charanfon au bois de Vincennes fur la viperine.

41. CURCULIO *fufcus, elytris ftriatis, macularum albarum fafcia triplici tranfverfa.*

Le charanfon brun à bandes tranfverfes de taches blanches.
Longueur 4 lignes. Largeur 1 ½ ligne.

Ce charanfon eft tout brun : fa trompe affez groffe, eft de la longueur du corcelet environ. Ce corcelet eft comme chagriné. Les étuis font chargés chacun de dix bandes longitudinales de points affez marqués. L'écuffon eft taché d'un point jaune formé par des poils de cette couleur, ainfi que l'angle extérieur de la bafe de chaque étui : de plus les étuis ont trois bandes tranfverfes de taches blanchâtres, formées par des petits poils blancs un peu jaunâtres. La fupérieure eft prefque au milieu des étuis, & l'inférieure fort proche de leur pointe.

42. CURCULIO *rufo - marmoratus, fcutello cordato albo, probofcide fubulata longiffima.*

Linn. fyft. nat. edit. 10°, p. 383, n. 51. Curculio longiroftris, femoribus dentatis, corpore grifeo longitudine roftri.
Uddm. differt. 24. Curculio ovatus grifeus, roftro filiformi longitudine corporis.

Rofel. inf. tom. 3 , fuppl. 385 , t. 67 , f. 5 , 6.

Le charanfon trompette.
Longueur 2 , 3 , 3 ½ lignes. Largeur 1 , 1 ½ , 1 ⅓ ligne.

Il eſt aiſé de reconnoître cet inſecte aux deux marques
énoncées dans la phraſe , ſçavoir ſon écuſſon blanc , & ſa
trompe allongée en alêne. Cette trompe varie pour la
grandeur. Ordinairement elle égale la longueur du corps
de l'animal, ſouvent elle la ſurpaſſe d'un bon tiers. Elle eſt
fine , mince & déliée. Quant à la grandeur de l'inſecte ,
elle varie beaucoup. Sa couleur eſt d'un roux foncé. Son
corps ſe termine en pointe. Ses étuis ſont légérement
ſtriés & chargés d'un duvet roux fort court , mais diſtribué
par plaques , ce qui rend le corps bariolé & comme marbré. Les pattes ſont grandes & longues pour le corps. J'ai
trouvé cet inſecte à Meudon. Il attaque les noix.

43. **CURCULIO** *flaveſcens , elytris luteo & ruſo*
teſſelatis.

Le charanfon damier.
Longueur 2 lignes. Largeur 1 ligne.

Ce petit inſecte a beaucoup de reſſemblance avec le
charanſon trompette. Sa trompe eſt aſſez longue , égalant
près de la moitié du corps : elle eſt noire & liſſe , ainſi que
les yeux ; le reſte du corps eſt d'un jaune un peu roux. Les
étuis ſont d'un jaune plus clair , ſtriés , & chargés de taches plus brunes un peu quarrées , ce qui les fait reſſembler à un damier à jouer.

J'ai vû un autre individu plus brun , qui me paroît
cependant de la même eſpéce : peut-être n'eſt-ce qu'une
différence de ſexe , mais ce charanſon étant ſec , je n'ai pû
m'en aſſurer.

44. **CURCULIO** *ſubgloboſus niger , punctis duobus*
atris ſuturæ longitudinalis coleoptrorum , thorace exal-
bido.

Linn.

Linn. faun. fuec. n. 460. Curculio fubglobofus , punctis duobus nigris futuræ longitudinalis coleoptrorum , thorace exalbido.
Linn. fyft. nat. edit. 10 , *p.* 380 , *n.* 27. Curculio longi-roftris fubglobofus , coleoptris maculis duabus atris dorfalibus.
Reaum. inf. v. 3 , *t.* 2 , *f.* 12.
Act. Upf. 17,6 , *p.* 16 , *n* 5. Curculio globofus , probofcide reflexa.
Lift. append. 3 . 5. Scarabæus exiguus cinereus , duabus maculis nigris in alarum thecis infignitus.

Le charanfon à lozange de la fcrofulaire.
Longueur 3 *lignes. Largeur* 1 ½ *ligne.*

La forme du corps de cet infecte eft arrondie. Sa trompe eft noire & luifante, affez fine & plus longue que le corcelet : lorfqu'il fent qu'on veut le prendre , il la retire fous lui, ainfi que fes pattes, & il contrefait le mort. Son corcelet plus étroit que fes étuis , eft couvert de petits poils d'un blanc jaunâtre. Les étuis font d'un brun noirâtre , chargés chacun de cinq ftries , entre lefquelles font des lignes noires élevées , entrecoupées de points blancs , formés par des petits poils , ce qui rend l'animal affez joli. Mais ce qu'il a de particulier , & qui conftitue fon caractere fpécifique , c'eft une tache noire affez confidérable au milieu du dos , fur la future même des étuis , moitié fur l'un & moitié fur l'autre , dont la figure imite un lozange , & qui eft formée par l'écartement que fouffrent en cet endroit les ftries les plus proches de la future. Derriere cette tache noire fe trouve une tache blanche affez marquée , & une autre pareillement blanche à quelque diftance , plus près de l'extrémité des étuis. Les pattes font noires & les tarfes de couleur fauve.

Cet animal fe trouve en quantité fur la fcrofulaire. On y rencontre d'abord fa larve , qui eft de couleur pâle , avec la tête noire , & dont le corps eft couvert d'un enduit gluant. Elle ronge les feuilles de la plante. Cette larve forme à l'extrémité des branches proche les boutons des fleurs , une coque ronde reffemblant à une veffie , où elle fe métamorphofe , & de laquelle , au bout de quelques jours , j'ai vû fortir l'infecte parfait. Je n'ai jamais rencon-

Tome I. P p

tré cet insecte sur le bouillon blanc , comme le disent
Lister & M. de Reaumur , ce qui me feroit presque douter que ce fût le même animal qu'ils eussent connu , si
leurs descriptions & leurs figures ne démontroient que
c'est celui de la scrofulaire.

45. CURCULIO *subglobosus , cinereus , punctis
duobus nigris suturæ longitudinalis coleoptrorum.*

Le charanson gris de la scrofulaire.
Longueur 1 ½ ligne. *Largeur* ¼ ligne.

Il approche infiniment du précédent , dont il diffère
d'abord par sa couleur , qui est grise. Sur le haut & sur
le bas de la suture des étuis , sont deux taches noires ,
qui ne sont point accompagnées de marques blanches ,
comme dans l'espéce précédente. Le fond de la couleur
des étuis est gris avec des stries élevées , qui sont ornées &
variées de points blancs & bruns. Je soupçonnerois cette
espéce de n'être qu'une variété de celle qui précéde , si sa
grandeur n'étoit pas constante. Elles se trouvent toutes
deux sur la scrofulaire.

46. CURCULIO *subglobosus , fusco-nebulosus ;
macula cordata alba in medio dorso. Linn. faun. suec.
n.* 461.

Linn. *syst. nat. edit.* 10 , p. 380 , n. 26. Curculio pericarpius.
Act. Ups. 1736 , p. 16 , n. 7. Curculio minimus , cinereus , subrotundus ,
obtusus.

Le charanson porte-cœur de la scrofulaire.
Longueur 1 ligne. *Largeur* ½ ligne.

La forme de ce charanson approche de celle des
deux précédens , mais il est beaucoup plus petit. Il est
noirâtre , & sa trompe est assez longue & déliée. Ses étuis
sont striés avec quelques petits poils gris. Au haut de la
suture des étuis , proche le corcelet , on voit une tache
blanche un peu formée en cœur. Quelquefois il a aussi sur
les étuis d'autres petites taches de même couleur. Cet in-

fecte se trouve sur la scrofulaire, comme les précédens.
Les épines de ses cuisses sont difficiles à voir à cause de sa
petitesse.

47. C U R C U L I O *subglobosus, squamosus, cinereo-fuscus, elytrorum maculis tribus & apice albis.*

Le charanson brun à points blancs.

Ce charanson est presque rond, très-petit, de la grosseur d'un grain de millet. Sa trompe est éfilée, menue,
une fois & demi aussi longue que le corcelet. Celui-ci est
chagriné, assez large, brun en dessus, & gris en dessous, à
cause des petites écailles de cette couleur, dont il est couvert. Les étuis sont larges, assez courts, bruns, chargés de
stries serrées, ayant chacun une tache blanche dans leur
milieu, & une commune à la base, formée par la réunion
des deux étuis. La pointe de ces mêmes étuis a aussi assez
souvent une tache blanche. Toutes ces taches, ainsi que la
couleur grise qui couvre le dessous du ventre de l'insecte,
viennent des petites écailles dont il est chargé. Ce charanson ressemble beaucoup pour sa forme à celui de la scrofulaire, il est seulement beaucoup plus petit. On le trouve
dans les prés.

48. CURCULIO *niger, thorace utrinque dentato.*

Le charanson noir à corcelet armé.
Longueur 2 lignes. Largeur 1 ligne.

Cet insecte est tout noir : sa trompe est de la longueur de
son corcelet. Celui-ci est oblong, formé en quarré long,
avec une pointe ou épine assez apparente sur chaque côté.
Les étuis ont des stries bien marquées, formées par des
points. Les aîles sont variées de noir.

49. CURCULIO *fusco-niger, thorace inermi.*

Le charanson noir à corcelet sans pointes.
Longueur 1 ligne. Largeur ½ ligne.

Il eſt par-tout d'une couleur brune noirâtre. Son corps
éſt aſſez alloⱪgé , ſa trompe égale preſque la moitié de
la longueur de tout ſon corps , & ſes étuis ont des ſtries
formées par des points.

50. CURCULIO *fuſcus , ſcutello puncto albo , elytris*
macula rubeſcente.

Le charanſon brun à écuſſon blanc.
Longueur 1 ½ ligne. Largeur ⅓ ligne.

Celui-ci approche des deux précédens , & n'a pas de
pointes au corcelet. Il eſt tout brun , ſeulement il a un
petit point blanc ſur l'écuſſon , à la commiſſure des étuis ,
& de plus on voit ſur ceux-ci une tache d'un brun rougeâtre , plus claire , placée plus bas que leur milieu , qui forme une eſpéce de bande tranſverſale ſur l'un & l'autre
étui. La trompe eſt fine & plus longue que le corcelet.
Celui-ci eſt chagriné , & les étuis ont des ſtries formées par
des bandes de points. Les épines des cuiſſes antérieures
ſont fort viſibles & très-aigues.

51. CURCULIO *ferrugineus , elytris ſtriatis , oculis*
nigris.

Le charanſon couleur de rouille.
Longueur 1 ¼ ligne. Largeur ⅓ ligne.

Il eſt par-tout d'une couleur rougeâtre approchant de
celle de la rouille , il n'y a que ſes yeux qui ſoient noirs. Sa
trompe plus brune , égale la moitié de la longueur du
corps , & les étuis ont des ſtries formées par des rangées
de points.

52. CURCULIO *obſcure rufus , villis cinereis aſperſus,*
roſtro thoraçe breviore.

Le charanſon velouté.
Longueur 2 lignes. Largeur 1 ligne.

La trompe de ce charanſon eſt groſſe & courte , n'égalant

guères que la moitié de la longueur du corcelet. Celui-ci
eſt aſſez long. Les étuis ont des ſtries formées par des
rangées de points. Tout l'animal eſt d'un brun noir, mais
le deſſus de ſon corps eſt couvert de petits poils gris, qui le
font paroître un peu cendré.

53. CURCULIO *oblongus, villis cinereis aſperſus;
roſtro thoraci æquali.*

Le charanſon vierge.
Longueur 1 ligne. Largeur ⅓ ligne.

Le fond de la couleur de ce petit inſecte eſt d'un brun
foncé & noirâtre, mais il paroît d'un gris blanc, à cauſe
des petits poils de cette couleur, dont tout ſon corps
eſt chargé; il n'y a que les pattes & la trompe qui en ſoient
moins couvertes, & qui paroiſſent d'un brun plus clair.
La trompe eſt fine, déliée, & de la longueur du corcelet pour le moins. Les yeux ſont noirs, & les étuis ſont
ſtriés. On trouve ce petit charanſon ſur les fleurs.

BOSTRICHUS.

LE BOSTRICHE.

Antennæ clavatæ, clavâ ex articulis tribus compoſitâ, capiti inſidentes.	Antennes en maſſe com- poſée de trois articles, poſées ſur la tête.
Roſtrum nullum.	Point de trompe.
Thorax cubicus caput intra ſe recondens.	Corcelet cubique dans lequel eſt cachée la tête.
Tarſi nudi ſpinoſi.	Tarſes nuds & épineux.

Ce genre & le deux ſuivans ſe reſſemblent tout-à-fait
pour les antennes. Dans tous les trois elles ſont en maſſe,
à peu près comme celles du becmare, ſi ce n'eſt que
le gros bout de l'antenne, ou la maſſe, eſt compoſée de
trois articles très-diſtincts, & que ces antennes ſont poſées
ſur la tête immédiatement, au lieu que dans le becmare &

le charanfon, elles naiffent d'une longue trompe qui manque dans ce genre & les deux fuivans. Nous aurions donc réuni enfemble le boftriche, le clairon & l'antribe, d'autant que ces genres renferment peu d'efpéces, fi la forme différente du corcelet & des tarfes ne les eût trop éloignés les uns des autres. Le boftriche a un corcelet gros, quarré, de forme cubique, en devant duquel eft un enfoncement, où la tête eft reçue comme dans un capuchon ou un camail, en quoi il différe des genres fuivans. Il en différe encore par la forme de fes tarfes, qui font fimples, nuds & épineux, au lieu que ceux du clairon & de l'antribe ont en deffous des petites pelottes ou éponges : peut-être trouvera-t-on dans la fuite quelqu'efpéce à réunir à la feule que renferme ce genre. J'en ai vû quelques-unes, qui venoient du Sénégal. Quant au nôtre, il eft affez rare, & je ne connois ni fa larve, ni fa chryfalide ; je foupçonne cependant fa larve de vivre dans le bois, autour duquel on trouve l'infecte parfait : d'ailleurs la forme finguliere de cet animal le rapproche affez des vrillettes, qui vivent pareillement dans le bois. Nous lui avons donné le nom de *boftrichus*, à caufe de fon corcelet qui eft velu, & chargé de petits poils, qui à la loupe paroiffent *frifés*.

1. BOSTRICHUS *niger, elytris rubris.* Planch. 5, fig. 1.

Le boftriche.

Longueur 5 lignes.   Largeur 2 lignes.

Sa tête eft affez petite & noire : fes antennes font petites & compofées de onze articles, dont les huit premiers font courts & ferrés, & les trois derniers beaucoup plus gros, faifant à eux feuls près des deux tiers de la longueur de l'antenne. Le corcelet eft gros, rond, cependant un peu anguleux & quarré, chagriné & finement velu. La tête fouvent s'enfonce toute entiere fous ce corcelet, enforte que l'animal paroît comme décapité. Les étuis font lisses & irréguliérement pointillés ; ils sont rouges , & tout le reste de l'animal est noir.

CLERUS. *Dermestis spec. linn.*

LE CLAIRON.

Antennæ clavatæ , clavâ *ex articulis tribus composita, capiti insidentes.*	Antennes en masse composée de trois articles, posées sur la tête.
Rostrum nullum.	Point de trompe.
Thorax subcylindraceus , non *marginatus.*	Corcelet presque cylindrique ; sans rebords.
Tarsi spongiosi.	Tarses garnis de pelottes.

Le clairon, auquel nous avons donné le nom de *clerus ,* par lequel les anciens ont désigné une espéce d'insecte inconnue aujourd'hui, a précisément le même caractere d'antennes que le bostriche. Il en différe par la forme de son corcelet, qui est presque cylindrique, sans avoir des rebords sur les côtés, & par les pelottes ou éponges dont ses tarses sont garnis.

Les larves de ces insectes n'ont rien de remarquable ; mais les lieux différens qu'elles habitent, méritent notre attention. Celles de la premiere espéce sont d'une belle couleur rouge & sont très-carnassieres. Elles s'introduisent dans les nids des abeilles maçonnes, trouvent moyen de percer leurs cellules, & se nourrissent de leurs larves & de leurs chrysalides, sans craindre l'éguillon des abeilles, tandis qu'elles sont à l'abri dans ces cellules. C'est dans ce même endroit qu'elles se métamorphosent, & elles n'en sortent que sous la forme d'un insecte parfait, que ses étuis & la dureté de ses anneaux défendent alors suffisamment contre les piqûres des abeilles. Cet insecte parfait, dont les couleurs sont vives & éclatantes, n'habite plus ces nids, on le trouve sur les fleurs & les plantes. La larve de la seconde efpéce, femblable à celle de la premiere, mais plus petite; fe trouve dans des endroits plus fales. Les charognes, les peaux d'animaux défféchées font fon domicile ordinaire. Enfin la quatriéme & derniere, qui eft fort petite, fe trouve dans les fleurs d'une plante qui eft très-commune à la campagne. Le refeda fait fa demeure, & on l'y rencontre par bandes fouvent fort nombreufes.

1. CLERUS *nigro-violaceus, hirfutus, elytris fafcia triplici coccinea.* Planch. 5, fig. 4.

Linn. fyft. nat. edit. 10, *p.* 388, *n.* 7. Attelabus cœrulefcens, elytris rubris, fafciis tribus nigris.
Swamerd. bibl. nat. tom. 1, *tab.* 26, *fig.* 3.
Raj. inf. p. 108, *n.* 21.
Reaum. inf. vol. 6, *tab.* 8, *fig.* 9, 10.

Le clairon à bandes rouges.
Longueur 6 lignes. Largeur 2 lignes.

Cet infecte le plus beau de ceux de ce genre, eft oblong. Son corcelet eft de forme un peu cylindrique. Il eft d'un beau bleu brillant & chargé de poils. Ses étuis font de même couleur, & chargés chacun de trois bandes d'un beau rouge de lacque : ou, pour mieux dire, on en peut compter quatre ; fçavoir, une en haut, qui defcend un peu obliquement, en partant de l'angle fupérieur & extérieur des étuis ; une plus bas, plus droite & plus large ; enfin, une troifiéme plus étroite, qui fe prolongeant au côté extérieur, en forme une quatriéme. La larve de cet infecte fe loge dans les nids d'abeilles maçonnes, fe nourrit de leurs larves, & y croît enfermée dans ce nid, qu'elle ouvre enfuite lorfqu'elle a fubi fa métamorphofe.

2. CLERUS *nigro-cœruleus.*

Linn. faun. fuec. n. 373. Dermeftes nigro-cœruleus.
Raj. inf. 100. Scarabæus antennis clavatis 12.

Le clairon bleu.
Longueur 1 ½, 2, 2 ½ *lignes. Largeur* ⅓, 1, 1 ¼ *ligne.*

Cette efpéce varie beaucoup pour la grandeur. Elle eft
très-

très-femblable pour la forme à la précédente, mais elle eft toute bleue & un peu velue. L'une & l'autre eft allongée & fe replie en renfonçant fa tête & cachant fes pattes. On trouve cet infecte fur les fleurs & fouvent dans les maifons. Sa larve mange les charognes.

3. CLERUS *fufcus* , *villofus* , *elytris flavis cruce fufca.*

Le clairon porte-croix.
Longueur 4 lignes. Largeur 1 ligne.

La forme de cet infecte eft la même que celle du clairon à bandes rouges , & il a tous les caracteres des autres efpéces de ce genre , à l'exception néanmoins d'une petite différence ; c'eft que leurs antennes, figurées en maffe , ont leurs trois derniers articles plus gros , au lieu que dans celui-ci cela eft moins marqué , & il n'y a prefque que le dernier article qui forme la maffe. La tête de ce clairon eft d'un brun clair, ainfi que fes antennes. Ses yeux font noirs : fon corcelet eft d'un brun plus foncé que la tête. Les étuis font d'un jaune pâle avec deux bandes brunes, l'une plus haut & étroite , l'autre plus bas & large. La future des étuis eft de même couleur , & joint enfemble ces bandes , ce qui forme fur le dos de l'infecte la figure d'une croix. Les pattes font pâles avec leurs articulations plus brunes. Les étuis ont des ftries de points enfoncés , & tout l'animal eft velu.

4. CLERUS *niger* , *fubovatus* , *villis cinereis.*

Le clairon fatiné.
Longueur 1 ligne. Largeur ⅓ ligne.

Il eft fort petit , plus court & plus ovale que les précédens , avec un corcelet un peu plus large , fur-tout vers le bas. Sa couleur eft noire , mais il paroît gris, à caufe des petits poils de cette couleur , dont il eft couvert , & qui le rendent comme fatiné. Ses pattes font brunes. On le trouve en quantité dans les fleurs du refeda.

Tome I. Q q

ANTHRIBUS. *Dermeſtis ſp. linn.*

L'ANTRIBE.

Antennæ clavatæ, clava　　Antennes en maſſes com-
ex articulis tribus compoſita　　poſée de trois articles, po-
capiti inſidentes.　　ſées ſur la tête.

Roſtrum nullum.　　Point de trompe.
Thorax a us marginatus.　　Corcelet large & bordé.
Tarſi ſpongioſi.　　Tarſes garnis de pelottes.

Ce genre a le même caractere d'antennes que les deux
précédens. Il différe du boſtriche & reſſemble au clairon
par les pelottes, dont ſes tarſes ſont garnis ; & enfin il
différe de ce dernier par ſon corcelet, qui eſt large &
bordé à l'entour, au lieu que celui du clairon eſt preſque
cylindrique & ſans aucuns rebords. On trouve ces inſectes
ſur les fleurs, qu'ils rongent & paroiſſent hacher en morceaux, c'eſt ce qui les a fait appeller antribe, *anthribus*,
flores comminuo. Pour ce qui regarde l'hiſtorique de ce
genre, la forme de ſes larves, leurs métamorphoſes, je
ne puis rien avancer à ce ſujet, ne les connoiſſant pas aſſez.
Je me contenterai de décrire les eſpéces.

1. ANTHRIBUS *ovatus, niger, elytris ſtriatis,*
rubro nigroque marmoratis. Planch. 5, fig. 3.

L'antribe marbré.
Longueur 1 ½ ligne.　　Largeur 1 ½ ligne.

On voit par les dimenſions de cet inſecte, qu'il eſt aſſez
quarrée & peu allongé. Sa tête & ſon corcelet ſont noirs,
avec quelques petits poils gris, ſans points ni ſtries, du
moins bien marqués. Les étuis ont des ſtries longitudinales formées par des points. Leur fond eſt d'un rouge
brun, ſur lequel on voit des points & des marques noires, les unes plus grandes, les autres plus petites, rangées en long, ſuivant la direction des ſtries. Le long de

ces bandes, sont quelques taches grisâtres entre les points noirs. Au milieu de chaque étui, le noir domine & forme une tache quarrée plus grande. La suture des étuis est aussi de couleur noire. Les pattes sont noires variées d'un peu de gris, & le dessous du ventre est aussi noir, avec un peu de rouge brun, semblable à celui des étuis. Le corcelet de cet animal est assez large, renflé & bordé, & ses antennes, comme celles de tous ceux de ce genre, sont bien formées en massue, ayant les trois derniers articles beaucoup plus gros que les autres. On trouve cet insecte sur la jacée.

2. ANTHRIBUS *ovatus subvillosus, è fusco cine-reoque variegatus.*

L'antribe minime.
Longueur 1 ¼ ligne. Largeur ⅓ ligne.

Cette espéce est assez quarrée. Elle est brune, mais couverte par endroits de petits poils gris, qui la rendent bigarrée, principalement sur les étuis, où l'on voit presqu'alternativement des taches brunes & grises. Ces étuis sont striés. J'ai trouvé cet insecte sur les fleurs.

3. ANTHRIBUS *ater, elytris apice cinerascentibus,*
Planch. 5, fig. 2.

L'antribe noir strié.
Longueur 6, 7 lignes. Largeur 2 ⅓ lignes.

Il n'y a aucune des parties de cet insecte qui ne soit noire, à l'exception de l'extrémité de ses étuis. Sa tête est longue & platte depuis les yeux jusqu'à son extrémité, où elle est armée de deux fortes machoires. Les yeux sont fort saillans & placés sur les côtés. Le corcelet est plus large dans le milieu qu'à ses extrémités. Deux éminences sur ses côtés, avec quelques inégalités en forme de rides sur le dos, lui donnent la figure du corcelet d'un capricorne. Sa partie antérieure est relevée d'un petit bourrelet.

Les étuis ont chacun dix ftries, formées par des points creux, féparés les uns des autres. Entre la feconde & la troifiéme ftrie, eft une côte relevée, principalement dans une petite inflexion, qu'elle fait proche le corcelet. Les étuis, à leur extrémité poftérieure, font un peu cendrés & fe recourbent pour couvrir le ventre. Dans les dix ftries des étuis, je n'en ai point compris une, qui eft proche la future, & qui n'eft compofée que de huit ou dix points.

4. ANTHRIBUS *niger, elytris abdomine brevioribus.*

Linn. faun. fuec. n. 370. Dermeftes niger oblorgùs, abdomine acuto.
Act. Upf. 1736, p. 16, n. 7. Scarabæus minimus ater, florilegus.
Raj. inf. p. 108, n. 29. Scarabæus antennis clavatis, clavis in annulos divifis.

L'antribe des fleurs.
Longueur 1 ligne. *Largeur* ½ ligne.

Cette petite efpéce eft noire par-tout. Sa forme eft ovale, un peu quarrée. Ce qui là rend très-aifée à reconnoître, c'eft que fes étuis font plus courts que fon ventre, & n'en recouvrent que les deux tiers; mais le bout de fon ventre n'eft pas en pointe, comme le dit M. Linnæus, ce qui me feroit prefque douter que ce fût cette efpéce qu'il eût voulu défigner. On trouve ce petit animal en très-grande quantité fur les fleurs, fur-tout fur les plantes en ombelles.

5. ANTHRIBUS *niger ovatus, elytris apice punctis duobus rubris.*

L'antribe à deux points rouges au bout des étuis.
Longueur 1 ligne. *Largeur* ½ ligne.

Cette antribe eft ovale. Ses étuis font noirs, liffes, oblongs, brillans, avec deux points rouges affez grands vers leur extrémité inférieure, un fur chaque étui. On trouve fur les fleurs ce petit animal, qui reffemble à une coccinelle.

6. ANTHRIBUS *niger, ovatus, elytris abdomen tegentibus.*

L'antribe noire lisse.
Longueur ⅔ ligne. Largeur ⅓ ligne.

Cette espéce ne différe de la précédente ; que parce qu'elle n'a point de taches rouges , & qu'elle est encore plus petite. Du reste , elle est de même ovale, & ses étuis sont lisses. Je la croirois volontiers simple variété de la cinquiéme.

7. ANTHRIBUS *oblongus , totus rufus.*

L'antribe fauve.
Longueur 1 ligne. Largeur ⅓ ligne.

Sa couleur est par-tout d'un brun fauve. La forme de son corps est assez étroite & allongée. Ses antennes sont aussi longues que sa tête & son corcelet pris ensemble , & leurs trois derniers articles , sont plus gros, très-distincts , & forment la masse. Le corcelet & les étuis sont pointillés irréguliérement. On trouve souvent cette petite espéce sur le vieux bois.

SCOLYTUS.

LE SCOLITE.

Antennæ clavatæ , clava solida.

Antennes en masse solide d'une seule piéce.

Rostrum nullum.

Tête sans trompe.

Le caractere du scolite est aisé à voir , & le distingue très-bien de tous les autres genres de cette section. Ses antennes sont à la vérité terminées par une espéce de masse , comme celles du charanson ; mais outre qu'elles ne sont point posées sur une trompe , elles sont configurées de maniere à ne pas s'y méprendre. On peut voir dans la figure cette structure singuliere, qui s'apperçoit mieux qu'on ne peut la décrire. On verra le peu d'articles dont ces antennes sont composées , la forme bizarre d'un de ces articles & la groffe maffe que forme feule la derniere piéce des antennes. Nous n'avons qu'une feule efpéce de ce genre, encore eft-elle affez rare. Je ne connois ni fa larve ni fa chryfalide. Quant à l'infecte parfait, on le trouve affez communément dans les chantiers, ce qui me fait croire que fa larve doit habiter dans les vieux bois.

1. SCOLYTUS Planch. 5, fig. 5.

Le fcolite.

Longueur 1 ½ ligne. Largeur ⅓ ligne.

Ce petit infecte approche des becmares & des dermeftes. Il différe de ceux-ci par fes tarfes; de ceux-là, parce qu'il n'a pas de trompe, & des uns & des autres, parce que la maffe de fes antennes eft folide, compofée d'une feule piéce, fans qu'on y puiffe appercevoir la moindre féparation. La forme de fon corps reffemble à celle des fcarabés. Il eft un peu allongé. Sa tête & fon corcelet font d'un noir liffe & brillant, & vûs à la loupe, ils paroiffent ponctués. Ses étuis font bruns, courts, ftriés. Si on les regarde de près, on voit dans le creux des ftries, des points; & fur leur deffus, ou entre les ftries, une autre rangée de points peu enfoncée. Les étuis ne font pas la moitié de la longueur du corps, & la tête & le corcelet, qui eft fort long, en font plus de moitié. Les pattes & les antennes font brunes. On trouve cet infecte fous les écorces.

CASSIDA.

LA CASSIDE.

Antennæ extrorfum craffiores, nodofæ.	Antennes plus groffes vers le bout, & à gros articles.
Thorax & elytra marginata, Caput thorace tectum.	Corcelet & étuis bordés. Tête cachée fous le corcelet.

Ce genre eft un des plus aifés à reconnoître. Son carac-

tere le plus effentiel eft la forme de fon corclet, qui eft
grand, & dont les rebords allongés antérieurement cachent la tête de l'infecte & la furpaffent. Ce caractere
générique, joint à la figure des antennes, diftingue la
caffide de tous les autres infectes à étuis, & fur-tout des
boucliers (peltis) que quelques Auteurs avoient confondus
avec la caffide. Ces deux genres font fi éloignés l'un de l'autre, qu'ils font même d'ordres différens, la caffide n'ayant
que quatre piéces ou articulations aux tarfes, au lieu que
le bouclier en a cinq. La forme de ces infectes, dont la
tête eft cachée fous les larges rebords du corcelet, leur
a fait donner le nom de caffide, comme qui diroit *cafque.*

Les larves de ces infectes font encore bien plus fingulieres que l'animal parfait. Elles ont fix pattes, & leur
corps eft large, court, applati; bordé fur les côtés d'appendices épineufes & branchues. Leur queue fe recourbe
en deffus de leur corps, & fe termine en une efpéce de
fourche, entre les deux fourchons de laquelle fe trouve
l'anus. Par ce moyen, les excrémens que rend l'infecte,
en fortant de fon corps, reftent foutenus fur cette efpéce
de fourche, où ils s'amaffent & forment comme un parafol, qui met fon corps à l'abri : ainfi cette larve foutient
toujours en l'air, au deffus de fon corps, un tas d'excrémens. Lorfqu'ils font trop defféchés, elle s'en débarraffe,
& de nouveaux plus frais prennent la place des anciens.
Cette larve fe défait plufieurs fois de fa peau, dont on
trouve quelquefois la dépouille fur fon parafol, avec les
excrémens. On rencontre fouvent ces infectes fur les chardons, les plantes verticillées & une efpéce d'aunée d'automne. C'eft auffi fur ces mêmes plantes qu'on trouve la
chryfalide finguliere de ces mêmes infectes, qui ne s'enfoncent point en terre pour fe métamorphofer. Cette chryfalide, qui fuccéde à la larve, après qu'elle s'eft dépouillée
de fa derniere peau, eft large, platte, prefque ovale,
ornée dans fon contour d'appendices à plufieurs pointes,
femblables à des efpéces de feuillages, & en devant,

d'une efpéce de bandelette ou corcelet terminé en arc de
cercle, & chargé de pareilles pointes. Elle reffemble en
quelque façon à un écuffon d'armoirie couronné, & on la
prendroit à peine pour un animal. En deffous, on apperçoit prefque toutes les parties de l'infecte parfait, contenu
fous les enveloppes de la chryfalide, fa tête, fes antennes,
qui font brunes, & fes pattes. Cette finguliere nymphe
eft d'un vert pâle; elle a quelques taches brunes fur fon
corcelet, & fes épines ou lames latérales font blanches.
Au bout de quinze jours, on voit fortir de cette chryfalide l'infecte parfait, par la rupture qui fe fait à la partie
antérieure de la peau de deffus. Nous avons cru devoir
donner la figure de la larve & de la chryfalide, dont la
forme finguliere s'apperçoit plus aifément & mieux qu'on
ne peut la décrire. L'infecte parfait dépofe fur les feuilles
fes œufs, qui font rangés les uns auprès des autres, &
forment des plaques fouvent couvertes d'excrémens.

Quant aux efpéces de caffides, nous n'en avons pas un
grand nombre dans ce pays-ci; elles fe réduifent à cinq,
fans compter quelques variétés. Les pays étrangers en fourniffent plufieurs autres belles efpéces. Celles des environs
de Paris, font les fuivantes.

1. C A S S I D A *viridis, corpore nigro. Act. Upf.* 1736,
p. 17, n. 1.

Linn. fyft. nat. edit. 10, p: 362, n. 1. Caffida viridis.
Linn. faun. fuec. n. 377. Caffida viridis, ovata, lævis; clypeo caput tegente
   integro.
Raj. inf. p. 107, n. 5. Scarabæus antennis clavatis, clavis in annulos divifis.
Reaum. inf. vol. 3, t. 18, fig. omnes.
Blank. belg. 89, tab. 11, fig. F. Teftudo viridis.
Goed. belg. vol. 1, p, 94, t. 43. Teftudo viridis.
Lift. goed. 286, t. 116.
Merian. europ. 3, tab. 14.
Frifc. germ. 13, p, 35, t. 29. Coccionella clypeata viridis.
Rofel. inf. vol. 2, tab. 6. Scarab. terreftr. claff. 3.

La caffide verte.
Longueur 1, 1½ ligne. Largeur ⅔, 1 ligne.

La grandeur de cet infecte varie. Son corcelet eft large,
un

un peu applati, & a des rebords plats, fort saillans, ensorte que la tête de l'animal est tout-à-fait cachée. Les
étuis ont des stries de points, & débordent pareillement
de beaucoup le corps. Cette conformation donne à l'insecte l'air d'une petite tortue. Tout le dessus de l'insecte
est uni & de couleur verte. En dessous, on voit le corps
de l'animal plus petit & plus étroit que ses étuis & tout
noir, à l'exception des pattes, qui sont d'une couleur
pâle. Cet insecte se trouve sur les plantes verticillées & sur
les chardons. Sa larve ressemble à celle des autres insectes de ce genre. On peut voir la figure que nous en ayons
donnée.

2. CASSIDA *nebulosa, pallida, corpore nigro.*

Linn. faun. suec. n. 378. Cassida nebulosa, pallida, ovalis; clypeo caput
    tegente integro.
Linn. syst. nat. edit. 10, *p.* 363, *n.* 1. Cassida nebulosa.
Raj. ins. p. 88, *n.* 13. Scarabæus minor, sordide fulvus, punctis & maculis
    aliquot nigris temere sparsis notatus.
Goed. belg. 1, *p.* 96, *t.* 44.
List. goed. 287, *t.* 117.
List. tab. mut. t. 17, *f.* 10.

La cassíde brune.
Longueur 2, 3 *lignes. Largeur* 1 ½ *ligne.*

Cette cassíde ressemble tout-à-fait à la précédente. Son
corcelet & ses étuis débordent extrêmement la tête & tout
le corps, qui sont entiérement cachés dessous. Le corps
est noir. La seule différence entre ces deux espéces de
cassídes, est celle de la couleur du dessus de l'animal,
qui, au lieu d'être vert, comme dans l'espéce précédente,
est dans celui-ci d'une couleur brune claire, parsemé de
quelques petites taches noires. Les pattes sont aussi de la
même couleur. On trouve cet insecte dans les bois & sur
les mêmes plantes que le précédent.

3. CASSIDA *pallida, linea duplici longitudinali,
viridi-deaurata.*

Tome I.   R r

Linn. fyft. nat. edit. 10 , p. 363 , n. 3. Caffida grifea, elytris lïnea cærulea nitidiffima.

La caffide à bandes d'or.
Longueur 1 ¼ lignes. Largeur 1 ¼ ligne.

Il y a encore peu de différence entre cette efpéce & les deux précédentes : elle approche fur-tout infiniment de la feconde ; mais fa couleur eft pâle d'un jaune terne , tirant un peu fur le fauve. Ses étuis ont des ftries longitudinales de points, mais la troifiéme ftrie, en commençant à compter de la future , eft écartée des deux premieres , & le long de cet endroit , eft une belle raïe longitudinale d'un vert doré , mais qui ne fe voit que fur l'infecte vivant : car lorf-qu'il eft mort , elle difparoît à mefure qu'il fe defféche.

4. CASSIDA viridis , thorace ferrugineo.

La caffide verte à corcelet brun.
Longueur 2 ½ lignes. Largeur 1 ⅓ lignes.

Ses étuis font d'un beau vert & ftriés de points. Son corcelet eft d'un brun rougeâtre, quelquefois en entier ; d'autres fois dans fa partie poftérieure feulement. L'écuf-fon & le bord des étuis qui le touchent, font auffi d'un rouge brun, ce qui forme une efpéce de triangle brun , tandis que le refte des étuis eft vert. J'ai trouvé cette ef-péce avec la fuivante fur l'aunée des prés. Aſter pratenfis autumnalis conyʒæ folio. inſt. R. 5.

5. CASSIDA viridis maculis nigris variegata.
Planch. 5 , fig. 6.

Caffida rubra , maculis nigris variegata.

La caffide panachée.
Longueur 3 ½ lignes. Largeur 2 lignes.

Je joins enfemble ces deux variétés , qui font tout-à-fait femblables , & qui ne différent que pour le fond de la couleur. L'une a le corcelet & les étuis rouges ; l'autre les a d'un beau vert. Toutes deux ont les pattes , les an-

tennes & le deſſous du corps noirs. Toutes deux ont ſur
leurs étuis des ſtries longitudinales formées par des points
enfoncés. Toutes deux enfin ont les mêmes taches noires
ſur les étuis. Ces taches ſont d'abord au nombre de cinq
ou ſix le long de la future longitudinale qu'elles touchent,
ſe joignant ſouvent avec les correſpondantes de l'autre
étui, ce qui fait pour lors une bande longue, noire, den-
telée & feſtonnée. Enſuite il y a deux grandes & longues
taches vers l'angle extérieur du haut des étuis ; & enfin
deux ou trois petits points noirs ſur le milieu de l'étui. On
trouve ces deux inſectes enſemble, en grande quantité au
bord des étangs, ſur l'aunée des prés. Leurs larves reſſemblent à celle de la caſſide verte. Elles ſont applaties,
épineuſes, ſur-tout ſur les côtés, & ont une queue fourchue, avec laquelle elles ſoutiennent leurs excrémens.
Elles rongent les feuilles de l'aunée. J'en ai nourri pluſieurs, qui m'ont toujours donné des caſſides vertes panachées, ce qui m'a fait ſoupçonner que les rouges & les
vertes ne différoient que par l'âge, les dernieres étant les
plus jeunes, & les autres les plus vieilles. Pour m'en aſſurer encore, j'ai nourri des caſſides de couleur verte. Le
vert de leurs étuis a pris peu à peu une teinte d'abord
jaune, puis de plus en plus rouge ; ce qui prouve que la
différence de couleur ne vient que de l'âge plus ou moins
avancé.

A N A S P I S.

L'A N A S P E.

Antennæ filiformes, ſenſim creſcentes.	Antennes filiformes, qui vont en groſſiſſant vers le bout.
Scutellum vix apparens. *Thorax planus, lævis non mar- ginatus.*	Ecuſſon imperceptible. Corcelet plat, uni & ſans re- bords.

Les inſectes de ce genre, qui ſont aſſez rares, reſſemblent beaucoup pour la forme à ceux d'un autre genre, que nous examinerons plus bas, qui eſt celui des *mordelles*. Ils ſont allongés, retrécis vers le bout, & plus larges en devant ; mais ce qui les diſtingue, ce ſont ; 1°. leurs antennes filiformes, qui vont en augmentant un peu & preſqu'inſenſiblement vers leur extrémité ; 2°. & ſur-tout leur écuſſon, qui eſt ſi petit, qu'il eſt imperceptible, & qu'on ne peut guéres l'appercevoir qu'à l'aide d'une loupe ; encore eſt-il ſouvent tout-à-fait caché ſous le corcelet. Cette particularité a fait donner à ce genre le nom d'anaſpe, *anaſpis*, comme qui diroit ſans écuſſon, parce qu'à la premiere inſpection, ces inſectes paroiſſent en manquer. Je ne connois ni les larves ni les chryſalides des anaſpes. Les inſectes parfaits ſe trouvent ſur les fleurs & ſouvent dans les fleurs.

1. ANASPIS *tota nigra*. Planch. 5, fig. 7.

L'anaſpe noire.
Longueur 1, 1 ½ ligne. Largeur ½, ligne.

Ses antennes, qui ſont filiformes, vont un peu en groſſiſſant vers l'extrémité, & ſont placées ſur le deſſus de la tête devant les yeux. Elles ſont un peu plus longues que le tiers du corps. La tête eſt applatie. Toute ſa baſe poſe ſur le corcelet, qui eſt large, un peu convexe, & qui va en s'élargiſſant du côté qui regarde les étuis. Ceux-ci ſont allongés & vont en ſe retréciſſant vers leur extrémité, ce qui donne à l'inſecte une figure un peu pointue. Tout l'animal eſt noir, liſſe, ſans points ni ſtries. Ses pattes ſeulement ſont un peu jaunâtres, ſur-tout les quatre antérieures. Cet inſecte ſe trouve ſur les fleurs.

2. ANASPIS *nigra, elytro ſingulo antice macula flava.*

L'anaſpe à taches jaunes.

Cette eſpéce eſt tout-à-fait ſemblable à la précédente pour la forme & pour la grandeur ; elle n'en différe que par deux grandes taches jaunes, qui font à la partie antérieure des étuis, & qui en occupent près d'un tiers. Ces taches ne vont pas tout-à-fait jufqu'à la future, qui, étant noire, fépare ces marques jaunes l'une de l'autre. On trouve cet infecte avec le précédent.

3. A N A S P I S *nigra, thorace luteo.*

L'anafpe à corcelet jaune.
Longueur 1 ligne. Largeur ⅔ ligne.

Cet infecte eft encore tout-à-fait femblable aux deux précédens. Ses antennes font de la longueur de la moitié du corps, jaunes à la bafe, noires à l'extrémité. La tête eft noire, ainfi que le ventre & les étuis. Le corcelet eft jaune un peu fauve. Les cuiffes font du même jaune, & le refte des pattes eft noir. Cet animal fe trouve avec les précé- dens, mais moins fréquemment.

4. A N A S P I S *villofo-flavefcens, coleoptrorum maculis tribus obfcuris.*

L'anafpe fauve.
Longueur ¼ ligne. Largeur ⅓ ligne.

Sa couleur eft par-tout fauve, jaunâtre, & l'infecte pa- roît un peu foyeux, à caufe des petits poils dont il eft cou- vert. Son corcelet eft d'une couleur un peu plus foncée que les étuis. Sur ceux-ci, on voit trois taches plus bru- nes, une fur le milieu de chaque étui, & une troifiéme pofée un peu plus bas, fur la future, & commune aux deux étuis. Le deffous de l'infecte eft de couleur plombée & obfcure. Dans cette efpéce, on apperçoit un peu l'é- cuffon, qui ne paroît point dans les précédentes.

ORDRE TROISIÉME.

Infectes qui ont trois articles à toutes les pattes.

COCCINELLA.

LA COCCINELLE.

Antennæ extrorsum craf-fiores , nodofæ , antennulis breviores.	Antennes à gros articles, plus groffes vers le bout , & plus courtes que les antennules.
Corpus hœmifphæricum.	Corps hémifphérique.

LA coccinelle eft un de ces infeétes communs, que tout le monde connoît , & que les enfans même recherchent fous le nom de *bête-à-dieu* ou *vache-à-dieu*. Neanmoins fon caraétere, quoiqu'aifé à diftinguer, n'a pas été apperçu jufqu'ici des Naturaliftes. Le nombre des piéces qui compofent fes tarfes, eft un premier caraétere effentiel à ce genre & au fuivant, & qui les diftingue tellement de tous les autres infeétes à étuis, que nous en avons fait un ordre particulier. Mais de plus, les antennes de la coccinelle, compofées de gros articles noueux, qui vont en groffiffant vers le bout; en un mot, prefque femblables en petit à celles de la chryfomele, & en même-tems plus petites que les antennules, forment un caraétere générique bien remarquable. Dans la plûpart des autres infeétes à étuis, les antennules ou barbillons, qui accompagnent la bouche & les machoires, font beaucoup plus petites que les antennes, que l'on voit placées fur la tête, aux environs des yeux. Ici c'eft précifément le contraire : les antennules font beaucoup plus grandes que les antennes: ce font elles que l'on apperçoit d'abord, & il faut chercher les antennes pour les voir. Aussi quelques Naturalistes modernes ont-ils pris les antennules de la coccinelle, pour les véritables antennes. Cette figure des antennes, la forme du corps des coccinelles, qui est arrondi, & le nombre des articles des tarses, font aisément & sûrement reconnoître ce genre.

Les larves des différentes espéces de coccinelles, ne font pas moins communes que les insectes parfaits. Dans l'été, on voit les feuilles de plusieurs arbres couvertes d'un nombre infini de ces larves, qui se nourrissent de pucerons ; elles font allongées, plus larges à leur partie antérieure, où font leurs six pattes, & leur partie postérieure se termine en pointe. Elles marchent lentement & d'un pas lourd. La plûpart font noirâtres, bariolées de quelques taches jaunes, fauves ou blanchâtres. Lorsqu'elles veulent se métamorphoser, elles s'appliquent contre une feuille par la partie postérieure de leur corps, elles se recourbent, se gonflent & forment une espéce de boule, dont la peau s'étend & se durcit. Au bout d'une quinzaine de jours, la peau de cette chrysalide se fend sur le dos, & on en voit sortir l'insecte parfait, dont les couleurs font d'abord pâles & les étuis fort mols ; mais en peu de tems ceux-ci se durcissent & prennent une belle couleur vive & brillante. Les œufs des coccinelles font oblongs & de couleur d'ambre jaune.

Les espéces de ce genre, qui est nombreux, ne font pas fort grandes, mais elles font toutes lisses & brillantes. Parmi ces espéces, il pourroit y avoir beaucoup de variétés. J'en ai déja marqué quelques-unes, que j'ai apperçues; mais je suis persuadé qu'un observateur exact en pourroit encore découvrir plusieurs autres. J'ai trouvé plusieurs de ces espéces accouplées avec d'autres, qui paroissent très-différentes. Que résulte-t-il de cet accouplement ? En vient-il une variété qui tienne de l'un & de l'autre individu, une espéce de mulet, ou bien ces deux individus accouplés, quoique différens, ne font ils que des variétés l'un de l'autre ? C'est ce qu'il faudroit suivre & examiner. En attendant, nous allons détailler les espéces de ce genre, que nous connoissons, & qui paroissent les plus constantes.

1. COCCINELLA *coleoptris rubris, punctis duobus nigris. Linn. faun. suec. n. 388.*

Linn. syst. nat. edit. 10, p. 364, n. 2. Coccinella bipunctata.
Merian. europ. 3, p. 58, tab. 35, f. infima.
List. loq. p. 383, n. 8. Scarabæus alter niger exiguus, pennarum crustis miniatulis, in quibus mediis duæ tantum maculæ nigræ.
Raj. ins. p. 86, n. 2. Scarabæus hæmisphæricus minor, elytris è flavo rubentibus, singulis maculis seu punctis nigris media parte notatis.
Petiv. gazoph. p. 34, t. 21, f. 4. Coccinella anglica bimaculata, seu minor rubra.
Reaum. ins. 3, tab. 31, f. 16.
Frisch. germ. 9, p. 33, t. 16, f. 4. Coccinella secundæ magnitudinis, punctis coleoptrorum duobus.
Bradl. natur. t. 17, f. 4.

La coccinelle rouge à deux points noirs.
Longueur 2 ½ lignes. Largeur 2 lignes.

Tout le dessous de cet insecte est noir. Son corcelet est de la même couleur, avec deux grandes taches blanches sur les côtés, & une petite en cœur à sa partie postérieure, qui touche à l'écusson. On voit aussi deux petits points blancs sur la tête, qui est noire. Les étuis sont rouges & ont chacun un point noir considérable dans leur milieu. Tout l'insecte est hémisphérique : son corcelet & ses étuis ont à leur contour un rebord, qui se voit en dessous. On trouve cette coccinelle sur les plantes & sur plusieurs arbres. La larve qui la produit, est allongée, noire & variée de jaune. Elle se trouve principalement sur l'aune, où elle vit de pucerons. J'ai quelquefois trouvé cette espéce accouplée avec d'autres, qui paroissent fort différentes.

2. COCCINELLA *coleoptris rubris, punctis quinque nigris. Linn. faun. suec. n. 392.*

Linn. syst. nat. edit. 10, p. 365, n. 5. Coccinella quinque-punctata.

La coccinelle rouge à cinq points noirs.

Cette

Cette coccinelle reſſemble à la précédente pour ſa forme & ſa grandeur. Son corps eſt noir : ſa tête & ſon corcelet le ſont auſſi, mais il y a ſur la tête deux points blancs,
& ſur les côtés du corcelet, deux taches blanches. Les
étuis, qui ſont rouges, ont chacun vers leur milieu un
point noir conſidérable, & un autre plus petit, placé plus
bas & plus extérieurement. De plus, il y a un autre point
à l'origine des étuis, commun à tous les deux, ce qui fait
en tout cinq points noirs. L'inſecte eſt hémiſphérique, &
ſes étuis ſont bordés, comme ceux des autres eſpéces de
ce genre. Celle-ci ſe trouve dans les jardins, mais plus rarement que la précédente. Sa larve a ſix pattes, & ſe métamorphoſe comme les autres du même genre.

3. COCCINELLA *coleoptris rubris, punctis ſeptem
nigris. Linn. faun. ſuec. n.* 391. Planch. 6, fig. 1.

Linn. ſyſt. nat. edit. 10, *p.* 365, *n.* 8. Coccinella ſeptem-punctata.
Albin. inſ. t. 61, *f.* C.
Goed. belg. 2, *p.* 58, *t.* 18, Gall. *tom.* 3, *tab.* 18.
Liſt. goed. p. 268, *f.* 112.
Liſt. loq. p. 382, *n.* 7.
Liſt. mut. t. 3, *f.* 2.
Reaumur. inſ. 3, *t.* 31, *f.* 18.
Merian. europ. 2, *p.* 24, *t.* 11.
Petiv. gazoph. p. 33, *t.* 21, *f.* 3. Cochinella anglica vulgatiſſima S. rubra, ſep-
    tem nigris maculis punctata.
Raj. inſ. p. 86, *n.* 1. Scarabæus ſubrotundus ſeu hemiſphæricus rubens major
    vulgatiſſimus.
Friſch. germ. 4, *p.* 1, *t.* 1, *f.* 4. Coccionella major.
Roſel. inſ. vol. 2, *tab.* 2, Scarab. terreſtr. claſſ. 3.

La coccinelle rouge à ſept points noirs.
Longueur 3, 4 *lignes. Largeur* 2 ½, 3 *lignes.*

Cette coccinelle eſt la plus commune de toutes & une
des plus grandes de ce Pays-ci. Sa tête eſt noire avec deux
petits points blancs. Son corcelet eſt pareillement d'un
noir foncé & brillant, avec une marque d'un blanc jaunâtre ſur chaque côté. Chacun de ſes étuis a trois points
noirs diſpoſés en triangle, & de plus il y en a un à l'origine
des étuis, commun à tous les deux, ce qui fait en tout

Tome I. S ſ

sept points noirs. La larve qui produit cet insecte, est longue, a six pattes en devant & est tout-à-fait semblable
à celle de l'espéce précédente, si ce n'est qu'elle est plus
grande. Elle est de couleur grife avec des taches noires &
blanches. On la trouve sur tous les arbres, mais sur-tout
sur le tilleul, où elle se nourrit de pucerons : pour cet effet
sa tête est armée de machoires aigues. Lorsqu'elle veut se
transformer, elle s'attache à une feuille par l'anus & se
gonfle : sa peau devient roide & forme une espéce de
coque, de laquelle sort la coccinelle parfaite, par une
ouverture ou fente qui se fait sur le dos de cette chryfalide.

4. COCCINELLA *coleoptris rubris , punctis novem*
nigris , thorace nigro , lateribus albis.

Linn. fyft nat. edit. 10 , p. 367 , n. 9. Coccinella coleoptris nigris punctis
rubris fex.

La coccinelle rouge à neuf points noirs & corcelet noir.
Longueur 1 ½ lignes. Largeur 2 lignes.

Il y a tant de reffemblance entre cette coccinelle & la
précédente, qu'on la prendroit volontiers pour une simple
variété ; sa grandeur est cependant un peu moindre : du
reste la tête & le corcelet sont la même chose, il n'y a
de différence que dans les points noirs des étuis. Ces
points dans cette espéce, sont au nombre de neuf & presque de onze. Il y a sur chaque étui trois grands points
noirs, & un quatriéme plus petit vers le bas, ce qui, avec
le point commun, qui se trouve à l'origine des deux étuis,
fait en tout neuf points : de plus on voit au bord latéral des
étuis, un petit endroit noir de chaque côté, qui reffemble
encore à une tache. Cette marque paroît particuliere à
cette espéce. On rencontre cet insecte sur les arbres &
les charmilles : il n'est pas bien commun.

5. COCCINELLA *coleoptris rubris , punctis novem*
nigris , thorace nigro , antice albo.

La coccinelle rouge à neuf points noirs & corcelet varié.

6. COCCINELLA *coleoptris rubris , punctis tredecim nigris. Linn. faun. suec. n. 395.*

Act. Upf. 1736 , *p.* 18 , *n.* 3. Coccinella punctis duodecim.
Reaum. inf. 3 , *tab.* 31 , *f.* 19.

La coccinelle rouge à treize points noirs & corcelet jaune varié.

Longueur 2 *lignes. Largeur* 1 ½ *ligne.*

Je joins enfemble ces deux coccinelles, qui pourroient bien n'être que variétés l'une de l'autre , comme on le va voir par la defcription. Toutes deux font de même grandeur. Leur tête eft jaunâtre en devant , & irréguliérement bordée de noir en arriere. Leur corcelet eft noir , mais la partie antérieure & les côtés font tachés de blanc, qui s'avançant dans le noir , y forme un deffein fort joli. Ainfi par rapport à la tête & au corcelet , ces deux infectes font tout-à-fait femblables. La feule différence qui fe rencontre entr'eux , eft dans le nombre des points noirs des étuis. Ces étuis dans tous les deux font rouges. Dans la coccinelle à treize points , il y en a fix fur chaque étui, fçavoir trois petits en haut difpofés en triangle , & trois autres en bas auffi en triangle , de façon que les bafes des triangles fe regardent. Les deux points fupérieurs du triangle d'en bas font les plus grands & prefque contigus. Outre ces douze points , il y en a un treiziéme à l'origine des étuis , commun à tous les deux. Dans la coccinelle à neuf points, on voit le même arrangement , à l'exception que les deux points inférieurs du triangle d'en haut manquent fur chacun de fes étuis , ce qui fait en tout quatre points de moins. On voit même dans quelques-unes tous les trois points du triangle fupérieur manquer abfolument, enforte qu'il n'y a que fept points en tout , ce qui fait encore une variété : mais le caractere fpécifique confifte dans les deux points d'en haut du triangle inférieur , qui font conftamment plus grands , & dans la couleur du corcelet. On trouve ces infectes fur les charmilles.

7. COCCINELLA *coleoptris rubris punctis tredecim nigris ; thorace rubro , medio nigro.*

La coccinelle rouge à treize points noirs , & corcelet rouge à bande.

Longueur 1 ½ lignes.   Largeur 2 lignes.

Cet infecte femble d'abord n'être qu'une variété de l'ef-péce précédente , qui a le même nombre de points , mais en l'examinant, on voit que c'est une efpéce véritablement différente. Sa tête eft toute noire , premiere différence. En fecond lieu fon corcelet eft rouge , avec une bande noire longitudinale au milieu , & deux points noirs , un de chaque côté , ce qui le diftingue effentiellement du der-nier. Quant aux étuis, ils font oblongs , rouges, chargés chacun de fix points noirs , formant deux triangles , & un treiziéme point commun à la jonction des étuis. On trouve cette coccinelle fur les plantes.

8. COCCINELLA *coleoptris rubris , punctis undecim nigris ; thorace luteo , nigro punctato.*

La coccinelle rouge à onze points & corcelet jaune.

Longueur 1 ½ , 2 lignes.   Largeur 1 , 1 ½ ligne.

La grandeur de ce petit infecte varie. Ses yeux font noirs ; fa tête eft jaune , bordée feulement en arriere d'un peu de noir. Son corcelet eft pareillement jaune avec cinq points noirs à fa partie poftérieure , dont quatre font rangés en demi-cercle , & le cinquiéme eft au milieu de cet efpace. Chacun des étuis a cinq points noirs , un en haut , un en bas , & trois au milieu rangés fur une ligne tranf-verfale : de plus il y a un autre point noir à l'origine des étuis , commun à tous les deux , ce qui fait en tout onze points noirs. Cet infecte fe trouve fur l'orme.

N. B. Cette efpéce varie quelquefois , & au lieu de

onze points, elle en a treize, le bas de chaque étui se trouvant chargé de deux points noirs, au lieu d'un seul.

9. COCCINELLA *rubra, punctis undecim nigris; thorace rubro immaculato.*

La coccinelle argus.

Longueur 3 lignes. Largeur 2 ⅓ lignes.

On peut regarder cette coccinelle comme une des plus grandes de ce Pays-ci. Elle est toute rouge, tant en dessus qu'en dessous. Ses yeux seulement sont noirs : du reste la tête & le corcelet n'ont aucune tache. Sur chacun des deux étuis, on voit cinq grands points noirs, ronds & égaux, ce qui fait dix points, & un onzième à l'origine des étuis, commun à tous les deux : mais ce qui fait reconnoître au premier coup d'œil cet insecte, c'est que ces points noirs & ronds sont entourés d'un cercle jaunâtre, différent de la couleur rouge des étuis, ce qui les fait paroître comme autant d'yeux semés sur le corps de l'animal : c'est par cette raison qu'on lui a donné le nom d'argus. Cet insecte singulier est rare, je l'ai trouvé sur des buissons à la campagne.

10. COCCINELLA *coleoptris rubris, punctis novemdecim nigris.*

La coccinelle rouge à dix-neuf points noirs.

Longueur 2 lignes. Largeur 1 ½ ligne.

Sa tête est rouge, excepté vers sa partie postérieure, où elle a une bordure noire, mais déchiquetée & irréguliere. Le corcelet est aussi rouge, chargé de six points noirs, trois de chaque côté, rangés en triangle. Les étuis sont de la même couleur rouge, ayant chacun neuf points noirs, outre un point commun aux deux étuis, placé au haut de la suture, ce qui fait en tout dix-neuf points. Les neuf points de chaque étui sont rangés trois à trois, & forment sur chacun des étuis trois triangles ; un supérieur, dont la pointe eſt tournée en haut ; un au milieu pareillement la pointe en haut ; & un inférieur, dont la pointe regarde le bas.

11. COCCINELLA *coleoptris rubris, punctis viginti-quatuor nigris, quibuſdam connexis. Linn. faun. ſuec. n.* 402.

Linn. ſyſt. nat. edit. 10 , *p.* 366 , *n.* 17. Coccinella viginti-quatuor punctata.

La coccinelle rayée.
Longueur 1 ½ *ligne. Largeur* 1 *ligne.*

On peut regarder cette coccinelle comme une des plus petites de ce Pays-ci , où elle eſt aſſez rare. Sa couleur eſt rouge , ſeulement ſes machoires & ſes yeux ſont noirs , & il y a auſſi une petite tache de même couleur ſur ſon corcelet. Quant à ſes étuis , la deſcription qu'en donne M. Linnæus eſt juſte. Ils ſont rouges , & on voit ſur chacun douze points noirs , ſçavoir trois en haut ſéparés & diſtincts , enſuite quatre autres , dont les deux du milieu tiennent enſemble ; plus bas trois autres qui ſont joints & forment une eſpéce de raie ; & enfin deux au bas plus petits & ſéparés l'un de l'autre. On trouve ce petit inſecte ſur les fleurs.

12. COCCINELLA *coleoptris rubris , punctis plurimis nigris , quibuſdam connexis ſuturá longitudi-nali nigra. Linn. faun. ſuec. n.* 403.

Linn. ſyſt. nat. edit. 10 , *p.* 366 , *n.* 19. Coccinella conglobata.
Raj. inſ. 87 , *n.* 5. Scarabæus hemiſphæricus flavus , maculis nigris variæ figuræ depictus.
Liſt. loq. 383 , *n.* 9. Scarabæus luteus , nigris maculis diſtinctus.
Friſch. germ. 9 , *p.* 34 , *t.* 17 , *f.* 6.

La coccinelle à bordure.
Longueur 2 *lignes. Largeur* 1 ½ *ligne.*

Le corps de cette coccinelle eſt noir & ſes pattes ſont jaunes. Sa tête eſt jaune , bordée d'un peu de noir à ſa partie poſtérieure. Ses yeux ſont noirs. Le corcelet , qui eſt

jaune, est orné de sept points noirs : quatre de ces points
font plus grands & rangés en demi-cercle, autour d'un
cinquiéme qui est plus petit ; les deux autres points font
fur les côtés du corcelet. Les étuis font rouges, chargés
chacun de huit points ; sçavoir deux en haut tantôt séparés, & tantôt joints enfemble ; trois au milieu, dont l'intérieur est uni à une raie noire qui borde le côté intérieur
des étuis ; & trois en bas, dont les deux extérieurs font
unis enfemble. Cette raie noire, que l'on voit au bord intérieur de chaque étui, forme, lorfqu'ils font réunis, une
efpéce de future ou bande noire. Ce petit insecte est commun dans les jardins & à la campagne.

13. COCCINELLA *coleoptris rubris , punctis qua-*
tuordecim albis. Linn. faun. fuec. n. 397.

Linn. fyst. nat. edit. 10, *p.* 367, *n.* 22. Coccinella quatuordecim guttata.
Act. Upf. 1736, *p.* 18, *n* 5. Coccione la punctis quatuordecim.
Raj. inf. p. 86, *n.* 3. Scarabæus hemifphæricus, elytris fulvis, maculis albis
picti.
List. loq. 383, *n.* 10. Scarabæus fubrufus, cui in humeris binæ maculæ, inque
fingulis alarum thecis feptem maculæ albæ funt.

La coccinelle à quatorze points blancs.
Longueur 2, 2 ½ *lignes. Largeur* 1 ½, 2 *lignes.*

Sa tête est blanche & fes yeux font noirs. Son corcelet est
rouge, avec du blanc fur les côtés & un peu au milieu qui
n'est guères distinct. Sur chacun des étuis qui font rouges,
il y a fept points blancs, sçavoir un feul en haut près de la
jonction des étuis, enfuite une rangée tranfverfale de
trois, après cela une autre de deux, & enfin un feul à l'extrémité inférieure. Quelquefois ces points varient un peu
pour leur arrangement. Cet insecte fe trouve dans les bois
& les jardins.

14. COCCINELLA *coleoptris rubris , punctis qua-*
tuordecim limboque albis.

La coccinelle à points & bordure blanche.
Longueur 2 ½ *lignes. Largeur* 2 *lignes.*

Cette efpéce a beaucoup de reffemblance avec la précédente. Sa tête eft de même, & fon corcelet ne différe, qu'en ce qu'on peut y compter cinq taches blanches, fçavoir trois poftérieurement, dont une au milieu & deux aux côtés, & deux autres antérieurement, une de chaque côté. On compte fur chaque étui fept points blancs, fçavoir trois rangées de deux & un impair à l'extrémité inférieure : outre cela les étuis font bordés extérieurement & même intérieurement de blanc, en quoi cet infecte différe effentiellement du précédent. On le trouve dans les mêmes endroits.

15. COCCINELLA *coleoptris flavis, punctis quadratis nigris, quibufdam connatis.*

Linn. faun. fuec. n. 396. Coccinella coleoptris flavis, punctis quatuordecim nigris, quibufdam connatis.
Linn. fyft. nat. edit. 10, p. 366, *n.* 13. Coccinella quatuordecim punctata.
Frifch. germ. 9, *tab.* 17, *f.* 5, 4.

La coccinelle à l'échiquier.
Longueur 2 ⅓ *lignes. Largeur* 1 ¼ *ligne.*

La coccinelle à l'échiquier approche beaucoup de la précédente pour la grandeur & les couleurs. Sa tête eft jaune de même que fon corcelet, qui eft noir à fa partie poftérieure. Sur les étuis, on voit quatorze points noirs & quarrés, fept fur chacun, outre la futur du milieu des étuis, qui forme une bande noire. Cet infecte varie beaucoup. Quelquefois les points noirs font fort grands, & tiennent enfemble, ainfi qu'à la bande du milieu, enforte qu'il ne refte que très-peu de jaune fur les étuis, & ce jaune eft diftribué par taches quarrées : d'autres fois le jaune domine, & même tellement dans quelques-uns, que les points noirs quarrés font très-petits, féparés & diftans les uns des autres. Il eft aifé, malgré ces variétés, de reconnoître cet infecte par la forme de fes points qui font quarrés. On le trouve très-communément dans la campagne & les jardins.

16.

16. COCCINELLA *coleoptris flavis , punctis sexde-*
cim nigris , plurimis connexis , futura nigra.

La coccinelle jaune à future.
Longueur 1 ligne. Largeur ¼ ligne.

Cette coccinelle eſt petite : ſon corps eſt noir & ſes
pattes ſont jaunes. Sa tête eſt d'un jaune clair avec les
yeux noirs , & quelquefois une tache noire dans le milieu.
Le corcelet eſt de même jaune avec ſix taches noires ,
ſçavoir quatre au milieu en demi-cercle & deux plus petites aux côtés. La couleur des étuis eſt auſſi jaune , mais les
bords par leſquels ils ſe touchent ſont noirs , ce qui fait
une raie longitudinale ſur le corps de cet inſecte. On
compte ſur chacun des étuis huit points noirs , ſçavoir
quatre diſtincts & ſéparés les uns des autres près de la raie
du milieu , & quatre autres , dont trois ſe touchent & ſont
ſouvent unis enſemble près du bord extérieur , ce qui fait
en tout ſeize points. Ce petit inſecte eſt fort joli. On le
trouve ſur les arbres & ſur les plantes.

17. COCCINELLA *coleoptris flavis , punctis viginti*
nigris.

Linn. faun. ſuec. n. 401. Coccinella coleoptris flavis , punctis viginti-duobus
nigris.
Linn. ſyſt. nat. edit. 10 , p. 366 , n. 16. Coccinella viginti-duo punctata.

La coccinelle jaune ſans future.
Longueur 1 ½ ligne. Largeur 1 ligne.

A la premiere vûe on prendroit cette coccinelle pour la
précédente. Elle eſt à peu près de même grandeur , & de
plus elle eſt jaune marquée de points noirs : néanmoins
elle en différe par pluſieurs marques bien caractériſtiques.
Premiérement ſa tête eſt preſque noire , ayant ſeulement
un peu de jaune à ſa partie poſtérieure. Son corcelet eſt
jaune avec ſept points noirs , ſçavoir trois grands poſtérieurement , deux moindres en devant , & deux très-petits
proche les yeux. Chaque étui a dix points noirs ſur un fond

Tome I. T t

d'un jaune citron : fçavoir trois points à la bafe rangés
prefque tranfverfalement , dont quelquefois deux fe touchent ; plus bas & fort près une autre rangée tranfverfale
de trois : enfuite trois autres plus éloignés , formant un
triangle , & enfin un à l'extrémité des étuis. Outre ces
points , il y en a encore un de chaque côté fur le milieu du
rebord latéral des étuis , qui ne fe voit qu'en regardant
l'infecte en deffous. apparemment que M. Linnæus compte
ces deux points , puifqu'il parle de vingt-deux dans fa phrafe. Cette note diftingue fur-tout cette efpéce de la précédente , ainfi que la future de fes étuis qui n'eft pas noire.
On trouve cet infecte fur les buiffons.

18. COCCINELLA *coleoptris nigris , punctis qua-*
tuordecim flavefcentibus.

Linn. faun. fuec. n. 406. Coccinella coleoptris nigris , punctis quatuordecim
rubris.
Linn. fyft. nat. edit. 10 , *p.* 368 , *n.* 32.

La coccinelle noire à quatorze points jaunes.
Longueur 1 ½ *ligne.* *Largeur* 1 ⅓ *ligne.*

Cette petite efpéce eft noire , avec les pattes jaunâtres.
Sa tête eft jaune , ainfi que le devant & les côtés de fon
corcelet. On compte fept points jaunes fur chacun de fes
étuis , rangés deux à deux , fçavoir trois paires , & un
impair à l'extrémité inférieure. Quelquefois ces points jaunes font un peu rouges , ce qui forme une variété que
M. Linnæus a apparemment voulu défigner dans fa phrafe :
mais cette variété eft moins commune que celle à points
jaunes. Cette coccinelle eft très-commune ; on la trouve
fouvent dans les jardins fur les arbres.

19. COCCINELLA *coleoptris nigris , punctis decem*
flavefcentibus aut rubris.

La coccinelle noire à dix points jaunes.

Cette efpéce eft de la grandeur de la précédente , ou
très-peu plus grande. Elle varie beaucoup pour les cou-

leurs. Sa tête eft jaune, ainfi que fon corcelet, fur lequel il
y a quatre points noirs rangés en demi cercle à la partie
poftérieure. Les étuis font noirs, chargés chacun de cinq
points jaunes: fçavoir deux points en haut à côté l'un de
l'autre, qui fouvent font unis enfemble, deux autres
enfuite féparés & diftinɛts, & un impair à l'angle inférieur
des étuis. Ces points quelquefois font rouges au lieu d'être
jaunes, & d'autres fois font blancs. J'ai auffi trouvé quelques-unes de ces mêmes coccinelles, dont la couleur du
fond des étuis étoit d'un brun rouge, au lieu d'être noire,
& leurs points étoient d'un jaune pâle: mais ces points
dans toutes ces variétés font rangés de même. Cet infeɛte
fe trouve fouvent dans les jardins.

20. COCCINELLA *ovata, coleoptris nigris, punɛtis
fex rubris.*

Linn. faun. fuec. n. 407. Coccinella coleoptris nigris, punɛtis fex rubris.
Linn. fyft. nat. edit. 10, p. 367, n. 30. Coccinella coleoptris nigris, punɛtis rubris fex.
Raj. inf. p. 87, n. 4. Scarabæus hemifphæricus minor, elytris nigris rubris maculis piɛtis.

N. B. a. *Eadem punɛtis quatuor rubris.*
    b. *Eadem punɛtis duobus rubris.*
    c. *Eadem punɛtis duobus luteis.*

La coccinelle noire à points rouges.
Longueur 1 ½, 2 lignes. Largeur 1 ligne.

Ces quatre différentes coccinelles ne font que des variétés l'une de l'autre. La tête dans toutes eft noire avec deux
points jaunes. Le corcelet eft de même noir, avec un peu
de jaune fur les côtés. Quant aux étuis, ils font oblongs &
noirs dans toutes, mais leurs taches font différentes. Dans
la premiere il y a fix taches rouges, trois fur chaque étui,
fçavoir une en haut à l'angle extérieur, une moindre
au milieu plus proche du bord intérieur, & une en bas
vers la pointe de l'étui. Dans celle à quatre points, c'eft la
tache d'en bas qui manque; dans celle à deux points,

il n'y a que la tache d'en haut qui se trouve, les deux dernieres n'y font point. Enfin celle à deux points jaunes ne différe que par la couleur des taches, de celle à deux points rouges. Elles se trouvent toutes assez souvent dans les jardins. Cependant la premiere & les deux dernieres font plus rares que celle à quatre points rouges, qui est la plus commune.

21. COCCINELLA *subvillosa nigra, fasciis duabus transversis rubris.*

La coccinelle velue à bandes.
Longueur 1 ligne. Largeur ½ ligne.

Cette petite espéce est oblongue, luisante & cependant un peu velue. Le fond de sa couleur est noir, & les bandes rouges qui font dessus, font d'un brun obscur, qui ne se voit qu'en regardant de près. La tête est rougeâtre avec les yeux noirs. Le corcelet est mêlé de noir & de rouge. Les étuis ont deux bandes transversales rouges assez larges, qui divisent le fond noir en trois autres bandes plus étroites. Ce petit insecte se trouve assez souvent sur les fleurs.

22. COCCINELLA *subvillosa nigra, punctis quatuor luteo-rubris.*

La coccinelle velue à points.
Longueur 1 ¼ ligne. Largeur ¾ ligne.

Celle-ci seroit-elle une variété de la précédente ? La grande ressemblance de l'une & de l'autre le seroit croire. On apperçoit cependant entr'elles plusieurs différences, comme on va le voir par la description de celle-ci. Sa tête est noire : son corcelet est pareillement noir, avec des points rougeâtres sur les côtés. Ses étuis font luisans, un peu velus & noirs, chargés chacun de deux points rouges, l'un plus grand placé au milieu de l'étui & très-rond, l'autre plus petit vers la pointe de l'étui. Cette espéce est moins commune que la précédente.

23. COCCINELLA *fubvillofa nigra*, *coleoptrorum bafi fafcia tranfverfa rubra interrupta.*

Reaum. inf. 3 , *pl.* 31 , *f.* 20 , 29.

La coccinelle velue à bande interrompue.
Longueur 1 *ligne. Largeur* ½ *ligne.*

Je regarderois encore celle-ci comme variété des deux précédentes : elle leur reſſemble pour la forme & la grandeur. Elle eſt noire , avec une bande rouge tranſverſe à la baſe de ſes étuis , mais interrompue dans ſon milieu. Vûe de près , on voit qu'elle eſt couverte d'un peu de duvet , comme les deux précédentes. Ses pattes ſont jaunâtres. L'eſpéce de larve qui la produit eſt finguliere. On la trouve aſſez communément ſous les vieilles écorces & ſur les feuilles de prunier , où elle vit de pucerons. Elle eſt toujours couverte d'un long duvet blanc , comme le poil d'un chien barbet , ce qui l'a fait appeller *le barbet blanc des écorces ;* ce duvet s'enleve aiſément en touchant l'inſecte.

24. COCCINELLA *fubvillofa nigra* , *thorace utrinque macula rubra.*

La coccinelle velue à taches rouges au corcelet.
Longueur ¾ *ligne. Largeur* ½ *ligne.*

Elle eſt noire , liſſe , un peu velue , ce qui donne à ſes étuis dans une certaine poſition , & vûs de côté , une teinte blanchâtre. Le corcelet a de chaque côté une tache rouge , aſſez grande pour la petiteſſe de cet inſecte. On le trouve ſur les fleurs avec les précédens auxquels il reſſemble.

25. COCCINELLA *rotunda nigra* , *coleoptrorum margine reflexo , punctis quatuor rubris.*

Linn. faun. fuec. 408. Coccinella coleopteris nigris , punctis quatuor rubris.
Linn. fyſt. nat. edit. 10 , *p.* 367 , *n.* 29. Coccinella coleopteris nigris , punctis rubris quatuor , interioribus longioribus.

La coccinelle tortue à quatre points rouges.
Longueur 1 ½ *ligne. Largeur* 1 ⅓ *ligne.*

26. COCCINELLA *rotunda nigra , coleoptrorum margine reflexo, , fafcia tranfverfa rubra.*

Linn. faun. fuec. n. 409. Coccinella coleoptris nigris , punctis duobus rubris,
Frifch. germ. 9 , *p.* 34 , *t.* 16 , *f.* 6. Coccinella media nigra , punctis duobus rubris dorfalibus.
Linn. fyft. nat. edit. 10 , *p.* 367 , *n.* 28. Coccinella coleoptris nigris , punctis rubris duobus , abdomine fanguineo.
Rofel. inf. vol. 2 , *tab.* 3. Scarab. terreftr. claff. 3.

La coccinelle tortue à bande rouge.
Longueur 1 ligne. Largeur ⅘ ligne.

Je ferois fort porté à ne faire qu'une feule efpéce de ces deux coccinelles , tant elles fe reffemblent. Toutes deux ont un caractere diftinctif, qui eft d'être plus courtes , plus élevées , plus arrondies que les autres efpéces , & d'avoir à leurs étuis un rebord faillant & aigu , ce qui leur donne l'air de petites tortues. Dans l'une & l'autre , la tête & le corcelet font noirs fans aucune tache. Elles ont aufli leurs étuis noirs , mais elles différent , & par les taches rouges de ces étuis,& par leur grandeur. Sur les étuis de la premiere, il y a quatre points rouges , deux fur chacun ; fçavoir , un plus grand en haut vers l'angle extérieur , & un plus petit & plus bas vers le bord intérieur. Sur la feconde au contraire , on ne voit qu'une raie rouge tranfverfe fur le milieu des étuis , qui vûe de près , paroît formée par deux ou trois points allongés. On trouve ces deux infectes très-fouvent fur les plantes , les arbres & les fleurs , & en particulier fur l'ortie. Leurs larves ont fix pattes , & différent aufli un peu de celles des autres coccinelles , en ce qu'elles ne font pas liffes , mais hériffées.

27. COCCINELLA *rotunda nigra , coleoptrorum margine reflexo , thorace utrinque macula nigra.*

La coccinelle noire à points rouges au corcelet.

Il y a très-peu de différence entre cette coccinelle & les coccinelles tortues. Elles fe reffemblent l'une & l'autre pour la grandeur & pour la forme. Les étuis de celle-ci ont pareillement un rebord faillant , & tout l'infecte eft arrondi & élevé. Elle différe feulement en ce que fes étuis font tous noirs fans aucune tache , & que le corcelet a deux taches rouges & rondes , une de chaque côté. Cette efpéce fe trouve avec les coccinelles tortues , mais beaucoup plus rarement.

TRITOMA.

LA TRITOME.

Antennæ extrorfum fenfim craffiores , antennulis longiores.	Antennes plus groffes vers le bout , & beaucoup plus longues que les antennules.
Corpus oblongum.	Corps allongé.

Il eft aifé de diftinguer ce genre du précédent , par la forme de fon corps qui eft allongé , & par celle des antennules qui font plus petites , & plus courtes de beaucoup que les antennes , en quoi ce genre reffemble à la plûpart des autres infectes : du refte il eft jufqu'ici le feul , avec la coccinelle , du moins parmi les infectes à étuis entiers , qui n'ait que trois piéces ou articulations aux tarfes. Cet infecte eft rare. Je n'en ai vû qu'un feul qu'on m'a confié pour en faire le deffein & la defcription , enforte que je ne connois ni fa larve , ni fon genre de vie , ni fes différentes métamorphofes.

1. TRITOMA. Planch. 6 , fig. 2.

La tritôme.
Longueur 2 ½ lignes. Largeur 1 ¼ ligne.

Cet infecte qui eft rare , eft en deffous de couleur fauve. Sa tête eft de la même couleur. Ses antennes , qui font à peu près de la longueur de fon corcelet , vont en groffiffant infenfiblement par le bout. Elles font compofées de

onze articulations prefque triangulaires & courtes. La couleur des antennes eſt noire dans leur milieu, & fauve à
leurs deux extrémités. Les antennules font très-courtes &
fauves, & les yeux font noirs. Le corcelet eſt noir, aſſez
large, ponctué irréguliérement & légérement, & un peu
bordé ſur les côtés. Au bas on apperçoit deux enfoncemens, un de chaque côté, à peu près comme dans certains
bupreſtes. Les étuis font noirs, chargés de ſtries longitudinales, & ils ont chacun deux grandes taches fauves, l'une
aſſez ronde vers la partie ſupérieure & extérieure, l'autre plus tranſverſe & moins grande, un peu avant le bas
de l'étui extérieurement. Ces quatre taches forment enſemble les coins d'un quarré un peu long. Tout l'animal
eſt allongé & reſſemble aſſez pour le port à un bupreſte.
Ses pattes font de couleur fauve, & ont aux tarſes trois
articles, mais nuds & un peu épineux, en quoi la tritôme
différe encore de la coccinelle. Cet inſecte a été trouvé,
au commencement du printems, ſous l'écorce d'un vieux
faule, du côté de Vitry près Paris. On l'a appellé tritôme,
à cauſe des trois piéces qui compoſent ſes tarſes.

ORDRE QUATRIÉME.

Infectes qui ont cinq articles aux deux premieres paires de pattes, & quatre feulement à la derniere.

DIAPERIS.

LA DIAPERE.

Antennæ taxiformes, articulis lentiformibus per centrum perfoliatis.	Antennes en forme d'if, à articles femblables à des lentilles enfilées par leur centre.
Thorax convexus, marginatus.	Corcelet convexe & bordé.

NOUS avons donné à ce nouveau genre le nom de diapere, comme qui diroit *enfilé*, à caufe de la forme finguliere de fes antennes, qui font compofées d'anneaux lenticulaires applatis & enfilés les uns avec les autres par leur centre. Ce caractere fait aifément reconnoître ce genre parmi tous ceux de cet ordre. Nous n'en connoiffons qu'une feule efpéce, encore l'avons-nous unique, & fa larve nous eft inconnue.

1. DIAPERIS. Planch. 6, fig. 3.

La diapere.
Longueur 3 lignes. Largeur 1 ¼ ligne.

Cet infecte reffemble beaucoup à une chryfomele, mais il en différe par le nombre des piéces de fes tarfes & par fes antennes, qui font tout-à-fait fingulieres. Elles font courtes, de la longueur du corcelet tout au plus, & compofées d'anneaux lenticulaires, applatis & enfilés, à peu près comme on voit les anciens ifs taillés dans quelques jardins. Il n'y a cependant que les huit dernieres piéces des antennes qui ont cette forme , les trois premieres font courtes & fphériques , ce qui donne à l'antenne la forme d'une maffue allongée. Tout l'infecte eft très-liffe , brillant , noir , à l'exception des étuis , qui ont chacun huit ftries longitudinales formées par des points , & trois bandes tranfverfales jaunes. La premiere de ces bandes placée au haut de l'étui , eft large & terminée par un bord ondé. La feconde qui eft au milieu de l'étui , eft plus étroite , & fes bords , tant en haut qu'en bas , font pareillement ondulés. Enfin la troifiéme eft à l'extrémité de l'étui & ne forme guères qu'une large tache à l'extrémité de chaque étui. Cet infecte a été trouvé à Fontainebleau , dans le cœur pourri d'un chêne : il paroît très-rare.

PYROCHROA.
LA CARDINALE.

Antennæ uno verfu pecti- *natæ.*	Antennes en peignes d'un côté.
Thorax inæqualis , fcaber , non *marginatus.*	Corcelet raboteux , & non bordé.

Rien n'eft plus beau que la couleur de cet infecte ; c'eft proprement celle que l'on appelle couleur-de-feu , nom que nous avons rendu par le mot latin *pyrochroa.* Ce bel infecte différe des cicindeles par le nombre des articles qui compofent fes tarfes , ce qui l'a fait ranger dans cet ordre , & il fe fait remarquer par fes antennes pectinées , ou garnies d'efpéces de barbes d'un feul côté , ce qui lui forme des efpéces de panaches , qui contribuent encore à fa parure. Nous ne connoiffons qu'une feule efpéce de ce genre , dont nous n'avons jamais trouvé la larve.

1. PYROCHROA. Planch. 6 , fig. 4.

La cardinale.
Longueur 5 lignes. Largeur 2 lignes.

Les antennes, les pattes & le deſſous du corps de cet inſecte, ſont noirs. La tête, le corcelet & les étuis ſont d'un beau rouge couleur-de-feu. Les antennes ont leurs trois derniers articles pectinés d'un côté. Cet inſecte ſe trouve en automne ſur les haies.

CANTHARIS.

LA CANTHARIDE.

Antennæ filiformes.	Antennes filiformes.
Thorax inæqualis, ſcaber, non marginatus.	Corcelet raboteux, & non bordé.
Familia 1ᵉ. Tarſorum articulis nudis.	Famille 1°. A tarſes nuds.
——— 2ᵉ. *Tarſorum articulis ſpongioſis.*	——— 2°. A tarſes garnis de pelottes.

La cantharide eſt un des inſectes les plus anciennement connus ; auſſi avons-nous reſtraint ce nom à ce genre ſeul, dans lequel ſont compris les inſectes que la médecine emploie depuis long-tems ſous le nom de cantharides. Leur caractere les fait aiſément diſtinguer de tous les autres genres de cet ordre. Leurs antennes ſont filiformes, & vont en décroiſſant inſenſiblement vers le bout, comme celles de quelques genres ſuivans ; mais ils en différent par leur corcelet qui eſt raboteux & n'a point de rebords, & qui eſt ſemblable à celui de la cardinale. Ce qu'il y a d'aſſez ſingulier, c'eſt que ces inſectes étant aſſez communs ici, je n'ai jamais pû parvenir à trouver leurs larves, quelques recherches que j'aie faites : du reſte leurs métamorphoſes doivent être ſemblables à celles des autres inſectes à étuis.

On voit parmi les eſpéces qui compoſent ce genre, une petite différence, qui m'a engagé à les partager en deux familles. Dans les inſectes de la premiere famille, les articulations des tarſes ſont nues, & n'ont point ces petites

broſſes ou pelottes, telles que nous les avons remarquées
dans les capricornes, les chryſomeles &c. leurs pieds ſont
comme ceux des ſcarabés, des dermeſtes &c. c'eſt-à-dire
que les articulations des tarſes ſont nues, figurées toutes
de même, & vont en décroiſſant vers le bout. Il n'en eſt pas
de même dans les inſectes qui compoſent la ſeconde famille ; ils ont aux piéces ou articles de leurs tarſes, ces
eſpéces d'éponges ou de pelottes, & les articles ſont
de plus en plus larges & fendus dans leur milieu, juſqu'à
l'avant-dernier incluſivement : de plus les eſpéces de la
premiere famille ont le corcelet plus étranglé vers le haut,
& enſuite élargi ſur les côtés.

La premiere famille ne contient que deux eſpéces ;
dont l'une eſt la fameuſe cantharide que l'on emploie
en médecine, & l'autre eſt remarquable par l'étranglement de ſes étuis, qui vont en ſe retréciſſant vers le bas.
Les eſpéces de la ſeconde famille ſont plus nombreuſes. Il
y en a deux qui ſont remarquables par la groſſeur de leurs
cuiſſes poſtérieures, qui ſont preſque globuleuſes. Les
premieres fois que j'ai vû ces inſectes, je penſois d'abord
que ces groſſes cuiſſes leur avoient été données pour ſauter. En examinant ces inſectes, je me ſuis détrompé. Ils ne
ſautent point, & marchent même aſſez bien malgré la
groſſeur de ces cuiſſes. Une autre choſe qui me ſurprit,
ce fut la variété de la cantharide verte à groſſes cuiſſes,
dans laquelle cette groſſeur ne ſe trouve point. En la
voyant, on cherche d'abord ces cuiſſes enflées, & on eſt
étonné de les trouver à l'ordinaire, car du reſte ces deux
inſectes ſe reſſemblent tout-à-fait, & dans l'un & l'autre
les étuis vont en ſe retréciſſant. La derniere eſpéce de
ce genre eſt auſſi remarquable par une autre raiſon. Son
air & ſon port la font reſſembler tout-à-fait à une fourmi.
Je n'ai preſque jamais trouvé cet inſecte, que je ne m'y
ſois d'abord trompé.

PREMIERE FAMILLE.

1. CANTHARIS *viridi - aurata , antennis nigris.*
Planch. 6 , fig. 5.

Linn. mat. medic. Cantharis cœruleo-viridis , thorace teretiusculo.
Linn. syst. nat. edit. 10 , *p.* 419 , *n.* 3. Meloe alatus viridissimus.
Raj. inf. p. 101 , *n.* 1. Cantharides vulgares officinarum.
Aldrov. inf. p. 476.
Jonst. 76. Cantharis major.
Charlet. 47. Cantharis dioscoridis.
Mouff. theat. 144.
Dale pharm. 389.

La cantharide des boutiques.
Longueur 4 , 5 , 8 , 9 *lignes. Largeur* 1 ½ , 2 , 3 *lignes.*

La cantharide varie prodigieusement pour la grandeur.
Tout son corps est d'un beau vert doré , à l'exception
de ses antennes qui font noires. Ces antennes font placées
devant les yeux , un peu sur le dessus de la tête. Leur premier anneau seul est vert , & les autres font noirs. Les
machoires font saillantes , & couvertes par une petite
lame , comme dans les scarabés. Le corcelet est inégal ,
fort étranglé proche la tête , se dilatant ensuite , & formant
une pointe mousse de chaque côté. Vû à la loupe , il paroît un peu pointillé , ainsi que la tête. Les étuis font d'un
beau vert , un peu mols , flexibles , comme chagrinés ,
à cause des petits sillons irréguliers qui se joignent & se
confondent. On distingue sur chacun deux raies longitudinales assez apparentes. Les aîles font brunes , & le dessous
de la poitrine a quelques poils. On trouve ces insectes sur
les frênes , sur-tout vers le mois de juin , où ils font accouplés. Lorsqu'ils font en assez grande quantité , ils répandent
une odeur désagréable , qui se fait sentir quelquefois fort
au loin. Tout le monde connoît leur usage en médecine.
Ils ont éminement la propriété , qui se trouve encore dans
plusieurs autres insectes , d'exciter des vésicules & de ronger la peau lorsqu'on les applique sur le corps : pris intérieurement , ils font diuretiques , & agissent même si

vivement fur les organes qui féparent l'urine , qu'ils font rendre par cette voie jufqu'au fang.

2. CANTHARIS *nigra , elytris attenuatis , antice luteis.*

La cantharide à bande jaune.
Longueur 5 lignes. Largeur 1 ⅔ ligne.

Elle eft toute noire , à l'exception du haut de fes étuis qui eft jaune. Cette couleur jaune fe termine tranfverfalement. Tout le corps eft finement , mais irréguliérement ponctué. Les étuis vont en fe retréciffant vers le bout , & s'éloignant l'un de l'autre , ils tournent leur pointe vers l'extérieur. Les aîles font noirâtres. Cet infecte n'eft pas fort commun ici. Celui que j'ai , m'a été donné.

Seconde Famille.

3. CANTHARIS *viridi-cœrulea , elytris attenuatis , femoribus pofticis globofis.*

Raj. inf. p. 100. Cantharis arundines frequentans tertia.

La cantharide verte à groffes cuiffes.
Longueur 3 ½ lignes. Largeur ⅔ ligne.

Cet infecte affez fingulier , eft par-tout de la même couleur verte , tirant fur le bleu. Il eft très-aifé à reconnoître par la forme & la groffeur prodigieufe de fes cuiffes poftérieures. Ses antennes font de la longueur de fon corps , & compofées d'articles allongés. Elles font plus brunes que le refte de l'animal , & pofées fur le haut de la tête , immédiatement devant les yeux. Le corcelet eft raboteux , prefque cylindrique & comme étranglé dans fon milieu. Il eft ponctué , ainfi que la tête. Les étuis vont en fe retréciffant , & font parfemés de petits points , qui fe confondent. Ils ont chacun deux raies longitudinales élevées , mais qui ne parviennent pas jufqu'au bout de l'étui. Les aîles font brunes. On trouve cet infecte dans les prés.

N. B. *Cantharis viridi-cœrulea, elytris attenuatis.*
Raj. inf. p. 102, n. 14.

Celle-ci n'eft qu'une fimple variété de la précédente, à
laquelle elle reffemble en tout ; il n'y a de différence que
dans les cuiffes poftérieures, qui ne font pas plus groffes
que les autres. La couleur eft auffi un peu moins bleuâtre.

4. CANTHARIS *nigra, elytris attenuatis fulvis,*
femoribus pofticis globofis.

La cantharide fauve à groffes cuiffes.
Longueur 4 lignes. Largeur 1 ligne.

Cette efpéce eft toute femblable à la précédente pour
fa forme ; elle n'en différe que pour fa couleur. Sa tête,
fon corcelet & le deffous de fon corps, font d'un noir un
peu verdâtre : fes pattes & fes étuis font d'une couleur
fauve, pâle & matte. Les cuiffes poftérieures font fort
groffes : leurs genoux font noirs & leurs tarfes bruns. Cette
cantharide fe trouve dans les fleurs; mais elle eft affez rare.

5. CANTHARIS *flavefcens, fubvillofa, elytris*
tatenuatis.

La cantharide jaune veloutée.
Longueur 4 lignes. Largeur 1 ligne.

La tête de cette efpéce eft noirâtre, avec un peu de
jaune en deffus : fes yeux & fes antennes font noirs. Celles-
ci font un peu moins longues que le corps, & font compofées d'articles allongés. Le corcelet eft affez cylindrique,
un peu bordé en haut & en bas, mais nullement fur les
côtés : il eft jaune, couvert de poils courts, ainfi que les
étuis. Ceux-ci, de même couleur que le corcelet, font
allongés, un peu retrécis vers leur extrémité, bordés fur
les côtés, & chargés de deux lignes longitudinales élevées,
qui, partant du haut, ne vont pas jufqu'au bout, mais fe
terminent, l'une vers le tiers, l'autre vers le milieu de

l'étui. On voit par-là que cet infecte reffemble beaucoup à la *cantharide verte à groffes cuiffes*. Je l'ai trouvé une feule fois fur les fleurs.

6. CANTHARIS *fubvillofa, nigra, elytris flavis, extremo antennarum articulo reliquis triplo majore.*

La cantharide noire à étuis jaunes.
Longueur 3 ½ *lignes. Largeur* 1 *ligne.*

Elle eft toute noire, à l'exception de fes étuis, qui font jaunes & tranfparens. Son corcelet & fes étuis font un peu velus, & le deffous de fon corps eft liffe. En deffus, fe trouvent de petits points defquels partent les poils. Mais ce qui fait le caractere fpécifique de cette cantharide, c'eft la longueur du dernier anneau de fes antennes, qui eft au moins trois fois plus long que les autres. On trouve fréquemment cet infecte dans les bois.

7. CANTHARIS *teflacea, elytris apice nigris.*

La cantharide fauve avec la pointe des étuis noire.
Longueur 5 *lignes. Largeur* 1 ⅓ *ligne.*

Sa tête, fon corcelet, fes étuis, fes antennes & fes jambes font de couleur fauve, matte & nullement brillante. Les yeux, l'extrémité des étuis & le deffous du ventre, font noirs, ainfi que la plus grande partie des cuiffes. Le corcelet eft affez cylindrique & prefque uni. Les étuis font mols, flexibles, & auffi larges en bas qu'en haut. Les antennes font de la longueur de la moitié du corps.

8. CANTHARIS *fufca, elytris antice, thoraceque elongato rubris.*

La cantharide fourmi.
Longueur 1 ¼ *ligne. Largeur* ⅓ *ligne.*

La couleur & la forme de cette petite efpéce, lui donnent, à la premiere vûe, l'air d'une fourmi. Sa tête eft brune, affez groffe. Ses antennes font affez rouges, égalent

lent au plus la longueur de la moitié de son corps, & font
composées d'anneaux assez courts. Le corcelet est cylindrique & allongé. Sa couleur est d'un rouge foncé,
un peu plus brun en devant. Les étuis sont lisses, finement
pointillés, de couleur brune, tirant sur le rouge dans leur
partie antérieure. Les pattes sont d'un brun médiocrement foncé.

TENEBRIO.

LE TÉNÉBRION.

Antennæ filiformes.	Antennes filiformes.
Thorax planus marginatus.	Corcelet uni & bordé.
Familia. 1ª. *Antennæ articulis globosis, extrorsum crassiores.*	Famille 1°. Antennes à articles globuleux, un peu plus grosses vers le bout.
———— 2ª. *Antennæ articulis longis, ubique æquales.*	———— 2°. Antennes à articles longs, égales par-tout.

Le genre des ténébrions n'est pas difficile à reconnoître. Parmi tous les insectes de cet ordre, qui ont cinq articulations aux tarses des deux premieres paires de pattes,
& quatre à ceux de la derniere, il n'y a que trois genres
dont les antennes soient filiformes ; tous les autres les ont
figurées ou en peigne ou en massue, &c. Ces trois genres,
dont les antennes se ressemblent, se distinguent ensuite
aisément par la forme de leur corcelet. Le ténébrion est
le seul des trois, dont le corcelet soit uni & garni d'un rebord. Ainsi ce dernier caractere, joint à la figure des
antennes, rend le ténébrion très-reconnoissable. Nous ne
joignons point à ces marques caractéristiques, un autre
caractere que quelques Auteurs ont admis, quoiqu'il
soit fautif. C'est d'avoir les deux étuis réunis ensemble,
sans qu'il y ait d'aîles sous ces étuis. On remarque à la
vérité cette particularité dans quelques ténébrions, mais
non pas dans tous, comme on le verra aisément dans le
détail des espéces. De plus, d'autres insectes, quoique

Tome I. X x

fort différens des ténébrions, ont ce caractere. Nous l'a-
vons déja obfervé dans quelques charanfons & dans d'autres. Ainfi, en n'employant que ce feul caractere, il faudroit réunir tous ces infectes avec les ténébrions. C'eft
auffi ce qui a induit en erreur & a fait rapporter à ce genre,
par différens Naturaliftes, quelques chryfomeles, parce
que leurs étuis font réunis enfemble. Cette marque peut
donc fervir feulement de note fpécifique, mais nullement
de caractere générique.

Les ténébrions, je veux dire ceux qui ont le véritable
caractere de ce genre, volent peu la plûpart, plufieurs
même manquent d'ailes & ne volent point du tout, mais
en récompenfe, ils courent affez vîte. Les larves qui les
produifent, fe trouvent difficilement, étant cachées &
enfoncées dans la terre, où elles fe métamorphofent.

Nous avons été obligés de partager ce genre en deux
familles, à caufe d'un feul infecte, qui s'éloigne un peu
des autres. Tous les ténébrions, à l'exception de celui-là,
ont leurs antennes un peu plus groffes vers le bout, &
compofées d'articles ronds & globuleux : nous en avons
compofé la premiere famille. La feconde ne renferme que
le feul ténébrion jaune, dont les antennes égales & de même groffeur par-tout, font compofées d'articles allongés.

PREMIERE FAMILLE.

1. TENEBRIO *atra, aptera, coleoptris levibus, pone*
acuminatis.

Linn. fyft. nat. edit. 10, p. 418, n. 10. Tenebrio apterus coleoptris mucro-
  natis.
Linn. faun. fuec. n. 594. Tenebrio atra, coleopteris pone acuminatis.
Aldrov. inf. p. 499.
Mouffet, p. 139. Blatta fœtida tertia.
Charlet. exercit. p. 48. Blatta fœtida.
Merret. pin. p. 202. Blatta fœtida.
Petiv. gazoph. p. 38, t. 24, f. 7. Scarabæus impennis tardipes.
Lift. loq. p. 388, n. 11. Scarabæus è toto niger, minime nitens, fœtidus.
Raj. inf. p. 89, n. 4. Scarabæus niger rotundus lævis, antennis globofis.
Frifch. germ. 13, p. 27, t. 25. Scarabæus terreftris & ftercorarius niger, fœ-
  tidus.

Dale pharm. p. 91. Blatta officinarum.
Iter. oel. 62. Tenebrio primus.

Le ténébrion liſſe à prolongement.
Longueur 10 lignes. Largeur 4 lignes.

Cette eſpéce de ténébrion, qui eſt aſſez grande, varie
un peu pour la grandeur. Sa couleur eſt d'un noir foncé, &
peu luiſant. Sa tête eſt aſſez allongée. Ses antennes ſont
compoſées de onze articles, dont les derniers ſont lenticulaires. Elles ſont placées devant les yeux, qui ſont fort
petits pour un inſecte de cette grandeur. Ces antennes
égalent le tiers de la longueur de l'animal. Le corcelet eſt
aſſez liſſe, avec des rebords ſur les côtés, & ſa partie poſtérieure eſt un peu retrécie, preſque comme dans les bupreſtes. Les étuis ſont liſſes, recourbés en deſſous, & recouvrent une partie du ventre. Ils ſont joints enſemble,
comme s'ils n'en formoient qu'un ſeul. On voit cependant
la marque de la ſuture, qui, vers le bout, eſt enfoncée &
forme une canelure. Ces étuis ſe prolongent & forment,
vers leur extrémité, une pointe ſemblable à une queue.
On voit par leur conformation, qu'ils ne peuvent ni s'ouvrir, ni ſe lever, auſſi cela n'eſt-il point néceſſaire, puiſque l'inſecte n'a point d'ailes. L'articulation des pattes
avec le corps, a quelque choſe de ſingulier. C'eſt une eſpéce de globe, qui roule dans une cavité, ce que l'on appelle articulation de genou. Ces pattes ſont aſſez longues.
On trouve communément cet inſecte, qui ſent mauvais,
dans les campagnes & les jardins, parmi les ordures.

2. T E N E B R I O *atra, aptera, coleoptris rugoſis,*
pone acuminatis. Planch. 6, fig. 6.

Le ténébrion ridé.
Longueur 5 lignes. Largeur 3 lignes.

Cette eſpéce eſt moins allongée que la précédente. Elle
eſt par-tout de la même couleur matte, noire & nullement luiſante. Ses étuis ont quelques rides élevées, lon-

gitudinales, tortueufes, & ils fe terminent par une pointe ou un prolongement, mais bien moins marqué que dans la premiere efpéce. Sa tête & fon corcelet vûs à la loupe, paroiffent très-joliment chagrinés. J'ai trouvé cet infecte à terre, dans le fable.

3. TENEBRIO *nigra, aptera, elytrorum firiis octo punctatis per paria difpofitis.*

Le ténébrion à firies jumelles.
Longueur 4 lignes. Largeur 2 ½ lignes.

Il eft par-tout d'un noir luifant. Son corcelet eft grand, large, peu bordé & fort liffe. Ses étuis font chargés chacun de huit ftries, formées par des points peu enfoncés. Ces ftries ont un arrangement fingulier. Elles font difpofées par paires, ou deux à deux, l'une à côté de l'autre, ayant les intervalles qui les féparent, alternativement plus & moins larges. Les étuis font arrondis par derriere, fans prolongement. Ils font unis & foudés enfemble, & il n'y a point d'aîles deffous, ainfi que dans les deux premieres efpéces.

4. TENEBRIO *nigro - fufca ovata, elytro fingulo firiis octo lævibus.*

Le ténébrion à huit firies liffes.
Longueur 3 ½ lignes. Largeur 1 ½ ligne.

Tout fon corps eft de couleur brune, noirâtre, un peu plus claire cependant en deffous. Ses antennes, d'un quart plus longues que le corcelet, font compofées de onze articles triangulaires, affez courts, fur-tout vers le bout. Les antennules font faillantes & terminées en maffe. Le corcelet convexe, uni & bordé, paroît à la loupe finement pointillé. Les étuis le font auffi, & ont chacun huit ftries longitudinales, peu profondes, dans le fond defquelles font des points. Les quatre pattes de devant ont cinq articulations aux tarfes; favoir, les trois premieres larges, en cœur & ornées de pelottes en deſſous ; la quatriéme, petite, courte, peu apparente & auſſi en cœur ; & la cinquiéme, qui ſoutient les onglers, longue, étroite & liſſe. Les tarſes des pattes de derriere, n'ont que quatre articles longs & étroits, à l'exception de l'avant-dernier, qui eſt beaucoup plus court: Cet inſecte, à la premiere vûe, reſſemble à un bupreſte. On le trouve courant à terre, dans les campagnes.

5. **TENEBRIO** *nigro-cuprea, elytro ſingulo ſtriis octo, coleoptris pone acuminatis.*

Le ténébrion bronzé.
Longueur 5 ½ lignes. Largeur 2 lignes.

La couleur de celui-ci eſt noire ; mais en deſſus il eſt bronzé. Les articles de ſes antennes ſont un peu plus allongés que dans les précédens. Son corcelet eſt pointillé, convexe, avec des rebords bien marqués. Les étuis ſont auſſi finement pointillés, & ont chacun huit ſtries, formées par des points allongés. Leur bout ou extrémité a un prolongement formé par le rebord.

6. **TENEBRIO** *atra, oblonga, elytris ſtriis novem lævibus.*

Linn. ſyſt. nat. edit. 10, p. 417, n. 1. Tenebrio niger totus.
Linn. faun. ſuec. n. 547. Mordella antennarum articulis lentiformibus, ultimo globoſo.
Act. Upſ. 1736, p. 19, n. 1. Attelabus ater, oblongus, depreſſus.
Mouffet. lat. p. 254. Vermis farinarius. ⎱ *Larva.*
Raj. inf. p. 4. Vermis farinarius. ⎰

Le ténébrion à neuf ſtries liſſes.
Longueur 7 lignes. Largeur 2 ⅔ lignes.

On voit par les dimenſions que nous donnons, que cet inſecte eſt fort allongé. Sa largeur eſt à peu près la même par-tout. Sa tête & ſon corcelet ſont liſſes, & reſſemblent pour la forme, à ceux de la premiere eſpéce. Les antennes ſont auſſi compoſées d'articles lenticulaires, mais elles ſont aſſez courtes, & n'égalent pas la longueur du corcelet. Les étuis font longs, chargés chacun de neuf ou dix ſtries, qui paroiſſent liſſes, quoique la loupe faſſe découvrir une infinité de petits points ſur les étuis. Les cuiſſes font articulées avec le corps, par le moyen d'une tête ronde, qui forme le genou, comme nous l'avons dit de la premiere eſpéce. Tout l'inſecte eſt noir en deſſus, & d'un brun ſouvent noirâtre en deſſous. On le trouve dans les ordures des maiſons. Sa larve, qui eſt liſſe, longue, de couleur jaune, avec ſix pattes à ſa partie antérieure, ſe trouve dans la farine & dans la pouſſiere des bois pourris & vermoulus. L'inſecte parfait a des aîles ſous ſes étuis.

7. TENEBRIO *atra, elytris ſtriis quinque utrinque dentatis.*

Linn. faun. ſuec. n. 382. Caſſida nigra, elytris ſtriis quinque utrinque dentatis, clypeo emarginato.

Act. Upſ. 1736, *p.* 17. Caſſida nigra, clypeo emarginato, elytris punctatis.

Linn. ſyſt. nat. edit. 10, *p.* 361, *n.* 16. Silpha fuſca, elytris lineis eleyatis tribus utrinque dentatis, thorace ſubemarginato.

Le ténébrion à ſtries dentelées.
Longueur 3 lignes. *Largeur 2 lignes.*

Cet inſecte eſt noir, ainſi que les précédens. Sa tête eſt courte, & bordée : il la retire en partie ſous ſon corcelet. Les yeux ſont petits & placés poſtérieurement. Les antennes ſont compoſées d'articles globuleux, plus gros vers l'extrémité ; elles ſont courtes & n'égalent que la moitié de la longueur du corcelet. Celui-ci eſt large, uni & bordé. Les étuis, qui ſont aſſez courts, ont cinq ſtries longitudinales, élevées, dont il n'y en a que trois qui ſoient bien marquées. Des deux côtés de ces ſtries, ſont des points élevés, qui ſe confondent avec elles, & les rendent dentelées. Sous les étuis, ſont des aîles courtes, dont il ne paroît pas que l'inſecte faſſe uſage. On trouve ordinairement cet animal par terre, & quelquefois dans les charognes, qui font le domicile ordinaire de ſa larve.

8. TENEBRIO *nigra, tota lævis, coleoptris pone rotundatis.*

Le ténébrion noir lisse.
Longueur 3 lignes. Largeur 1 ½ ligne.

Celui-ci est tout noir & lisse, au moins à la vûe simple; car la loupe le fait paroître un peu pointillé, avec quelques commencemens de stries. Son corcelet est large & grand, & ses étuis sont arrondis par le bout, sans aucun prolongement. Il se trouve avec les précédens, dans les terres sabloneuses.

9. TENEBRIO *tota ferruginea subvillosa.*

Le ténébrion fauve velu.
Longueur 1 ¼ ligne. Largeur ¾ ligne.

Les antennes de cette espéce, sont composées d'articles lenticulaires, fort courts, & plus gros vers l'extrémité. Elles ne sont que de la longueur du corcelet. Celui-ci est assez grand & convexe. Tout l'insecte est de couleur maron-clair: sa tête, son corcelet & ses étuis, sont légérement velus. Il est arrondi par le bout postérieur.

10. TENEBRIO *tota ferruginea lævis.*

Le ténébrion fauve lisse.
Longueur 1 ½ ligne. Largeur ⅓ lignes.

Cette espéce ne différe de la précédente, que par la grandeur, & parce qu'elle est très-lisse, sans aucuns poils. Du reste, sa couleur est la même, seulement un peu plus claire. Ses yeux seuls sont noirs. Ses antennes sont composées d'anneaux courts & lenticulaires; elles sont plus grosses vers le bout, qui est presque formé en massue. Tout l'insecte est moins allongé que le précédent.

SECONDE FAMILLE.

11. TENEBRIO *lutea.*

Le ténébrion jaune.
Longueur 3 ½ lignes. Largeur 1 ¼ ligne.

Sa couleur eſt par-tout d'un jaune clair. Sa tête eſt un peu allongée, avec les machoires avancées & les antennules ſaillantes. Les yeux ſont noirs. Les antennes ſont compoſées d'articles allongés, en quoi cette eſpéce différe des précédentes. Elles ſont plus longues que la moitié du corps, & un peu noires vers leur extrémité. Le corcelet oblong & retréci, a des rebords ſur les côtés, & reſſemble à celui des bupreſtes. Les étuis ont chacun neuf ſtries longitudinales peu enfoncées. On trouve cet inſecte aſſez ſouvent ſur les fleurs.

La différence de ſes antennes & de celles des eſpéces précédentes, m'auroit engagé à en faire un genre à part, ſi leur poſition, la forme des yeux, celle du corcelet, & l'articulation des pattes, ne l'euſſent pas rapporté aux ténébrions. D'ailleurs, cette eſpéce eſt la ſeule de ſa famille. C'eſt la raiſon pour laquelle je l'ai jointe à ce genre, me contentant d'en faire une famille à part.

N. B. On peut ajouter aux ténébrions de la premiere famille, une belle eſpéce, qui approche des deux premieres, & que je n'ai point trouvée aux environs de Paris, mais qui m'a été envoyée du Languedoc, par M. l'Abbé de Sauvages.

* T E N E B R I O *atra, aptera, rotundata, elytris ſulcis tribus elevatis.*

Le ténébrion canelé.
Longueur 7 lignes. Largeur 4 ½ lignes.

Cette eſpéce n'a point d'aîles, & ſes étuis ſont ſoudés enſemble, & n'en forment qu'un ſeul. Trois canelures élevées regnent ſur chaque étui, ſans compter celles des bords. L'intervalle qui eſt entr'elles, eſt parſemé de points élevés, & comme chagriné.

MORDELLA.

MORDELLA.

LA MORDELLE.

Antennæ fubferratæ, articulis triangularibus.	Antennes un peu en fcie, à articles triangulaires.
Thorax antice attenuatus, convexus.	Corcelet convexe, plus étroit en devant.

Nous avons confervé à ce genre le nom de mordelle, nom qui lui avoit déja été donné, mais en y faifant entrer beaucoup d'autres infectes d'un genre très-différent, que nous avons décrit plus haut, fous le nom d'altifes. La mordelle dont il s'agit ici, fe diftingue aifément des autres genres de cet ordre, par fes antennes, dont les articles triangulaires repréfentent les dents d'une fcie. Ce feul caractere auroit pû fuffire. Nous y avons encore ajouté un autre caractere acceffoire, c'eft la forme de fon corcelet, qui eft convexe & retréci fur le devant, ce qui forme encore une autre diftinction particuliere à ce genre. Les efpéces qui le compofent, fe trouvent ordinairement fur les fleurs; mais je ne connois point leurs larves.

1. MORDELLA *atra, caudata, unicolor.*
Planch. 6, fig. 7.

Linn. faun. fuec. n. 534. Mordella oblonga atra, cauda aculeo terminata.
Linn. fyft. nat. edit. 10, p. 420, *n.* 1. Mordella aculeata.
Act. Upf. 1736, p. 15, *n.* 1. Mordella cauda aculeata.

La mordelle noire à pointe.
Longueur 2 lignes. *Largeur* ⅔ ligne.

Cette mordelle eft toute noire. Sa tête eft liffe. Ses antennes, placées devant les yeux, font compofées de onze articles, dont les quatre premiers font ronds & globuleux, & les fept derniers font triangulaires & forment un peu la fcie. Ces antennes font de la longueur du corcelet.

Tome I. Y y

Celui-ci eſt convexe ; uni, ſans que ſes bords ſoient relevés. Les étuis ſont auſſi très-liſſes, & moins longs que le
ventre, qui ſe termine en pointe aſſez aigue & longue,
mais qui ne pique point. Les pattes ſont longues, ainſi
que les tarſes, dont les articles ſont allongés, & vont en
décroiſſant ; enſorte que le premier eſt le plus gros, & le
dernier, qui termine la patte, le plus petit. Je ne ſais ſi
cet inſecte ſaute ; je l'ai cependant trouvé ſouvent ſur les
fleurs.

N. B. J'ai auſſi obſervé une variété toute ſemblable,
mais plus petite des deux tiers, & dont les antennes ſont
moins en ſcie. Peut-être ne différe-t-elle que par le ſexe.

2. M O R D E L L A *atra, caudata, faſciis villoſo-
aureis.*

La mordelle veloutée à pointe.
Longueur 3 lignes. Largeur 1 ¼ ligne.

Sa grandeur varie ; il y en a de plus grandes & de plus
petites. Du reſte, elle eſt tout-à-fait ſemblable à la précédente pour la forme, mais elle en différe par les poils,
dont elle eſt joliment ornée. Ces poils couvrent preſque
tout le deſſous du corps, qui paroît jaune & comme doré,
vû à un certain jour. Le tour du corcelet a de ſemblables
poils. Les étuis ont deux larges bandes tranſverſes de
ſemblables poils, qui paroiſſent d'un jaune doré, & dont
la couleur forme l'iris, & change ſuivant qu'on tourne
l'animal en différens ſens. On trouve cet inſecte avec le
précédent.

3. M O R D E L L A *nigra, elytris fulvis ſtriatis.*

La mordelle à étuis jaunes ſtriés.
Longueur 4 lignes. Largeur 1 ⅔ ligne.

Cet inſecte eſt beau & aſſez ſingulier. Ses antennes,
bien formées en ſcie, & compoſées d'articles triangulaires
allongés, ont au moins les deux tiers de la longueur du

corps. Elles font placées devant les yeux. Les antennules
font compofées de trois piéces, dont la derniere eft fort
groffe. Les yeux font affez faillans. Le corcelet convexe
& liffe, va en fe retréciffant par-devant, enforte que fon
articulation avec la tête, paroît comme étranglée. Par
derriere, il eft coupé tranfverfalement, de façon cependant que fes côtés forment des angles un peu pointus.
Tout l'infecte eft noir, à l'exception des étuis, qui font
d'un jaune fauve. Ces étuis font affez liffes & ont chacun
huit ftries longitudinales, formées par des points. On
trouve cet infecte dans les bois, fur les arbres.

4. M O R D E L L A *nigra, elytris fulvis lævibus.*

La mordelle à étuis jaunes fans ftries.
Longueur 3 lignes.   Largeur 1 ½ ligne.

Elle reffemble tout-à-fait à la précédente pour la forme,
mais elle a plufieurs différences. Ses antennes, qui égalent
les deux tiers de la longueur de fon corps, font beaucoup
moins en fcie; à peine leurs articles paroiffent ils triangulaires. Ces antennes, fur-tout à leur bafe, font de couleur maron, ainfi que les antennules, les machoires, les
pattes & les étuis : le refte de l'animal eft noir. Les yeux
font faillans, moins cependant que dans l'efpéce précédente. La tête & le corcelet font d'un noir affez matte.
Les étuis font unis, fans ftries, & vûs à la loupe, ils paroiffent couverts d'un duvet court. On trouve cet infecte
avec le précédent.

5. M O R D E L L A *fufca, pedibus ferrugineis.*

La mordelle brune à pattes fauves.
Longueur 3 ½ ligne.   Largeur 1 ¾ ligne.

On remarque encore dans cette mordelle, la même
forme que dans les deux efpéces précédentes, entre lefquelles celle-ci femble tenir le milieu. Ses antennes,
prefque auffi longues que le corps, font moins formées en

Y y ij

scie que dans la troisiéme espéce, & plus que dans la suivante. Leurs bases, ainsi que les antennules & les pattes, sont de couleur fauve : le reste de l'insecte est brun. Les yeux sont saillans. Le corcelet & les étuis sont semés de petits points presqu'imperceptibles à la vûe, avec un petit duvet clair-semé & court. Sur les étuis, on voit quelques stries peu enfoncées & peu apparentes, principalement vers les bords. Les aîles, qui sont sous les étuis, sont noirâtres. Cet insecte varie beaucoup pour la grandeur. On le trouve avec les précédens.

NOTOXUS.

LA CUCULLE.

Antennæ filiformes.	Antennes filiformes.
Thorax cucullatus, dente acuto.	Corcelet armé d'une appendice, qui revient en devant, en forme de coqueluchon.

Nous avons donné le nom de *notoxus* à cet insecte, qui n'a point encore été décrit, à cause d'une pointe qu'il porte à son corcelet, du côté du dos, ce qui lui rend le dos pointu & aigu, ainsi que le porte le nom de l'insecte. Ce caractere singulier distingue aisément ce genre, dont les antennes sont simples & filiformes. Comme cette espéce de pointe, qui revient en devant, forme une figure approchante de celle d'un coqueluchon, nous avons tiré de-là le nom françois de l'insecte, & nous l'avons appellé la *cuculle*. Nous n'avons trouvé qu'une seule espéce de ce genre, encore est-elle rare, & nous ne connoissons point la larve qui la produit.

1. NOTOXUS. Planch. 6, fig. 8.

La cuculle.
Longueur 2 lignes. Largeur ⅔ ligne.

La forme singuliere de cet insecte, le rend très-remarquable. Sa couleur eft jaunâtre : fes yeux font noirs & fort gros : fes antennes font de la longueur de la moitié de fon corps, & filiformes. Le corcelet a en-deffus une groffe pointe, qui revient en devant, & recouvre la tête dans fon milieu, s'avançant jufqu'à fa partie antérieure. Cette pointe forme une efpéce de cucule ou coqueluchon : fon extrémité eft un peu noire : le refte du corcelet eft d'un jaune fauve. Les étuis font de la même couleur, jaunes, avec quatre taches noires, deux fur chaque étui, une en haut, l'autre en bas, un peu avant l'extrémité de l'étui. Outre cela, la future des étuis eft noire, & forme une bande, qui commençant à l'écuffon, par une tache affez large, devient plus étroite, & defcend pour fe confondre avec les deux taches inférieures, qui par cette jonction, forment une large bande tranfverfale fur les étuis, au lieu que les taches fupérieures font ifolées. Les pattes & tout le deffous de l'infecte font d'un jaune fauve. On trouve cet infecte, mais très-rarement, fur les fleurs des plantes ombelliferes.

CEROCOMA.

LA CÉROCOME.

Antennæ ultimo articulo clavato : (mafculis complicatæ, in medio pectinatæ).	Antennes dont le dernier article, plus gros, forme la maffe : (pliées & pectinées dans leur milieu, dans les mâles.)

Ce genre eft encore plus fingulier que le précédent, & il a un caractere qui le diftingue de tous les autres infectes à étuis. Ses antennes font compofées de onze anneaux, dont les dix premiers font fort courts, & le dernier plus gros que les autres, forme lui feul le tiers de la longueur de l'antenne, ce qui donne à cette antenne la figure d'une maffue. Les antennes des mâles font encore plus fingulieres. Outre ce dernier anneau fort gros, elles font repliées en forme de S., & de la plûpart des anneaux, partent des appendices, qui les rendent pectinées dans leur milieu. Cette singularité, d'avoir des antennes en même-tems en peigne & en massue, mérite d'être remarquée. Aussi l'insecte qui les porte, a-t-il quelque chose qui frappe. Il semble que sa tête soit ornée de panaches, & c'est de-là que nous avons tiré son nom. Je ne connois point la larve de ce rare insecte, dont nous n'avons encore qu'une seule espéce.

1. CEROCOMA. Planch. 6, fig. 9.

Linn. syst. nat. edit. 10, *p.* 420, *n.* 7. Meloe alatus viridis, pedibus luteis, antennis abbreviatis clavatis brevibus irregularibus.

La cerocome.
Longueur 4 *lignes.　Largeur* 1 *ligne.*

La cerocome ressemble assez à la cantharide des boutiques pour la forme de son corps, elle est seulement plus petite. Sa couleur est d'un vert assez brillant, à l'exception des antennes & des pattes, qui sont d'un jaune citron, encore les cuisses font-elles vertes en tout ou en partie dans la femelle. Son corcelet est arrondi, n'a aucun rebord, & est un peu raboteux, sur-tout celui du mâle. Ce corcelet est finement pointillé, ainsi que les étuis : mais ce qui rend cet insecte singulier & très-aisé à reconnoître, ce sont ses antennes. Nous n'avons qu'une seule espéce de genre singulier. Je la dois à M. Duplessis, qui l'a trouvée en automne.

ARTICLE II

DE LA PREMIERE SECTION.

Infectes à étuis durs qui ne couvrent qu'une partie du ventre.

ORDRE PREMIER.

Infectes qui ont cinq articles à toutes les pattes.

STAPHYLINUS.

LE STAPHYLIN.

Antennæ filiformes.	Antennes filiformes.
Alæ tectæ.	Aîles cachées fous les étuis.
Abdomen inerme.	Extrémité du ventre nue & fans défenfe.

LE ftaphylin eft aifé à reconnoître, & de plus il a beaucoup de caractères qui le diftinguent. D'abord parmi tous les genres renfermés dans ce fecond article, celui-ci eft le feul qui ait cinq piéces aux tarfes de toutes les pattes, enforte qu'il conftitue à lui feul un ordre particulier : de plus fes antennes fimples & filiformes le diftinguent du profcarabé ; fes aîles cachées fous fes étuis,empêchent de le confondre avec la necidale ; & l'extrémité de fon ventre qui eft nue, différe de celle du perce-oreille, qui eft armée de pinces. Le corps des ftaphylins eft fort allongé du moins dans la plûpart des efpéces. Leurs étuis font fort courts, & dans quelques-uns ils font fi petits, qu'en les regardant avec peu d'attention, on ne les apperçoit pas d'abord, & qu'on est tenté de les prendre pour des larves : auſſi les larves de ces inſectes différent-elles peu de l'ani-mal parfait : elles n'ont point d'étuis, & leur corcelet n'eſt point écailleux, à cela près, la figure de l'un & de l'autre eſt très-reſſemblante. Ces inſectes ont une particularité qui ſe rencontre dans preſque toutes les eſpéces de ce genre : c'eſt qu'ils relevent ſouvent en l'air leur queue ou l'extré-mité de leur ventre ; ſur-tout ſi on vient à les toucher, on voit auſſitôt le queue ſe relever, comme ſi l'inſecte vou-loit ſe défendre & piquer. Ce n'eſt point cependant à cet endroit, que ſont les armes offenſives de cet inſecte. Sa queue ne pique point, mais en récompenſe il mord & pince fortement avec ſes machoires, & on doit y prendre garde, ſur-tout en prenant les groſſes eſpéces. Leurs ma-choires ſont fortes, débordent leur tête, & cet animal s'en ſert pour prendre & pour dévorer ſa proie. Il ſe nourrit des autres inſectes qu'il peut attraper ; ſouvent même deux ſtaphylins de même eſpéce ſe mordent & ſe déchirent réciproquement. Quoique cet inſecte ait des étuis très-pe-tits, ſes aîles cependant ſont grandes, mais elles ſont artiſtement repliées & cachées ſous les étuis. L'inſecte les déploye & les étend lorſqu'il veut voler, ce qu'il fait fort légérement. Parmi les petites eſpéces de ce genre, il y en a pluſieurs dont les couleurs ſont vives & ſinguliérement entrecoupées : nous allons entrer dans le détail de ces eſpéces.

1. STAPHYLINUS *ater, extremo antennarum articulo lunulato.* Planch. 7, fig. 1.

Linn. faun. ſuec. n. 603. Staphylinus ater glaber, maxillis longitudine capitis.
Linn. ſyſt. nat. edit. 10, p. 421, n. 3. Staphylinus maxilloſus.
Jonſt. inſ. t. 16. ord. infim. f. 1, 2, 3. Staphylinus.
Mouffet. lat. p. 197. Staphylinus.
Liſt. loq. p. 391, n. 2. Scarabæus majuſculus niger, forcipibus infeſtis.
Raj. inſ. p. 109, n. 1. Staphylinus major, totus niger.
Act. Upſ. 1736. p. 15, n. 2, 3. Forficula collari nigro, elytris nebuloſis.

Le grand ſtaphylin noir liſſe.
Longueur 11 lignes. Largeur 2 ¾ lignes.

Ce

Ce ftaphylin , le plus grand de ceux de ce Pays-ci , eft
tout noir, tant en deffus qu'en deffous. Sa tête, fon corcelet & fes étuis font d'un noir matte. Ses machoires font aigues , dures & de la longueur de la tête pour le moins. Ses
antennes implantées fur le deffus de la tête , font compofées de onze anneaux , dont le premier eft long , droit
& double des autres , ce qui eft commun à tous ceux de ce
genre , & fait paroître leurs antennes comme coudées.
Dans cette efpéce, elles vont en diminuant, fe terminent
en pointe , & leur dernier article eft échancré & comme
taillé en croiffant, dont un des côtés eft plus long. Ces antennes font d'un tiers plus longues que la tête. Le corcelet
eft uni , convexe & un peu bordé. Les étuis couvrent le
tiers du ventre. Celui-ci eft un peu velu fur les côtés , & eft
fouvent terminé par deux touffes de poils. Les pattes font
affez longues , & leurs pieds ou tarfes font compofés de
cinq articles qui vont en diminuant également , tous en
général affez courts & chargés de broffes ou de pelottes en
deffous. On trouve cet infecte dans les bois & les jardins.
Il eft fort vorace , & mange les autres infectes & même
fes femblables.

2. STAPHYLINUS *atro-cœrulefcens , extremo
antennarum articulo lunulato.*

'Le *ftaphylin bleu.*
Longueur 7 lignes. Largeur 1 ½ ligne.

Cette efpéce reffemble beaucoup à la premiere , à la
grandeur & à la couleur près. Sa tête , fon corcelet & fes
étuis font pointillés & bleuâtres. Ses antennes , fes pattes
& fon ventre font noirs.

3. STAPHYLINUS *ater , extremo antennarum
articulo fubglobofo , elytris thorace brevioribus.*

Le *petit ftaphylin noir.*
Longueur 6 lignes. Largeur 1 ⅓ ligne.

Celui-ci eft tout noir. Sa tête , fon corcelet & fes étuis
Tome I. Z z

font pointillés. Ses antennes qui font prefque de la longueur de la tête & du corcelet, n'ont point le dernier article formé en lunule, comme dans les deux efpéces précédentes, mais arrondi.

4. S T A P H Y L I N U S *ater , elytris thorace duplo longioribus.*

Le ftaphylin noir à longs étuis.
Longueur 2 lignes. Largeur 1 ligne.

Il eft par-tout de couleur noire, un peu brune. Ses antennes fort déliées, font prefque de la longueur de la moitié de fon corps. Sa tête eft applatie : fon corcelet arrondi & un peu bordé. Les étuis qui font affez longs, couvrent les deux tiers du ventre. Ces étuis, ainfi que le corcelet, font finement pointillés.

5. S T A P H Y L I N U S *niger , elytris abdomineque cinereo-nebulofis.*

Le ftaphylin nébuleux.
Longueur 8 lignes. Largeur 2 lignes.

Sa tête & fon corcelet font noirs, liffes, & un peu luifans. Les étuis ont une bande tranfverfale velue & comme nébuleufe, formée par des poils gris. Sur chaque étui, il y a quelques points enfoncés rangés longitudinalement. Le ventre en deffous eft prefque tout couvert de poils gris, & en deffus il a plufieurs plaques de femblables poils, fur-tout fur les côtés. Les tarfes font femblables à ceux de la premiere efpéce, mais il n'en eft pas de même des antennes. Elles ont à la vérité de même une premiere piéce fort longue, qui fait le tiers de la longueur de toute l'antenne, mais les autres articles font très-courts, & vont en groffiffant vers l'extrémité de l'antenne, qui eft plus groffe que fon commencement. On trouve cet infecte dans les bouzes de vache.

6. S T A P H Y L I N U S *villofus , è fufco cinereoque viridi-teffellatus.*

Le ſtaphylin velouté.
Longueur 5 ½ lignes. Largeur 1 ⅘ ligne.

Cette eſpéce , ſans être fort brillante , eſt très-jolie
& bien travaillée. Sa tête , ſon corcelet , ſes étuis , &
même le deſſus de ſon ventre, ſont couverts d'un duvet fin
& ſerré , dont le fond eſt d'un gris verdâtre , avec des taches & des raies brunes qui forment pluſieurs quarrés. L'é-
cuſſon eſt enfoncé , & a une tache noire en forme de cœur.
Le deſſous de l'inſecte eſt noir , les pattes ſont brunes ,
avec leurs génoux ou articulations plus claires. La baſe
des antennes eſt de couleur fauve , & leur extrémité noire.
Ces antennes vont en groſſiſſant vers le bout , un peu
moins cependant que dans l'eſpéce précédente ; elles ſont
d'un bon tiers plus longues que la tête.

7. STAPHYLINUS *niger villoſus , capite thorace
anoque pilis fulvo-aureis.*

Le ſtaphylin bourdon.
Longueur 10 lignes. Largeur 3 lignes.

Ce beau ſtaphylin eſt velu & reſſemble au premier aſpect
à un bourdon. Sa tête , ſon corcelet , & les trois derniers
anneaux de ſon ventre , ſont couverts de poils d'un jaune
doré , le reſte du corps en deſſus eſt chargé de poils noirs.
Ces poils colorés , joints à la maniere dont cet inſecte
releve ſa queue , comme les autres de ce genre , lui donnent tellement l'air d'un bourdon , qu'on n'oſe d'abord
le prendre avec la main. En deſſous cet animal eſt d'un
noir bleuâtre , & moins velu qu'en deſſus. Ses antennes
ſont aſſez courtes , & égalent à peine la longueur de la
tête. Il a été trouvé par terre du côté de Bondy. Il eſt
rare aux environs de Paris.

8. STAPHYLINUS *pubeſcens , capite flavo , thorace
elytriſque fuſco nigroque nebuloſis , punctis impreſſis.*

Le ſtaphylin à tête jaune.
Longueur 5 ¼ lignes. Largeur 1 ⅘ ligne.

La tête de ce ftaphylin eft jaune avec les yeux noirs. Le bout des machoires & l'extrémité des antennes font auffi noirâtres. Ces antennes vont en groffiffant vers le bout. Le corcelet & les étuis font d'un noir matte, avec quelques taches de poils roux. On voit fur les uns & les autres de larges points enfoncés. Le ventre a auffi quelques poils roux en deffus, & en deffous il eft tout velouté & chargé de poils gris, comme argentés. L'écuffon a une tache noire en forme de cœur. J'ai trouvé plufieurs fois cet infecte à terre : il court vîte & vole très-bien.

9. STAPHYLINUS *ater non nitens, elytris pedibufque rufis.*

Linn. faun. fuec. n. 604. Staphylinus ater elytris pedibufque rufis.
Linn. fyft. nat. edit. 10, *p.* 422, *n.* 4. Staphylinus erytropterus.
Act. Upf. 1736, *p.* 15, *n.* 6. Forficula collari nigro, ventre atro, elytris teftaceis.
Frifch. germ. 5, *p.* 49, *t.* 25. Scarabæus rapax, elytris brevibus.

Le ftaphylin à étuis couleur de rouille.
Longueur 6 ½ *lignes. Largeur* 1 ½ *ligne.*

Sa tête & fon corcelet font d'un noir matte. Le ventre eft pareillement noir, & a fur chaque anneau deux taches triangulaires, une de chaque côté, formées par quelques poils dorés. On voit quelques poils femblables fous le ventre. Les étuis font d'une couleur rouffe, matte, ainfi que les pattes, les antennules, & les antennes fur tout à leur bafe. L'écuffon eft tout noir.

10. STAPHYLINUS *niger nitens, pedibus, elytrifque lævibus teftaceis.*

Le ftaphylin noir à étuis fauves & liffes.
Longueur 2, 3, 3 ½ *lignes. Largeur* ½, ¼ *ligne.*

Il y a plufieurs différences confidérables entre cette efpéce & la précédente, quoique leurs couleurs approchent un peu ; 1°. celle-ci eft beaucoup plus petite, & n'approche pas de l'autre, quoiqu'elle varie pour la grandeur ; 2°. l'efpéce précédente eft d'une couleur matte, celle-ci eſt liſſe & brillante. Sa tête & ſon corcelet ſont d'un noir de jayet, ſon ventre eſt auſſi noir & luiſant. Les étuis ſont liſſes, d'une couleur fauve brillante & comme dorée. Les pattes ſont brunes, ainſi que les antennes : enfin on ne voit point ſur celle-ci les poils dorés qui ſont ſur le ventre de l'eſpéce précédente.

N. B. *Staphylinus niger, nitens, pedibus elytriſque lævibus teſtaceis, thoracis punctis per ſtrias digeſtis.*

Le ſtaphylin noir à étuis fauves & corcelet ſtrié.

Cette variété eſt tout-à-fait ſemblable à l'eſpéce ci-deſſus, elle n'en différe que parce que le haut de ſes antennes eſt noir, & que le corcelet eſt chargé de points, qui par leur arrangement forment quatre ſtries longitudinales. Elle eſt plus petite que l'eſpéce ci-deſſus preſque de moitié.

11. S T A P H Y L I N U S *niger, nitens, pedibus coleoptriſque teſtaceis, elytris punctatis.*

Le ſtaphylin à étuis marons pointillés.
Longueur 3 lignes. Largeur $\frac{1}{3}$ ligne.

Cette eſpéce a la tête & le corcelet d'un noir très-liſſe. Ses antennes, ſes pattes & ſes étuis ſont de couleur maron. Ses étuis ſont pointillés, en quoi principalement cette eſpéce différe de la précédente. Le ventre eſt d'un noir brun.

12. S T A P H Y L I N U S *niger, nitens, pedibus elytriſque fuſcis punctatis, thorace plano marginato.*

Le ſtaphylin à étuis très-courts.
Longueur 3 lignes. Largeur 1 ligne.

Cette eſpéce eſt moins allongée & plus large que la plûpart des autres ſtaphylins. Ses antennes ſont groſſes & courtes, & n'égalent pas la longueur du corcelet. Elles ſont compoſées d'anneaux larges & triangulaires. Le corcelet eſt large, un peu convexe, avec des rebords aigus. Les étuis ſont extrêmement courts. Vûs à la loupe, ils paroiſſent pointillés, ainſi que le corcelet. Ces étuis & les pattes ſont de couleur brune, le reſte du corps eſt noir.

13. **STAPHYLINUS** *niger, nitens, antennis, pedibus, elytris, anoque teſtaceis, thorace marginato.*

Le ſtaphylin applati à étuis bruns.
Longueur 1 ligne. Largeur ¼ ligne.

Ce petit inſecte eſt liſſe & luiſant. Sa tête eſt noire, mais les machoires & les antennes ſont de couleur fauve, un peu brune. Le corcelet eſt auſſi noir, avec les rebords fauves. Les étuis ſont d'une couleur fauve claire, avec quelques taches longues de couleur brune. Le ventre eſt noirâtre, à l'exception des deux derniers anneaux, qui ſont d'un jaune fauve. Cette couleur eſt auſſi celle des pattes. Ce qui caractériſe cette eſpéce, eſt ſa forme applatie, & les rebords aſſez ſaillans de ſon corcelet.

N. B. *Idem ; antennis clavatis.*

Celui-ci paroît n'être qu'une variété du précédent. Il lui reſſemble pour la forme & les couleurs ; ſeulement il eſt moitié plus petit, & les ſept derniers anneaux de ſes antennes, qui ſont beaucoup plus gros que les quatre premiers, forment une maſſue très-aiſée à appercevoir. C'eſt le plus petit ſtaphylin que je connoiſſe : peut-être que s'il étoit plus grand, on pourroit découvrir quelque caractere qui en conſtitueroit une eſpéce particuliere & différente de la précédente.

14. **STAPHYLINUS** *niger, punctatus, antennis pedibuſque ferrugineis.*

Le ſtaphylin noir à pattes fauves & étuis pointillés.
Longueur 3¼ lignes. Largeur ⅖ ligne.

Il eſt noir, à l'exception des pattes & des antennes qui

font de couleur fauve. Son corcelet eſt allongé , & vû à la loupe , il paroît finement & irréguliérement pointillé , ainſi que la tête & les étuis : en regardant ces étuis de près , on y découvre quelques taches brunes qui ſe confondent avec la couleur noire.

15. STAPHYLINUS *niger , thorace marginato læyi , pedibus rufis.*

Linn. ſyſt. nat. edit. 10 , p. 423 , n. 18. Staphylinus ater glaber , pedibus rufis.
Linn. faun. ſuec. n, 609.

Le ſtaphylin noir à corcelet liſſe & bordé.
Longueur 1 ½ ligne. Largeur ½ ligne.

Cette petite eſpéce eſt noire & liſſe. Ses antennes plus groſſes vers l'extrémité , font un peu brunes , principale-ment vers leur baſe. Les pattes ſont rougeâtres. Le corce-let a un rebord aſſez marqué. Il eſt un peu convexe , & vû à la loupe , il paroît finement pointillé , ainſi que les étuis.

16. STAPHYLINUS *niger , thorace marginato ſulcato , pedibus rufis.*

Le ſtaphylin noir à corcelet ſillonné & bordé.
Longueur 1 ½ ligne. Largeur ½ ligne.

Il reſſemble beaucoup au précédent pour la forme & la grandeur. Il eſt tout noir , à l'exception des pattes qui font rougeâtres , enforte cependant que les cuiſſes ſont plus foncées & les jambes plus pâles & plus claires. Les antennes ſemblables à celles de l'eſpéce précédente , font toutes noires. Le corcelet , qui eſt applati avec des rebords aſſez faillans , a de plus quatre canelures longitudinales élevées , entre leſquelles ſont des ſillons profonds. On trouve cet inſecte dans le ſable avec le précédent.

17. STAPHYLINUS *niger , elytris nigro-æneis.*

Le ſtaphylin à étuis bronzés.
Longueur 4 lignes. Largeur 1 ligne.

Ce ſtaphylin eſt tout noir & luiſant : ſes étuis font bron-

zés , & vûs à la loupe , ils paroiſſent finement chagrinés:
On découvre auſſi à l'aide de la loupe, dix points enfoncés
ſur le corcelet ; ce qui ſe voit auſſi dans pluſieurs autres
eſpéces , & ne conſtitue point un caractere ſpécifique particulier , comme le prétend M. Linnæus , au ſujet d'une
eſpéce , n°. 605 , *Faun. ſuec.*

18. **STAPHYLINUS** *niger , thorace , elytris ,*
pedibuſque ſubteſtaceis. Linn. faun. ſuec. n. 614.

Linn. ſyſt. nat. edit. 10 , *p.* 423 , *n.* 15. Staphylinus chryſomelinus.

Le ſtaphylin couleur de paille.
Longueur 1 *ligne. Largeur* ½ *ligne.*

La figure & le port de cet inſecte ſont différens de ceux
des autres eſpéces de ce genre. Il eſt court & ovale.
Sa tête eſt noire , & ſes antennes , qui vont en groſſiſſant ,
ſont de couleur brune & de la longueur du corcelet.
Celui-ci eſt large , liſſe , brillant , de couleur jaune , claire ,
un peu fauve. Les étuis ſont de la même couleur , il y a
ſeulement un peu de noir ſur le devant. Le ventre eſt large , court , de couleur noire , & couvert de quelques poils.
Ce qui fait le caractere diſtinctif de cette eſpéce , c'eſt la
forme de ſon corcelet , qui eſt auſſi large pour le moins
que les étuis , qui eux-mêmes ont beaucoup de largeur , ce
qui donne à l'inſecte une forme ovale , au lieu que les autres ſont allongés. On trouve ce ſtaphylin très-ſouvent
dans le ſable & le long des murs.

19. **STAPHYLINUS** *niger , elytris fuſcis margine*
flavo.

Le ſtaphylin à étuis bordés de jaune.
Longueur 2 *lignes. Largeur* 1 *ligne.*

La forme de cette eſpéce approche aſſez de celle de la
précédente. Ses antennes , qui vont un peu en groſſiſſant
vers l'extrémité , ſont de la longueur du corcelet. La tête ,
le corcelet & le ventre ſont noirs. Les pattes & les étuis
ſont

font bruns, mais tous les bords de ceux-ci, principalement à la partie poftérieure, font jaunes. Je ne fçais fi ce feroit cette efpéce que M. Linnæus auroit voulu défigner, *Faun. fuec.* n°. 610 : en tout cas, la fienne feroit beaucoup plus petite que la nôtre, ce qui donne lieu de douter que ce foit la même. Tout l'infecte eft affez liffe, fans points ni ftries.

20. STAPHYLINUS *niger ; thorace utrinque, finguloque elytro, macula flava.*

'Le *ftaphylin noir à taches jaunes.*
Longueur 2 lignes.　Largeur 1 ligne.

Celle-ci approche encore des deux précédentes pour la forme large de fon corcelet. Elle eft pareillement courte, ramaffée, & fes étuis font longs & couvrent prefque les deux tiers de fon ventre. Sa tête eft noire. Son corcelet eft de la même couleur, mais fes bords de chaque côté font jaunes. Les étuis font pareillement noirs & ont chacun à l'extérieur une longue tache jaune de la largeur de celle du corcelet, dont elle paroîtroit être une continuation. Cette tache fe prolonge & defcend jufqu'aux deux tiers de l'étui. Le ventre eft noir & les pattes font brunes. Tout l'animal eft d'un liffe affez brillant, fans points ni ftries.

21. STAPHYLINUS *rufus, elytris cœruleis, capite abdominifque apice nigris. Linn. faun. fuec. h.* 607.

Linn. *fyft. nat. edit.* 10ᵉ, p. 422, n. 7. Staphylinus riparius.

Le *ftaphylin rouge à tête noire & étuis bleus.*
Longueur 3 lignes.　Largeur ½ ligne.

Le fond de la couleur de ce joli ftaphylin eft d'un rouge tirant fur le brun. Sa tête & les deux derniers anneaux de fon ventre font noirs, & fes étuis font bleus. Ces étuis vûs à la loupe, font finement pointillés. Les articulations

Tome I.　　　　　　　　　　Aaa

des pattes, ainfi que les antennes, font noires. Ces antennes font à peu près d'égale groffeur par-tout, mais les antennules fe terminent en maffe. Le corcelet a quelques points enfoncés, qui par leur arrangement forment quatre ftries longitudinàles. On trouve cet infecte dans le fable humide.

22. STAPHYLINUS *flavus*, *capite*, *elytris abdomineque pone nigris*.

Linn. faun. fuec. n. 606. Staphylinus rufus, capite elytris abdomineque pone nigris.
Linn. fyft. nat. edit. 10, *p.* 422, *n.* 6. Staphylinus rufus.
Act. Upf. 1736, *p.* 15, *n.* 8. Forficula collari teftaceo, elytris ventreque teftaceis, apicibus nigris.

Le ftaphylin jaune, à tête, étuis & anus noirs.
Longueur 3 *lignes. Largeur* 1 *ligne.*

Les antennes de cette efpéce font très-jolies, elles vont en groffiffant vers le bout & font découpées en if. Leur couleur eft jaune. La tête eft noire & eft munie de longues machoires. Le corcelet eft jaune, ainfi que le haut des étuis, mais leur partie poftérieure eft noire, & cette couleur noire en couvre les deux tiers. Ces étuis ont dans leur milieu deux bandes longitudinales pointillées & enfoncées, qui font pofées à côté l'une de l'autre. Le refte eft irréguliérement pointillé. Le ventre eft jaune, mais l'anus ou fon extrémité eft noire : enfin les pattes font jaunes.

23. STAPHYLINUS *atro-cœrulefcens*, *thorace rubro*.

Le ftaphylin noir à corcelet rouge.
Longueur 3 ½ *lignes. Largeur* ⅓ *ligne.*

Ce ftaphylin eft par-tout d'un noir plus ou moins bleuâtre, à l'exception du corcelet qui eft rouge. Ce corcelet eft très-liffe & les étuis font pointillés. Les antennes ne vont point en groffiffant, mais font égales par-tout. Elles font de la longueur de la tête & du corcelet pris enfemble.

24. STAPHYLINUS *ater , oculis prominentibus crassis.*

N. B. *Idem elytro singulo puncto flavo.*

Linn. *syst. nat. edit.* 10 , *p.* 422 , *n.* 11. Staphylinus niger , elytris puncto fulvo.

Le staphylin junon.
Longueur 2 ½ *lignes.* *Largeur* ⅓ *ligne.*

Cette espéce a un air un peu différent des autres. Sa couleur est par-tout d'un noir matte. Quelquefois cependant le haut de ses cuisses & de ses jambes a un peu de fauve. La tête, le corcelet, & les étuis vûs à la loupe, paroissent chagrinés. Mais ce qui distingue cet insecte de tous les autres staphylins, ce sont ses yeux, qui sont gros, saillans, & qui occupent les deux tiers de la tête, au lieu que les autres espèces les ont très-peu apparens. Cette conformation des yeux rend la tête fort large. Le corcelet est beaucoup plus étroit & allongé. Les étuis sont larges & courts. On trouve souvent un point rond de couleur citron sur le milieu de chaque étui. Ceux qui ont ce point, ont ordinairement deux petites éminences un peu lisses sur le corcelet. Je crois que ce sont les mâles. Le corps de ces staphylins est allongé & se termine en pointe. Leurs antennes sont de la longueur du corcelet, & ont leurs quatre derniers anneaux plus gros & plus courts que les autres. On trouve ce petit insecte dans le sable : il vole très-bien.

25. STAPHYLINUS *antennis subclavatis.*

Le staphylin à antennes en demi-massues.
Longueur ⅓ *ligne.* *Largeur* ⅓ *ligne.*

Ses antennes vont en grossissant vers le bout, & leur dernier article est gros & globuleux, ensorte qu'elles forment presque la massue. La couleur de l'insecte est noire, à l'exception des étuis qui sont bruns, de couleur matte, renflés & chargés de deux stries ou sillons longitudinaux.

ORDRE SECOND.

Inſeɕtes qui ont quatre articles à toutes les pattes.

NECYDALIS.

LA NECYDALE.

Antennæ filiformes.　　　Antennes filiformes.

Alæ nudæ.　　　　　　　Aîles nues.

LA necydale eſt rare autour de Paris , & juſqu'ici nous n'en avons trouvé qu'une ſeule eſpéce , qui fournit deux variétés. Ce petit inſeɕte reſſemble aſſez à quelques - unes de nos cicindeles , & je l'aurois rapporté à ce genre , s'il n'en différoit par le nombre des articles de ſes tarſes , & par la forme de ſes étuis qui ſont beaucoup plus courts que ſon corps , ce qui l'a fait mettre dans ce ſecond article des inſeɕtes à étuis. Ces étuis ſont cependant moins courts & moins durs que ceux du ſtaphylin , & les aîles de la necydale ne ſont point cachées deſſous , mais les débordent & recouvrent tout ſon ventre. Ses antennes ſont ſimples & filiformes.

1. NECYDALIS *elytris apice punɕto flavo. Linn. faun. ſuec. n.* 598. *Planch.* 7 , fig. 2.

　　a. *Necydalis elytris apice punɕto flavo , thorace luteo.*
　　b. *Necydalis elytris apice punɕto flavo , thorace nigro.*

La necydale à points jaunes.
Longueur lignes. Largeur ½ ligne.

Sa tête eſt noire , ſes yeux ſont gros & ſaillans , ſes machoires ſont d'un brun noirâtre. Ses antennes placées

fur le haut de la tête entre les yeux, ont leur premiere articulation qui eſt longue, & s'éleve droit, enſuite les autres
ſe courbent & vont de côté. Ces antennes varient pour
la longueur & la couleur. Dans les individus à corcelet
jaune, elles ſont brunes, & n'ont que les deux tiers de la
longueur du corps. Dans ceux au contraire qui ont le corcelet noir, elles ſont noires auſſi, & un peu plus longues que le corps. Le corcelet a un rebord, il eſt jaune
dans les uns & plus long, noir dans les autres, plus court
& bordé ſeulement d'un peu de jaune. Les étuis ſont
noirâtres, un peu plus clairs dans leur milieu, & terminés
par un point de couleur jaune citron. Les aîles noirâtres,
un peu plus longues que le corps, débordent les étuis d'un
tiers & ſont croiſées l'une ſur l'autre. Dans ceux qui ont le
corcelet jaune, les pattes & le deſſous du ventre le ſont
auſſi; dans les individus à corcelet noir, les pattes ſont
noires, ainſi que le ventre, qui a ſeulement un peu de
jaune ſur les côtés. Je ſoupçonne ces derniers d'être les
mâles, & les autres les femelles. Je n'en ai qu'un ſeul
de chaque façon, cet inſecte n'étant pas bien commun
ici. Je l'ai trouvé voltigeant ſur le chêne.

ORDRE TROISIÉME.

Infectes qui ont trois articles à toutes les pattes.

FORFICULA.

LE PERCE-OREILLE.

Antennæ filiformes.	Antennes filiformes.
Alæ tectæ.	Aîles cachées sous les étuis.
Abdomen forficibus armatum.	Extrémité du ventre armée de pinces.

CE genre d'infectes eft un des plus connus, & les pinces qu'ils portent à l'extrémité de leur ventre, forment un caractere bien diftinctif. C'eft cette armûre qui a fait donner à ces infectes le nom de *forficula* ; & en françois le nom redoutable de *perce-oreille*, parce qu'on s'eft imaginé que cet infecte s'introduifoit dans les oreilles, que de-là il pénétroit dans le cerveau & faifoit périr. Ceux qui fçavent l'anatomie, connoiffent l'impoffibilité d'une pareille introduction dans l'intérieur du crâne, attendu qu'il n'y a point d'ouverture qui y communique ; mais la frayeur de quelqu'un, à qui un de ces infectes fera par hafard entré dans le conduit de l'oreille, aura pu donner lieu à cette fable : du refte ces pinces que le perce-oreille porte à fa queue, & avec lefquelles il paroît vouloir fe défendre, ne font pas auffi formidables qu'elles le paroiffent d'abord ; elles ne font pas affez fortes pour pouvoir produire la moindre impreffion fenfible. Je ne fçais fi cet animal en fait ufage pour fe défendre contre d'autres infectes, mais fouvent j'ai vû des perce-oreilles au milieu d'une fourmilliere, chercher à s'enfuir, fans fe fervir

de leurs pinces contre les fourmis. La larve du perce-
oreille diffère très-peu de l'infecte parfait.

1. FORFICULA *antennarum articulis quatuordecim.* Planch. 7 , fig. 3.

Linn. faun. fuec. n. 599. Forficula alis apice macula alba.
Linn. fyft. nat. edit. 10, *p.* 423 , *n.* 1. Forficula auricularia.
Mouffet. lat. p. 171. *f.* infima. Forficula S. auricularia vulgatior.
Jonft. inf. t. 16 , *f.* 2. Forficula.
Merian. europ. 1 , *t.* 30.
Lift. mut. t. 2 , *f.* 4.
Lift. loq. p. 391 , *n.* 25. Scarabæus fubrufus , cauda forcipata.
Petiv. gazoph. t. 74, *f.* 5. Forficula vulgaris.
Frifch. germ. 8 , *p.* 31 , *t.* 15 , *f.* 2. maf. *f.* 1. fœmina. Vermis auricularis.

Le grand perce - oreille.
Longueur 7 lignes. Largeur 2 lignes.

Tout le monde connoît affez cette efpéce de perce-
oreille , qui eft très-commune ici. Sa grandeur varie beaucoup , tant au-deffus qu'au deffous des dimenfions que
nous donnons , qui font les plus ordinaires. Sa tête eft
de couleur brune , ainfi que fes antennes , qui égalent la
moitié de la longueur du corps & qui font compofées
de quatorze anneaux. Le corcelet eft plat , noir , avec des
rebords élevés de couleur pâle. Les étuis font d'un gris un
peu fauve , ainfi que le bout des aîles qui déborde les
étuis. On voit fur les bouts d'aîles une tache blanche
arrondie , quelquefois peu marquée. Le ventre eft brun , &
fon dernier anneau eft large avec quatre éminences , une
fur chaque côté , & deux au milieu. Ce dernier anneau
foutient deux longues pinces dures , formées en arc , dont
les pointes fe touchent , & qui font de couleur jaunâtre ,
mais plus brunes à leur extrémité. Ces pinces font applaties à leur bafe , & ont à cet endroit dans leur côté intérieur plufieurs dents , dont deux font plus inférieures &
plus faillantes que les autres. Dans quelques individus, ces
dents ne fe rencontrent pas. On trouve cet infecte par-tout
à la campagne & dans les jardins. La longueur de fes pinces varie confidérablement.

2. FORFICULA *antennarum articulis undecim.*

Linn. faun. fuec. n. 600. Forficula alis elytro concoloribus
Linn. fyft. nat. edit. 10, *p.* 423 , *n.* 2. Forficula elytris teftaceis immaculatis.

Le petit perce-oreille.
Longueur 3 *lignes. Largeur* ⅓ *ligne.*

Cette efpéce beaucoup plus petite que la précédente, eft par tout de couleur jaune un peu fauve, plus claire en deffous, plus brune en deffus. Ses antennes n'ont que onze articles, dont la bafe mince eft pâle, ce qui rend les antennes joliment entrecoupées & panachées. Les aîles font de la couleur des étuis, & n'ont pas la tache blanche que l'on voit dans l'efpéce précédente. Une autre diffé-rence fe tire de la forme des pinces qui font affez courtes, & formées par deux crochets réunis, fans aucune appen-dice ni dent à leur côté intérieur. L'animal releve fou-vent ces pinces en haut. Quant au refte, cette efpéce reffemble à la grande. On trouve cet infecte à terre dans le fable humide proche les mares & les ruiffeaux. Il fe ren-contre plus fréquemment au printems.

ORDRE

ORDRE QUATRIÉME.

Insectes qui ont cinq articles aux deux premieres paires de pattes, & quatre seulement à la derniere.

MELOE.

LE PROSCARABÉ.

Antennæ à medio ad bafim & apicem decrefcentes.	Antennes groffes au milieu, qui vont en diminuant vers la bafe & vers le bout,
Alæ nullæ.	Point d'aîles.

LES antennes du profcarabé font figurées finguliérement. Elles font compofées d'anneaux ronds, plus gros vers le milieu de l'antenne, plus petits vers les deux extrémités. Au milieu, où ils font plus gros, l'antenne forme une efpéce de coude. C'eft fur-tout dans les mâles que l'on voit mieux cette figure finguliere, qui fait paroître les anneaux du milieu applatis en différens fens. Ce caractere eft particulier à ce genre. On peut encore y ajouter le défaut d'aîles, qui empêche cet infecte de voler : auffi marche-t-il affez lourdement dans les terres labourées, où on le rencontre dès le commencement du printems. La larve de cet infecte reffemble beaucoup à l'animal parfait. Elle eft de même couleur, groffe, lourde, n'ayant que la tête écailleufe & tout le refte du corps mol. On la trouve enfoncée dans la terre, où elle fait fa métamorphofe.

1. MELOE. *Linn. faun. fuec. n.* 596. Planch. 7, fig 4.

Linn. fyft. nat. edit. 10, *p.* 419, *n.* 1. Meloe apterus corpore violaceo.
Mouffet. inf. 162. *f. media.* Profcarabæus.
Jonft. inf. p. 74, *t.* 14. Profcarabæi fœmina.

Tome I.   B b b

Charlet. exercit. p. 46. Proſcarabæus S. anti-cantharus.
Hoffm. inſ. 2 , t. 9.
Merret. pin. p. 201. Proſcarabæus.
Goed. belg. 2 , p. 152 , f. 42. & gall. tom. 3 , tab. 42.
Liſt. gœed. p. 292 , f. 120.
Liſt. loq. 39. , n. 27. Scarabæus mollis ex nigro viola nitens.
Friſch. germ. 6 , p. 14 , t. 6 , f. 5.
Dale pharm.ac. p. 391. Proſcarabæus.
Schrod. pharm. 5 , p. 345. Cantharus unctuoſus.

Le proſcarabé.
Longueur 10 , 11 lignes.   Largeur 5 lignes.

Cet inſecte eſt tout noir & molaſſe , & lorſqu'on le touche , il fait ſortir de toutes ſes articulations une humeur
graſſe & brune , ce qui l'a fait appeller par quelques-uns
ſcarabé onctueux. Sa couleur noire n'eſt nullement brillante , elle eſt cependant entre-mêlée d'un peu de violet , ſur-
tout vers le deſſous du corps. Ses antennes ſont placées
devant les yeux , qui ſont aſſez petits. La tête qui eſt
groſſe , eſt pointill e , ainſi que le corcelet qui eſt plus
étroit , arrondi & ſans rebords. Les étuis ſont mols comme un cuir, chagrinés , & ils ne couvrent qu'une partie du
ventre. Ils ſont comme coupés obliquement du dedans
au-dehors , plus courts du côté de la ſuture , plus longs ſur
les côtés. Sous ces étuis il n'y a point d'aîles. Le ventre
eſt gros ſur-tout dans la femelle , où il déborde de beaucoup les étuis. On trouve cet inſecte au printems dans
la campagne & les jardins par terre dans les endroits
expoſés au ſoleil. L'huile que répand cet inſecte , le rend
utile pour l'uſage de la médecine. Les mâles ſont beaucoup plus petits que les femelles.

ARTICLE III.

Insectes à étuis mols & comme membraneux.

ORDRE PREMIER.

Insectes qui ont cinq articles aux deux premieres paires de pattes, & quatre seulement à la derniere.

BLATTA.

LA BLATTE.

Antennæ filiformes.	Antennes filiformes.
Ad ani latera appendices vesiculosi transversim sulcati.	Deux longues vesicules posées aux côtés de l'anus & ridées transversalement.

LA blatte est un de ces insectes domestiques, qui sont bien connus dans les cuisines & les boulangeries. Elle est large, applatie & lisse. Son caractere consiste dans la forme simple de ses antennes, qui sont longues & filiformes, & sur-tout dans deux appendices en forme de longues vesicules, placées à l'extrémité de son corps, aux deux côtés de l'anus, & qui sont chargées de rides & de stries transversales. Cet insecte assez hideux à la vûe, court assez vîte ; quelques espéces outre cela volent, mais je n'ai jamais vû voler la premiere, au moins sa femelle est-elle incapable de voler, puisqu'elle n'a que des moignons d'ailes fort courts, qui ne peuvent lui être d'aucune utilité. La larve des blattes ne différe guères de l'insecte parfait, que par le défaut total d'ailes & d'étuis ; à cela près elle lui ressemble parfaitement. Cette larve se nourrit

B bb ij

de farine, dont elle eſt très-vorace. A ſon défaut, elle
ronge à la campagne les racines des plantes. C'eſt de ce
même genre qu'eſt le fameux kakkerlac des Iſles d'Amérique, qui dévore ſi avidemment les proviſions des habitans. Cet inſecte, ainſi que nos blattes, fuit le jour &
la lumiere, & tous ces inſectes ſe tiennent cachés dans
des trous, dont ils ne ſortent que pendant la nuit.

1. B L A T T A *ferrugineo - fuſca*, *elytris ſulco ovato*
impreſſis, *abdomine brevioribus*. Planch. 7, fig. 5.

Linn. faun. ſuec. n. 617. Blatta ferrugineo-fuſca, elytris ſulco ovato impreſſis.
Linn. ſyſt. nat. edit. 10, *p.* 424, *n.* 7. Blatta orientalis.
Mouffet. inſ. p. 138, *fig.* 2, 3. Blatta moléndinaria & piſtrina.
Column. ecphr. 1, *p.* 40, *t.* 36. Scarabæus alter teſtudinatus minor atque alatus.
Jonſt. inſ. t. 13, *f.* A. Grylli.
Liſt. tab. mut. t. 1, *f.* 2. Fœmina.
Barthl. act. 1671, *p.* 107, *t.* 108. Gryllus alatus (& repens) vermis in
ſaccharo.
Raj. inſ. p. 68. Blatta prima ſive mollis mouffeti.
Friſch. germ. 5, *p.* 11, *t.* 3. Blatta lucifuga ſive molendinaria.

La blatte des cuiſines.
Longueur 9 lignes. Largeur 4 ¼ lignes.

Cet inſecte eſt par-tout de couleur brune, comme brû-
lée. Ses antennes longues & unies, ſurpaſſent d'un tiers la
longueur du corps. Elles ſont compoſées d'un nombre infini d'anneaux courts. J'en ai compté dans une juſqu'à
quatre-vingt-quatorze. La tête eſt petite & preſqu'entiérement cachée ſous la platine du corcelet qui eſt large
& ovale. Les étuis de la même couleur que le reſte du
corps, ſont tranſparens, membraneux & plus courts
d'un tiers que le ventre. Du haut de chacun, partent trois
ſtries principales, preſque toutes trois du même point.
Celle du milieu eſt élevée dans une partie de ſa longueur,
& va en ſerpentant juſqu'au bout de l'étui vers l'angle extérieur. L'extérieure eſt enfoncée, tire ſur le côté, &
après un chemin fort court, ſe termine vers le milieu du
bord extérieur de l'étui. L'intérieure pareillement enfoncée, forme une courbure, & va prendre fin au bord inté-

rieur de l'étui, un peu plus bas que le milieu, vis-à-vis sa correspondante sur l'autre étui. Les espaces que renferment entr'elles ces deux stries semblables sur les deux étuis, forment une espéce d'ovale. On voit outre cela sur les étuis, beaucoup de stries serrées & diversement arrangées, qui suivent la direction de ces trois principales. La femelle n'a ni étuis, ni aîles, mais seulement deux moignons ou commencemens des uns & des autres. Aux deux côtés du dernier anneau du ventre, sont des appendices vesiculaires pointues, débordant le ventre, longues d'une ligne, qui paroissent striées transversalement, à cause des anneaux dont elles sont composées. Les jambes sont très-épineuses. On trouve communément cet insecte dans les cuisines autour des cheminées, & dans les fours des boulangers, dont il mange la farine & la pâte.

2. BLATTA *fusco-flavescens, elytris sulco ovato impressis, abdomine longioribus.*

La grande blatte.
Longueur 15 lignes. Largeur 5 lignes.

Sa couleur est brune, mais d'un brun plus jaune que dans l'espéce précédente, sur-tout sur les pattes & le corcelet. L'animal est aussi beaucoup plus grand, comme on voit par les dimensions que nous donnons; du reste sa forme est la même. Seulement les appendices de la queue sont plus longues & recourbées en dehors, & les aîles & les étuis débordent le corps, au lieu que dans l'espéce précédente ils ne le couvrent pas en entier. Cet insecte se trouve rarement ici. Ceux que j'ai, ont été trouvés à Orléans.

3. BLATTA *flavescens, elytris ad angulum acutum striatis.*

Linn. faun. suec. n. 618. Blatta flavescens, elytris nigro-maculatis.
Linn. syst. nat. edit. 10, p. 425, n. 8. Blatta lapponica.
Act. Ups. 1736, p. 35, n. 2, Lampyris alis superioribus ad angulum acutum striatis.

Raj. inf. p. 69. Blatta parva alata.

La blatte jaune.

Longueur 3 ½, 4 ½ *lignes. Largeur* 2 *lignes.*

Les antennes de celle-ci font de la longueur du corps au plus. Ses yeux font noirs. Son corcelet eſt large, membraneux & diaphane. Ses étuis font pareillement tranſparens, d'une couleur jaune pâle, avec une ſeule ſtrie longitudinale élevée dans leur milieu, de laquelle partent, comme d'une arrête, nombre de ſtries obliques, qui vont en deſcendant ſe terminer aux deux côtés de l'étui. Ces ſtries obliques qui partent de la ſtrie du milieu, repréſentent à peu près les barbes d'une plume, qui naiſſent de ſon tuyau. On voit quelquefois différens points noirs irréguliérement ſemés ſur les étuis, ſouvent auſſi il n'y en a pas. Quant à la couleur, les femelles, à l'exception des yeux, ſont d'une ſeule couleur jaunâtre ; les mâles au contraire ont leur corcelet noir bordé de jaune, les étuis plus bruns, les pattes & le ventre noirs. Une autre diſtinction, c'eſt que les étuis débordent le ventre d'un bon tiers dans les mâles, & ne le débordent point du tout dans les femelles. Les ailes ſont tranſparentes & membraneuſes ; les jambes ſont épineuſes, & cette blatte a, comme les précédentes, deux appendices aux côtés de l'anus, qui ne débordent que de moitié le dernier anneau. On trouve cet inſecte dans les boulangeries. Il eſt vorace, & mange très-bien la farine.

ORDRE SECOND.

Insectes qui ont deux articles à toutes les pattes.

THRIPS.

LE TRIPS.

Antennæ filiformes.	Antennes filiformes.
Os rimula longitudinali.	Bouche formée par une simple fente longitudinale.
Tarsi vesiculosi.	Tarses garnis de vesicules.

LES insectes de ce genre sont les plus petits de tous les insectes à étuis ; quelques-uns semblent même échapper à la vûe : aussi est-il difficile de bien distinguer le vrai caractere de ces insectes , & j'ai été long-tems incertain pour sçavoir à quelle section je les rapporterois. Le principal caractere des insectes à étuis , est d'avoir la bouche garnie de machoires posées transversalement , caractere que je n'ai pu découvrir. Au lieu de bouche , on ne voit en dessous de la tête , qu'un point long , une petite fente longitudinale , dans laquelle les machoires pourroient bien être renfermées. Néanmoins , quoiqu'on ne voye point de machoires aux insectes de ce genre , la forme de leurs antennes , leur position , celle des pattes , dont les deux premieres tiennent au corcelet , & les quatre autres au-dessous de la poitrine , & la consistence des étuis qui sont moins flexibles que les aîles , m'ont porté à les ranger parmi les insectes à étuis. C'est une de ces nuances , qui font le passage d'une section à une autre. Les trips tiennent une espéce de milieu entre les insectes à étuis & la section suivante.

Outre le caractere que fournit la bouche du trips , ses

tarfes, qui font compofés feulement de deux piéces, en fourniffent encore un autre. Le fecond article de ces tarfes forme une veficule affez groffe, que Bonani a remarquée dans fes obfervations fur les infectes.

Les trips vivent dans les fleurs & fous les écorces. C'eft dans ces endroits que l'on rencontre auffi les larves de ces infectes, qui n'en différent que par le manque d'aîles & d'étuis : du refte, il n'eft pas aifé d'obferver ces différences dans ces petits animaux, qu'on prendroit plutôt pour des atômes, que pour des êtres vivans : ainfi, fans nous arrêter davantage, nous allons examiner les différéntes efpéces de trips.

1. THRIPS *elytris albidis, corpore nigro, abdominali feta.* Planch. 7, fig. 6.

Linn. *fyft. nat. edit.* 10, *p.* 457, *n.* 3. Thrips elytris niveis, corpore fufco.

Le trips à pointe.
Longueur 1 ligne.   Largeur ¼ ligne.

Cette efpéce, la plus grande de ce genre, eft noire & luifante. Ses antennes font jaunâtres, & compofées de fept articles, trois plus longs & d'une couleur plus claire, & les quatre derniers plus courts & plus foncés. Sa tête eft allongée. On voit en deffous une petite fente longitudinale qui forme la bouche. Le corcelet eft noir, ainfi que le ventre qui eft allongé, & qui fe termine par une pointe affez vifible. Les aîles & étuis font blanchâtres, étroits, un peu croifés vers le bout, & chargés vers la pointe de quelques petits poils. Le ventre des deux côtés déborde ces aîles & ces étuis. Les pattes ont leurs cuiffes & leurs jambes noires, & leurs tarfes jaunâtres, comme les antennes. Ces tarfes ont deux articles, un long, l'autre gros, formant une veficule. Ce trips ne vole guères, mais il court affez vîte. On le trouve fous les écorces des vieux arbres.

2.

2. THRIPS *elytris glaucis, corpore atro. Linn. faun.*
suec. n. 726.

Linn. fyft. nat. edit. 10, *p.* 457, *n.* 1. Thrips phyfapus.
Bonani microg. cur. fig. 38.
De Geer. act. Stockh. 1744, *p.* 3, *t.* 4 *f.* 4. Phyfapus ater, alis albis.

Le trips noir des fleurs.
Longueur ¼ *ligne. Largeur* 1/10 *ligne.*

La forme de ce petit infecte reffemble affez à celle du
précédent. Il eft noir : fes étuis font bleuâtres, ou couleur
de gorge de pigeon, & il n'a point, à l'extrémité du ventre, cette pointe qu'on remarque dans celui que nous
avons décrit. On trouve très-communément cette petite
efpéce fur les fleurs, principalement fur les fleurs compofées & à fleurons.

3. THRIPS *elytris albis nigrifque fafciis, corpore*
atro. Linn. faun. fuec. n. 727.

Linn. fyft. nat. edit. 10, *p.* 457, *n.* 4. Thrips fafciata.

Le trips à bandes.

Cette efpéce reffemble à la précédente pour la grandeur : elle n'en différe que par la couleur des étuis, qui
ont trois bandes blanches tranfverfes, fur un fond noir,
favoir, une en haut, une au milieu & une au bas de l'étui.
On trouve ce trips fur les fleurs, avec le précédent.

O r d r e　T r o i s i é m e.

Insectes qui ont trois articles à toutes les pattes.

G R Y L L U S.

L E　G R I L L O N,

Antennæ filiformes.	Antennes filiformes.
Cauda biseta.	Deux filets à la queue.
Ocelli tres.	Trois petits yeux lisses.

L E grillon est appellé dans quelques endroits *cri-cri*, à cause du bruit ou espéce de cri que fait cet insecte. On le distingue aisément par un caractere essentiel; ce sont les deux filets qui sont à sa queue. On peut joindre à ce caractere la forme de ses antennes, qui sont simples, filiformes & assez longues, & ces trois petits yeux lisses, dont nous avons parlé dans la description générale des insectes, qui ne se trouvent que dans très-peu d'insectes à étuis; au lieu qu'ils sont fort communs dans les insectes à deux & à quatre aîles nues. Le grillon dont il s'agit ici, a ces yeux lisses placés entre les grands yeux à reseau. Ces trois petits yeux sont posés transversalement, & forment une espéce de bande, dont l'œil du milieu est plus allongé de gauche à droite, que les autres. Nous donnerons un détail des espéces que renferme ce genre, dans les descriptions particulieres que nous en ferons. Il nous suffit de dire ici, que ces insectes vivent ordinairement sous terre, dans des trous qu'ils se forment. C'est-là qu'ils subissent leur métamorphose, qui est assez simple. La larve ne différe de l'insecte parfait, que par le défaut d'aîles & d'étuis; du reste, elle saute & coure aussi aisément. Ainsi, quand cette

larve, qui eft d'abord fort petite, a acquis toute fa grandeur, il ne lui refte, pour parvenir au dernier degré de
perfection, qu'à acquérir ces ailes & ces étuis. C'eft ce
qui lui arrive dans le développement que produit la métamorphofe. Pour lors, le grillon eft en état de s'accoupler
& de pondre fes œufs. Il les dépofe dans la terre, dans les
trous qu'il a pratiqués, & qui doivent fervir de retraite aux
petits qui naîtront. Ces jeunes grillons fe trouvent dans cet
endroit, à portée des racines, dont ils doivent fe nourrir;
ils les déchirent & les dévorent, & fouvent ils caufent
beaucoup de dégât. La premiere efpéce fur-tout, qu'on
nomme *taupe-grillon* ou *courtillicre*, eft redoutée dans les
potagers.

Vers le coucher du foleil, les grillons fortent plus volontiers de leurs habitations fouterraines, & c'eft-là le
tems où les prairies retentiffent le plus de leur cri, fur-tout
dans les beaux jours de l'été. Quant aux grillons domefti-
ques, qui fe font adonnés à nos maifons, ils choififfent
ordinairement pour leurs demeures, les fours & les environs des cheminées des cuifines, où la chaleur les attire,
& fouvent ils font fort incommodes, par leur cri continuel
& ennuyeux. Malgré cette incommodité, un préjugé po-
pulaire empêche fouvent de les chaffer & de les détruire.
Le peuple s'imagine que leur préfence porte un certain
bonheur à la maifon dans laquelle ils fe trouvent, & penfe
qu'il y auroit du rifque à les faire périr; tant il eft vrai que
les chiméres les plus abfurdes trouvent des fectateurs parmi les efprits foibles ou ignorans.

1. G R Y L L U S *pedibus anticis palmatis*. Linn. *faun.*
fuec. n. 619. Planch. 8, fig. 1.

Linn. fyft. nat. edit. 10, p. 428, *n.* 19. Grylло-talpa, feu gryllus-acheta, tho-
race rotundato, alis caudatis elytro longioribus, pedibus anticis palmatis
tomentofis.
Imper. alt. p. 692. Talpa infectum.
Aldr. inf. p. 571. Talpa ferrantis imperati,
Mouffet. inf. p. 164. Gryllo talpa.
Jonft. inf. t. 12, *f. ultim.* Gryllo talpa,

Goed. belg. 1, p. 168, t. 76. Gryllo-talpa. Et Gall. tom. 2, tab. 76.
Lift. goed. p. 28., f. 115. Gryllo-talpa.
Barth. act. 4, p. 9, f. 1. Gryllo-talpa.
Char. et. exercit. p. 44. Gryllo talpa.
Raj. inf p. 6., 67. Gryllo talpa mouffeti.
Frifch. germ. 11, p, 28, t. 5. Gryllus campeftris, pedibus talpæ.
Rofel. inf. vol. 1, tab. 14, 15. Locufta germanica.

La courtilliere, ou le taupe-grillon.

Longueur 18 lignes.   *Largeur* 4 lignes.

On peut regarder cet infecte comme un des plus hideux
& des plus finguliers. Sa téte, proportionnément à la grandeur de fon corps, eft petite, allongée, avec quatre antennules grandes & groffes, & deux longues antennes
minces comme des fils. Derriere ces antennes, font les
yeux; & entre ces deux yeux, on en voit trois autres
liffes & plus petits, ce qui fait cinq en tout, rangés fur une
même ligne tranfverfale. Le corcelet forme une efpéce de
cuiraffe allongée, prefque cylindrique; qui paroît comme
veloutée. Les étuis, qui font courts, ne vont que jufqu'au milieu du ventre; ils font croifés l'un fur l'autre,
& ont de groffes nervures noires ou brunes. Les aîles repliées fe terminent en pointes, qui débordent non-feulement les étuis, mais même le ventre. Celui-ci eft mol,
& fe termine par deux pointes ou appendices affez longues.
Mais ce qui fait la principale fingularité de cet infecte, ce
font fes pattes de devant, qui font très-groffes, applaties,
& dont les jambes très-larges, fe terminent en dehors par
quatre groffes griffes en fcie, & en dedans, par deux feulement: entre ces griffes, eft fitué, & fouvent caché, le
tarfe ou le pied. Tout l'animal eft d'une couleur brune &
obfcure. Il vit fous terre, principalement dans les couches,
où il fait fouvent beaucoup de ravage, en coupant & ron-
geant les racines. Ses pattes de devant, qui font denté-
lées en fcie, lui fervent à cet ufage. Les Jardiniers le
connoiffent fous le nom de *courtilliere*, & plufieurs auteurs l'ont nommé *taupe-gryllon*, (*grillo-talpa*) parce qu'il
reffemble aux autres grillons, & qu'il fouit la terre avec

fes pattes, comme les taupes. Tout fon corps eft un peu velu.

2. GRYLLUS *pedibus anticis fimplicibus.*

Linn. faun. fuec. n. 620. Gryllus cauda bifeta, alis inferioribus acuminatis, longioribus, pedibus fimplicibus.
Linn. fyft. nat. edit. 10, p. 428, n. 20 & 21.
Mouffet. inf p. 135. Gryllus domefticus.
Jon t. inf. t. 1 :. Grylli mouffeti.
Frifch. germ. tom. 1, *tab.* 1.
Charlet. exercit. p. 44. Gryllus domefticus.
Hoffn. inf. p. 11, *f* 4.
Raj. inf. p. 63. Gryllus domefticus.
Rofel. inf. vol. 2, *tab.* 12. Domefticus. & 13 Sylveftris. Locufta germanica.

Le grillon.
Longueur 1 *pouce. Largeur* 4 *lignes.*

Le grillon domeftique & celui des champs, ne font que la meme efpéce, quoique le premier foit plus pâle & plus jaune, & le fecond plus brun. Ses antennes, minces comme un fil, font prefque de la longueur de fon corps. Sa tête eft groffe, ronde, avec deux gros yeux & trois autres plus petits, jaunes & clairs, placés plus haut, fur le bord de l'enfoncement, du fond duquel partent les antennes. Le corcelet eft large & court. Dans les mâles, les étuis font plus longs que le corps, veinés, comme chiffonnés en deffus, croifés l'un fur l'autre, enveloppant une partie du ventre, avec un angle faillant fur les côtés; ils ont auffi à leur bafe, une bande pâle. Dans la femelle au contraire, les étuis laiffent un tiers du ventre à découvert, ne croifent prefque point l'un fur l'autre; ils font par-tout de la même couleur, veinés, fans être chiffonnés, & ils enveloppent moins le deffous du ventre. De plus, la femelle porte, à l'extrémité de fon corps, une pointe dure, prefqu'auffi longue que le ventre, plus groffe par le bout, compofée de deux gaines, qui enveloppent deux lames. Cet inftrument lui fert à enfoncer & dépofer fes œufs dans la terre. Le mâle & la femelle ont tous les deux, à l'extrémité du ventre, deux appendices pointues & molles,

Leurs pattes poſtérieures ſont beaucoup plus groſſes & plus longues que les autres, & elles leur ſervent à ſauter. Ces inſeſtes vivent, ou dans les trous des maiſons, principalement dans les murs, proche les cheminées, ou ils habitent la campagne, s'enfonçant dans des trous ſous terre. Il ſont un cri fort incommode, qui eſt produit par le frottement de leur corcelet.

ACRYDIUM *Gryllus. Linn. ſaun. ſuec. Locuſta aliorum.*

LE CRIQUET.

Antennæ filiformes corpore dimidio breviores.	Antennes filiformes, plus courtes de moitié que le corps.
Ocelli tres.	Trois petits yeux liſſes.

Le criquet approche infiniment de la ſauterelle, qui forme le genre ſuivant, & juſqu'ici ces inſeſtes avoient été confondus enſemble ; mais malgré leur grande reſſemblance, nous avons cru devoir les ſéparer, à cauſe de deux caraſteres différens & très-ſenſibles. Le premier conſiſte dans la quantité des piéces qui compoſent les tarſes. Ces piéces ſont au nombre de trois dans le criquet, & de quatre dans la ſauterelle. Le ſecond ſe tire de la forme des antennes, qui, dans le criquet, ſont groſſes & courtes, n'égalant pas en longueur la moitié du corps, au lieu que les antennes de la ſauterelle ſont minces & beaucoup plus longues que ſon corps. Du reſte, la forme & les métamorphoſes de ces inſeſtes, ſont les mêmes ; enſorte que ce que nous dirons de l'un, peut s'entendre de l'autre, à très-peu de choſes près. Le criquet a encore un caraſtere qui lui eſt commun avec la ſauterelle ; c'eſt d'avoir, outre les deux grands yeux à reſeau, trois petits yeux liſſes, dont deux ſont placés entre les grands yeux & les antennes, & le troiſiéme, plus ſur le devant.

Cet insecte saute très-bien. Ce mouvement s'exécute au moyen de ses pattes de derriere, qui sont beaucoup plus grandes que celles de devant. La cuisse & la jambe, qui sont fléchies à l'articulation qui les joint ensemble, s'étendent vivement, & ce mouvement est si vif, que tout le corps posant dans cet instant sur les pieds ou tarses des pattes de derriere, se trouve élancé très-haut en l'air. On sent qu'il faut une prodigieuse force pour exécuter un pareil mouvement d'extension : aussi les pattes de ces insectes sont-elles garnies de muscles forts, que renferment les cuisses qui sont très-grosses. Outre cette espéce de saut, que font ces insectes, & qui leur est commun avec les grillons, ils marchent sur terre, quoique mal & lourdement, à cause de la longueur de leurs pattes postérieures qui paroissent les embarrasser ; mais plusieurs espéces en récompense, volent assez bien. Les aîles qui leur servent à ce dernier usage, sont repliées sous leurs étuis, qui sont fort étroits. Lorsque l'insecte déploie ces aîles, on est étonné de leur grandeur. Quelques-unes sont en outre ornées de couleurs vives & brillantes, qu'on n'apperçoit point lorsqu'elles sont repliées, & qui feroient prendre volontiers ces insectes, lorsqu'ils volent, pour de beaux papillons.

La larve du criquet est dans le même cas que celle du grillon ; elle ne différe de l'insecte parfait, que par le défaut d'aîles & d'étuis. A leur place, on voit deux espéces de boutons, sous lesquels sont renfermées, comme dans un étui, ces parties qui doivent un jour se développer. C'est dans le tems de la métamorphose, lorsque la larve a acquis tout son accroissement, que se fait ce développement. Pour lors, l'insecte devient un animal parfait. Auparavant il marchoit & sautoit ; actuellement il fait plus, il vole & enfin il est en état de travailler à multiplier son espéce. Pour cet effet, il dépose ses œufs en terre, où la chaleur les fait éclore. Ces petites larves, ainsi que l'insecte parfait, se nourrissent des herbes & des feuilles, dont elles font très-voraces, & souvent ces insectes font beaucoup de dégât dans les campagnes.

1. ACRYDIUM *elytris fuscis, alis subcæruleis.*

Rosel. inf. vol. 2, tab. 22, fig. 3. Locusta germanica.

Le criquet à aîles bleues.
Longueur 1 pouce. Largeur 2 ½ lignes.

Les antennes de cette grande espéce font égales partout, & ont environ quatre lignes de long. Elles sont placées devant les yeux, qui font affez gros. La couleur de tout l'animal est d'un brun rougeâtre, couleur de rouille. Les étuis, outre cela, ont souvent trois ou quatre bandes transverfales irregulieres plus brunes. On voit auffi deux ou trois bandes femblables fur les cuiffes postérieures. Les aîles font grandes, veinées, tranfparentes, prefque fans couleur du côté extérieur, & lavées d'un bleu clair du côté intérieur, qui regarde le corps. Les jambes postérieures ont auffi un peu de bleu. Les tarfes font compofés de trois articles, dont le premier & le dernier font fort longs, tandis que celui du milieu est très-court. On trouve cet insecte dans les endroits fecs, arides & fablonneux.

2. ACRYDIUM *elytris nebulosis, alis cæruleis extimo nigro.*

Raj. inf. p. 60. Locusta vulgari fimilis, fed paulo major.
Frifch. germ. 9, tab. 3.
Rosel. inf. vol. 2. tab. 21, fig. 4. Locusta germanica.

Le criquet à aîles bleues & noires.
Longueur 1 pouce. Largeur 3 lignes.

Ses antennes font à peine auffi longues que la moitié de fon corps, un peu renflées dans leur milieu, noirâtres à l'extrémité, & dans tout le reste, de couleur de rouille matte, ainfi que le corcelet & le corps de l'insecte. Ce corcelet est raboteux, avec une élévation aigue, longitudinale dans le milieu, & deux autres fur les côtés, qui postérieurement s'éloignent l'une de l'autre. Les étuis font auffi
de

de couleur de rouille, avec trois larges bandes tranfverfes irrégulieres plus obfcures. Ils font plus longs que le corps & fort étroits. Les aîles ployées fous les étuis, font bleues du côté intérieur, noires du côté extérieur, avec la pointe prefque fans couleur. Les pattes poftérieures font longues, & l'animal s'en fert pour fauter. Leurs cuiffes font larges, fauves, avec quelques taches noires du côté intérieur; & leurs jambes garnies d'un double rang de pointes, comme une double fcie, font un peu bleues. Les pattes de devant font plus noires. On trouve cet infecte dans les prés & les bois.

3. ACRYDIUM *elytris nebulofis, alis rubris extimo nigris.*

Linn. faun. fuec. *n.* 625. Gryllus elytris nebulofis, alis rubris extimo nigris.
Linn. fyft. nat. edit. 10, p. 437, n. 50. Gryllus-locufta ftridulus.
Act. Upf. 1736, p. 34, n. 4. Gryllus alis fuperioribus umbrofis, inferioribus rubris, apicibus nigris.
Frifch. germ. 9, p. 4, t. 1. Locuftæ fecunda fpecies.
Leche nov. inf. fpec. Gryllus elytris colore cinnamomeo, alis coccineis apice nigris. (Fœmina).
Zinanni obferv. t. 1, 2, 6.
Aldrov. inf. lib. 4, t. 7, ord. 1, f. 11.
Rofel. inf. vol. 2, tab. 21, fig. 2. Locuft. german.

Le criquet à aîles rouges.

Je ne vois aucune autre différence entre cette efpéce & la précédente, que la couleur des aîles, fur lefquelles tout ce qui eft bleu dans la précédente efpéce, eft d'un beau rouge dans celle-ci. On trouve volontiers cette derniere dans les vignes.

4. ACRYDIUM *femoribus fanguineis, alis fubfufcis reticulatis.* Planch. 8, fig. 2.

Linn. faun. fuec. *n.* 627. Gryllus incarnatus, femoribus fanguineis, elytris virefcenti-fubfufcis, antennis cylindricis.
Linn. fyft. nat. edit. 10, p. 438, n. 58. Gryllus-locufta groffus.
Frifch. germ. 9, p. 5, t. 4.
Raj. inf. p. 60. Locufta anglica minor vulgatiffima.
Rofel. inf. vol. 2, tab. 20, fig. 6, 7. Locuft. german.

Le criquet enfanglanté.
Longueur 5 , 10 , 11 *lignes.*　Largeur 1 ½ , 3 *ligne.*

Il y a peu d'efpéces qui varient autant pour la grandeur
& les couleurs. Quelques-uns de ces infectes font le double
des autres pour la longueur. Dans tous , les antennes font
cylindriques , compofées d'environ vingt-quatre articles ,
& elles ne font pas plus longues que le quart du corps. Pour
la couleur , les petits individus font prefque tous rouges ,
tachés de noir , avec le deffous du corps feulement , d'un
jaune verdâtre. Les grands ont tout le corps verdâtre , &
le deffous plus jaune , feulement le dedans des cuiffes
poftérieures eft rouge. Mais ce qui caractérife cette efpéce , c'eft la forme du corcelet , qui a en deffus une élévation longitudinale , & deux autres , une de chaque côté ,
dont le milieu s'approchant de la premiere , forme une
efpéce d'X. De plus , entre les griffes qui terminent les
pattes , il y a de petites éponges , beaucoup plus groffes
dans cette efpéce que dans les autres. On trouve cet infecte dans toutes les campagnes.

5. A C R Y D I U M *elytris nullis , thorace producto
abdomini æquali.*

Linn. faun. fuec. n. 613. Gryllus elytris nullis , thorace in elytron longitudi-
　nale extenfo , macula utrinque rhombea nigra.
Linn. fyft. nat. p. 427 , n. 17. Gryllus-bulla , thoracis fcutello abdominis lon-
　gitudine.
Raj. inf. p. 60. Locufta minor fufcefcens , cucullo longo rhomboide.
Act. Upf. 1736 , p. 34 , n. 9. Gryllus alis fuperioribus nullis , collari producto
　ad longitudinem abdominis.

Le criquet à capuchon.
Longueur 4 *lignes.*　Largeur 1 ½ *ligne.*

Ses antennes font courtes & n'égalent pas le quart de la
longueur de fon corps. Sa couleur eft brune & obfcure ,
femblable à la couleur de capucin ; quelquefois cependant
l'infecte eft parfemé de taches plus claires. Mais ce qui rend
cette efpéce très-aifée à diftinguer , c'eft la forme de fon
corcelet , qui fe prolonge , couvre tout le corps , & va en

diminuant jufqu'au bout du ventre. Ce prolongement du corcelet tient lieu des étuis, qui manquent à cet animal ; il a feulement des aîles fous cette avance du corcelet. La tache du corcelet, dont parle M. Linnæus, dans fa phrafe, n'eft pas conftante, & manque fouvent. Cet infecte, ainfi que le fuivant, fe trouve par-tout, dans les champs & les bois.

6. A C R Y D I U M *elytris nullis, thorace producto abdomine longiore.*

Linn. faun. fuec. n. 624. Gryllus elytris nullis, thorace producto, abdomine longiore.
Linn. fyft. nat. edit. 10, p. 428, n. 18. Gryllus-bulla thoracis fcutello abdomine longiore.

Le criquet à corcelet allongé.
Longueur 5 lignes. Largeur 1 ½ ligne.

Ses antennes font à peu près de la longueur du quart de fon corps. Elles font compofées de douze ou treize articles. Sa couleur eft noirâtre & obfcure : quelquefois il y a un peu de clair fur le deffus du corps, avec des taches rhomboïdales fur les côtés, mais ces taches ne font pas conftantes. Ce qui caractérife principalement cet infecte, c'eft fon corcelet, qui, de même que dans l'efpéce précédente, fe prolonge, & tenant lieu d'étuis, dont cet animal manque, couvre les aîles qui font deffous. Ce prolongement du corcelet, eft plus long que le corps de l'infecte de près d'un quart, en quoi cette efpéce fe diftingue de la précédente, outre que cet allongement du corcelet en forme d'étui, eft plus étroit que dans le criquet à capuchon.

ORDRE QUATRIÉME.

Infectes qui ont quatre articles à toutes les pattes.

LOCUSTA. *Grylli fpec. linn.*

LA SAUTERELLE.

Antennæ filiformes cor-pore longiores.	Antennes filiformes, plus longues que le corps.
Ocelli tres.	Trois petits yeux liffes.

ON a vû dans la defcription du genre précédent, en quoi la fauterelle differe du criquet, auquel elle reffemble beaucoup. Son principal caractere confifte dans la forme de fes antennes, qui font fimples, filiformes & beaucoup plus longues que fon corps. On pourroit ajouter à ce caractere, une note acceffoire, ce font les appendices qui fe trouvent à la queue des femelles. Du refte, la fauterelle a les trois petits yeux liffes, dont nous avons fait mention dans les genres précédens.

Ces infectes fautent, comme le criquet, à l'aide de leurs pattes poftérieures, qui font fortes & beaucoup plus longues que les antérieures ; ils marchent lourdement & volent affez bien. Leurs femelles dépofent leurs œufs dans la terre, par le moyen des appendices qu'elles portent à leur queue, qui font compofées de deux lames. L'œuf, au fortir de l'ovaire, gliffe entre ces deux lames, & s'enfonce en terre. Les fauterelles pondent un affez grand nombre d'œufs à la fois, & ces œufs réunis dans une membrane mince, forment une efpéce de groupe. Les petites larves qui en naiffent, font tout-à-fait fembla-bles, à la grandeur près, à l'infecte parfait, fi ce n'eft

qu'elles n'ont ni aîles ni étuis, mais feulement des efpéces de boutons, au nombre de quatre, où font contenus
les uns & les autres, non développés. Ce développement
n'arrive que dans le tems de la métamorphofe, lorfque
l'infecte a pris tout fon accroiffement. L'infecte parfait fe
trouve fréquemment dans les prairies, ainfi que la larve.
L'un & l'autre eft vorace & mange les herbes. Les fauterelles ont plufieurs eftomacs, ce qui a fait penfer à plufieurs auteurs, qu'elles ruminoient comme plufieurs grands
animaux.

1. LOCUSTA *cauda enfifera curva.*

Linn. faun. fuec. n. 622. Gryllus cauda enfifera recurvata.
Linn. fyft. nat. edit. 10 , p. 430 , *n.* 37.
Goed. belg. 2 , p, 165 , *t.* 4. Sprinckhanen.
Lift. goed. p. 301 , *t.* 121. Acrigoneus.
Frifch. germ. 12 , *tab.* 1 , *n.* 2 , *fig.* 4.
Aldrov. inf. lib. 4 , *t.* 7 , *ord.* 2 , *n.* 7.
Zinanni obferv. t. 7 , *f.* 7.
Rofel. inf. vol. 2 , *tab.* 8. Locuft. german.

La fauterelle à fabre.
Longueur 11 *lignes.* *Largeur* 1 ½ *ligne.*

La couleur de cette efpéce eft par-tout d'un vert un peu
pâle. Ses antennes, qui font filiformes, vont en diminuant
vers l'extrémité, & font plus longues que le corps. Le
corcelet a en deffus une furface applatie, qui va en s'élargiffant du côté des étuis. Ceux-ci font un peu nébuleux,
& les aîles font reticulées. Les aîles & les étuis débordent
le corps d'un bon tiers. La femelle porte, à l'extrémité du
ventre, une efpéce de pointe applatie & large, recourbée
en haut, & compofée de deux lames, qui repréfentent
par leur figure la lame d'un fabre. Ces lames lui fervent
à enfoncer fes œufs profondément dans la terre. Le mâle
n'a point de pareille appendice à la queue. Les cuiffes
poftérieures de cet infecte font fort grandes, & auffi longues que les étuis, en quoi on peut diftinguer cette efpéce
de la fuivante.

2. LOCUSTA *cauda ensifera recta.* Planch 8, fig. 3.

Linn. faun. suec. n. 621. Gryllus cauda ensifera recta, corpore subviridi.
Linn. syst. nat. edit. 10, p. 431, *n.* 38.
Aldrov. inf. p. 404. Locusta offic.
Mouffet. inf. p. 117, *f.* 5.
Jonst. inf. p. 61, *t.* 11, *f.* 1, 2, 3. Locusta.
Rob. icon. t. 27.
Merian. europ. t. 176.
Eph. nat. cur. dec. 2, *ann.* 2, *obf.* 15, *p.* 40.
Raj. inf. p. 61. Locusta viridis major.
Frifch. germ. 12, *p.* 3, *tab.* 1, *ic.* 2, *fig.* 1. Locusta major viridis
Charlet. exercit. p. 44.
Rofel. inf. vol. 2, *tab.* 10 & 11. Locust. german.

La fauterelle à coutelas.
Longueur 22 *lignes. Largeur* 3 *lignes.*

Cette grande efpéce eft d'un beau vert. Ses antennes font déliées, très-longues, furpaffant la longueur du corps, & compofées d'un nombre infini d'anneaux. Le corcelet applati par-deffus, fe courbe par un angle aigu, vers les côtés, & s'avance au milieu, un peu plus bas fur les étuis. Ceux-ci font d'un beau vert, & d'un tiers plus longs que le corps. La femelle porte, à l'extrémité du ventre, une efpéce de coutelas applati, droit, long, formé de deux lames plattes, qui lui fert à dépofer fes œufs. Cette appendice va jufqu'au bout des étuis. Le mâle n'a point cette queue; mais on voit à la bafe de fes étuis, en deffous, une large ouverture, fermée par une pellicule mince, femblable à la peau d'un tambour, & qui produit le bruit que fait entendre cet infecte dans les campagnes. Les cuiffes poftérieures, quoique longues, ne vont qu'aux deux tiers des étuis, au lieu que dans l'efpéce précédente, elles font auffi longues.

ORDRE CINQUIÉME.

Infectes qui ont cinq articles à toutes les pattes.

MANTES.

LA MANTE.

Antennæ filiformes.　　　Antennes filiformes.

L E caractere de la mante est très-simple & facile. C'est le seul de tous les infectes de cet article, qui ait cinq piéces à tous les tarfes de fes pattes. De plus, la mante a des antennes fimples & filiformes. Je ne m'étendrai pas beaucoup fur cet infecte, ne l'ayant jamais trouvé autour de Paris, & ayant reçu ceux que j'ai, de l'Orléannois. M. de Juffieu m'a affuré qu'on en avoit trouvé des œufs dans ce pays-ci, & quelques autres perfonnes m'ont dit avoir trouvé quelquefois l'animal affez près de Paris : c'est ce qui m'a déterminé à en parler. On verra dans la defcription de cette feule efpéce, les particularités qui la concernent. On l'a appellée *mantes* ou *mantis,* comme qui diroit devin, parce qu'on s'est imaginé que cet infecte, en étendant fes pattes de devant, devinoit & indiquoit les chofes qu'on lui demandoit.

1. MANTES. Planch 8, fig. 4.

Aldrov. inf. lib. 4, *t.* 3, *f.* 10, *edit. bonon.* & *edit.* Francofr. *t.* 7, *f.* 1, 2.
Mouffet. inf. p. 118½ *f.* 3.
Rofel. inf. vol. 2, *tab.* 2, *fig.* 6. Locuft. indic. præfat.
Linn. fyft. nat. edit. 10, *p.* 426, *n.* 4. Gryllus mantis, thorace ciliato, femoribus anticis fpina terminatis, reliquis lobo.
Linn. amænit. acad. 1, *p.* 504. Gryllus thorace lineari alarum longitudine, margine denticulis ciliato.

La mante.
Longueur 2 pouces. Largeur 5, 6 lignes.

La figure de cet infecte eft finguliere ; il eft étroit &
allongé. Sa tête eft petite, applatie, avec deux antennes
filiformes affez courtes. Aux deux côtés de la tête, font
deux gros yeux à refeau, & en deffus, deux petits yeux
liffes ; ce qui fait quatre en total. Le corcelet eft long,
étroit, bordé, avec une élévation longitudinale dans fon
milieu, & une impreffion tranfverfe au tiers de fa longueur. Les étuis qui couvrent les deux tiers de l'infecte,
font veinés, reticulés, croifés l'un fur l'autre, & couvrent des aîles tranfparentes & veinées. Les pattes de derriere font très-longues : celles du milieu le font un peu
moins, & celles de devant font fort larges & plus courtes.
L'infecte s'appuie affez fouvent fur fes quatre pattes de
derriere feulement, & tenant les deux de devant élevées,
il les joint l'une contre l'autre, ce qui l'a fait appeller par
les habitans du Languedoc, où il eft très-commun, *prega-
diou*, comme s'il prioit Dieu. Les payfans prétendent de
plus, que cet animal montre les chemins qu'on lui demande, parce qu'il étend ces mêmes pattes de devant ; tantôt
à droite, tantôt à gauche. Auffi le regarde-t-on comme
un infecte prefque facré, auquel il ne faut faire aucun mal.
Sa couleur eft par-tout d'un vert un peu brun. Les jeunes
font plus verts, & les vieux plus bruns. Il dépofe fes œufs
ramaffés en paquet hémifphérique, plat d'un côté. Il y a
dans ce paquet deux rangs d'œufs oblongs, pofés tranfverfalement, avec une rangée longitudinale d'écailles, pofées
en toît les unes fur les autres, qui couvrent la jonction des
deux rangs d'œufs. Tout ce paquet eft léger & comme
compofé de parchemin très-mince.

SECTION

SECTION SECONDE.

Insectes à demi - étuis, ou hémiptères.

L E S infectes coléoptères ou infectes à étuis, ont formé
la premiere fection de cette Hiftoire. La feconde renferme de petits animaux, qui en approchent par quelques-
uns de leurs caracteres. Nous appellons ces infectes hémiptères, à caufe de la forme des étuis ou fourreaux de
leurs aîles. Ces efpéces de fourreaux, dans la plûpart dès
genres de cette fection, reffemblent beaucoup à des aîles,
feulement ils font un peu moins mols & plus colorés ; il
femble que l'infecte ait quatre aîles, dont les fupérieures
ont plus de confiftence & moins dè tranfparence. La forme de ces fourreaux, qui ont prefque la confiftence des
aîles, qui font, pour ainfi dire, moitié aîles & moitié fourreaux, & qui tiennent le milieu entre les uns & les autres ;
a fait donner aux infectes qui les portent, le nom d'*hémiptères*, comme qui diroit *demi - aîles*. Il y a néanmoins
dans cette fection quelques genres, qui femblent s'écarter
de cette forme d'aîles. Le kermès & la cochenille n'ont que
deux aîles, encore ces aîles ne fe trouvent-elles que dans
les mâles, & les femelles n'en ont point. Le puceron &
la pfylle font différens ; ils ont l'un & l'autre quatre aîles,
mais ces quatre aîles paroiffent femblables; on ne voit point
de différences entre les fupérieures & les inférieures ; ces
dernieres ne font pas plus tranfparentes que les premieres.
Au contraire, la punaife, qui eft un des premiers genres
de cette fection, porte dans fes fourreaux, le caractere
d'hémiptère, très - marqué & très - diftinct Ses fourreaux
font plus durs & plus écailleux que dans la plûpart des autres genres, mais il n'y a que leur moitié fupérieure qui
foit ainfi opaque : toute leur moitié inférieure eft membraneufe & tranfparente, & a la confiftence d'une aîle ;

Tome I.   E e e

enforte que ces étuis, moitié écailleux & moitié membraneux, font véritablement des *demi-aîles*. (*Hemiptra.*)

Ces variétés dans la forme des aîles & des étuis, font
voir que ce n'eft point dans ces parties que l'on doit chercher le caractere diftinctif des infectes de cette fection,
quoique nous en ayons tiré le nom, que nous avons cru le
plus convenable pour les diftinguer. Un caractere doit être
uniforme & conftant dans tous les genres.

On peut tirer un caractere de cette nature de la bouche
de ces infectes. Nous avons déja remarqué dans la premiere fection, qui renferme les coleopteres, qu'outre
le caractere tiré de la forme de leurs étuis ; ils en ont un
autre qui n'eft guéres moins effentiel, & qui dépend de la
ftructure de leurs bouches. La bouche des coleopteres eft
armée de machoires dures, écailleufes, pofées latéralement. Les hémipteres ont auffi une forme de bouche, qui
leur eft particuliere, & qui eft effentielle à leur fection. Cette bouche eft une efpéce de *trompe, qui tire fa naiffance
du deffous du corcelet, ou qui eft prolongée le long de la partie inférieure du même corcelet.* C'eft dans cette forme de
trompe, que confifte le caractere diftinctif des hémipteres.

On voit par ce caractere, que les infectes de cette fection ont deux formes de bouche un peu différentes, quoique fort approchantes l'une de l'autre. Dans les uns, la
trompe prend fa naiffance de la tête, comme dans la plûpart
des infectes ; ces petits animaux ont, comme les grands,
la bouche placée à la tête, & cette bouche eft formée par
une trompe fouvent affez longue, quelquefois plus courte,
mais toujours courbée en deffous. Telle eft la forme de la
bouche de la plûpart des infectes de cette fection, mais non
pas de tous. Celle de quelques-autres, eft bien plus finguliere. C'eft une efpéce de trompe courte, qui ne prend point
fon origine de la tête, mais du corcelet, entre la premiere
& la feconde paire de pattes. Qu'on fe figure un quadrupede, dont la bouche feroit placée dans la partie antérieure
de la poitrine, entre les pieds de devant. Telle eft à peu

près la position de la bouche de la psylle, du kermès & de la cochenille : animaux singuliers, par plus d'un endroit.

Cette différente conformation de bouche parmi les insectes de cette section, nous auroit engagé à la partager en deux ordres, si elle eût été plus nombreuse & plus chargée de genres; mais nous avons cru qu'une pareille division devenoit inutile, vû le petit nombre de genres qu'elle renferme.

Les différentes parties qui composent le corps des insectes hémiptères, approchent assez de celles que nous avons remarquées en décrivant les insectes à étuis. Tous ont des antennes, qui, en général, ne manquent dans aucun genre d'insectes; mais dans quelques-uns de ceux de cette section, elles sont très-petites, & quelquefois un peu difficiles à appercevoir. La punaise, la psylle & quelques-autres, en ont qui sont assez grandes & très-visibles; mais celles de la cigale sont très-petites, ce ne sont que de simples filets très-courts. Celles de la naucore, de la punaise à avirons, de la corise, sont encore moins aisées à trouver. Outre leur petitesse, elles sont situées en dessous & plus bas que les yeux; ensorte qu'on a de la peine à les appercevoir, à moins que de renverser l'animal. Le scorpion aquatique a au contraire de très-grandes antennes, figurées en forme de pinces de crabe ou d'écrevisse, & qui lui tiennent lieu en même-tems de pattes & d'antennes : aussi la nature n'a-t-elle donné à cet insecte que quatre pattes, au lieu de six, qui se voyent dans tous les autres de cette section. Outre les yeux à reseau, qui sont au nombre de deux dans tous les insectes hémiptères, quelques-uns ont encore les petits yeux lisses, dont nous avons parlé en traitant le général des insectes; mais le nombre de ces petits yeux n'est pas uniforme : la cigale ou procigale en a deux, ainsi que plusieurs espéces de punaises: la psylle au contraire en a trois : tous les autres genres en manquent absolument, au moins je n'ai pas pû leur en découvrir. Quant à la bouche de ces insectes, elle est ordinairement figurée & terminée en pointe, de laquelle sort une trompe plus ou moins longue. Cette trompe, dans quelques infectes, déborde de beaucoup la partie poſtérieure de leur corps, ſous laquelle elle eſt reployée; ils la traînent après eux. Les autres infectes au contraire, dont la trompe part & prend naiſſance du deſſous du corcelet, n'ont à la partie anté-rieure de la tête, que quelques tubercules placés à l'en-droit où la bouche ſembleroit devoir ſe trouver.

Le corcelet, cette ſeconde partie du corps de ces infectes, eſt dans pluſieurs, tout d'une venue avec la tête, & auſſi lar-ge qu'elle. C'eſt ſur-tout dans les premiers genres de cette ſection, dans la cigale, la naucore, la coriſe & la punaiſe à avirons, que l'on peut remarquer cette forme de corce-let. Mais dans la pſylle, le puceron & les mâles des coche-nilles & des kermès; le corcelet eſt plus diſtinct, & ſépa-ré de la tête par un étranglement ſenſible. C'eſt de la par-tie ſupérieure & poſtérieure de ce corcelet, que prennent naiſſance les aîles, qui varient beaucoup dans cette ſection. Pluſieurs genres en ont quatre, ou du moins ils ont deux aîles, & par-deſſus deux étuis plus ou moins mols. Dans les punaiſes, la partie ſupérieure de ces étuis eſt aſſez du-re, preſque écailleuſe : la punaiſe à avirons a des étuis ſemblables. D'autres genres ont les étuis ſi mols, qu'ils ne paroiſſent pas différens des véritables aîles. Parmi ces der-niers, les uns ont ces quatre aîles couchées & croiſées ſur leur corps; d'autres, comme la pſylle, les portent poſées latéralement & en forme de toît. Quelques-uns, comme le puceron, les portent droites & élevées. D'autres infec-tes, au lieu de quatre aîles, n'en ont que deux. La coche-nille & le kermès ſont ſeuls de ce nombre; mais ces deux genres ont encore une autre ſingularité, c'eſt que leurs fe-melles n'ont point d'aîles, & ſemblent même n'avoir guères de rapport à des infectes & à des animaux, com-me nous le verrons en parlant de ces genres. A la ſuite du corcelet, ſe trouve l'écuſſon, ou cette eſpéce d'appendice, qui ſe trouve dans la plûpart des infectes, entre l'origine de leurs aîles. Cet écuſſon manque dans quelques genres,

comme dans la corise : dans d'autres il est très-petit. Quelques espéces au contraire ont un écusson monstrueux, qui
couvre, ou la plus grande partie du ventre, ou même le
ventre en entier, ainsi que les aîles & les étuis. C'est ce
qu'on remarquera dans quelques espéces de punaises.

Le ventre des hémiptères n'a rien de remarquable, que
la maniere dont son extrémité postérieure est conformée
dans quelques-uns. La cigale porte au bout du ventre, une
espéce de pointe cachée entre des écailles, qui lui sert à
déposer ses œufs. Le puceron a sur le bout postérieur du
ventre, tantôt deux pointes ou cornes, tantôt deux tubercules, que nous examinerons par la suite ; enfin la cochenille & le kermès ont cette partie ornée de filets plus ou
moins longs. Quant aux pattes, le scorpion aquatique est
le seul insecte de cette section, qui n'ait que quatre pattes,
tous les autres en ont six. Mais ces différens animaux varient beaucoup entr'eux pour le nombre des articles, dont
est composé le tarse ou le pied, qui termine la patte. Dans
les uns, ce tarse consiste en une seule piéce ; le puceron, la
corise, le scorpion aquatique, sont de ce nombre : d'autres, comme la psylle, la naucore & la punaise à avirons,
ont deux piéces aux tarses, tandis que la cigale & la punaise ont jusqu'à trois articles à cette même partie.

Toutes ces différences nous ont servi à former des caractéres de ces insectes, plus étendus, & en même-tems
plus sûrs & plus distinctifs. Elles nous avoient porté à
diviser la section précédente en ordres & en articles différens, afin de distribuer avec plus de méthode la quantité
nombreuse d'insectes qui la composent. Nous aurions pû
faire dans celle-ci les mêmes divisions & sous-divisions ;
mais une pareille méthode n'étoit pas nécessaire pour ranger & caractériser dix genres, qui seuls composent la section des hémiptères ; mais le nombre des articles des tarses, qui entre dans leurs caractéres, fera distinguer avec
plus de certitude ces différens genres, souvent confondus ensemble par les auteurs, & dont la plûpart ont un

certain air de famille, qui les rapproche les uns des autres.

Ces infectes se métamorphosent tous, c'est-à-dire passent successivement par les différens états de larves, de
nymphes & d'infectes parfaits, dont nous avons parlé plus
haut, en traitant des infectes en général; mais la maniere
dont s'accomplit & s'exécute ce changement, est différente de celle que nous avons remarquée dans les coléoptères, à l'exception cependant des derniers infectes de la
premiere section, qui approchent beaucoup des hémiptères, & dont la métamorpose est à peu près la même. Ces
infectes sortis de l'œuf, paroissent d'abord sous la forme
de larves; mais ces larves ne font point des espéces de
vers souvent lourds & pésans; comme celles des infectes
à étuis. Les larves des hémiptères font semblables à l'insecte parfait, qui leur a donné naissance; elles paroissent
d'abord n'en différer que par la grandeur. Qu'on examine
de petites punaises, ou de petites cigales au sortir de
l'œuf, ce font de véritables punaises ou de vraies cigales, seulement elles font très-petites : si on les examine à
la loupe, on y voit toutes les parties qui composent le
corps de ces infectes devenus parfaits. Ces larves ont cependant une différence essentielle, qui les distingue des
infectes parfaits; elles n'ont ni aîles ni étuis, leur corps
est nud, & elles restent dans cet état jusqu'à ce qu'elles
ayent acquis toute leur grandeur. Sous cette forme de larves, ces infectes vont & viennent, courent, quelques-uns
même sautent. Ainsi la seule différence consiste dans le
défaut d'aîles & d'étuis. A ce premier état, succéde celui
de nymphe. Ces larves y parviennent par un dépouille-
ment de leur peau; elles en changent; elles muent. Pour
lors elles reparoissent encore sous la même forme qu'elles
avoient, à une petite différence près; elles ont sur le dos,
au bas du corcelet, à l'endroit précisément où les étuis &
les aîles doivent prendre leur origine, deux espéces de
tubercules ou boutons. Ces tubercules étoient cachés sous
la peau de la larve, ils ne paroissoient point alors. C'est

dans ces mêmes tubercules, que font cachés les aîles & les étuis, qui paroîtront développés fur le corps de l'infecte parfait. Actuellement ces parties font repliées & comme chiffonnées dans les tubercules de la nymphe. Lorfque celle-ci quittera fa peau, pour devenir infecte parfait, les aîles fe développeront & paroîtront dans toute leur étendue. C'eft dans ce changement, que confifte la derniere métamorphofe de ces infectes. On doit cependant en excepter quelques-uns, ce font ceux qui n'ont point d'aîles, comme les femelles des cochenilles, des kermès & la punaife des lits, ainfi que plufieurs pucerons. Tout le changement que fubiffent ces derniers infectes, ne confifte que dans différentes mues, dans plufieurs changemens de peau.

Au refte, l'accroiffement de tous ces infectes fe fait tout entier fous leur premiere forme, de même que dans les infectes coléoptères. Avant que les larves fe transforment en nymphes, elles ont acquis toute leur grandeur: depuis ce premier changement, elles ne grandiffent plus; mais leurs nymphes ont une particularité que n'ont pas celles des coléoptères, c'eft qu'elles marchent & qu'elles ne font point immobiles; auffi prennent-elles de la nourriture, au lieu que les premieres n'en prennent point pendant tout le tems qu'elles font dans cet état.

Telles font les métamorphofes que fubiffent les infectes hémiptères. Nous verrons dans le détail particulier de chaque genre, les fingularités que fourniffent ces petits animaux, dont les uns habitent l'eau, d'autres volent dans l'air, tandis que quelques-uns, qui femblent plus mal partagés, ou rampent & marchent lentement fur la terre, ou ne s'en élevent que par des fauts réitérés. Nous aurons lieu d'admirer auffi l'utilité de quelques-uns de ces infectes, qui fourniffent des remédes pour la médecine, ou des couleurs brillantes pour les teintures.

Mais avant que d'entrer dans ce détail, nous allons mettre fous un feul point de vûe, dans une table, tous les genres dont eft compofée cette fection, avec les caracteres qui les diftinguent.

SECONDE SECTION

De la classe des Insectes.

INSECTES HÉMIPTERES

O U

A DEMI-ÉTUIS.

GENRES.	CARACTERES.
LA CIGALE.	Trois articles aux tarses. Antennes plus courtes que la tête. Deux petits yeux lisses. Trompe courbée en dessous. Quatre ailes, celles de dessous croisées.
LA PUNAISE.	Trois articles aux tarses. Antennes plus longues que la tête, composées de quatre ou cinq articles. Trompe courbée en dessous. Quatre ailes, celles de dessus partie écailleuses, partie membraneuses.
LA NAUCORE.	Deux articles aux tarses. Antennes très-courtes, situées au-dessous des yeux. Trompe courbée en dessous. Quatre ailes croisées. Six pattes, les premieres en forme de pinces d'écrevisses. Ecusson.
LA PUNAISE à avirons.	Deux articles aux tarses. Antennes très-courtes, situées au-dessous des yeux. Trompe courbée en dessous. Quatre ailes croisées. Six pattes en forme de nageoires. Ecusson.

Un

LA CORISE.
- Un feul article aux tarfes.
- Antennes très-courtes, fituées au-deſſous des yeux.
- Trompe courbée en deſſous.
- Quatre ailes croiſées.
- Six pattes, les deux premieres en forme de pinces ; les dernieres en nageoires.
- Point d'écuſſon.

LE SCORPION *aquatique*.
- Un feul article aux tarfes.
- Antennes en forme de pinces de crabes.
- Trompe courbée en deſſous.
- Quatre ailes croiſées.
- Quatre pattes.

LA PSYLLE.
- Deux articles aux tarfes.
- Trompe naiſſant du corcelet entre la premiere & la feconde paire de pattes.
- Quatre ailes poſées latéralement & formant le toit.
- Pattes propres à ſauter.
- Ventre terminé en pointe.
- Trois petits yeux liſſes.

LE PUCERON.
- Un feul article aux tarfes.
- Trompe courbée en deſſous.
- Quatre ailes droites élevées, ou manquant tout-à-fait.
- Pattes propres à marcher.
- Extrémité du ventre garnie de deux pointes ou tubercules.

LE KERMÉS.
- Trompe fortant du corcelet entre la premiere & la feconde paire de pattes.
- Deux ailes droites élevées, dans les mâles feulement.
- Extrémité du ventre garnie de filets.
- Femelle qui prend la figure d'une graine ou gouſſe.

LA COCHENILLE.
- Trompe fortant du corcelet entre la premiere & la feconde paire de pattes.
- Deux ailes droites élevées, dans les mâles feulement.
- Extrémité du ventre garnie de filets.
- Femelle qui conferve la figure d'inſecte.

SECTIO SECUNDA
Classis Insectorum.

INSECTA HEMIPTERA.

GENERA.	CARACTERES.
CICADA. *La cigale.*	Articuli tarforum tres. Antennæ capite breviores. Ocelli duo. Roftrum inflexum. Alæ quatuor, inferiores cruciatæ.
CIMEX. *La punaife.*	Articuli tarforum tres. Antennæ capite longiores, articulis quatuor vel quinque. Roftrum inflexum. Alæ quatuor, fuperiores femi-elytra.
NAUCORIS. *La naucore.*	Articuli tarforum duo. Antennæ breviffimæ infra oculos pofitæ. Roftrum inflexum. Alæ quatuor cruciatæ. Pedes fex, primi cheliformes. Scutellum præfens.
NOTONECTA. *La punaife à avirons.*	Articuli tarforum duo. Antennæ breviffimæ infra oculos pofitæ. Roftrum inflexum. Alæ quatuor cruciatæ. Pedes fex natatorii. Scutellum præfens.
CORIXA. *La corife.*	Articulus tarforum unicus. Antennæ breviffimæ infra oculos pofitæ. Roftrum inflexum. Alæ quatuor cruciatæ. Pedes fex, primi cheliformes, poftici natatorii. Scutellum nullum.

HEPA.
Le scorpion-aqua-
tique.
{
Articulus tarsorum unicus.
Antennæ cheliformes.
Rostrum inflexum.
Alæ quatuor cruciatæ.
Pedes quatuor.
}

PSYLLA.
La psylle.
{
Articuli tarsorum duo.
Rostrum pectorale inter primum & secundum par
femorum.
Alæ quatuor laterales.
Pedes saltatorii.
Abdomen acuminatum.
Ocelli tres.
}

APHIS.
Le puceron.
{
Articulus tarsorum unicus.
Rostrum inflexum.
Alæ quatuor erectæ vel nullæ.
Pedes ambulatorii.
Abdomen bicorne.
}

CHERMES.
Le kermés.
{
Rostrum pectorale inter primum & secundum par
femorum.
Alæ duæ masculis, erectæ.
Abdomen appendicibus setaceis.
Fœmina folliculi formam induens.
}

COCCUS.
La cochenille.
{
Rostrum pectorale inter primum & secundum par
femorum.
Alæ duæ masculis, erectæ.
Abdomen appendicibus setaceis.
Fœmina insecti formam servans.
}

CICADA.

LA CIGALE.

Articuli tarforum tres.	Trois articles aux tarfes.
Antennæ capite breviores.	Antennes plus courtes que la tête.
Ocelli duo.	Deux petits yeux liffes.
Roftrum inflexum.	Trompe courbée en deffous.
Alæ quatuor , inferiores cruciatæ.	Quatre aîles ; celles de deffous croifées.

Les cigales de ce pays-ci ont été appellées par quelques auteurs *procigales* , pour les diftinguer des véritables cigales dont elles approchent infiniment , mais dont elles différent cependant par quelques endroits , comme nous le ferons obferver dans les remarques ajoutées à la fin de ce genre.

Le caractere de nos cigales fe tire de la réunion de cinq parties ; 1°. elles ont trois piéces aux tarfes, ce qui ne leur eft commun qu'avec les punaifes feules , parmi tous les genres , dont eft compofée cette fection ; 2°. leurs antennes fort courtes ne font compofées que de deux parties ; la premiere eft groffe , courte , & forme comme un gros bouton qui part de la tête ; la feconde eft mince & reffemble à un petit poil , qui part du milieu du bouton ; 3°. ces infectes ont les petits yeux liffes qu'on remarque dans les mouches , & dans les infectes à deux & à quatre aîles : mais au lieu que ces petits yeux font au nombre de trois dans les mouches & dans les grandes cigales de Provence, on n'en apperçoit que deux dans nos petites cigales des environs de Paris ; 4°. un quatriéme caractere qui leur eft commun avec beaucoup de genres de cette fection , eft d'avoir à la bouche une trompe recourbée en deffous ; 5°. enfin ces infectes ont quatre aîles , dont les fupérieures font plus ou moins colorées , tandis que les inférieures, prefque fans couleur & diaphanes, font croifées l'une fur l'autre. C'eft de la réunion de ces cinq caracteres, que fe tire le caractere générique de notre cigale, ce genre étant le feul dans lequel ils fe trouvent tous réunis.

La larve qui produit ces infectes, reffemble à un ver à fix pattes. On la rencontre quelquefois fur les plantes. Quelques-unes de ces larves ont une fingularité, c'eft de rendre par l'anus & les pores de leur corps, des petites bulles, qui, réunies, forment une écume. On feroit tenté de prendre cette écume pour de la falive que quelqu'un en paffant auroit jettée fur les plantes. On eft feulement étonné d'en trouver une fi grande quantité. C'eft fous cette écume qu'eft cachée la larve de la cigale, probablement pour être à l'abri de la recherche d'autres animaux dont elle deviendroit la proie. La nature a accordé cette efpéce de défenfe à cet infecte, dont le corps nud & mol, pourroit être très-facilement bleffé : peut-être auffi cette écume humide lui fert-elle à le défendre de la chaleur & des rayons du foleil. Si on écarte cette écume, on découvre la larve qui eft cachée deffous, mais elle ne refte pas long-tems à nud, elle rend bientôt de nouvelle écume qui la cache aux yeux de l'Obfervateur. C'eft au milieu de la même matiere écumeufe, que cette larve fe métamorphofe en nymphe & en infecte parfait. D'autres larves, dont le corps eft moins mol, courent fur les plantes fans aucune défenfe, & n'échappent aux infectes qui pourroient leur nuire, que par l'agilité de leur courfe & furtout de leurs fauts.

Les nymphes qui proviennent de toutes ces larves, n'en différent pas beaucoup ; feulement elles ont des commencemens d'aîles, des efpéces de boutons à l'endroit où feront les aîles dans l'infecte parfait : du refte, ces nymphes marchent, fautent & courent fur les plantes & les arbres, comme la larve & la cigale qu'elles doivent produire. Enfin elles quittent leur enveloppe de nymphes, elles changent d'une derniere peau , & pour lors l'infecte est dans son dernier état de perfection.

Ces cigales ont ordinairement une tête presque triangulaire , un corps allongé , les aîles posées en toît , & six pattes avec lesquelles elles marchent & sautent assez vivement. A l'extrémité du ventre de leurs femelles , on voit deux grosses lames , entre lesquelles est renfermée , comme dans un étui , une pointe ou lame un peu en scie , qui leur sert à déposer leurs œufs , & probablement à les enfoncer dans la substance des plantes , dont les petites larves doivent se nourrir.

Les espéces que renferme ce genre , sont assez nombreuses., & plusieurs d'entr'elles méritent d'être remarquées , les unes pour leur couleur , d'autres pour leur forme. La *cigale à aîles transparentes* ressemble en petit aux grandes cigales de Provence : la *cigale à taches rouges* est un des plus beaux insectes de ce pays-ci , & si elle étoit plus grande , elle pourroit le disputer aux insectes les plus brillans que nous fournissent les pays étrangers. La cigale *flamboyante* , quoiqu'elle soit des plus petites , n'est pas moins remarquable par cette belle bande en serpentant de couleur de cerise , dont ses étuis sont ornés. La *cigale des charmilles* , la *cigale - moucheron* , & quelques autres petites qui volent légérement & plus aisément que les grandes espéces , ressemblent d'abord à des petites mouches , ou à des petites teignes volantes ; il faut regarder de près ces petits animaux , pour reconnoître que ce sont de vraies cigales.

Quant à la forme extérieure , il y a sur-tout trois espéces de cigales tout-à-fait remarquables par leur singularité. Le *grand diable* porte sur son corcelet deux espéces d'aîles , ou larges cornes arrondies , qui lui donnent une figure hideuse. Le *petit diable* est encore plus singulier : outre deux cornes pointues dont les côtés de son corcelet sont armés , il en a une troisiéme au milieu , qui va , en serpentant , gagner l'extrémité de son corps. Cette derniere corne fe trouve , mais toute droite dans le *demi-diable* , qui n'a point de cornes latérales fur fon corcelet.

Toutes ces diverfités de formes & de couleurs, rendent ce genre un des plus intéreffans. Nous allons entrer dans le détail des efpéces qu'il contient.

1. CICADA *fufca , alis aqueis fufco maculatis , nervis punctatis. Linn. faun. fuec. n.* 632.

Linn. fyft. nat. edit. 10 *, n.* 25. Cicada nervofa.

La cigale à aîles tranfparentes.
Longueur 3 *lignes. Largeur* 1 ¼ *ligne.*

La couleur de cette cigale eft brune. Sa tête eft jaunâtre , avec deux points noirs fur le haut : elle eft large & fort courte , un peu faillante en devant vers fon milieu. Le corcelet auffi jaunâtre eft fi court , qu'il femble n'être qu'une petite écaille tranfverfale pofée derriere la tête ; mais l'écuffon eft large & tient la place du corcelet. Il eft d'un brun noirâtre , avec une raie ou ligne longitudinale élevée , formant une crête aigue fur le milieu de cet écuffon. Aux deux côtés de cette crête , on en voit deux autres un peu obliques , qui s'éloignent en defcendant , ce qui fait trois en tout. Les étuis font blancs , tranfparens , avec des points fur toutes les nervures , & de plus quelques taches brunes qui forment deux bandes tranfverfes , une à la bafe , l'autre vers le milieu de l'étui ; mais ces bandes ne font pas conftantes , car j'ai quelques-unes de ces cigales où elles manquent. Dans celles-là les pattes font blanchâtres , dans les autres elles font brunes. Dans toutes le ventre eft brun , & les aîles font tranfparentes & veinées. Ces aîles font plus courtes que les étuis , ce qui n'eft pas ordinaire dans les autres efpéces , & qui rapproche celle-ci des vraies cigales de Provence auxquelles elle reffemble un peu.

2. CICADA *fufca , elytris fafcia duplici interrupta tranfverfa albida.*

Linn. faun. suec. n. 636. Cicada fusca , elytris maculis binis albis laterali-
bus , fascia duplici interrupta transversa albida.
Linn. syst. nat. edit. 10 , p. 437 , n. 24. Cicada spumaria.
Raj. inf. p. 67. Locusta-pulex swammerdamio , nobis cicadula.
Raj. cantabrig. 111.
Swamm. quart. p. 83. Locusta-pulex.
Swammerd. gall. p. 86.
Swamm. lib. nat. 1 , p. 215.
Pourart. act. acad. R. S. 1705 , p. 162.
Petiv. gazoph. t. 61 , *fig.* 9. Ranatra bicolor , capite nigricante.
Frisch. germ. 8 , p. 20 , f. 11. Vermis spumans.
De geer. act. stockh. 1741 , p. 211 , t. 7. Cicada fusca , alis superioribus maculis
albis , in spumâ quadam vivens.
Rosel. inf. vol. 2 , *tab.* 23. Locusta germanica.

La cigale bedeaude.
Longueur 4 *lignes. Largeur* 1 ½ *ligne.*

Parmi les espéces de ce pays-ci , celle-ci est une des
plus grandes. Elle est d'une couleur brune , souvent un peu
verdâtre. Sa tête son corcelet & ses étuis sont finement
pointillés. Sur ces derniers on voit deux taches blanches,
oblongues & transverses , qui partent du bord extérieur
des étuis , l'une plus haut , l'autre plus bas , mais qui
ne vont pas tout-à-fait jusqu'au bord intérieur , ensorte
que les bandes qu'elles forment sur les étuis , sont interrompues dans leur milieu. Le dessous de l'insecte est d'un
brun clair.

Avant que l'insecte ait subi sa métamorphose , la larve
qui le doit produire , habite sur les plantes , mais on ne la
voit point , à moins qu'on ne sache où elle est. Elle rend
par l'anus & par tout son corps , des bulles écumeuses, qui
produisent une écume semblable à la salive , que l'on voit
souvent dans les prés sur les plantes , & qu'on n'imagine-
roit jamais être le séjour d'un insecte. Si l'on écarte cette
écume , on voit au milieu la larve de couleur verte , qui
bientôt se recouvre d'une nouvelle écume.

3. CICADA *nigra , elytrorum lateribus albis. Linn.
faun. suec. n.* 639.

Linn. syst. nat. edit. 10 , p. 437 , n. 29. Cicada lateralis.

Act.

Act. Upf. 1736. *p.* 35, *n.* 13. Gryllus fufcus, alarum margine albo.
Raj. inf. p. 68, *n.* 2. Locufta-pulex fufca.

La cigale à bordure.
Longueur 3 *lignes. Largeur* 1 ⅓ *ligne.*

Celle-ci eft toute noire en deffus, à l'exception du bord extérieur des étuis, qui a une bordure blanche affez large, Les yeux font auffi un peu blanchâtres : prefque tout le deffous du corps eft blanc, il n'y a que le milieu du ventre qui foit noir.

4. CICADA *fufco-pallida, elytris membranaceis venofis, fcutello macula duplici triangulari.*

La cigale à aîles membraneufes.
Longueur 2 ¼ *lignes. Largeur* 1 *ligne.*

Sa tête eft large, applatie, avec les yeux à refeau gros & faillans fur les côtés. Le deffus de la tête eft pâle, & on y remarque les deux petits yeux liffes de couleur noire. Le corcelet eft large, affez court, de couleur fauve pâle, avec deux points noirs à fa partie antérieure. L'écuffon affez apparent, eft de la même couleur, & a auffi antérieurement deux taches triangulaires noires. Les étuis font membraneux, tranfparens, peu colorés, avec quelques veines un peu fauves vers le bas. Sous ces étuis font les aîles auffi tranfparentes. Le deffous du corps & les pattes font un peu fauves.

5. CICADA *elytris viridibus, capite flavo punctis nigris. Linn. faun. fuec. n.* 630.

Linn. *fyft. nat. edit.* 10, *p.* 438, *n.* 38. Cicada viridis.
Act. Upf. 1736, *p.* 34, *n.* 11. Gryllus alis fuperioribus viridibus, inferioribus fufcis, capite flavo.
Petiv. gazoph. 73, *t.* 47, *f.* 6. Ranatra viridefcens.
Raj. inf. p. 68, *n.* 3. Locufta-pulex tertia.

La cigale verte à tête panachée.
Longueur 2 ⅓ *lignes. Largeur* 1 *ligne.*

Ses étuis font d'un vert foncé, mais leur extrémité eft fouvent tranfparente. Le corcelet & l'écuffon font verts.

Tome I. G g g

La tête est jaune, avec deux points noirs bien marqués
sur le dessus & quelques petits sur les côtés. On voit aussi
deux points noirs sur l'écusson. Les aîles sont de couleur
obscure plombée, ainsi que le dessus du ventre. Les pattes
sont jaunâtres & le dessous du ventre a des bandes jaunes.

6. CICADA *nigra, elytris maculis sex rubris.*
Planch. 8, fig. 5.

La cigale à taches rouges.
Longueur 4 lignes. Largeur 2 lignes.

Cette espéce, la plus belle de toutes celles que nous
avons, est d'un noir luisant, tant en dessus qu'en dessous.
Ses étuis seuls ont chacun trois grandes taches d'un beau
rouge ponceau ; savoir, une à la base, attenant l'écusson,
qui est demi-circulaire ; une autre ronde, placée plus bas
près du bord extérieur ; & une troisiéme située un peu
avant la fin des étuis, & formant une espéce de croissant
dont les pointes regardent le haut. Cette derniere s'unit
avec sa correspondante sur l'autre étui. Le bout des étuis
est noir, & les aîles sont noirâtres, lavées d'un peu de
rouge à leur base. Cet insecte saute peu & se prend aisément, mais il est rare autour de Paris. Il varie un peu
pour la grandeur de ses taches rouges.

7. CICADA *fusco-viridis reticulata, alarum base
dilatata.*

La cigale bossue.
Longueur 3 ½ lignes. Largeur 1 ¾ ligne.

Sa couleur est la même par-tout son corps : elle est brune, avec une légere teinte de vert. Sa tête est assez grosse,
avec les yeux saillans. Ses aîles ont beaucoup de nervures,
tant longitudinales que transverses, ce qui fait une espéce
de reseau à mailles serrées. Ces aîles à leur partie antérieure proche leur base, font une espéce de bosse ou
de dilatation vers le bord extérieur, & vont ensuite en se
retrécissant des côtés vers le bout, mais en s'élevant dans

leur milieu, ce qui rend l'extrémité du corps arrondie. Cette cigale est aisée à reconnoître par cette forme singuliere. Elle n'est pas commune ici.

8. CICADA *flavo-pallida, thorace punctis sex impressis.*

Elle donne les variétés suivantes.

    a. *Cicada flavo-pallida, oculis nigricantibus.*
    b. *Cicada flavo-pallida, dorsi linea longitudinali nigra.*
    c. *Cicada flavo-pallida, thoracis postica, scutelli antica parte, fuscis.*

La cigale pâle.
Longueur 3 lignes. Largeur 1 ½ ligne.

Cette cigale est par-tout de la même couleur jaunâtre pâle. Il y a des variétés qui ont les yeux noirâtres ; d'autres ont une raie brune longitudinale, qui partant de la tête, traverse le milieu du corcelet, & descend le long du milieu du corps de l'insecte : dans ceux-là l'écusson & le côté intérieur des étuis qui se trouvent dans le chemin de cette ligne, sont bruns : enfin d'autres variétés ont une tache brune sur la partie postérieure du corcelet & le devant de l'écusson. Dans toutes, la tête, le corcelet & les étuis sont très-finement pointillés. Le devant du corcelet est chargé de six points enfoncés, posés transversalement & rangés par paires ; savoir, deux au milieu & deux à chaque côté. Les aîles sont membraneuses, sans couleur, si ce n'est à la base qui est d'un brun noirâtre. Les pieds ou tarses sont aussi noirs.

9. CICADA *elytris flavis, linea abrupta duplici longitudinali nigra. Linn. faun. suec. n. 631.*

Linn. syst. nat. edit. 10, p. 438, n. 32. Cicada interrupta.
Petiv. gazoph. 61, f. 10. Ranatra bicolor ex fusco & pallido striata.

La cigale jaune à raies noires obliques.
Longueur 2 lignes. Largeur 1 ligne.

Sa tête eſt noire avec quelques taches jaunes, & le bord
poſtérieur de même couleur. Le corcelet eſt auſſi noir,
terminé poſtérieurement par une raie jaune, dont le
milieu un peu plus large forme une tache. L'écuſſon jaune
au milieu eſt noir ſur les côtés. Les étuis ſont jaunes. Du
haut de chacun, part une raie noire, qui en deſcendant
obliquement, s'étrécit & finit en pointe vers les deux
tiers de l'étui près la future. Du bas de l'étui, part une
autre raie noire qui ſe rétrécit en montant, & s'approchant du bord extérieur, ſe termine en pointe vers la
moitié de l'étui, enſorte qu'entre ces deux raies noires, le
fond forme une raie jaune oblique. Le deſſous de l'inſecte eſt jaune, ſeulement le ventre a un peu de noir au
milieu.

10. C I C A D A *fuſca, capitis thoraciſque faſcia*
tranſverſa flava.

La cigale à diadême.
Longueur 2 ½ lignes. Largeur 1 ¼ ligne.

Cet inſecte eſt d'un jaune brun. Sa tête & ſon corcelet ont chacun une bande tranſverſe jaune un peu ſinuée,
& terminées l'une & l'autre à leurs bords par des lignes
un peu plus brunes que le reſte du corps.

11. C I C A D A *fuſco - nebuloſa, ſcutelli cavitate*
rotunda, thorace punctis luteis impreſſis tranſverſim
poſitis.

La cigale à collier jaune.
Longueur 2 ½ lignes. Largeur 1 ⅓ ligne.

Tout le corps de cette eſpéce eſt finement varié de
brun & de jaune, ce qui forme une eſpéce de couleur
brune, quand on ne voit pas l'inſecte de près. Le corcelet
a cependant quelques taches jaunes enfoncées plus marquées, ſur-tout on en diſtingue cinq ou ſix poſées tranſverſalement à ſa partie antérieure. Les étuis à leur bord infé-

rieur, ont auffi trois taches pâles un peu marquées. Les pattes font de couleur pâle. On voit fur l'écuffon un enfoncement ou une cavité ronde affez grande, qui peut fervir à diftinguer cette efpéce de la fuivante.

12. CICADA *fufco-nebulofa, fcutello tranfverfim fulcato, tibiis pofticis, elytrorumque limbo è flavo fufcoque variegatis.*

La cigale à pattes bigarées.
Longueur 3 ½ lignes. Largeur ٠ ½ ligne.

La couleur de celle-ci reffemble beaucoup à celle de la précédente; mais cette efpéce en différe par fa tête qui eft moins aigue, par l'écuffon qui a un fillon tranfverfal enfoncé, mais dont les côtés vont un peu obliquement en defcendant, par fon corcelet qui n'a point les taches jaunes de l'efpéce précédente, & par le bord extérieur du bas des étuis, qui, de même que les jambes poftérieures, eft varié de jaune & de brun. On voit auffi fur les étuis, deux taches un peu blanchâtres, l'une vers le milieu, l'autre un peu plus haut.

13. CICADA *fufco-nebulofa; capite, thoracis antica parte, elytrorumque limbo flavis.*

La cigale à tête & bordure jaune.
Longueur 2 ½ lignes. Largeur 1 ligne.

On trouve encore dans celle-ci la même couleur que dans les précédentes. Sa tête eft d'un jaune fale, ainfi que le devant de fon corcelet. La partie poftérieure de ce même corcelet & l'écuffon font d'un brun finement panaché de jaune. Les étuis font de cette même couleur brune, mais leurs bords ont une affez large bordure jaune. Le deffous de l'infecte eft jaunâtre.

14. CICADA *fufco-nebulofa punctata, nervis elytrorum albidis.*

La cigale à veines blanches.
Longueur 1 ½, 2 lignes. Largeur ⅓ ligne.

La couleur de celle-ci eft brune par-tout, & formée par un amas de points noirs fur un fond jaunâtre. Ce qui la diftingue, ce font les nervures des étuis qui font blanches. Elle varie un peu pour la grandeur & encore plus pour la nuance des couleurs. Quelquefois elle eft fort brune, d'autres fois fort pâle, & pour lors les nervures font plus blanches, plus grandes, plus apparentes, & ce qui eft entre ces nervures forme des efpéces de petits deffeins, dont le contour eft brun & le milieu plus pâle. L'animal eft brun en deffous, varié cependant d'un peu de jaune, furtout aux pattes.

15. CICADA tota nigra.

La cigale noire.
Longueur 2 lignes. Largeur 1 ½ ligne.

Je ne fais fi ce feroit cette efpéce que M. Linnæus auroit voulu défigner, n°. 638 du *Fauna fuecica*. La mienne eft toute d'un brun noir & luifant, & fes yeux qui ne font point faillans, font d'un brun noirâtre. En la regardant de près, on voit fur l'écuffon quelques points enfoncés. Je l'ai trouvée affez communément dans les bois fur le châteignier. Elle eft très-difficile à attraper.

16. CICADA nigra, thorace elytrifque fafcia crocea.

La cigale noire à bande jaune fur le corcelet.
Longueur 2 lignes. Largeur 1 ligne.

La couleur & la figure de cette efpéce, reffemblent à celles de la précédente. Celle-ci a fur le corcelet une large bande tranfverfe d'un jaune fauve, & fur les étuis une autre bande plus pâle & moins marquée pareillement tranfverfe, & placée vers le milieu de l'étui. Tout le refte de l'infecte eft noir.

17. CICADA thorace obtufe bicorni. Planch. 9, fig. 1.

Linn. *fyft. nat. edit.* 10, p. 435, *n.* 11. Cicada thorace biaurito, capitis clypeo antrorfum dilatato rotundato.

Le grand diable.
Longueur 7 lignes. Largeur 2 lignes.

Cette espéce & les deux suivantes ont des figures tout-à-fait singulieres & hideuses. Celle-ci est d'une couleur brune verdâtre, pointillée de noir & lavée d'un peu de rouge : les nervures des étuis sur-tout sont pointillées d'un peu de rouge brun. Sa tête est applatie, saillante en devant, en pointe mousse, avec trois élévations, une au milieu, & deux sur les côtés. Son corcelet, qui est singuliérement conformé, a deux espéces de cornes ou aîles larges, qui s'élevant de chaque côté, se portent un peu obliquement en dehors, & se terminent par une crête arrondie. Les pattes sont verdâtres & les yeux sont noirs. Cet insecte est très-rare.

18. CICADA *thorace acute bicorni, pone producto.* Planch. 9, fig. 2.

Linn. faun. suec. n. 641. Cicada thorace bicorni, pone producto, alis nudis.
Linn. syst. nat. edit. 10, p. 435, n. 10. Cicada cornuta.
Petiv. gazoph. t. 47, f. 2, 3. Ranatra cornuta.

Le petit diable.
Longueur 4 lignes. Largeur 1 ½ ligne.

Le petit diable est d'une couleur brune, noirâtre & obscure. Sa tête est écrasée, peu saillante, & comme recourbée en dessous. Son corcelet, qui est assez large, a deux cornes aigues, qui se terminent en pointes assez longues sur les côtés. Sur le milieu du corcelet, est une crête, qui se prolongeant en une espéce de corne sinuée & tortue, va se terminer en pointe fort aigue, un quart avant l'extrémité des étuis. Sous cette corne, est l'écusson. Les étuis sont obscurs, veinés de brun, & les aîles plus courtes que les étuis, sont assez transparentes. On trouve cet insecte dans les bois, arrêté sur les hautes tiges de fougere, de *cirsium* & *d'asclepias*. Il saute très-bien, & il n'est pas aisé de le prendre.

19. CICADA *thorace inermi pone produdo.*

Le demi-diable.
Longueur 2 lignes. Largeur 2/3 ligne.

Cette efpéce reffemble beaucoup à la précédente, particuliérement pour la couleur. Elle eft, comme elle, brune & obfcure. Elle en différe d'abord par fa grandeur qui eft un peu moindre, & fur-tout par la forme de fon corcelet. Ce corcelet affez large, eft liffe, n'a point de cornes latérales, & la pointe aigue affez longue qui le termine poftérieurement, eft droite, & non pas finuée & ondée, comme celle du petit diable. Cet infecte eft très-rare autour de Paris. On le trouve affez communément en Champagne.

20. CICADA *elytris albido nigroque ftriatis ad angulum acutum futuræ dorfalis. Linn. faun. fuec. n.* 642.

Linn. fyft. nat. edit. 10, *p.* 437, *n.* 30. Cicada ftriata.
Raj. inf. p. 68, *n.* 1. Locufta-pulex prima.

La cigale rayée.
Longueur 1 1/2 ligne. Largeur 2/3 ligne.

La tête de cette cigale eft d'un vert pâle, avec deux points noirs tout à la pointe, fur le devant, & quatre autres plus en arriere. Le corcelet eft de la même couleur que la tête, avec quelques points noirs fouvent peu marqués, mais fur l'écuffon, on en voit deux très-diftincts, enfoncés, entourés d'un cercle pâle, ce qui forme comme deux yeux féparés l'un de l'autre par une ligne noire longitudinale qui fe dilate aux deux bouts. Sur les étuis, on apperçoit des raies alternativement noirâtres & blanchâtres, qui defcendent obliquement de dehors en dedans, & vont fe terminer au bord intérieur des étuis. Le deffous de l'infecte eft brun, & fes pattes font tantôt noires & tantôt pâles.

21.

21. CICADA *fusca, elytris albidis, fasciis tribus transversis fuscis.*

La cigale à trois bandes brunes.
Longueur 1 ½ ligne. Largeur ⅐ ligne.

Sa tête, son corcelet & son écusson sont d'un brun jaunâtre. Sur le derriere de la tête, on voit les deux petits yeux lisses noirs. Au devant du corcelet, se trouve une bande transverse de points noirs interrompue dans son milieu. Sur l'écusson, sont deux points noirs, & derriere ces points deux taches blanches. Les étuis sont blancs, transparens, avec deux bandes transverses brunes, & une troisiéme qui termine l'étui, de plus les nervures des étuis sont un peu brunes.

N. B. *Eadem elytris unicoloribus, thorace antice punctorum nigrorum fascia transversa.*

Cette variété de l'espéce précédente, paroît approcher beaucoup de la *cigale à aîles membraneuses.*

22. CICADA *flava, elytrorum fasciis duabus transversis fuscis.*

La cigale à deux bandes brunes.
Longueur 1 ⅔ ligne. Largeur ⅐ ligne.

Ses yeux sont noirs, tout le reste de son corps est jaune; seulement ses étuis sont d'un jaune verdâtre. Ils sont chargés de deux bandes brunes transverses assez larges, l'une vers le milieu de l'étui, l'autre tout au haut à sa base. Le bord inférieur du corcelet est aussi un peu brun, & sa couleur brune se confond avec la bande supérieure des étuis. Je l'ai trouvée en automne sur les charmilles.

23. CICADA *flava, compressa, oculis nigris.*

La cigale jaune aux yeux noirs.
Longueur 1 ⅔ ligne. Largeur ⅔ ligne.

Tome I.   H h h

Cette cigale eſt d'un jaune pâle : les yeux ſeuls ſont noi-râtres, ainſi que le deſſus du ventre.

24. CICADA *flava, faſcia duplici longitudinali rubra undulata.*

La cigale flamboyante.

Longueur 1 ½ ligne. Largeur ⅓ ligne.

Ce petit inſecte eſt charmant. Il eſt par-tout d'une cou-leur ſoufrée ou jaune pâle, à l'exception de l'écuſſon qui eſt un peu brun. Au milieu de ſa tête & de ſon corcelet, eſt une raie longitudinale d'un rouge couleur de ceriſe. Le long de chaque étui dans le milieu, eſt une bande de la même couleur qui va en ſerpentant. Les aîles ſont blan-châtres, faiſant l'iris ou la gorge de pigeon. Je n'ai trouvé qu'une ſeule fois dans ma chambre ce joli animal.

25. CICADA *viridi-flava, elytris punctis tribus nigris, apice fuſcis.*

La cigale verte à points noirs.

Pour la grandeur, elle eſt ſemblable à la précédente & à la ſuivante. Sa tête, ſon corcelet, ſon écuſſon & ſes étuis ſont d'un vert jaunâtre ; ſur la tête, on voit deux ta-ches noires à côté l'une de l'autre entre les yeux. Il y en a deux ſemblables aux côtés du corcelet vers le haut. L'é-cuſſon a pareillement vers ſa partie antérieure deux points noirs quarrés. Enfin chaque étui a trois petites taches de même couleur poſées en triangle ; ſavoir, deux ſur le bord extérieur, & une vers le bord intérieur. Le bout des étuis eſt brun. Le ventre de l'inſecte eſt noir, & ſes pattes ſont jaunes.

N. B. J'en ai une variété où la tête & le corcelet ſont tous noirs, & l'écuſſon eſt jaune vers la pointe. Cet in-ſecte voltige ſur les feuilles. On y rencontre auſſi ſa larve.

26. CICADÀ *viridis, elytris maculis plurimis fuscis ovatis.*

La cigale géographie.

Cette petite espéce est de la grandeur des précédentes & se trouve de même sur les feuilles. Sa tête est jaune, avec deux points noirs l'un à côté de l'autre sur le devant, & un troisiéme plus en arriere & plus gros, qui quelquefois est à moitié divisé en deux. Le corcelet a quatre taches pareilles, rangées de front à sa partie antérieure, mais celles-ci se prolongent, & vont se perdre dans une tache brune assez grande qui est à la partie postérieure du corcelet. L'écusson a aussi sur le devant deux taches noires. Les étuis ont sur le milieu du bord extérieur deux petits points noirs placés à côté l'un de l'autre, & de plus nombre de taches brunes ovales, posées dans les intervalles qui sont entre les nervures. Ces taches ont les bords plus bruns, & le milieu plus pâle. Il y a quelques endroits des étuis qui en sont peu chargés. Ces espéces de taches & de figures ressemblent un peu aux desseins irréguliers d'une carte de géographie. Le ventre est brun, & les pattes sont d'un vert pâle. Les étuis & les aîles sont presque de moitié plus longs que le ventre.

27. CICADA *alis viridi-luteis, apicibus nigricantibus deauratis. Linn. faun. suec. n.* 644.

Linn. syst. nat. edit. 10, *p.* 439, *n.* 41. Cicada ulmi.

La cigale-moucheron verte.

Elle ressemble aux précédentes pour la grandeur. Sa tête, son corcelet & ses étuis sont d'un vert pâle un peu jaunâtre. Le bout des étuis est un peu brun, & à un certain jour paroît doré. Les pattes & les étuis sont jaunâtres. On trouve souvent cette espéce voltigeant sur les feuilles des arbres.

28. CICADA *flava*, *alis albis apicibus membranaceis.*
  Linn. faun. fuec. n. 645.

Linn. fyft. nat. edit. 10, *p.* 439, *n.* 42. Cicada rofæ.
Frifch. germ. 11, *p.* 13, *t.* 20. Pulex foliorum.
Reaum. inf. 5, *t.* 20, *f.* 10, 11, 13, 14. Procigale.

La cigale des charmilles.
Longueur 1 ½ *ligne. Largeur* ¼ *ligne.*

Cette efpéce, la plus petite de toutes nos cigales, eft
fort femblable aux trois ou quatre précédentes. Elle eft
toute jaune, quelquefois un peu verdâtre, d'autres fois
prefque blanche, mais toujours d'une feule couleur fans
aucune tache. Sa forme eft allongée & prefque cylindrique, parce que fes étuis qui font croifés enveloppent le
corps. On la trouve prefque par-tout, fur-tout fur les
charmilles qu'on ne peut toucher, fans voir une quantité
de ces petites cigales fauter ou voltiger. Elle dépofe fes
œufs fur les rofiers, où on la trouve auffi affez fréquemment.

REMARQUE. Nous n'avons point parlé, parmi les
cigales que nous avons décrites, de la grande cigale fi
commune en Provence, en Languedoc, & dans le midi
de la France, parce que nous ne l'avons jamais trouvée
autour de Paris. Quelques perfonnes affurent cependant
qu'on l'y a rencontrée. Dans ce cas, on pourroit la rapporter à ce genre. Elle en différe cependant par deux endroits : le premier, c'eft que fes antennes font compofées
de cinq articles, qui vont en diminuant proportionnément,
au lieu que les antennes de nos petites cigales ne font
compofées que de deux, le premier gros & fort court,
femblable à un bouton, & le fecond mince, repréfentant
un poil qui fortiroit de ce bouton. La feconde différence,
c'eft que les grandes cigales ont fur le derriere de la
tête les trois petits yeux liffes qui fe trouvent dans les
infectes à quatre aîles & à deux aîles, tandis qu'on n'en
trouve que deux dans nos petites cigales. Si ces différen-

ces paroissent assez considérables pour séparer ces insectes & en former deux genres , on pourra conserver aux
grandes cigales le nom de *cicada* , & appeller les petites
tetigonia , nom que leur ont donné quelques auteurs , &
en françois *procigales* , comme les a appellées M. de
Reaumur : pour lors on aura ces deux genres avec les
caracteres suivans.

CICADA.

LA CIGALE.

*Antennæ capite breviores
setaceæ, articulis quinque.*

Ocelli tres.
Rostrum inflexum.
Alæ quatuor laterales.
Articuli tarsorum tres.

TETIGONIA.

LA PROCIGALE.

*Antennæ capite breviores ,
articulis duobus globoso &
fetaceo.*

Ocelli duo.
Rostrum inflexum.
Alæ quatuor , inferiores cruciatæ.
Articuli tarsorum tres.

Les deux espéces les plus communes en France du
genre des cigales , seront les deux suivantes , qu'on trouve
souvent en Provence.

1. CICADA *fusca , thoracis & scutelli margine flavo ,
alis nervosis.*

La cigale à bordure jaune.

2. CICADA *fusca , thorace scutelloque flavo variegatis ,
alis nervoso - punctatis.*

La cigale panachée.

Quant aux procigales , il y en a beaucoup d'étrangeres
qui ont des formes tout-à-fait singulieres. Parmi celles de
notre pays , nous n'avons que le grand diable , le petit , &
le demi-diable , dont la figure soit extraordinaire ; mais les
pays étrangers fournissent la *mouche porte - lanterne* , le
lucifer de la Chine , & nombre d'autres. En général , ce

genre eft un de ceux dont les efpéces ont les formes les plus bizarres & les plus fingulieres.

CIMEX.

LA PUNAISE.

Articuli tarforum tres.	Trois articles aux tarfes.
Antennæ capite longiores articulis quatuor vel quinque.	Antennes plus longues que la tête, compofées de quatre ou cinq articles.
Roftrum inflexum.	Trompe courbée en deffous.
Alæ quatuor, fuperiores femi-elytra.	Quatre aîles, celles de deffus partie écailleufes, partie membraneufes.
Familia 1ª. Antennarum articulis quatuor.	Famille 1ª. Quatre articles aux antennes.
——— *2ª. Antennarum articulis quinque.*	——— 2ª. Cinq articles aux antennes.

Le feul nom de punaife prévient contre les infectes qui le portent. On ne regarde qu'avec une certaine répugnance ces petits animaux, & on ne peut concevoir comment un Naturalifte peut s'en occuper. La raifon de cette répugnance vient principalement de la mauvaife odeur que répandent ces infectes; on n'eft frappé que des efpéces qui font les plus incommodes par leur puanteur; la punaife des lits, quelques punaifes des bois nous indifpofent contre le genre nombreux des punaifes, dont le plus grand nombre ne pue point, & dont plufieurs méritent notre attention par leurs fingularités. Effayons donc de réconcilier les lecteurs avec ces infectes, après que nous aurons détaillé le caractere de ce genre.

Ce caractere des punaifes fe tire; 1°. du nombre des piéces des tarfes qui eft le même que dans les cigales. Ces deux genres font les feuls de toute cette fection, qui

ayent trois piéces à cette partie du pied ; 2°. de la forme
des antennes des punaifes, par laquelle on les diftingue
aifément des cigales, & de la plûpart des autres genres
qui en approchent. Ces antennes font ordinairement affez
minces, beaucoup plus longues que la tête, & compofées
ou de quatre ou de cinq piéces, qui fouvent forment
entr'elles des coudes & des angles. Cette différence, par
rapport au nombre de piéces qui compofent les antennes,
nous a fourni un caractere bien naturel, pour divifer ce
genre déja très-nombreux en deux familles, dont l'une
renferme les punaifes dont les antennes font compofées de
quatre piéces, tandis que celles qui ont cinq piéces aux
antennes, font renfermées dans la feconde famille ; 3°. le
troifiéme caractere des punaifes confifte dans leur trompe
qui eft recourbée en deffous, comme celle de beaucoup
d'infectes de cette fection ; 4°. enfin la forme de leurs aîles
nous a fourni le dernier caractere. Ces aîles font au nombre de quatre. Les inférieures font ordinairement membraneufes & peu colorées ; mais celles de deffus dans la
plûpart font compofées de deux parties différentes. La
partie fupérieure eft dure, colorée, femblable aux étuis
des infectes coleoptères, tandis que le bas de l'aîle eft
membraneux & peu coloré. Dans quelques efpéces néanmoins, comme dans la *punaife-mouche*, on n'apperçoit
pas cette derniere différence auffi bien marquée. Quelques-
autres, comme la punaife des lits n'ont point d'aîles :
mais ces différences ne nous empêchent pas de réunir ces
efpéces à ce genre. Le principal caractere confifte dans la
réunion des trois premiers ; favoir, les piéces des tarfes au
nombre de trois ; la forme des antennes ; & celle de la
trompe. Ce font ces caracteres que l'on trouve conftamment dans toutes les punaifes. Le dernier qui confifte
dans les aîles & dans leur conformation, n'eft pas auffi
conftant, & peut être regardé comme furabondant.

Les larves des punaifes font comme celles des autres
infectes de cette fection, c'eft-à-dire, que ces larves ne

différent de l'infecte parfait, que par le défaut d'aîles. On voit tous les jours les plantes couvertes de ces petites punaifes naiffantes & fans aîles, qui d'ailleurs ont la forme, les couleurs & même tous les caracteres des punai-fes parfaites. Ces petites larves courent fur les plantes, y croiffent & paffent à l'état de nymphes fans paroître chan-ger beaucoup. On voit feulement le commencement de leurs aîles paroître. Enfin un dernier changement déve-loppe ces aîles, & l'infecte devient animal parfait : du refte la larve & la nymphe courent & fe nourriffent, comme la punaife parvenue à fon dernier état de perfection ; feu-lement dans ces deux premiers tems de leur vie, elles ne peuvent s'accoupler & travailler à la propagation de leur efpéce : mais lorfqu'elles font devenues punaifes parfaites, elles s'accouplent & pondent. Cet accouplement du mâle & de la femelle fe fait de deux manieres différentes : tan-tôt le mâle eft monté fur fa femelle, & d'autres fois ils font pofés fur le même plan, ayant leurs têtes oppofées, & ne fe touchant que par leurs parties poftérieures qui font accouplées enfemble. Les femelles ainfi fécondées, pondent une très-grande quantité d'œufs, que l'on trouve fouvent fur les plantes pofés les uns à côté des autres, & dont plufieurs, vûs à la loupe, offrent des variétés de figure fingulieres. Les uns font couronnés en haut par un rang de petits poils, d'autres ont une bordure en cercle ; prefque tous ont une partie qui forme une efpéce de calotte, & que la petite punaife naiffante fait fauter pour fortir de l'œuf ; c'eft une efpéce de couvercle qui femble légérement foudé au refte de l'œuf. A peine ces petites punaifes font-elles nées, que toutes ces larves fe répandent fur la plante dont elles doivent fe nourrir, & en tirent le fuc qui leur convient, par le fecours de la trompe aigue dont leur bouche eft armée. Toutes cepen-dant ne font pas auffi paifibles. Plufieurs efpéces font car-naffieres & voraces ; elles fe nourriffent du fang & des fucs d'autres animaux. Nous ne connoiffons que trop l'hu-

meur

meur fanguinaire de la punaife commune , dont la piqûre nous importune , ainfi que fa mauvaife odeur. Plufieurs punaifes des bois ne font pas moins avides de fang. Elles tuent & fuccent avec leur trompe des chenilles , des mouches & d'autres infectes. J'ai même vû des punaifes qui étoient parvenûes à percer avec leur trompe les étuis durs & écailleux de quelques infectes coleoptères , qu'elles avoient fait périr & qu'elles fuccoient. On n'en fera pas étonné , fi on confidere la dureté de cette trompe & la fineffe de fon extrémité , que ces punaifes font quelquefois reffentir aux Naturaliftes qui ne les prennent pas avec affez de précaution.

Les efpéces que renferme ce genre , font très-nombreufes : nous ne nous arrêterons ici qu'aux plus fingulieres. La *punaife des lits* différe de la plûpart des autres , par le manque d'aîles. Quelques perfonnes ont prétendu que cette punaife devenoit aîlée , & qu'il n'y avoit que les larves qui n'euffent point d'aîles. Ce fait demanderoit une exacte obfervation pour être confirmé. D'ailleurs fi ces punaifes n'étoient que des larves , avant que de devenir infectes parfaits , elles pafferoient par l'état de nymphes , & nous trouverions fouvent quelques - unes de ces nymphes qui auroient des commencemens d'aîles & d'étuis , fans cependant pouvoir encore voler ; c'eft ce que perfonne n'a obfervé : peut-être auffi fe pourroit il faire qu'elles ne devinffent que rarement aîlées , à peu près comme la punaife rouge des jardins , qu'on trouve fouvent fans aîles & feulement avec des efpéces de demi-étuis , ou des étuis qui manquent abfolument de la partie inférieure membraneufe , & qui cependant font parfaites & s'accouplent fous cette forme , qui eft celle qu'elles offrent le plus ordinairement. D'autres punaifes préfentent une autre fingularité. Elles ont des aîles & des étuis mols & membraneux qui pourroient bien leur être inutiles. Les uns & les autres font recouverts par l'écuffon qui couvre tout le deffus du ventre de l'infecte , & qui paroît devoir empêcher les aîles d'agir & de se déployer. On voit cette conformation dans la *punaise cuirasse*, & dans la *punaise tortue*. Dans d'autres, cet écusson qui tient lieu d'étui, est un peu plus étroit ; il s'étend bien jusqu'à l'extrémité du ventre, mais des deux côtés il laisse appercevoir une portion des aîles & des étuis, comme on le voit dans les *punaises porte-chappes* & dans la *siamoise*. Au contraire, les *punaises mouches* ont leurs étuis presqu'aussi délicats & transparens que leurs aîles ; aussi volent-elles avec agilité. Ces dernieres piquent aussi très-fort. Nous avons une espéce de punaise qui saute légérement, c'est la seule de ce pays qui m'ait paru avoir cette propriété. Je l'ai appellée par cette raison la *punaise sauteuse*. Quelques-autres ont des formes singulieres. Une des plus remarquables, est la punaise leviathan, dont la tête est armée de pointes & le corcelet garni d'espéces d'aîlerons. On verra aussi dans le détail des espéces, la *punaise à bec*, la *punaise à pattes de crabe*, la *punaise à fraise antique*, la *punaise culiciforme*, & plusieurs autres qu'il seroit trop long de décrire ici. Nous finirons par faire remarquer que ce genre fournit quelques insectes d'eau. La *punaise nayade* & la *punaise aiguille*, sont l'une & l'autre aquatiques, sans cependant vivre dans l'eau, mais sur sa surface. Ces insectes courent légérement sur les eaux dormantes, comme sur un corps solide, sans s'enfoncer dans l'eau, & souvent on les voit accouplées sur cette même superficie.

PREMIERE FAMILLE.

1. CIMEX *apterus. Linn. faun. suec. n.* 646.

Mouffet. *inf. th.* p. 269. F. superiores. Cimex domesticus.
Matth. *diof.* p. 257, *t.* 257. Cimices.
Merret. *pin.* p. 202. Cimex lectularius.
Bonan. *micro. t.* 65.
Raj. *inf.* p. 7. Cimex.
Charlet. *exerc.* p. 49. Cimex.
Aldrov. *inf.* p. 211. Cimex.
Jonft. *inf.* p. 89. Cimex.

La punaife des lits.

Nous ne nous arrêterons pas à décrire cette punaife, qui n'eft que trop commune dans les maifons & que l'on connoît fuffifamment. On peut cependant regarder cette efpéce comme fort finguliere, puifque c'eft la feule de tout ce genre, qui n'aît ni aîles ni étuis. Quelques perfonnes ont foupçonné que peut-être elle pouvoit dans certains tems de l'année devenir aîlée, & que celle que nous trouvions fans aîles, étoit encore imparfaite. L'analogie porteroit à le croire, mais l'obfervation fi néceffaire dans l'hiftoire naturelle n'a point encore prouvé ce fait.

2. CIMEX *hemifphæricus nigro-æneus, fcutello totum abdomen tegente, amplijfimo.*

La punaife cuiraffe.
Longueur 1 ½ *ligne. Largeur* 1 ½ *ligne.*

Cette finguliere punaife eft hémifphérique, elle paroît même un peu plus large que longue, fur-tout vers le ventre. Sa couleur eft par-tout d'un noir bronzé. Ce qui la caractérife, c'eft fon écuffon qui eft fi grand, qu'il couvre tout le corps, faifant en même tems l'office des étuis. Ceux-ci font cachés deffous l'écuffon & font tout-à-fait membraneux & veinés. Plus en deffous encore font les aîles blanches & courtes. Ses antennes ont réellement cinq piéces, ainfi cette efpéce devroit être mife dans la feconde famille, mais le fecond article eft fi court & fi petit, qu'il eft prefqu'impoffible de l'appercevoir, & que fouvent on n'en compte que quatre. C'eft à Fontainebleau, fur la vece (*vicia multiflora*), que s'eft trouvé ce fingulier infecte.

3. CIMEX *fufcus, fcutello totum abdomen tegente, amplijfimo.*

La punaife tortue brune.
Longueur 3 *lignes. Largeur* 2 ½ *lignes.*

Elle reſſemble beaucoup à la précédente ; dont elle différe d'abord par ſa couleur qui eſt toute brune & livide, ſecondement par ſa forme qui eſt ovale, plus allongée & moins large que celle de la *punaiſe cuiraſſe* : du reſte ſon écuſſon couvre de même tout le ventre, & ſi on tire les étuis qui ſont deſſous, on voit qu'ils ſont membraneux comme les aîles. Cet inſecte a été trouvé dans le parc de S. Maur.

4. C I M E X *oblongus niger, roſtro arcuato, antennis apice capillaceis, elytris membranaceis.* Planch. 9, fig. 3.

Linn. faun. ſuec. n. 647. Cimex roſtro arcuato, antennis apice capillaceis, corpore oblongo nigro.

Linn. ſyſt. nat. edit. 10, p. 446, n. 48. Cimex perſonatus.

Friſch. germ. 10, p. 22, t. 20. Cimex ſtercorarius major oblongus.

Raj. inſ. p. 56, n. 3. Muſca cimiciformis tertia graviter olens.

Liſt. loq. p. 397, n. 38. Cimex maximus pullus ſeu atratus, alis nudis ex toto membranaceis.

La punaiſe mouche.
Longueur 7, 8 *lignes.* *Largeur* 2 *lignes.*

La tête de cette eſpéce eſt petite, occupée pour la plus grande partie par deux yeux gros & ronds. Sur le devant, ſe voit une trompe groſſe, courbée en arc & réfléchie en deſſous avec laquelle cet animal pique très-fort. Devant les yeux ſont les antennes compoſées de quatre articles, tous les quatre aſſez longs. Le premier eſt le plus gros; le ſecond eſt plus mince, & les deux derniers ſont comme des filets très-déliés, dont on a même peine à reconnoître l'articulation. Sur le derriere de la tête, un peu après les gros yeux reticulés, ſont deux yeux liſſes très-apparens. Il y a très-peu d'eſpéces de ce genre où ces petits yeux liſſes ſe trouvent. Le corcelet inégal & preſque triangulaire, a ſur le devant deux gros tubercules, & va en s'élargiſſant poſtérieurement. Les étuis tout-à-fait membraneux ſont fort croiſés l'un ſur l'autre & recouvrent les aîles. Le ventre déborde un peu ſur les côtés comme dans la plûpart des punaiſes. Les pattes ſont longues &

les premieres font plus courtes que les autres. Tout l'insecte est lisse & noir par-tout ; il vole très-bien & on le
trouve souvent dans les maisons. Il a de l'odeur & pique
vivement. Lorsqu'on le tient dans les doigts , il fait un
bruit qui ressemble à une espéce de cri ; ce bruit s'exécute par le frottement de son corcelet fur son corps.

C'est aussi dans les maisons , que l'on rencontre la larve
qui produit cet insecte. On ne fait d'abord ce que c'est.
Couverte de poussiere & d'ordures , elle ressemble à une
araignée mal-propre , ou à une petite motte de terre
qui marcheroit. Cependant ses antennes & sa trompe ,
semblables à celles de l'insecte parfait , aident à la reconnoître. Si ensuite on la touche avec une plume , la pous-
fiere & les ordures tombent aisément , & on reconnoît
toute la forme & les parties de notre punaise , aux aîles
& aux étuis près. Les pattes font aussi un peu plus grosses
que dans l'insecte parfait. Cet animal est vorace , il mange
les autres insectes qu'il rencontre , & même les punaises
des lits.

5. CIMEX *oblongus niger , rostro arcuato , elytris
membranaceis , pedibus abdomineque rubro nigroque
variegatis.*

Linn. *syst. nat. edit.* 10 , p. 447 , n. 49. Cimex rostro arcuato , antennis apice
capillaribus , corpore oblongo , subtus sanguineo maculato.

La punaise-mouche à pattes rouges.
Longueur 5 ½ lignes. Largeur 1 ½ ligne.

Il n'y a de différence entre cette espéce & la précédente,
que dans la couleur & les antennes. Ces antennes ont les
deux derniers articles moins fins & moins déliés. Quant à
la couleur , cette espéce est noire comme la précédente ,
mais son ventre est varié de rouge & de noir , fur-tout aux
côtés qui débordent les étuis. Il en est de même des pattes
où le rouge & le noir font distribués alternativement par
anneaux , fur-tout fur les cuisses , car les jambes font toutes rouges , à l'exception de leurs extrémités : les pieds ou

tarfes font noirs. Cette efpéce fe trouve dans les bois.
Elle eft belle & affez rare ; elle vole très-bien & pique
très-fort , d'autant que fa trompe pointüe eft encore plus
forte & un peu plus longue que dans l'efpéce précédente.

6. CIMEX *longus , fufcus , roftro arcuato , thorace
fubtus antice bidentato.*

La punaife porte-épine.
Longueur 6 lignes. Largeur 1 ligne.

Cette efpéce eft allongée , étroite , brune & de couleur obfcure. Sa trompe eft recourbée comme celle des
deux efpéces précédentes : mais il y a bien des fingularités
dans cette efpéce qui la font facilement reconnoître ; 1°.
le corcelet en deffous a deux pointes aigues dreffées en
devant , une de chaque côté ; 2°. le deffous de la tête
a des appendices ramifiées & branchues fort fingulieres.
On trouve cette punaife fur les plantes ; mais elle eft
rare.

7. CIMEX *oblongus , fufco-niger , pedibus pallidis ,
elytris pellucidis apice fufco.*

La punaife brune à étuis tranfparens.
Longueur 2 lignes. Largeur ¼ ligne.

Sa tête eft noire , ronde , avec deux gros yeux rougeâtres. Le corcelet a deux boffes fur le devant , & eft relevé
en arriere , comme celui de la *punaife-mouche.* Ses étuis
font tranfparens , prefque membraneux ; avec une petite
tache noire au bout de la partie , qui doit être écailleufe.
Le deffous de l'infecte eft noir , ainfi que fes antennes : fes
pattes font jaunâtres.

8. CIMEX *oblongus , luteo nigroque marmoratus , oculis
craffiffimis.*

La punaife marbrée aux gros yeux.
Longueur 1½ ligne. Largeur ½ ligne.

Les yeux de cette petite efpéce font finguliers; ils font
fi gros, qu'ils rendent fa tête beaucoup plus large que fon
corcelet, & comme anguleufe. Ses antennes font fi fines,
qu'à peine les voit-on, quoiqu'elles ayent près d'une ligne
de long. Le corcelet, la tête & les étuis, font marbrés de
jaune & de brun noir; mais le brun domine beaucoup fur
le corcelet, au lieu que les étuis font plus clairs. Ce corcelet eft fort rétréci en devant, & dilaté en arriere, prefque comme celui de la *punaife-mouche*. Les pattes font
pâles, tachetées d'un peu de brun. Pour la figure, cette punaife repréfente un ovoïde pointu par un bout, qui eft
l'extrémité poftérieure, tandis que l'autre pointe feroit
enfoncée dans une bande tranfverfe, que forme la tête.

9. C I M E X *planus, fufcus, thorace elytrifque alatis,
capite antice cornuto, antennis brevibus craffis.*

La punaife leviatan.
Longueur 2 lignes. Largeur 1 ligne.

C'eft dommage que cet infecte foit fi petit; car il eft
un des plus finguliers de ce pays-ci. Ses antennes noires
font compofées de quatre gros articles courts. Sa tête, qui
eft brune, large & quarrée, a fur les côtés, des yeux faillans qui femblent en fortir; en devant, elle a une trompe
groffe & affez courte placée entre les deux antennes, &
fur les deux côtés, des pointes aigues. Le corcelet brun
& applati, a fur les côtés, des angles redreffés & obtus,
qui forment des ailerons, prefque comme dans l'efpéce
de cigale, que nous avons appellée le *grand diable*. Ce
corcelet a outre cela cinq canelures profondes dans fa
longueur. Les étuis nébuleux & parfemés de taches brunes, fur un fond moins obfcur, ont fur le côté, vers le
haut, une appendice en forme d'aîle, qui déborde le corps.
Les pattes font d'un brun plus clair, que le refte de l'animal.

10. C I M E X *oblongus niger, thorace elytrifque rubris,
elytrorum extremo macula triangulari nigra.*

La punaife rouge à taches triangulaires.
Longueur 3 ½ *lignes. Largeur* 1 ¾ *ligne.*

Cette efpéce a le deffous du corps, la tête, l'écuffon, les antennes & les pattes noires, à l'exception des jambes, dont le milieu tire fur le brun, & eft moins noir. Le corcelet eft rouge, avec une bande noire tranfverfe & comme feftonnée fur le devant. Les étuis, qui font auffi rouges, ont un peu avant leur extrémité, une efpéce d'étranglement, où l'on voit une tache noire triangulaire, dont une des pointes regarde la tête. Les aîles font noires, fans aucune tache. J'ai trouvé cette efpéce fréquemment fur le chardon-roland.

11. C I M E X *oblongus , rubro nigroque variegatus, elytris macula rotunda, punctuloque nigris.* Planch. 9, fig. 4.

Linn. fyft. nat. edit. p. 447 *, n.* 55. Cimex oblongus rubro nigroque varius, elytris rubris punctis duobus nigris.
Ibid. Cimex apterus.
Raj. inf. p. 55 *, n.* 3.

La punaife rouge des jardins.
Longueur 3 ⅓ *lignes. Largeur* 1 ½ *ligne.*

On trouve cette punaife en quantité & par tas dans les jardins, aux pieds des arbres. Ce qu'il y a de fingulier, c'eft que parmi ce grand nombre, il eft rare d'en trouver qui ayent des aîles. Cette partie manque à prefque toutes, ainfi que la portion membraneufe des étuis ; elles ont feulement la partie écailleufe. Malgré cette défectuofité, elles font parfaites pour la forme & la grandeur, puifqu'elles s'accouplent. C'eft ce qui m'a fait croire pendant long-tems, que cette efpéce manquoit toujours d'aîles, jufqu'à ce que j'en aye trouvé quelques-unes aîlées. Il paroît donc que c'eft une variété, mais des plus fingulieres. La tête de cet infecte eft noire, ainfi que les antennes, les pattes & l'écuffon. Le corcelet eft rouge dans tout fon contour, & noir au milieu, par le moyen d'une
grande

grande tache de cette couleur, qui, dans fa partie inférieure, eft à moitié divifée en deux, par un trait rouge.
Les étuis font rouges, avec une tache noire, grande &
très-ronde dans leur milieu, & un point noir vers le haut.
Les aîles, quand elles fe rencontrent, font noires. Le
deffous de l'infecte eft noir, bordé de rouge, outre un peu
de rouge qui fe trouve à l'origine des pattes & à l'anus.
Cette punaife ne fent point mauvais.

12. **C I M E X** *oblongus, rubro nigroque variegatus,*
fcutelli nigri apice rubro.

Linn. faun. fuec. n. 665. Cimex oblongus, rubro nigroque variegatus, aliis
fufcis immaculatis.
Linn. fyft. nat. edit. 10, p: 447, n. 53. Cimex hyofciami.
Bauh. bellon p. 212, f. 4. Scarabæus parvus.
Petiv. gazoph. t. 62, f. 2. Cimex hyofcyamoides ruber, maculis nigris.
Lift. tab. mut. t. 2, f. 21.
Lift. loq. p. 397, n. 39. Cimex miniatus nigris maculis notatus hyofciamo
fere gaudens.
Raj. inf. p. 55. Cimex Sylveftris minor, corpore oblongo angufto, colore
defuper rubro nigris maculis picto.

La punaife rouge à croix de Chevalier.
Longueur 4 lignes. *Largeur* 1 ⅓ ligne.

Celle-ci a la tête rouge, avec les yeux noirs & deux taches noires derriere les yeux, fur lefquelles font placés les
petits yeux liffes. Ses antennes & fes pattes font noires.
Son corcelet eft rouge, avec une bande tranfverfe noire
fur le devant, & deux taches noires affez grandes & quarrées fur le derriere, une de chaque côté. L'écuffon antérieurement, eft noir; mais fa pointe poftérieure eft rouge.
Les étuis font rouges, avec une grande tache ovale, quelquefois un peu angulaire, fur leur milieu, & deux petits
points noirs en haut, proche l'écuffon. Les aîles font toutes brunes. Les taches des deux étuis réunis, femblent
former une croix de Chevalier. Le deffous de l'infecte eft
rouge, avec un peu de noir vers l'origine des pattes, &
trois points noirs fur chaque anneau du ventre. On trouve

Tome I. Kkk

cette punaife fur les feuilles des plantes, & en particulier fur celles de la jufquiame.

13. **C I M E X** *oblongus , rubro nigroque variegatus , centro crucis albo.*

Raj. inf. p. 55, n. 2.

La punaife rouge à bafe des aîles blanches.
Longueur 4 lignes. Largeur 1 ⅓ ligne.

Sa tête eft toute noire, ainfi que l'écuffon, les antennes & les pattes. L'écuffon eft noir, mais fon bord en devant & fes côtés font rouges, & il y a fur fon milieu, une raie longitudinale de même couleur. Les étuis font rouges & n'ont qu'une grande tache noire dans leur milieu, qui partant du bord extérieur, s'avance prefque jufqu'à l'intérieur. Les aîles font noires. A la jonction de la partie membraneufe & de la partie écailleufe des étuis, dans l'endroit qui fait le centre de la croix fur l'infecte, on voit une tache blanche triangulaire. Le deffous de l'animal eft rouge, avec quelques taches noires; il y a trois de ces taches fur chaque anneau du ventre. On trouve cet infecte dans les jardins.

14. **C I M E X** *oblongus , rubro nigroque variegatus, elytris fafcia nigra , alis fufcis maculis albis.*

Linn. faun. fuec. n. 664. Cimex oblongus , rubro nigroque variegatus, alis fufcis maculis albis.
Linn. fyft. nat. edit. 10 , p. 447 , n. 54. Cimex equeftris.
It. oeland. 155. Cimex oblongus &c. Idem.

La punaife rouge à bandes noires & taches blanches.
Longueur 5 lignes. Largeur 1 ¼ ligne.

La tête de celle-ci eft rouge; les yeux feulement font noirs, avec quelque peu de noir derriere ces yeux. Les antennes & les pattes font auffi noires. Le corcelet eft rouge, fi ce n'eft fur le devant, où il a une affez large bande noire tranfverfe, terminée poftérieurement par deux appendices de même couleur. Les étuis font rouges, avec une bande

noire tranfverfe & finuée dans leur milieu. Cette bande eft
d'un noir plus foncé vers le bord extérieur de l'étui, & fe
prolonge vers le bord intérieur, jufqu'à une tache noire,
qui eft un peu plus haut vers l'écuffon. La partie membraneufe des étuis eft chargée de plufieurs taches blanches;
favoir, une ronde vers le milieu, & plufieurs oblongues
vers le haut, qui partent de la jonction de cette membrane, avec la partie écailleufe. En deffous, l'infecte eft noir
vers le haut. Son ventre feul eft rouge, avec quatre points
noirs fur chaque anneau.

15. C I M E X *oblongus, rubro nigroque variegatus,
elytris punctulo nigro, alis fufcis maculis albis.*

Raj. inf. p. 55, n. 4.

La punaife rouge à point noir & taches blanches.
Longueur 3 lignes. Largeur 1 ¼ ligne.

Sa tête eft toute noire, les petits yeux liffes paroiffent
feulement un peu rougeâtres. Les antennes & les pattes
font noires, ainfi que l'écuffon. Le corcelet eft rouge,
avec deux larges taches noires en demi-cercle, qui partent du bord poftérieur, & s'avançant vers le devant &
l'intérieur, ne font féparées l'une de l'autre que par une
petite raie rouge. Les étuis font tous rouges, avec un petit
point noir feulement vers leur milieu. Les aîles font noires. La partie membraneufe des étuis eft chargée de quelques taches blanches, une ronde fur le milieu, & une
longue fur le côté, qui part de la partie écailleufe. Le
deffous de l'infecte eft noir, feulement le milieu de fon
ventre eft rouge.

16. C I M E X *oblongus, thorace nigro lineis tribus
rubris, elytris rubro nigroque teffelatis, limbis nigris.*

La punaife rouge à damier.
Longueur 4 lignes. Largeur 1 ½ ligne.

Sa tête eft noire, avec une bande rouge dans fon milieu.

Kkk ij

Ses antennes & ses pattes sont noires. Le corcelet est noir, avec trois raies rouges longitudinales, une au milieu & une sur chaque côté. L'écusson est noir. Les étuis sont variés de taches noires & rouges. En haut, aux deux côtés de l'écusson, sont deux longues taches rouges, & à côté, vers le bord extérieur de chaque étui, est une tache triangulaire noire. A la pointe de l'écusson, est une grande tache noire, pareillement triangulaire, moitié sur chaque étui, & aux côtés de celle-là, vers l'extérieur, est une tache quarrée rouge. Plus bas, au dessous de celle-là, vers le bord extérieur, il y a une tache quarrée noire, & vers l'intérieur, une rouge. Enfin les étuis se terminent par une tache rouge, à l'intérieur de laquelle il y en a une autre noire. Tout le bord des étuis est noir. Les aîles sont brunes, sans aucune tache blanche. Le dessous de l'insecte est pareillement varié de noir & de rouge, sur-tout vers le ventre, qui est rouge, avec une bande & trois points noirs sur chaque anneau. Cette belle punaise est fort rare ici, mais elle est très-commune en Champagne.

17. CIMEX *croceus, elytrorum apice rubro, alis nigris, antennarum articulo secundo clavato.*

Elle donne les variétés suivantes.

  a. *Cimex niger, pedibus rufis, antennarum articulo secundo clavato.*

  b. *Cimex niger, capite thorace pedibusque rufis, antennarum articulo secundo clavato.*

La punaise safranée.
Longueur 3 lignes. Largeur 1 ⅓ ligne.

Cette punaise est par-tout d'une couleur assez uniforme jaune & safranée. Les anneaux de ses antennes sont mipartie de cette couleur & de noir. Le second de ces anneaux est fort long & se termine en masse, & les deux dernieres piéces sont fort fines. Les bords de l'écusson sont un peu noirâtres, & les extrémités des étuis ont une tache plus rouge que le refte, précédée & fuivie d'un peu de noir. La partie membraneufe des étuis eft noire, ainfi que les yeux. Le deffous du corps a auffi du noir en quelques endroits : tout le refte eft d'une couleur de fafran.

18. CIMEX *oblongus, fufco-ruber, elytris apice fan-guineis, antennarum articulo fecundo longiffimo incarnato.*

Linn. *fyft. nat. edit.* 10, p. 447, *n.* 51. Cimex antennis apice capillaribus, corpore oblongo nigro, fcutello, elytrorumque apicibus coccineis.

La punaife rougeâtre à antennes incarnat.
Longueur 3 ½ *lignes.* *Largeur* 1 ¼ *lignes.*

En deffus, cette punaife eft d'un rouge brun, feulement le bout de fes étuis a une tache d'un rouge fanguin. Le deffous de l'infeête & les pattes font d'un jaune un peu verdâtre ; mais ce qui la caraêtérife, ce font les antennes, dont la premiere piéce plus groffe, eft d'un rouge brun, & la feconde fort longue, qui à elle feule fait les deux tiers de l'antenne, eft d'un rouge incarnat, excepté vers le bout, où elle eft noire. La troifiéme & la quatriéme, plus courtes de beaucoup, font jaunes vers leur origine, & noires vers le bout.

19. CIMEX *oblongus niger, thoracis lateribus fcutelloque flavis, elytris antennis pedibufque flavo variegatis.*

La punaife à brocard jaune.
Longueur 4 ¼ *lignes.* *Largeur* 2 *lignes.*

Sa tête eft petite, avec les yeux faillans ; elle eft noire, à l'exception de la bafe de la trompe. Cette trompe eft auffi longue que la tête, le corcelet & l'écuffon pris enfemble. Le corcelet eft noir, bordé de jaune des deux côtés. L'écuffon eft petit & tout jaune. Les étuis font variés de noir & de jaune. D'abord, le bord extérieur des étuis, vers la bafe, eft jaune, & cette bordure, vers le

milieu de l'étui, communique à une bande tranfverfe jaune
irréguliere, qui s'étend vers le bord intérieur. Enfuite,
après une large & grande bande noire, fuit une grande tache jaune, prefque triangulaire; puis vient une autre tache
noire, qui termine l'étui. Le premier anneau des antennes eft court & de couleur jaune; le fecond eft fort long,
jaune à fa bafe, noir vers l'autre extrémité, qui eft un peu
renflée. Les deux derniers anneaux font noirs & fort courts.
Les cuiffes font noires, & les jambes ont des anneaux
noirs & jaunes alternativement. Tout le deffus de l'infecte eft finement & irréguliérement pointillé.

20. C I M E X *oblongus*, *fufcus*, *immaculatus*, *thorace*
utrinque obtufe angulato, *capite prope antennas externè*,
denticulato.

Linn. fyft. nat. edit. 10, p. 443, n. 20. Cimex oblongo-ovatus grifeus, thorace obtufe fpinofo, antennis medio rubris.
Linn. faun. fuec. n. 662. Cimex oblongus rufus immaculatus, thorace utri-
que angulato.
Act. Upf. 1736, p. 35, n. 1. Cimex alis teftaceis, abdomine rubro.

La punaife à aîlerons.
Longueur 6 lignes. Largeur 2 ¼ lignes.

La couleur de cette punaife eft par-tout d'un brun rougeâtre, matte, plus foncé en deffus, un peu plus clair en
deffous. Ses antennes font compofées de quatre articles,
dont le dernier eft plus gros, ainfi que le premier; il y a
des efpéces de pointes ou épines placées au-devant de la
tête, près la bafe des antennes, du côté extérieur. Le corcelet eft large, avec des rebords relevés, formant des angles faillans, mais arrondis, qui imitent des moignons
d'ailes. L'écuffon n'eft pas grand. Le ventre eft affez large
& déborde fur les côtés, les étuis.

21. C I M E X *oblongus*, *fufcus immaculatus*, *thorace*
utrinque obtufe angulato, *capite inter antennas bidentato*.

La punaife à bec.
Longueur 5 ¼ lignes. Largeur 2 ½ lignes.

Je ne vois d'autre différence entre cette punaife & la précédente, que la forme du devant de la tête. Celle-ci a la tête terminée en devant par deux petites dents placées entre l'origine des antennes, qui fe touchent par le bout, au lieu que la précédente a deux dents femblables, mais pofées au côté extérieur des antennes. Celle-ci eft auffi un peu plus large, & les angles de fon corcelet font moins faillans.

22. C I M E X *oblongus rufus immaculatus, thorace utrinque acute angulato, margine lævi.*

La punaife brune à corcelet pointu & liffe.
Longueur 6 lignes. Largeur 2 lignes.

La couleur de celle-ci eft un peu plus rougeâtre que celle de la précédente. Du refte, elle lui reffemble beaucoup, mais les angles de fon corcelet ne font pas fi relevés, & font beaucoup plus pointus.

23. C I M E X *oblongus rufus immaculatus, thorace utrinque acute angulato, margine fpinofo.*

'**La punaife brune à corcelet pointu & épineux.**
Longueur 3 ½ lignes. Largeur 1 ½ ligne.

Je regarderois celle-ci comme la même que la précédente, à laquelle elle reffemble en tout, fi fon corcelet n'étoit pas raboteux, avec les bords très-épineux & comme frangés. Les pattes, principalement les cuiffes, font auffi épineufes, & les antennes font un peu plus groffes & plus courtes que dans l'efpéce précédente. Celle-ci eft auffi plus petite.

24. C I M E X *oblongus fufcus, pedibus primi paris cheliformibus.*

'**La punaife à pattes de crabe.**
Longueur 3 lignes. Largeur 1 ½ ligne.

On ne peut rien voir de plus fingulier que cette efpéce.

Sa couleur eft brune, femblable à celles des dernieres. Sa tête eft petite, avec des antennes compofées de quatre articles; le premier très-court, & le dernier gros, ce qui fait paroître les antennes comme figurées en maffe. Le corcelet eft large, avec des rebords élevés; il va poftérieurement en s'évafant. On y voit des cannelures au nombre de cinq, élevées & enfoncées alternativement, & le bord où elles aboutiffent, eft godronné; enforte que ce corcelet, vû de près, reffemble à ces coquilles des pelerins de S. Jacques. Le ventre enfoncé & courbé en nacelle, avec des rebords élevés, eft beaucoup plus large que les étuis; mais la plus grande fingularité de cet infecte, confifte dans fes pattes de devant, qui font courtes, larges, avec un crochet ou une pince au bout, fans onglets, femblable aux pattes de crabe. Ce feul caractere fuffit pour reconnoître cette punaife, qu'on trouve dans les bois.

25. CIMEX *oblongus; viridi-fufcus, elytrorum nervis puntatis, antennis rufis.*

La punaife à nervures pointillées.
Longueur 3 lignes.   Largeur 1 ligne.

Cette efpéce vaïe beaucoup pour la grandeur & pour la couleur. Cette couleur eft obfcure, brune, un peu verdâtre, tantôt plus, tantôt moins claire. La tête & le corcelet ont ordinairement quelques raies longitudinales peu diftinctes & un peu plus claires. Ce qu'il y a de plus conftant, c'eft que les antennes font de couleur fauve, avec le dernier article en fufeau, plus gros que les autres. Tout le deffous de l'infecte eft finement pointillé, & les nervures des étuis font tachetées de noir, ce que l'on voit, en les regardant de près. La partie membraneufe des étuis, eft tout-à-fait tranfparente & fans couleur. Le deffous de l'infecte & fes pattes, font de la même couleur que le deffus, mais un peu plus clairs.

26.

26. CIMEX *oblongus, fuscus; antennis, pedibus, abdominifque marginibus nigro luteoque variegatis.*

La punaife brune à antennes & pattes panachées.
Longueur 5 lignes. Largeur 1 $\frac{2}{3}$ ligne.

Elle eft par-tout de couleur brune, tant en deſſus qu'en deſſous; il y a ſeulement un très-petit point jaune à l'extrémité de la pointe de l'écuſſon, & deux au bout de chaque étui, à la jonction de la partie écailleuſe avec la membraneuſe; mais les antennes, les pattes & le bord du ventre, ſont alternativement tachés de noir & de jaune. Le corcelet eſt de forme triangulaire allongée, ſans pointes ni avances ſur les côtés. Cette eſpéce varie un peu pour la grandeur.

27. CIMEX *oblongus, cinereo nigroque variegatus, alis glaucis.*

La punaife grife panachée de noir.
Longueur 3 lignes. Largeur 1 ligne.

Sa tête eſt toute noire: ſon corcelet eſt noir antérieurement; & poſtérieurement, il eſt d'un gris verdâtre. L'écuſſon eſt noir, avec la petite pointe griſe. Les étuis ſont gris, avec une petite tache noire vers l'extrémité. Les aîles & la partie membraneuſe des étuis, ſont de couleur d'eau un peu bleuâtre. Le deſſous de l'inſecte eſt noir, mais ſes antennes, ſes pattes & les bords de ſon ventre ſont tachés alternativement de noir & de gris. Cette couleur griſe eſt un peu verte, & le deſſus du corps, vû à la loupe, paroît finement ponctué. On trouve cet inſecte ſur pluſieurs plantes à fleurs labiées, & ſur-tout ſur la grande eſpéce d'*herbe à chat.* (*Cataria major.*)

28. CIMEX *oblongus niger, thorace poftice cinereo, elytris cinereis, macula nigra, alifque nigris.*

La punaife grife porte-croix.
Tome I.   L l l

Sa grandeur eft la même que celle de l'efpéce précédente, dont elle approche beaucoup; elle a, comme elle, la tête & le devant du corcelet noirs : la partie poftérieure de ce corcelet eft grife. L'écuffon eft noir, avec la pointe grife. Les étuis font gris, avec une tache noire ovale fur leur milieu. Ces deux taches des étuis, avec le noir de l'écuffon, & les aîles, qui font noirâtres, forment une efpéce de croix noire, derriere laquelle le bout de l'étui eft quelquefois blanc ou gris. Le deffous de l'infecte, fes antennes & fes pattes font noirs, feulement les jambes antérieures font brunes. J'ai toujours trouvé cette efpéce dans les endroits fecs & arides.

29. C I M E X *oblongus niger , thorace poftice cinereo, elytris fufcis apice albo.*

La punaife brune à pointe des étuis blanche.
Longueur 2 lignes. Largeur ⅔ ligne.

Il y a beaucoup de reffemblance entre cette efpéce & les deux précédentes. Sa tête & le devant de fon corcelet font d'un noir liffe, & la partie poftérieure de ce corcelet, eft grife. L'écuffon eft tout noir. Les étuis font d'un brun fauve, avec une petite tache blanche triangulaire à la pointe de leur partie écailleufe. Les aîles font brunes, & le deffous de l'infecte eft noir. Ses pattes font jaunâtres, avec les genoux noirs. Enfin fes antennes font fauves & noires vers leur extrémité.

30. C I M E X *oblongus, pallide-viridefcens, femoribus nigro-punctatis.*

La punaife verdâtre à cuiffes pointillées.
Longueur 1½ ligne. Largeur ½ ligne.

Sa tête, fon corcelet, fon écuffon, fes étuis & fes pattes font d'une couleur pâle, tirant fur le vert. Ses aîles font tranfparentes & claires. Le deffous de fon corps eft plus brun. Les cuiffes feules font pointillées de noir.

31 CIMEX *oblongus , niger , elytris antice rufis , alis albo maculatis.*

La punaise noire à taches fauves & aîles panachées.
Longueur 1 ½ ligne. Largeur ⅓ ligne.

Cette espéce est fort petite ; elle est noire & luisante. La partie antérieure de ses étuis est fauve , de même que les genoux ou articulations des cuisses avec les jambes. La partie membraneuse des étuis est brune , avec trois taches blanchâtres ; une en haut , vers l'angle , & deux un peu plus bas , sur les côtés. On trouve assez souvent cette petite punaise sur les troncs d'arbres , courant sur l'écorce.

32. CIMEX *oblongus , atro - fuscus punctatus , alis venosis.*

La punaise brune ponctuée.
Longueur 1 ligne. Largeur ½ ligne.

La couleur de cette petite espéce , est d'un brun foncé , matte & obscur ; elle est parsemée de petits points serrés. Ses aîles ont des nervures un peu blanchâtres.

33. CIMEX *griseus , scutello macula cordata flava ; elytris apice puncto fusco. Linn. faun. suec. n. 666.*

Linn. syst. nat. edit. 10 , p. 448 , n. 59. Cimex pratensis.

La punaise gris-fauve porte-cœur.
Longueur 3 lignes. Largeur 1 ligne.

Sa tête & son corcelet sont gris, entre-mêlés de couleur fauve & verdâtre. Sur le derriere de sa tête , on voit une petite raie transverse noire. L'écusson a une tache d'un jaune citron, bien formée en cœur , & entourée de noir. Les étuis sont de la même couleur que le corcelet ; mais ils ont un peu plus bas que leur milieu , en tirant vers le bout, une tache fauve , plus ou moins grande & plus ou moins marquée, après laquelle est une tache jaunâtre , & ensuite la pointe de l'étui, qui eſt brune. Les aîles ſont auſſi un peu brunes. Le deſſous de l'inſecte eſt jaunâtre, avec un peu de fauve. Ses pattes & ſes antennes, ſont de la même couleur.

34. CIMEX *oblongus*, *viridis*, *ſcutello macula cordata viridi*, *elytris macula ferruginea*. Linn. faun. ſuec. n. 667.

Linn. ſyſt. nat. edit. 10, p. 448, n. 60. Cimex campeſtris.

La punaiſe verte porte-cœur.
Longueur 1 ½ ligne. Largeur ⅔ ligne.

Le vert jaunâtre domine dans cette eſpéce. Sa tête & ſon corcelet ſont de cette couleur, avec un peu de brun, ſur-tout vers la partie poſtérieure du corcelet. L'écuſſon a une tache d'un jaune vert, figurée en cœur, & bien terminée par un peu de brun, qui eſt ſur les bords des étuis, qui touchent cet écuſſon. Ces étuis ſont verdâtres, avec une tache brune bien marquée, un peu plus bas que leur milieu, tirant vers la pointe. Les antennes ſont un peu brunes. Les pattes & le deſſous de l'inſecte ſont jaunes. Cette eſpéce, qui eſt très-commune ſur les fleurs, donne la variété ſuivante.

N. B. *Cimex oblongus*, *fuſco-luteus*, *ſcutello macula cordata viridi*, *elytris faſcia duplici fuſca*.

Sa tête & ſon corcelet ont peu de jaune vert, mais ſont plus ou moins bruns. Il y a ſur les étuis, deux larges bandes tranſverſes brunes; l'une aux côtés de l'écuſſon, qui tient lieu de ce peu de brun, qui dans l'eſpéce précédente, accompagne l'écuſſon; l'autre plus bas, à la place de la tache brune des étuis. Outre cela, il y a encore ſouvent un petit point brun, tout à la pointe des étuis. Le deſſous de celle-ci a un peu de brun, ſur-tout au ventre, & ſa couleur jaune ne tire point ſur le vert, mais ſur le ſafran.

35. CIMEX *oblongus*, *fusco-ruber*, *scutello macula cordata lutea*, *elytris apice luteis*.

La punaise porte - cœur à taches jaunes au bout des étuis.
Longueur 2 ½ lignes. Largeur ½ ligne.

On voit par les dimensions de celle-ci, qu'elle est fort étroite & allongée. Ses antennes font aussi fort longues, surpassant un peu la longueur de son corps ; elle les porte en devant : leur couleur est noire, à l'exception du premier anneau, qui est de couleur fauve. La tête est noire, avec un petit point jaune sur le derriere, au milieu. Le corcelet a une bande jaune, étroite sur le devant ; son milieu est noir, & sa partie postérieure est fauve. L'écusson noir en devant, a une tache jaune en cœur bien marquée sur sa pointe. Les étuis font d'un fauve rougeâtre. Leur origine est un peu noire, avec un petit point jaune peu sensible, sur le bord extérieur ; mais à leur extrémité, il y a une tache jaune triangulaire bien marquée. Le dessous de l'insecte est noir, & ses pattes font fauves, si ce n'est vers leur naissance, où elles font jaunes.

36. CIMEX *oblongus*, *flavescens*, *thorace fasciis duabus nigris*, *scutello maculis flavis*, *antennis antice porrectis*.

La punaise jaune à antennes droites.
Longueur 3 ½ lignes. Largeur 1 ligne.

La forme de celle-ci approche de celle de la précédente ; elle est pareillement fort allongée. Ses antennes font noires & aussi longues que son corps ; elle les porte droites en devant l'une contre l'autre. Sa tête est noire, avec cinq taches jaunes ; une en devant, une à côté de chaque œil, & deux derriere ces dernieres. Les yeux font bruns le corcelet est jaune, & a deux larges bandes noires longitudinales, qui prennent naissance derriere les yeux, & vont jusqu'à l'écusson. Celui - ci est noir sur les côtés,

& cette couleur femble être la fuite des bandes noires du corcelet. Le milieu de cet écuffon a une petite raie jaune, qui fe termine à la pointe par une tache affez large. Quelquefois il y a auffi, fur les côtés de l'écuffon, deux petits points jaunes, qui ne font pas conftans. Les étuis, plus longs de beaucoup que le corps, font d'un jaune un peu fauve, avec une bande longitudinale affez large, pofée dans leur milieu, & plus ou moins brune. Quelquefois cette bande ne paroît prefque pas. Les aîles font obfcures. Le deffous de l'infecte eft entre-mêlé de jaune & de noir, & fes pieds font noirâtres.

37. CIMEX *oblongus niger, thorace fafciis tribus flavis, fcutello elytrorumque apice maculis luteis.*

La punaife à trois taches.
Longueur 3 lignes. Largeur 1 ⅓ ligne.

Cette efpéce, qui reffemble beaucoup à la fuivante, a la tête noire, avec deux petites raies jaunes proche les yeux. Son corcelet, qui eft noir, a le bord antérieur jaune, & trois bandes jaunes longitudinales; une fur le milieu, les autres fur les côtés. L'écuffon eft de même noir, avec une tache en lofange, mi-partie de jaune & de couleur fafranée. Les étuis noirs ont leur bord extérieur jaune, & fur leur pointe, une tache jaune triangulaire, quelquefois en partie fafranée. Les antennes, les pattes, les aîles & le deffous de l'infecte font noirs.

38. CIMEX *oblongus niger, thorace fafciis tribus flavis, fcutello nigro, elytris lineis flavis, apice fulvo.*

Linn. faun. fuec. n. 680. Cimex oblongus niger, elytris luteo fufcoque variis, pedibus rubris.
Linn. fyft. nat. edit. 10, p. 449, n. 70. Cimex ftriatus.

La punaife rayée de jaune & de noir.
Longueur 3 lignes. Largeur 1 ligne.

Sa tête & fes antennes font noirs, & fes yeux bruns. Son corcelet eft noir, avec trois bandes jaunes longitudinales;

une au milieu, & deux sur les côtés. Outre cela, le bord postérieur du corcelet, & souvent son bord antérieur, sont un peu jaunes. L'écusson est noir. Les étuis ont des bandes longitudinales, un peu obliques, jaunes & noires, & sur leur pointe, est une tache jaune triangulaire. Le dessous du corps est noir,& les pattes sont d'un brun rougeâtre.

39. C I M E X *oblongus viridi-flavus, capite thoraceque nigro maculatis, elytris viridibus.*

La punaise jaune à corcelet tacheté & étuis verts.
Longueur 3 lignes. Largeur 1 ligne.

Ses antennes sont noires. Sa tête est jaune, avec une tache noire oblongue dans son milieu, & quelques petits points noirs, d'où partent des poils. Le corcelet a sur le devant, deux taches noires un peu en croissant, placées à côté l'une de l'autre, dont les pointes regardent la tête, & quatre postérieurement posées sur la même ligne, dont les deux du milieu forment aussi un peu le croissant, mais dont les pointes regardent la partie postérieure du corps. L'écusson est aussi jaune, avec deux petits points noirs sur le devant, & deux taches oblongues sur les côtés. Les étuis sont verts, sans aucune tache. Les pattes & le dessous de l'insecte, sont d'un jaune verdâtre.

40. C I M E X *oblongus viridis, elytrorum macula fusca.*

La punaise verdâtre à tache brune.
Longueur 2 ½ lignes. Largeur 1 ⅓ ligne.

Sa couleur est par-tout d'un vert pâle. Ses yeux sont bruns, & ses étuis ont, vers leur milieu tirant vers le bas, une tache brune. Leur pointe est aussi un peu brune, de même que le bord qui touche l'écusson.

41. C I M E X *oblongus viridis, elytrorum apice albido, scutello lineola fusca.*

La punaise verdâtre à tache blanche.
Longueur 3 lignes. Largeur 1 ligne.

Elle eſt, comme la précédente, d'un vert pâle. Ses yeux
font bruns. Son corcelet a un peu de brun & de fauve au
bord poſtérieur. Sur le milieu de l'écuſſon, il y a une petite
ligne longitudinale brune, qui paroît compoſée de deux
petites raies ſituées l'une à côté de l'autre. Les étuis ſont
verts, avec leur extrémité blanche, qui forme comme une
eſpéce d'appendice. Quelquefois il y a ſur les étuis, une
petite nuance en longueur plus brune. Le deſſous du corps,
les pattes & les antennes ſont verdâtres. Les pattes ſont
fort longues.

42. CIMEX *oblongus viridis, thorace ſcutelloque lineis
quatuor nigris, elytris interne fuſcis.*

La punaiſe verdâtre à bande brune.
Longueur 3 ½ ligne.   Largeur 1 ligne.

La figure de cette eſpéce eſt aſſez allongée. Sa tête antérieurement, eſt noire; poſtérieurement, elle eſt verte,
avec trois bandes noires longitudinales. Le corcelet eſt un
peu anguleux ſur les côtés: ſa couleur eſt verte: il a ſur le
milieu, quatre raies longitudinales noires, ſans en compter
une, qui ſe trouve de chaque côté. L'écuſſon a pareillement quatre bandes noires, qui ſont la ſuite de celles du
corcelet. Les étuis ſont verts, mais leurs bords, proche la
ſuture, ſont bruns, ce qui forme une bande brune ſur le
dos de l'inſecte. Les antennes, les pattes & le deſſous du
corps, ſont d'un vert pâle. Les antennes cependant ſont un
peu brunes à leur baſe & à leur extrémité. Les pattes ſont
fort longues.

43. CIMEX *oblongus, totus viridis, oculis fuſcis.*

La punaiſe verte aux yeux bruns.
Longueur 3 lignes.   Largeur 1 ¼ ligne.

La grandeur & la couleur de celle-ci varient. Elle eſt
quelquefois d'un beau vert; d'autres fois, d'un vert plus
ſale. Ses yeux ſont bruns plus ou moins foncés. Sa tête

&

& les bords, tant antérieurs que postérieurs de son corcelet sont ou pâles ou jaunes. Tout le reste est vert.

44. CIMEX *oblongus viridis , elytrorum lineis sanguineis.*

La punaise verte ensanglantée.
Longueur 3 ¼ lignes. Largeur 1 ½ ligne.

Elle est verte, & ses yeux sont de la même couleur. Le corcelet, qui est assez large, a deux bandes longitudinales rougeâtres, qui partent des yeux & descendent jusqu'aux étuis. L'écusson est tout vert. Il y a sur chaque étui attenant l'écusson, une raie rouge couleur de sang, & plus bas, deux autres petites raies longitudinales de même couleur, assez courtes, placées l'une à côté de l'autre. Les pattes sont vertes, mais le bout des cuisses est rougeâtre. Pour la forme, celle - ci ressemble beaucoup à la précédente.

45. CIMEX *oblongus , pallido-viridis , antennis setaceis rufis.*

La punaise verte à antennes fauves.
Longueur 2 ½ lignes. Largeur ½ ligne.

Celle-ci est longue, pâle, verdâtre, sans mélange d'aucune autre couleur : ses yeux sont aussi verdâtres. Ses antennes seules sont de couleur plus ou moins fauve. Elles sont très-déliées & aussi longues que le corps.

46. CIMEX *longus albidus , oculis nigris.*

Linn. faun. suec. n. 679. Cimex oblongus exalbidus, lateribus albis.
Act. Upf. 1736 , p. 35 , n. 9. Cimex oblongus albus.

La punaise blanchâtre aux yeux noirs.
Longueur 3 ½ lignes. Largeur ⅓ ligne.

Cette punaise est très-allongée ; elle est par-tout de la même couleur, pâle, blanchâtre, tirant un peu sur le vert. Ses yeux sont noirs. Son corcelet a souvent deux bandes longitudinales brunes fur les côtés, qui prennent naiffance derriere les yeux.

47. C I M E X *longus totus viridis, antennis antice porrectis.*

La punaife verte à antennes droites.
Longueur 4 lignes. Largeur ⅓ ligne.

Celle - ci eft très-allongée & par-tout de la même couleur verte, en deffus, en deffous, aux yeux, aux antennes & aux pattes. Ce vert eft pâle. Ses antennes, qu'elle porte droites en avant, l'une à côté de l'autre, font au moins de la longueur de fon corps. Ses pattes font auffi fort longues.

48. C I M E X *longus, albidus, oculis fufcis, fcutello macula nigra.*

La punaife pâle à tache noire fur l'écuffon.
Longueur 3 ½ lignes. Largeur ⅓ ligne.

Sa couleur eft pâle & blanchâtre : fes antennes font très-déliées, & fes yeux font bruns. Sur le milieu de fa tête, eft une bande longitudinale noire, au bout de laquelle font les deux petits yeux liffes rougeâtres. Le corcelet a fur le devant trois raies longitudinales noires ; mais de ces trois, il n'y a que celle du milieu qui aille jufqu'au bout du corcelet ; les deux des côtés finiffent à une efpéce de fillon finué & crénelé, qui traverfe le corcelet d'un côté à l'autre. L'écuffon a dans fa longueur une bande noire, qui eft la fuite de la raie du milieu du corcelet, qui, dans cet endroit, eft plus large & forme une tache. Les pattes, le deffous du ventre & les étuis, font d'une couleur pâle, égale par-tout, & fans aucune tache.

49. C I M E X *oblongus conicus, fufco - cinereus, oculis prominentibus, elytris nervofis.*

La punaife grife conique.
Longueur 3 lignes. Largeur 1 ligne.

Cette efpéce fort commune, eft d'un brun pâle, tirant

fur le gris. Sa tête eft longuette, avec deux yeux bruns très-faillans. Le corcelet eft long, étroit antérieurement, plus large poftérieurement. Ses étuis ont des nervures fortes. Ses pattes font un peu jaunâtres, & fes antennes font très-fines.

50. CIMEX *oblongus niger, capite, elytrorum apice, genubufque ferrugineo-rubris.*

La punaife noire à pointe des étuis rouge.
Longueur 3 lignes. Largeur 1 ⅓ ligne.

Sa tête eft d'un jaune rouge, avec les yeux bruns, & une tache noire longue fur le milieu. Ses antennes font noires. Le corcelet eft tout noir & liffe. L'écuffon a un petit point rougeâtre à fa pointe. Les étuis ont une grande tache rouge à leur extrémité, & un peu de rouge en haut, fur le bord extérieur. Le deffous de l'infecte eft noir, ainfi que fes pattes, dont les articulations font rougeâtres. Le deffus de l'animal, vû à la loupe, paroît finement ponctué.

51. CIMEX *oblongus atro-fufcus, alarum macula flava.*

La punaife couleur de fuie à aîles jaunes.
Longueur 3 lignes. Largeur 1 ligne.

Elle eft toute noire, mais d'un noir matte, brun, obfcur & nullement luifant. Son corcelet eft affez large & quarré. La portion membraneufe de fes étuis a dans fa partie fupérieure, une grande tache jaune. Cette efpéce eft très-aifée à reconnoître.

52. CIMEX *oblongus niger, pedibus viridi nigroque variegatis.*

La punaife noire à pattes panachées.
Longueur 1 ⅓ lignes. Largeur ⅓ ligne.

Cette petite efpéce eft en deffus d'un noir luifant. Ses aîles font auffi noires. Ses pattes font panachées & entrecoupées de noir & de vert pâle.

53. CIMEX *oblongus totus ater, alis atris.*

La punaise toute noire.
Longueur 3 lignes. Largeur 1 ½ ligne.

Sa couleur est par-tout d'un noir matte, même sur les aîles. Son corcelet est large, plat, presque quarré & échancré sur le devant.

54. CIMEX *oblongus ater, antennis seta terminatis.*
Linn. faun. suec. n. 677.

Linn. syst. nat. edit. 10, *p.* 447, *n.* 50. Cimex antennis apice capillaribus corpore oblongo nigro.

La punaise à grosses antennes terminées par un fil.
Longueur 2 ⅓ lignes. Largeur ⅓ l gne.

Sa forme est allongée. Tout son corps est noirâtre, à l'exception des pattes, qui sont d'un jaune pâle. Mais ce qui fait le caractére distinctif de cette espéce, ce sont ses antennes, dont les deux premiers articles sont fort gros, sur-tout le second, qui est considérable & allongé en fuseau, tandis que les deux derniers articles sont plus fins que des cheveux & de couleur jaunâtre. On trouve cette espéce assez fréquemment dans les bois.

55. CIMEX *oblongus, infra niger, supra albo-lacteus, antennis crassis antice porrectis, capite pedibus antennisque nigris.*

La punaise chartreuse.
Longueur 2 lignes. Largeur ¼ ligne.

Cette petite espéce est noirâtre en dessous. Tout le dessus de son corps est finement & irréguliérement pointillé, & il est d'un blanc de lait, à l'exception de sa tête, qui est noire. Sur le corcelet, on apperçoit trois fillons longitudinaux élevés. De plus, on ne voit aucune distinction entre le corcelet & l'écusson, qui sont tout-à-fait joints ensemble. Les pattes sont noires : les anten-

nes pareillement noires , ont près de la moitié de la longueur du corps. Elles font groffes, compofées de quatre
articles ; les deux premiers courts, & le troifiéme fort long.
On trouve cette punaife quelquefois en grande quantité
fur le chardon - roland.

56. CIMEX *ex albo fufcoque cinereus , elytrorum ,
thoracifque margine punctato , antennis fubclavatis.*

Linn. faun. fuec. n. 687. Cimex antennis clavatis, elytris thoracifque margine
reticulato-punctatis.
Linn. fyft. nat. edit. 10 , *p.* 442 , *n.* 12. Cimex elytris abdomen occultantibus
reticulato-punctatis antennis clavatis.
Reaum. inf. 3 , *tab.* 34 , *fig.* 1 , 2 , 3 , 4.

La punaife tigre.
Longueur 1 ⅓ lignes. Largeur ⅔ ligne.

La forme de celle-ci approche de celle de la précédente,
mais fes antennes font très-différentes. Sa tête & le deffous
de fon corps font noirs , & fes pattes font brunes. Le corcelet eft noir au milieu , & blanc fur les côtés. Outre cela,
on voit fur la longueur de ce corcelet , trois fillons élevés,
comme dans l'efpéce précédente ; mais les deux des côtés
ne vont pas jufqu'à la tête. Les étuis font blancs , diaphanes , imitans le refeau , avec leurs bords ponctués de noir.
Les antennes ont leurs deux premiers articles courts ; le
troifiéme très-long, & le quatriéme court & fort gros,
ce qui donne à l'antenne la figure d'une maffue. La larve
de cette punaife habite l'intérieur des fleurs du *chamæ-
drys,* qui avant de s'ouvrir, paroiffent plus groffes & plus
gonflées qu'à l'ordinaire , lorfque cette larve y eft renfermée.

57. CIMEX *antennis clavatis , thorace elytrifque corpore
multò latioribus , diaphanis , reticulatis , fafcia duplici
tranfverfa.*

La punaife à fraife antique.
Longueur 1 ⅓ ligne. Largeur 1 ligne.

Rien n'eft plus fingulier que cette efpéce , qui approche

un peu des précédentes. Sa tête est brune & petite. Son corcelet, semblable à celui de la précédente, a des rebords larges, diaphanes, membraneux, reticulés, qui forment des aîlerons fur les côtés, & vont même recouvrir la tête. Les étuis pareillement larges, débordent aussi le corps, & font de même membraneux, reticulés, & de plus chargés de deux bandes brunes transverses. Les antennes ressemblent à celles de l'espéce précédente, si ce n'est qu'elles font plus fines & plus longues, égalant au moins les deux tiers du corps. Les appendices des étuis de cet insecte, & sur-tout ceux de son corcelet, forment une espéce de fraise autour du col de l'animal, telles que nous en voyons dans les anciens tableaux de femmes.

58. CIMEX *linearis pedibus anticis breviffimis, cœteris antennifque filiformibus longiffimis, albo fuscoque variis.*

Linn. faun. suec. n. 683. Cimex linearis, pedibus quatuor, antennifque longiffimis, albo fuscoque variis.
Linn. syst. nat. edit. 10, *p.* 450, *n.* 83. Cimex linearis, pedibus anticis breviffimis craffis inflexis.
Frisch. germ. 7, *p.* 11, *t.* 6. Cimex arborum oblongus, alarum fignatura alba.

La punaise euliciforme.
Longueur 2 *lignes. Largeur* ⅓ *ligne.*

Cette punaise a l'air d'un cousin ou d'une petite tipule. Son corps est long & très-étroit. Sa tête est assez grande, avec une trompe un peu en arc recourbée en dessous. Son corcelet est allongé & cylindrique. Les étuis, qui font fort longs, ont leur partie écailleuse fort petite, & la partie membraneuse très-grande. Les pattes de devant font courtes & plus grosses que les autres. Les quatre de derriere & les antennes, font plus fines qu'un fil de soie, & très-longues, ayant deux fois la longueur du corps. Tout l'insecte est entrecoupé & panaché de blanc & de brun. Cette espéce se trouve sur les arbres, où elle vacille & se balance perpétuellement, comme les tipules, à cause de la fineſſe de ſes pattes, qui ſemblent pouvoir à peine porter ſon corps.

59. CIMEX *linearis ſupra niger, pedibus anticis breviſſimis. Linn. faun. ſuec. n. 684.*

Linn. ſyſt. nat. edit. 10, *p.* 450, *n.* 81. Cimex lacuſtris.
Friſch. germ. 7, *t.* 20.
Bradl. natur. t. 26, *f.* 2. D.
Bauh. ballon. p. 213, *f.* 1. Inſectum tipula dictum.
Liſt. tab. mut. t. 4, *f.* 4.
Raj. inſ. p. 57, *n.* 1. Cimex aquaticus figuræ longioris.

La punaiſe nayade.
Longueur 4 lignes. Largeur $\frac{4}{3}$ ligne.

Ses antennes noires ſont preſque de la longueur de la moitié de ſon corps. Ses yeux ſont gros & ſaillans. Son corcelet eſt allongé, avec trois ſillons un peu élevés en deſſus. Il eſt d'un noir matte, ainſi que les étuis. En regardant l'inſecte à la loupe, on voit un peu de pouſſiere jaune ſur ces étuis. Le deſſous de l'inſecte, vû à un certain jour, paroît blanchâtre. Les pattes de devant ſont courtes, & les quatre autres fort longues. On voit cet inſecte courir fort vîte ſur la ſurface des eaux tranquilles des mares & des baſſins. Ce qu'il y a de ſingulier, c'eſt qu'il s'accouple ſouvent avant que d'être parfait, n'ayant encore ni aîles ni étuis.

60. CIMEX *linearis nigricans compreſſus, capite cylindraceo, pedibus anticis breviſſimis.*

Linn. faun. ſuec. n. 685. Cimex linearis nigricans, compreſſus, pedibus anticis breviſſimis.
Linn. ſyſt. nat. edit. 10, *p.* 450, *n.* 82. Cimex ſtagnorum.
Petiv. gaz. 15, *t.* 9, *f.* 12. Tipula londinenſis anguſtiſſima.

La punaiſe aiguille.
Longueur 5 lignes. Largeur $\frac{1}{3}$ ligne.

On voit par les dimenſions de cette punaiſe, qu'elle eſt longue & très-étroite; elle reſſemble à une aiguille un peu groſſe. Sa tête, qui fait preſque le tiers de ſa lon gueur, est étroite, cylindrique, un peu plus grosse seulement vers les deux bouts, avec des yeux assez petits, saillans sur les côtés, & posés vers le milieu de sa longueur. Les antennes, aussi longues que la tête, sont très-fines. Il en est de même des pattes toutes assez longues, à l'exception des premieres, qui sont courtes, moins cependant que dans l'espéce précédente. Le ventre long, & un peu plus large que le reste du corps, est applati. Tout l'insecte est d'un brun noirâtre; on voit seulement des petits points blanchâtres de distance en distance sur les côtés du ventre. Cette punaise marche sur l'eau comme la précédente, mais elle coure moins vîte.

SECONDE FAMILLE.

61. CIMEX *subrotundus viridis.*

Linn. faun. suec. n. 648. Cimex subrotundus viridis, margine undique flavo.
Linn. syst. nat. edit. 10, p. 445, n. 37. Cimex juniperinus.
Raj. inf. p. 53. n. 1. Cimex sylvestris viridis.

La punaise verte.
Longueur 5 ½ lignes. Largeur 3 ½ lignes.

La forme de cette punaise est ovale. Quant à sa couleur, elle est toute verte, mais le dessus de son corps est d'un beau vert, & le dessous d'un vert jaunâtre. Ses antennes sont composées de cinq articles, dont le premier est très-court, & les quatre autres sont assez longs. Le dernier article est d'une couleur un peu fauve, les autres sont d'un vert pâle. La trompe éfilée & pointue, est couchée sous le ventre, entre les pattes, & va jusqu'à la derniere paire. Elle est formée de deux filets, composés chacun de quatre piéces, & entre ces deux filets, vers le haut, se trouve la langue de l'animal, plus courte des deux tiers que la trompe. La tête est platte, plus longue que large, avec les deux yeux à reseau sur les côtés, & postérieurement, deux petits yeux lisses. Ce corcelet est large, avec des angles obtus, qui avancent sur les côtés. L'écusson est grand, & sa pointe déborde le côté intérieur

de

de la partie écailleuse des étuis. La tête, le corcelet, l'écuſſon & les étuis ſont finement & irréguliérement pointillés, & le fond de ces points eſt noirâtre. La partie membraneuſe des étuis eſt tranſparente & ſans couleur. Les aîles ſont plus brunes, ſur-tout au côté extérieur. Le deſſus du ventre, ſous les aîles, eſt brun. Tout le deſſous, ainſi que les pattes, eſt d'un vert jaunâtre. On apperçoit auſſi un peu de cette même couleur ſur les bords du corcelet & à la pointe de l'écuſſon. Cet inſecte pue très-fort. On le trouve à la campagne & dans les jardins, ſur-tout ſur les groſeliers.

62. CIMEX *ovatus, thorace obtuſe angulato, è viridi rubroque nebuloſus.*

La punaiſe verte lavée de rouge.
Longueur 6 lignes. Largeur 3 ½ lignes.

Ses antennes ſont toutes noires. Sa tête eſt allongée, & ſon corcelet eſt large, avec des angles ſaillans, mouſſes à leur extrémité. L'écuſſon eſt auſſi long que les étuis. Ceux-ci, ainſi que le corcelet, l'écuſſon & la tête ſont verts, lavés plus ou moins de rouge. Le deſſous de l'inſecte eſt d'un vert pâle, & ſes pattes ſont rougeâtres.

63. CIMEX *ſubovatus viridis, angulis thoracis acutis rubris apice nigris, abdomine ſubtus acuto.*

Raj. inſ. p. 54, n. 3. Cimex ſylveſtris leucophæus, corpore paulo longiore & anguſtiore, ſcapulis acutioribus, macula in centro crucis pallidiore.

La punaiſe verte à pointes du corcelet rouges.
Longueur 6 lignes. Largeur 3 lignes.

Elle approche de la précédente; elle eſt cependant plus allongée, & ſa couleur eſt d'un vert plus pâle. De plus, ſa tête, ſon corcelet, ſon écuſſon & ſes étuis, ſont ponctués plus fortement. Le corcelet de celle-ci eſt large, avec des angles aigus, ſaillans & très-pointus ſur les côtés. Ces pointes ſont d'un beau rouge, & leur extrémité eſt noire.

Tome I. N n n

L'écuſſon eſt grand; il ne va cependant que juſqu'au commencement de la partie membraneuſe des étuis. Le deſſous de l'inſecte eſt jaunâtre, lavé en quelques endroits
d'un peu de rouge; mais le deſſus du ventre eſt aſſez chargé de cette derniere couleur, qui paroît à travers les aîles
& la membrane des étuis. Sur la tête, on apperçoit très-
diſtinctement deux petits yeux liſſes, outre les yeux à reſeau.

64. CIMEX *fuſcus, antennis abdominiſque margine
nigro croceoque variegatis.*

Linn *faun. ſuec. n.* 650. Cimex griſeus, abdominis margine nigro maculato.
Linn. *ſyſt. nat. edit.* 10, *p.* 445, *n.* 34. Cimex baccarum.
Raj. *inſ. p.* 54, *n.* 2. Cimex ſylveſtris, corpore breviori, fuſcus, ſcapulis
magis extantibus, macula è flavo rubente in centro crucis dorſalis.
Jonſt. *inſ. t.* 17, *f.* 9.
Liſt. *tab. mut. t.* 2, *f.* 19.
Liſt. *loq. p.* 396, *n.* 36. Cimex è luteo vireſcente infuſcatus, corniculis macu-
latis ſimiliter ad alvi margines nigris maculis eleganter interſtinctus.

La punaiſe brune à antennes & bords panachés.
Longueur 6 lignes.　Largeur 3 lignes.

La couleur & la grandeur de cette eſpéce varient; elle
eſt ſouvent un peu plus petite que nous ne l'avons marquée. Quant à la couleur, le brun y domine. Quelquefois
ce brun eſt un peu jaunâtre & uniforme : d'autres fois l'inſecte paroît d'un brun nébuleux, par un mêlange de taches
jaunes & brunes. Les aîles & la partie membraneuſe des
étuis varient auſſi, tantôt elles ſont tranſparentes & nullement colorées, tantôt elles ſont parſemées de taches noires; mais ce qui eſt conſtant dans toutes, c'eſt que les antennes, ainſi que les bords du ventre, qui paſſent les étuis,
ſont variés & panachés alternativement de deux couleurs,
noire & jaune fauve. Le bout du corcelet, qui eſt aſſez
long, eſt auſſi ordinairement un peu jaunâtre. Le deſſous
de l'inſecte eſt pâle, ſouvent tacheté de noir. Le corcelet
eſt large, quelquefois un peu bronzé, & ſe termine ſur les
côtés, par des angles mouſſes. Cette punaiſe pue très-fort.

Elle vient fur les arbres & fouvent fur les grofeliers. Elle
mange les autres infectes, même les coléoptères, dont elle
perce les étuis avec fa trompe, les fuççant enfuite. Ses pattes font brunes, & on voit fur fa tête deux petits yeux liffes.

65. CIMEX *fufcus, pedibus abdominifque limbo luteo
fufcoque variegatis.*

La punaife brune à pattes panachées.
Longueur 3 lignes. Largeur 1 ⅓ ligne.

La couleur de cet infecte eft la même que celle du précédent, fi ce n'eft qu'il eft plus brun ; il n'y a que le
milieu de fon corcelet qui ait un peu de jaune. Ce corcelet eft grand, ainfi que l'écuffon. Les antennes font noires, & le deffous de l'infecte eft un peu moins brun que le
deffus : mais ce qui caractérife cette efpéce, c'eft la couleur du bord de fon ventre & de fes pattes. Le ventre a le
petit bord panaché de jaune & de brun, & les pattes
paroiffent auffi panachées, quoique le noir y domine. Le
commencement ou le haut des cuiffes eft jaune, ainfi que
le milieu des jambes, qui a un anneau de cette couleur.

66. CIMEX *nigro-ferrugineus, fcutello ad anum ufque
producto.*

La punaife porte-chappe brune.
Longueur 5 ½ lignes. Largeur 3 ½ lignes.

Cette punaife eft par-tout d'un brun couleur de fuie,
fes pattes feules font jaunâtres. Ce qu'elle a de particulier, c'eft que fon écuffon eft fort long, & va jufqu'au
bout de fon corps, qu'il déborde même un peu par le bas.
Sur les côtés, il eft étroit & laiffe voir une portion des
étuis qui eft de couleur pâle, & le bord du ventre qui eft
noir. On trouve cette efpéce fur les feigles, vers le mois
de juillet.

N. B. Il y en a une plus petite que je crois fimple
variété de celle-ci, & qui n'en différe qu'en ce que ; 1°.

elle eſt un peu plus petite ; 2°. ſa couleur eſt plus claire ; 3°. les bords du corps, au lieu d'être noirs, ſont entrecoupés de brun & de couleur pâle : du reſte elle reſſemble parfaitement à l'eſpéce ci-deſſus.

67. **CIMEX** *ater punctatus, ſcutello ad anum uſque producto.*

La punaiſe porte-chappe noire.
Longueur 5 ½ lignes.   Largeur 3 lignes.

Sa couleur eſt noire par-tout & paroît matte, à cauſe des petits points qui ſont en deſſus, & qui la rendent comme chagrinée ; du reſte cette eſpéce reſſemble tout-à-fait à la précédente pour la grandeur, la forme, & en particulier pour le volume de ſon écuſſon qui eſt auſſi long que ſon corps, mais plus étroit. Celle-ci a été trouvée au milieu de la ville.

68. **CIMEX** *rotundatus ruber, ſupra faſciis longitudinalibus, infra punctis nigris, ſcutello amplo totum fere abdomen tegente.*

La punaiſe ſiamoiſe.
Longueur 4 lignes.   Largeur 3 lignes.

C'eſt une des plus belles & des plus ſingulieres eſpéces de ce genre. Sa tête, ſon corcelet & ſon écuſſon, ſont rayés dans leur longueur, par des bandes alternativement rouges & noires, comme l'étoffe que l'on appelle ſiamoiſe. Le corcelet eſt large & un peu boſſu. L'écuſſon eſt très-grand ; il va juſqu'au bout du ventre, & couvre les étuis dont il ne paroît que le bord. Les étuis ſont rouges, avec leur partie membraneuſe brune. Le deſſous de l'inſecte eſt rouge, ponctué de taches noires ; & les bords du ventre ſont panachés de taches alternativement noires & rouges. Les antennes ſont noires. La même couleur domine ſur les pattes qui ont un peu de rouge, principalement aux jambes.

89. CIMEX *rotundato - ovatus , nigro rubroque variegatus , capite alifque nigris. Linn. faun. fuec. n. 661.*

Linn. *fyft. nat. edit.* 10 ; p. 446 , n. 43. Cimex ornatus.

La punaife rouge du choux.
Longueur 4 ½ lignes. Largeur 3 lignes.

Ses antennes font noires , ainfi que fa tête , qui a quelquefois un peu de rouge devant les yeux. Le corcelet eft rouge , avec quatre taches noires prefque quarrées , pofées l'une à côté de l'autre vers le milieu de fa longueur. Ces quatre taches s'avançant vers le devant , fe réuniffent fouvent en deux proche la tête. L'écuffon eft noir , avec une tache rouge , longue , fourchue du côté du corcelet , & il eft terminé par une tache plus large du côté de la pointe. Les étuis font rouges , avec trois taches ou plaques noires fur chacun ; favoir , une petite & ronde vers la pointe des étuis , une plus grande & ovale fur le bord extérieur , & une troifiéme quarrée , plus grande que les deux autres , placée fur le bord intérieur de l'étui , s'avançant entre les deux autres taches , & repréfentant avec celle de l'autre étui une large bande tranfverfe placée fur le milieu de l'infecte. Outre cela , les bords de l'étui qui touchent l'écuffon font noirs. La partie membraneufe des étuis eft noire , de même que le deffous de l'infecte & les pattes. Les bords du ventre font panachés alternativement de noir & de rouge. Cette punaife fe trouve très-communément fur le choux & la plûpart des plantes cruciferes. Ses œufs font en quantité confidérable fur les feuilles de ces plantes. Ils y font rangés par bandes ferrées , & en les examinant de près , ils paroiffent très-jolis. Ils imitent pour la forme un petit baril , dont le haut & le bas feroient entourés de bandes brunes , tandis que le milieu de l'œuf eft gris , avec des points bruns très-ronds. La face inférieure , ou le fond de l'œuf eft collé fur la feuille , & fa face fupérieure eft brune , avec un cercle gris étroit ;

& un point gris dans son centre. Cette partie supérieure se leve , comme un couvercle , quand la petite punaise sort de son œuf.

70. CIMEX *ovatus , totus niger , alis pallidis.*

La punaise noire.
Longueur 4 lignes.   Largeur 1 ⅓ ligne.

Cette punaise est par-tout d'un noir foncé ; ses aîles seules sont pâles , & les extrémités membraneuses de ses étuis , blanches & transparentes. Ses jambes sont très-épineuses.

71. CIMEX *ovatus , fusco-niger alis pallidis.*

La punaise brune luisante.
Longueur 1 ½ ligne.   Largeur 1 ligne.

Je ne vois d'autres différences entre celle-ci & la précédente , que la grandeur qui est beaucoup moindre , & la couleur qui n'est pas absolument noire , mais d'un brun foncé & luisant , au lieu que l'espéce ci-dessus est d'un noir plus matte. L'écusson est aussi proportionnément plus grand dans celle-ci : du reste les autres parties sont semblables.

72. CIMEX *ovatus niger , elytrorum limbo exteriore albo.*

La punaise noire à bordure blanche.
Longueur 2 lignes.   Largeur 1 ligne.

Celle-ci encore semblable aux précédentes , est toute noire & luisante ; il n'y a que les étuis qui sont bordés extérieurement d'un peu de blanc. Leur partie membraneuse est pâle & blanchâtre , & l'écusson est assez grand.

73. CIMEX *ovatus niger , thoracis lateribus , elytrorumque maculis quatuor albis.*

Linn. faun. suec. n. 655. Cimex ovatus niger, elytris nigro alboque variegatis, alis albis.
Linn. syst. nat. edit. 10, p. 446, n. 42. Cimex bicolor.
Petiv. gazoph. p. 22, t. 14, f. 7. Cimex niger noftras albo maculatus.
List. loq. p. 396, n. 37. Cimex niger maculis candidis notatus.
Raj. ins. p. 54, n. 5. Cimex fylveftris parvus, corpore rotundiore, colore nigro fplendente, maculis albis picto.

La punaife noire à quatre taches blanches.
Longueur 3 lignes. Largeur 2 lignes.

La couleur de celle-ci eft d'un noir bleuâtre. Les bords de fon corcelet font terminés fur les côtés par une bande blanche. Les étuis ont chacun deux taches de même couleur, l'une oblongue & irréguliere placée en haut, l'autre plus bas à la pointe de la partie écailleufe, moins longue, mais auffi peu réguliere que l'autre. La partie membraneufe des étuis eft brune. Le deffous du corps eft tout noir. Les pattes le font auffi avec un peu de blanc aux articulations.

74. C I M E X *ovatus, cærulefcenti-æneus, thorace lineola, fcutelli apice, elytrifque punâo albo rubrove. Linn. faun. fuec. n. 654.*

Linn. syst. nat. edit. 10, p. 446, n. 40. Cimex oleraceus.
Raj. ins. p. 54, n. 6. Cimex fylveftris cœrulefcens, paulo reliquis minor, & magis depreffus.
Sloan. hist. 2, p. 203, t. 237, f. 36, 37. Cimex minor cœruleus, lineis albis varius, teftudinis forma.

Raj. ins. p. 54, n. 7. Cimex fylveftris cœrulefcens paulo reliquis minor & magis depreffus, area fcapularum rubra.

La punaife verte à raies & taches rouges ou blanches.
Longueur 3 lignes. Largeur 2 lignes.

Tout le deffus de cette efpéce eft d'un noir bleuâtre ou verdâtre, un peu cuivreux, avec différentes taches ou raies, tantôt blanches, tantôt rouges. Il y a d'abord une raie longitudinale fur le milieu du corcelet, une tache fur la pointe de l'écuffon, & une fur chaque étui à côté de la précédente ; enfin une petite bande fur les bords extérieurs du corcelet & des étuis. Le corps en deffous eft noir,

ainſi que les pattes & les antennes. M. Linnæus prétend
que la différence de la couleur des taches vient du ſexe ,
que les mâles portent ces taches blanches , tandis qu'elles
ſont rouges dans les femelles. Il eſt vrai qu'on trouve
quelquefois des mâles tachés de blanc , & des femelles
avec les points rouges ; mais j'ai auſſi trouvé préciſément
le contraire. J'ai vû auſſi des mâles & des femelles accouplés enſemble , les uns & les autres avec des taches
rouges : ainſi c'eſt une ſimple variété de couleur , qui ne
dépend point de la différence du ſexe.

75. CIMEX *ovatus , viridi - cœruleus æneus.*

Linn. ſyſt. nat. edit. 10 , p. 445 , n. 38. Cimex ovatus cœruleus immaculatus.

La punaiſe verte bleuâtre.
Longueur 3 lignes.   Largeur 1 ⅓ ligne.

Ses antennes & ſes pattes ſont noires , tout le reſte
de ſon corps eſt d'un bleu verdâtre , bronzé & brillant. Ses
étuis , ſon corcelet & ſon écuſſon ſont ponctués , & ſes
aîles ſont brunes.

76. CIMEX *rotundato - ovatus niger , capite genubuſque
ferrugineis , pedibus ſaltatoriis.*

La punaiſe ſauteuſe.
Longueur 1 ½ ligne.   Largeur 1 ligne.

Sa tête eſt ovale , d'une couleur jaune rougeâtre en
deſſus , avec les yeux & les machoires brunes ; ſes antennes ſont longues , fines & jaunâtres. Ses pattes de devant
ſont de la même couleur. Le corcelet aſſez cylindrique &
noir. Le reſte du corps eſt rond & tout noir , ſeulement les
genoux des pattes poſtérieures ſont d'un rouge brun. Les
dernieres pattes & ſur - tout leurs cuiſſes ſont plus groſſes
que les autres , & ſervent à l'inſecte à ſauter.

77. CIMEX *ovatus , antice attenuatus , faſciis longitudinalibus cinereo - exalbidis , antennis extremo rufis.*
Linn.

Linn. faun. fuec. n. 656. Cimex ovatus, antice attenuatus, cinereo-exalbidus, antennis incarnatis.
Lift. tab. mut. t. 2, f. 20.
Raj. inf. p. 56, *n.* 6. Mufca cimiformis fexta willughby.

La punaife à tête allongée.
Longueur 3 ½ *lignes. Largeur* 1 ⅓ *ligne.*

Cette efpéce n'a rien de bien fingulier pour fa couleur, qui eft d'un jaune pâle & blanchâtre, mais fa forme eft extraordinaire. Sa tête eft allongée, & finit en pointe comme un coin, ou comme la trompe d'une des groffes efpéces de charanfons. Le corcelet eft large, & fait une fuite continue avec la tête, allant en s'élargiffant vers fa partie poftérieure. Le refte du corps eft ovale. L'écuffon eft affez grand. La tête, le corcelet & les étuis, font couverts de petits points noirs. Du fommet de la tête, partent deux raies brunes, qui parcourent le corcelet dans fon milieu, & qui ne font féparées l'une de l'autre que par une petite raie jaunâtre. Ces mêmes raies vont jufques fur l'écuffon, vers le milieu duquel elles difparoiffent. Les antennes font compofées de cinq articles, dont les deux premiers font fort courts. Les deux derniers font les plus longs & leur couleur eft d'un rouge brun.

NAUCORIS. *Nepæ fpec. linn.*

LA NAUCORE.

Articuli tarforum duo.	Deux articles aux tarfes.
Antennæ breviffimæ infra oculos pofitæ.	Antennes très-courtes, fituées au-deffous des yeux.
Roftrum inflexum.	Trompe courbée en deffous.
Alæ quatuor cruciatæ.	Quatre aîles croifées.
Pedes fex, primi cheliformes.	Six pattes, les premieres en forme de pinces d'écreviffes.
Scutellum præfens.	Ecuffon.

La naucore a bien de la reffemblance avec les punaifes, dont cependant elle différe par beaucoup d'endroits, com-

Tome I. O o q

me le fait voir la différence de ſes caractères. Ils conſiſtent ; 1°. dans la forme de ſes tarſes, qui n'ont que deux piéces, ce qui ne ſe rencontre que dans la punaiſe à avirons & dans la pſylle, parmi tous les inſectes de cette ſection ; 2°. dans la forme de ſes antennes qui ſont très-courtes, & tellement cachées ſous les yeux, qu'elles ſont difficiles à appercevoir, en quoi elle différe de la punaiſe ; 3°. dans ſes pattes, au nombre de ſix, dont les premieres ont la figure ſinguliere de pinces, caractère qui lui eſt commun avec la coriſe ſeule ; 4°. dans ſon écuſſon, qui la diſtingue de la coriſe qui n'en a point ; 5°. & 6°. enfin dans la forme de ſes quatre aîles croiſées & de ſa trompe recourbée en deſſous. La réunion de ces ſix caractères empêche de confondre la naucore avec tous les autres genres de cette ſection.

Les différentes métamorphoſes de cet inſecte approchent beaucoup de celles des punaiſes. On voit courir dans l'eau ſa larve & ſa nymphe. C'eſt auſſi dans l'eau que la naucore devient inſecte parfait. Ce petit animal eſt vorace ; il ſe nourrit d'autres inſectes aquatiques, qu'il perce avec ſa trompe, dont l'extrémité eſt très-aigue. Nous ne connoiſſons qu'une ſeule eſpéce de ce genre.

1. NAUCORIS. Planch. 9, fig. 5.

Linn. faun. ſuec. n. 692. Nepa abdominis margine ſerrato.
Linn. ſyſt. nat. edit. 10, p. 440, n. 6. Nepa cimicoides.
Friſch. germ. 6, p. 31, t. 14. Cimex aquaticus latior.
Roſel. inſ. vol. 3, ſupplem. tab. 28. Cimex aquaticus.

La naucore.

Longueur 4, 5 lignes. Largeur 3 lignes.

Cet inſecte eſt ovale, & ſon dos eſt arrondi. Sa couleur eſt verte, panachée de brun. Sa tête eſt large, applatie, avec une eſpéce de bec pointu recourbé en deſſous. Aux deux côtés de cette pointe, ſont les antennes, placées en deſſous proche les yeux. Elles ſont très-courtes, difficiles à voir, & elles paroiſſent compoſées de trois piéces. Le corcelet eſt large. Son fond eſt verdâtre, avec quatre

ou cinq bàndes brunes longitudinales. L'écuffon eft affez
grand. Les étuis font larges, flexibles & croifés l'un fur
l'autre. Le ventre eft applati & forme prefque le rond.
Ses bords, qui débordent les étuis, comme dans les punaifes, font entrecoupés de vert & de brun, & paroiffent
figurés en fcie, parce que les anneaux débordent & avancent les uns fur les autres. Les pattes font au nombre de
fix. Les premieres naîffent du corcelet en deffous, & font
finguliérement figurées. Il y a d'abord un gros moignon
court qui tient lieu de cuiffe ; enfuite une piéce large,
applatie & affez courte, qui tient la place de la jambe ; &
enfin une troifiéme, compofée de deux articles minces,
crochue & pointue, femblable aux pinces des crabes,
qui eft le tarfe. Les quatre autres pattes font plus minces,
plus longues, de couleur verte, & elles n'ont rien de
fingulier. Cet infecte vit dans l'eau. Il pique très-fort avec
fa trompe aigue.

NOTONECTA.

LA PUNAISE A AVIRONS.

Articuli tarforum duo.	Deux articles aux tarfes.
Antennæ breviffimæ infra oculos pofitæ.	Antennes très-courtes, fituées au-deffous des yeux.
Roftrum inflexum.	Trompe courbée en deffous.
Alæ quatuor cruciatæ.	Quatre aîles croifées.
Pedes fex natatorii.	Six pattes en forme de nageoires.
Scutellum præfens.	Ecuffon.

La punaife à avirons a été ainfi nommée, parce qu'elle
reffemble beaucoup aux punaifes, & qu'en nageant dans
l'eau, elle fe fert de fes pattes, principalement de celles
de derriere, comme d'avirons pour fe conduire. La maniere dont nage cet infecte eft affez finguliere ; il eft fur
le dos & préfente en haut le deffous de fon ventre. C'eft
par cette raifon qu'on lui a donné le nom latin de *notonecta*.

Les fix articles qui compofent le caractere de ce genre, le font aifément reconnoître & diftinguer de tous les
autres infectes de cette fection. Celui dont il approche
le plus, eft le genre précédent, dont il ne différe que par la
forme de fes pattes, qui font toutes figurées en nageoires, applaties & bordées de petits poils fur un de leurs
côtés.

1. NOTONECTA *capite luteo, elytris fufco croceoque*
variegatis, fcutello atro. Planch. 9, fig. 6.

Linn. faun. fuec. n. 688. Notonecta grifea, elytris grifeis, margine fufco-
punctatis.
Bradl. natur. t. 26, *f.* 2. E.
Linn. fyft. nat. edit. 10, *p.* 439, *n.* 1. Notonecta glauca.
Mouffet. inf. p. 321, *fig. ord.* 3.
Hoffn. inf. t. 12, *f.* 19.
Petiv. gazoph. t. 72, *f.* 6. Notonecta vulgaris nigro pallidoque mixta.
Frifch. germ. 6, *p.* 28, *t.* 13. Cimex aquaticus anguftior.
Rofel. inf. vol. 3, *fupplem. tab.* 27. Cimex aquaticus.

La grande punaife à avirons.
Longueur 6 *lignes.* *Largeur* 2 *lignes.*

Cet infecte a une tête affez arrondie, dont fes yeux
paroiffent former la plus grande partie. Ces yeux font
bruns & fort gros, & le refte de fa tête eft jaune. Au-devant, elle a une trompe pointue, qui defcend & fe
recourbe entre les premieres jambes. Sur les côtés, on
apperçoit les antennes, qui font fort petites, jaunâtres, &
qui partent du deffous de la tête. Le corcelet qui eft
large, affez court & liffe, eft jaune antérieurement &
noir à fa partie poftérieure. L'écuffon eft grand, d'un noir
matte & comme velouté. Les étuis affez grands & croifés,
font mêlés de couleur brune & jaune, femblable à la
rouille, ce qui les rend nébuleux. Le deffous du corps eft
brun, & au bout du ventre, on voit quelques poils. Les
pattes au nombre de fix, font d'un brun clair. Les deux
poftérieures ont à la jambe & au tarfe, des poils qui leur
donnent la forme de nageoires, & elles n'ont point d'onglets au bout. Les quatre antérieures font un peu appla-

ties & fervent à l'animal pour nager , mais elles ont
au bout des onglets & n'ont point de poils. On voit cet
infecte dans les eaux tranquilles , où il nage fur le dos. Ses
deux pattes de derriere , plus longues que les autres , lui
fervent d'avirons. Il eft très-vif & s'enfonce quand on
veut le prendre , après quoi il remonte à la furface de
l'eau. Il faut le prendre avec précaution pour n'en être pas
piqué , car la pointe aigue de fa trompe pique très-fort.

2. NOTONECTA *cinerea anelytra.*

Linn. faun. fuec. n. 690. Notonecta arenulæ magnitudine.
Linn. fyft. nat. edit. 10 , *p.* 439 , *n.* 3. Notonecta elytris cinereis , maculis fuf-
cis longitudinalibus.
Act. Upf. 1736 , *p.* 37 , *n.* 3. Notonecta cinerea vix confpicua.

La petite punaife à avirons.
Longueur 1 ligne. Largeur ½ ligne.

A peine apperçoit-on dans l'eau ce petit infecte , qui
paroît comme un point gris. Ses yeux font bruns , le deffus
de fon corps l'eft auffi un peu ; tout le refte eft d'un
gris cendré. Ce qu'il y a de fingulier , c'eft qu'on trouve
toujours cet infecte fans étuis & fans aîles , enforte qu'il
reffemble plutôt à une nymphe qu'à un infecte parfait : du
refte fa forme eft , en petit , précifément la même que celle
de l'efpéce précédente , & il nage pareillement fur le dos.

CORIXA. *Notonectæ fpec. linn.*
LA CORISE.

Articulus tarforum unicus.	Un feul article aux tarfes.
Antennæ breviffimæ infra oculos pofitæ.	Antennes très-courtes , fituées au-deffous des yeux.
Roftrum inflexum.	Trompe courbée en deffous.
Alæ quatuor cruciatæ.	Quatre aîles croifées.
Pedes fex , primi cheliformes ; poftici natatorii.	Six pattes , les deux premieres en forme de pinces , les dernieres en nageoires.
Scutellum nullum.	Point d'écuffon.

La corife a été confondue par quelques auteurs avec la

punaife à avirons. Il eft vrai qu'elle vit dans l'eau comme elle , & qu'elle lui reffemble affez pour la forme & le port extérieur : mais fes différens caractéres font voir qu'elle en différe beaucoup , & que ces genres ne doivent pas être confondus. Les antennes , la bouche , les aîles font à la vérité les mêmes que dans la plûpart des genres précédens , mais outre que la corife n'a qu'une feule piéce aux tarfes , en quoi elle différe de la punaife à avirons , outre qu'elle n'a point d'écuffon , ce qui la diftingue encore de ce genre & du fuivant , fes pattes fourniffent de plus un caractere effentiel. Elles font au nombre de fix , dont les deux premieres font figurées comme les pinces des écreviffes , à peu près comme celles de la naucore , & les quatre dernieres repréfentent des nageoires , comme celles de la punaife à avirons. Toutes ces différences obligent de faire un genre particulier de la corife.

Nous ne connoiffons qu'une feule efpéce de ce genre , qui vit dans l'eau comme les infectes précédens , & fe métamorphofe comme eux.

1. CORIXA. Planch. 9 , fig. 7.

Linn. fyft. nat. edit. 10 , *p.* 439 , *n.* 2. Notonecta ftriata.
Linn. faun. fuec. n. 689. Notonecta elytris pallidis , lineolis tranfverfis undulatis ftriata.
Petiv. gazoph. t. 72 , *f.* 7. Notonecta vulgaris compreffa fufca.
Rofel. inf. vol. 3 , *fupplem. tab.* 19.

La corife.
Longueur 5 ½ *lignes.* *Largeur* 2 *lignes.*

Le corps de cet infecte eft affez applati. Sa tête eft large & courte , & elle eft de couleur jaune , à l'exception des yeux qui font bruns. Sa trompe eft aigue & recourbée en deffous. Son corcelet eft noir & luifant , chargé de beaucoup de raies tranfverfales d'un jaune pâle. Ses étuis font fléxibles , liffes , & finement travaillés pour la couleur. Quand on les regarde de près , on voit des raies noires & jaunes un peu pâles , ondulées , & la plus grande partie tranfverfales qui les recouvrent. Les pattes font jaunes , &

le deffous du ventre eft d'un brun jaunâtre. Ces pattes font très-fingulieres. Les premieres font très-courtes & compofées de trois parties, une platte qui fert de cuiffe, une feconde groffe & longuette, qui eft la jambe, & une troifiéme courte & globuleufe qui repréfente le tarfe. Cette derniere foutient deux onglets longs, pofés l'un fur l'autre, dentelés du côté par lequel ils fe regardent, & pointus par le bout, comme les pinces des crabes. Les fecondes pattes plus longues n'ont rien de fingulier, fi ce n'eft que leurs onglets font déliés, longs & parallèles : mais les dernieres pattes font larges & plus longues que les autres. Leur derniere piéce ou tarfe, & l'onglet lui-même, font barbus des deux côtés, & repréfentent une nageoire large : auffi cet infecte nage-t-il très-bien dans l'eau, mais fouvent fur le ventre, ce que ne fait pas la punaife à avirons, qui nage toujours fur le dos. On trouve la corife dans les ruiffeaux & les mares : elle fent mauvais & pique très-fort.

HEPA.

LE SCORPION AQUATIQUE.

Articulus tarforum unicus.	Un feul article aux tarfes.
Antennæ cheliformes.	Antennes en forme de pinces de crabes.
Roftrum inflexum.	Trompe courbée en deffous.
Alæ quatuor cruciatæ.	Quatre aîles croifées.
Pedes quatuor.	Quatre pattes.

Le fcorpion aquatique a été ainfi appellé, à caufe de la forme finguliere de fes antennes, qui reffemble à des pinces de crabe ou de fcorpion. Parmi les caracteres de ce genre qui le diftinguent des autres de cette fection, cette forme d'antennes, ainfi que le nombre de fes pattes, fervent principalement à le reconnoître. La plùpart des infectes ont fix pattes, & ce nombre eft conftant dans tous les autres genres de la section que nous traitons. Le scorpion aquatique est le seul qui n'ait que quatre pattes. Il est vrai que ses antennes en forme de pinces, lui servent en quelque façon de pattes, & lui tiennent lieu de celles qui lui manquent; il s'en aide pour marcher: aussi quelques Naturalistes les ont-ils pris pour de véritables pattes. Mais ce qui prouve qu'ils se sont trompés, c'est que ces prétendues pattes ne partent point du corcelet, comme les véritables, mais naissent de la tête, comme les antennes. D'ailleurs, si on les regardoit comme des pattes, où seroient les antennes de cet insecte? Le scorpion aquatique seroit le seul, qui manqueroit de cette partie si essentielle à tous les insectes.

Nous n'avons que deux espéces de ce genre, qui toutes deux se trouvent dans l'eau, où elles vivent, ainsi que leurs larves & leurs nymphes, qui sont semblables en tout à celles des genres précédens. C'est aussi dans l'eau que se trouvent les œufs des scorpions aquatiques. Ces œufs qui sont allongés, ont à une de leurs exttémités deux ou plusieurs fils ou poils. L'insecte enfonce son œuf dans la tige d'un *scirpus*, ou de quelqu'autre plante aquatique, de façon que l'œuf y est caché, & qu'il n'y a que ces poils ou fils qui sortent & qu'on apperçoive. On peut aifément conferver dans l'eau ces tiges chargées d'œufs, & l'on voit éclore chez soi les petits scorpions aquatiques, ou du moins leurs larves. Ces insectes sont voraces, & se nourrissent d'autres animaux aquatiques, qu'ils percent & déchirent avec leur trompe aigue, tandis qu'ils les retiennent avec les pinces de leurs antennes. Ils volent très-bien, principalement le soir & la nuit, & ils vont d'une mare à une autre, sur-tout quand celle où ils sont commence à se sécher.

1. HEPA *corpore lineari*. Planch. 10, fig. 1.

Linn. syst. nat. edit. 10, *p.* 441, *n.* 7. Nepa linearis, manibus spina laterali
    pollicatis.
Mouffet. inf. p. 321, *f.* Superior.

Raj.

Raj. inf. p. 59. Locufta aquatica mouffeti.
Frifch. germ. 7 , *tab.* 16.
Swamerd. bib. nat. 1 , *t.* 3 , *f.* 9.
Jonft. inf. t. 15. Locufta mouffet. & cantharis aquatica aldrovand.
Rofel. inf. vol. 3 , *fupplem. tab.* 13. Cimex aquaticus.

Le fcorpion aquatique à corps allongé.
Longueur 13 lignes. *Largeur* 1 ligne.

On voit par les dimenfions de cet infecte, qu'il eft fort
allongé & très-étroit. Il le paroît encore davantage, ayant à
l'extrémité de fon corps, deux appendices longues de neuf
lignes, ce qui fait près de deux pouces de longueur en tout,
fur une feule ligne de largeur. Sa couleur eft brune, un peu
verdâtre. Sa tête eft fort petite, uniquement compofée de
deux yeux ronds, fort faillans, & d'une trompe pointue &
fort aigue, qui n'eft pas longue, & que l'infecte recourbe
fouvent en deffous. Le corcelet eft fort long, cylindrique,
cependant un peu plus retréci vers fon milieu, & plus
renflé proche les étuis. De la jonction du corcelet avec la
tête, partent deux efpéces d'antennes, qui font en même
tems l'office de pattes, compofées de trois piéces, dont la
derniere eft courte, crochue, & fe replie comme les
pinces des crabes. Les étuis longs & étroits, font croifés &
couvrent les deux tiers du ventre ; fous ces étuis font les aîles. Le ventre en deffus eft rouge. Les pattes au nombre de
quatre, partent de deffous le corcelet, proche les unes des
autres. Elles font fort longues, minces, comme celles des
faucheurs, très-unies, & compofées de trois piéces, la
cuiffe, la jambe & le tarfe ou pied, qui eft terminé par deux
petites griffes. On trouve cet infecte dans les mares.

2. HEPA *corpore ovato.*

Linn. faun. fuec. n. 691. Nepa abdominis margine integro.
Linn. fyft. nat. edit. 10 , *p.* 440 , *n.* 5. Nepa cinerea, thorace inæquali, corporé
ovato.
Bauh. ballon. p. 212 , *f.* 2. Araneus aquaticus.
Mouffet. inf. p. 321. Scorpio aquaticus. *fig. ord.* 2.
Hoffn. inf. t. 11 , *f.* 2 , *edit. alt.* 3 , *t.* 4.
Jonft. inf. t. 25 , *f.* 1, 2. Scorpiones aquatici mouffeti. & *tab.* 26.
Bradl. natur. t. 26 , *f.* 2, C.

Tome I. Ppp

Petiv. gazoph. t. 74 *, f.* 4. Scorpio vulgaris aquaticus.
Frisch. germ. 7 *, t.* 15.
Raj. inf. 58. Scorpio paluftris ad cimices referendus.
Swamerd. bib. 1 *, t.* 3 *, f.* 4. Ova. *fig.* 7 *,* 8.
Rofel. inf. vol. 3 *, fupplem. tab.* 22. Cimex aquaticus.

Le fcorpion aquatique à corps ovale.
Longueur 8 *,* 9 *lignes. Largeur* 3 *lignes.*

　Sa couleur eft brune , noirâtre , quelquefois un peu jaunâtre. Sa tête eft petite , femblable en tout à celle de l'efpéce précédente , mais comme enfoncée dans les épaules , étant placée dans une échancrure du corcelet. Celui - ci eft large , prefque quarré , un peu plus étroit cependant antérieurement. A cette partie antérieure , font comme deux gros moignons , qui s'avancent , débordent la tête , & foutiennent des antennes applaties larges , qui fe terminent par un crochet replié comme dans les pattes de crabes. L'écuffon eft grand & brun. Les étuis larges fe croifent & couvrent prefque tout le ventre , à l'exception d'une petite partie. Dans les femelles feulement , le ventre eft terminé par deux appendices , qui égalent les trois quarts de fa longueur. Les pattes au nombre de quatre , font plus groffes & moins longues que dans l'efpéce précédente. Cet infecte eft commun dans l'eau.

PSYLLA. *Chermes linn.*

LA PSYLLE.

Articuli tarforum duo.	Deux articles aux tarfes.
Roftrum pectorale inter primum & fecundum par femorum.	Trompe naiffant du corcelet entre la premiere & la feconde paire de pattes.
Alæ quatuor laterales.	Quatre aîles pofées latéralement & formant le toît.
Pedes faltatorii.	Pattes propres à fauter.
Abdomen acuminatum.	Ventre terminé en pointe.
Ocelli tres.	Trois petits yeux liffes.

　La pfylle a été ainfi appellée , à caufe de la propriété de

fauter qu'ont la plûpart des efpéces qui compofent ce
genre. Elle fe diftingue aifément des infectes précédens
par la forme de fa bouche, dont la trompe ne part point
de la tête, mais fort du corcelet, entre la premiere &
la feconde paire de pattes. De tous les genres qui compofent cette fection, il n'y a que le kermès & la cochenille qui ayent ce caractere commun avec la pfylle : mais
celle-ci fe fait affez reconnoître par fes ailes qui font au
nombre de quatre, au lieu que le kermès & la cochenille n'en ont que deux. De plus, la pfylle a encore un
autre caractere qui lui eft particulier ; ce font les trois petits
yeux liffes qu'on remarque fur le derriere de fa tête. La
cigale & quelques efpéces de punaife, font les feuls infectes de cette fection où l'on trouve les mêmes petits
yeux, encore ces punaifes & les cigales de notre Pays
n'en ont-elles que deux, au lieu que la pfylle en a trois.
Tous ces différens caracteres donnent la facilité de reconnoître furement & fans fe tromper les différentes efpéces
de pfylles.

La larve de cet infecte a fix pattes. Elle reffemble à
l'infecte aîlé, elle eft allongée & marche affez lentement.
Sa nymphe en différe par deux boutons applatis, qui partent du corcelet, & qui renferment les aîles qu'on voit par
la fuite fur l'infecte parfait. On rencontre fouvent fur les
plantes ces nymphes, auxquelles les deux plaques de leur
corcelet donnent une figure large, finguliere & un air
lourd. Lorfque ces petites nymphes veulent fe métamorphofer, elles reftent immobiles fous quelques feuilles,
auxquelles elles s'attachent : pour lors leur peau fe fend fur
la tête & le corcelet, & l'infecte parfait fort avec fes aîles,
laiffant fur la feuille la dépouille de fa nymphe ouverte &
déchirée dans fa partie antérieure. On trouve fouvent
de femblables dépouilles fous les feuilles du figuier.

L'infecte parfait a quatre aîles, grandes pour fon corps,
veinées & pofées en toit, avec lefquelles il vole. De plus,
il a la propriété de fauter affez vivement, par le moyen de

484 HISTOIRE ABRÉGÉE

ſes pattes poſtérieures , qui jouent comme une eſpéce de reſſort. Lorſqu'on veut prendre la pſylle , elle s'échappe plus volontiers en ſautant qu'en volant.

Quelques-uns de ces inſectes ont des manœuvres dignes de remarque. Pluſieurs eſpéces ſont pourvues à l'extrémité de leur corps , d'un petit inſtrument pointu , mais caché , qu'elles tirent pour dépoſer leurs œufs , en piquant la plante qui leur convient. C'eſt par ce moyen, que la pſylle du ſapin produit cette tubéroſité monſtrueuſe & écailleuſe , qu'on trouve aux ſommités des branches de cet arbre , & qui eſt formée par l'extravaſation des ſucs que cauſent les piqûres. Les petites larves ſe trouvent à l'abri dans les cellules que contient cette tubéroſité. Il paroît que c'eſt à peu près de la même maniere qu'eſt produit le duvet blanc , ſous lequel on trouve ordinairement les larves de la pſylle du pin. Celle du buis ne produit point de pareils tubercules , mais ſes piqûres font courber & creuſer en calotte les feuilles de cet arbre , ce qui , par la réunion de ces feuilles recourbées , produit à l'extrémité des branches des eſpéces de boutons dans leſquels les larves de cet inſecte ſe trouvent à l'abri. Cette pſylle du buis , ainſi que quelques-autres , a encore une autre ſingularité ; c'eſt que ſa larve & ſa nymphe rejettent par l'anus une matiere blanche ſucrée , qui s'amollit ſous les doigts & qui reſſemble en quelque ſorte à la manne. On trouve cette matiere en petits grains blancs dans ces boules que forment les feuilles de buis , & ſouvent on voit un filet de cette même matiere au derriere de l'inſecte.

1. **PSYLLA** *fuſca , antennis craſſis piloſis , alárum nervis fuſcis.* Planch. 10 , fig. 2.

Reaum. inſ. 3 , t. 29 , f. 17, — 24.

La pſylle du figuier.
Longueur 2 lignes. Largeur ½ ligne.

Cette eſpéce , une des plus grandes de ce genre ; eſt brune en deſſus , verdâtre en deſſous. Ses antennes pareilsement brunes, sont grosses, velues, & surpassent d'un tiers la longueur du corcelet. Ses pattes sont jaunâtres. Ses aîles sont grandes, deux fois aussi longues que son ventre. Elles sont placées verticalement sur les côtés, un peu inclinées & forment ensemble un toît aigu. Leur membrane est claire & fort transparente, mais elles ont des veines brunes bien marquées, sur-tout vers le bout. La trompe de cette psylle est noire & prend naissance de la partie inférieure du corcelet entre la premiere & la seconde paire de pattes.

On trouve cet insecte en grande quantité sur le figuier. Il saute très-bien. On voit aussi sur les feuilles du même arbre la larve qui le produit. Elle est large, sur-tout vers le ventre qui est ovale. Son corps qui est applati, a six pattes, & sa couleur est verte. Sur les côtés de sa poitrine, on voit deux appendices rondes, dans lesquelles sont renfermées les aîles de l'insecte qui en doit sortir. Sa tête a deux petites antennes, qui souvent sont cachées sous les fourreaux des aîles. Cette tête paroît peu, étant recourbée sous le corcelet, & en devant elle se termine par une pointe fine, d'où part la trompe, qui s'étend plus loin que les jambes de la premiere paire. De cette trompe, sort un filet que l'insecte dirige où il veut, & dont il se sert pour piquer & succer les feuilles. Cette larve change plusieurs fois de peau. Lorsqu'elle est devenue nymphe & qu'elle veut se métamorphoser pour la derniere fois, elle s'attache à une feuille, où elle reste immobile, & au bout de quelques jours, la psylle sort de cette espéce de chrysalide, comme d'un fourreau. C'est dans les mois de mai & de juin, que se fait cette derniere transformation.

2. PSYLLA *viridis*, *antennis setaceis*, *alis fusco-flavescentibus*.

Reaum. inf. 3, t. 29, f. 1, — 13.

La *psylle du buis*.
Longueur 2 lignes. Largeur ½ ligne.

Sa couleur est verte , mais ses yeux font bruns , & les petits yeux lisses font saillans & rougeâtres , comme dans l'espèce précédente. Sur le corcelet , il y a aussi quelques taches rouges. Ses aîles , d'un grand tiers plus longues que le ventre , forment un toît aigu , & font d'une seule couleur rousse claire. Elles laissent la partie antérieure du ventre à découvert , ne se rencontrant & ne se touchant que vers leur milieu. Les femelles ont à la queue une pointe grosse & assez longue.

Cette psylle qui saute très-bien , se trouve sur le buis, le filaria & les arbres toujours verds. La larve qui la produit , habite ces feuilles concaves & creuses qui forment des espèces de boutons au bout des branches du buis. Quand on sépare ces feuilles , il est aisé de trouver ces larves au nombre d'environ une vingtaine à la fois , dans un duvet blanc. Les plus petites font rougeâtres avec la tête & les jambes noires. Elles deviennent ensuite ambrées , avec la tête , les antennes , les jambes , & deux rangs de points noirs sur le corps. Enfin , quand elles ont pris la forme de nymphes , elle font vertes avec les fourreaux des aîles rougeâtres.

3. PSYLLA *viridis , antennis setaceis , alis aqueis.*

La psylle de l'aûne.

Je regarderois volontiers celle-ci comme une simple variété de la précédente , tant elle lui ressemble. Ses aîles font plus claires. Les taches du corcelet ne paroissent presque point : du reste , elle est tout-à-fait semblable à la psylle du buis. Les femelles ont la pointe de la queue un peu plus brune. C'est sur l'aûne que j'ai trouvé cette espèce.

4. PSYLLA *nigro , luteoque variegata ; alarum oris in apice fuscis.*

Linn. faun. suec. n. 703. Chermes fraxini.

La pſylle du frêne.
Longueur 1 ⅓ *ligne. Largeur* ½ *ligne.*

Sa tête eſt brune & ſes antennes ſont fines & ſétacées.
Le corcelet eſt brun, un peu noirâtre, avec une bande
tranſverſe jaune antérieurement, & dans le milieu une
raie jaune longitudinale, coupée par pluſieurs petites raies
ou points tranſverſes, auſſi de couleur jaune. Le ventre eſt
noirâtre. Les pattes ſont entre-mêlées de brun & de jaune.
Les aîles ont leur bord ſupérieur un peu brun, mais vers le
bout, tout le bord eſt de cette couleur, de même que
quelques taches qui viennent s'y joindre. Ces aîles ſont au
moins de la moitié plus longues que le ventre. On trouve
cet inſecte communément ſur le frêne.

5. P S Y L L A *pallide flaveſcens, oculis fuſcis, alis*
    aqueis.

Linn. faun. ſuec. n. 700. Chermes abietis.
Friſch. germ. 12, p. 10, t. 2, f. 3. Inſectum tuberculi muricati arboris taxi.
Flor. lapp. p. 218, n. 347. E.
Cluſ. pannon. p. 20, 21. Picea pumila.
Hoffman. fl. altd. 1. Picea pumila.

La pſylle du ſapin.
Longueur 1 ⅓ *ligne. Largeur* ½ *ligne.*

Sa couleur eſt jaunâtre, ſes yeux ſont bruns, & entre
les deux yeux, on voit un petit point noir. Ses antennes
ſont longues & ſétacées. Ses aîles, vûes à un certain jour,
paroiſſent de couleur bleuâtre plombée.

On trouve cet inſecte ſur le ſapin. Il produit au bout
des branches de cet arbre une monſtroſité particuliere. Le
bout de la branche piqué par l'inſecte mere qui y a dépoſé
ſes œufs, s'étend & forme une tubéroſité écailleuſe,
comme une petite pomme de pin. Sous les écailles de
cette pomme, ſont des cellules, dans leſquelles ſe trouvent les petits inſectes qui doivent produire l'animal parfait & aîlé. Ils ſont enveloppés d'un duvet blanc qui ſort
de leur anus. On trouve ſouvent ces tubéroſités ſur les

fapins, mais il n'eft pas auffi aifé d'avoir l'infecte parfait, qui faute & vole très-bien.

6. PSYLLA *lanata pini.*

Linn. faun. fuec. n. 699. Chermes pini.

La pfylle du pin.

Je n'ai point trouvé l'infecte aîlé ; mais fouvent j'ai rencontré les feuilles du pin couvertes de touffes d'un duvet blanc, & fous ce duvet la larve de cette pfylle. Elle a fix pieds, en deffous elle eft liffe, fa couleur eft brune, & de fon dos fort ce duvet blanc. Quoique j'aye confervé plufieurs branches chargées de ces larves, je n'ai jamais pu avoir l'animal parfait & aîlé.

7. PSYLLA *fufca, nigro punctata, antennis corpore longioribus, alis nervofis fufco maculatis.*

La pfylle des pierres.
Longueur 1 ¼ ligne.   Largeur ¼ ligne.

Elle eft par-tout d'une couleur brune claire, avec quelques points noirs en deffus. Ses pattes font longues, & fes antennes qui font fines & déliées, le font encore davantage. Elles furpaffent la longueur de fon corps, & égalent prefque celles des aîles, qui, elles-mêmes, font d'un tiers environ plus longues que le corps. Ces aîles font claires, tranfparentes, chargées de nervures noires & de plufieurs taches brunes. Il y a fur-tout trois de ces taches plus grandes & plus remarquables ; favoir, deux pofées le long du bord intérieur & fupérieur de l'aîle, une en haut, l'autre en bas, & une autre fituée au bord extérieur vers le bas, vis-à-vis la derniere des deux précédentes. Ces taches font oblongues.

On trouve cet infecte en très grande quantité, pendant l'automne, fur les vieilles pierres des maifons. Il paroît qu'il fe nourrit d'un petit *lichen* qui couvre ces pierres & les rend vertes. Souvent elles font couvertes de ces
infectes

infeces & de leurs larves , qui ne différent de l'infecte parfait , que par le défaut d'aîles.

8. PSYLLA *fusca, antennis setaceis lævibus , alis nervosis.*

La psylle brune à antennes sétacées & aîles nerveuses.
Longueur 1 ½ ligne. Largeur ⅓ ligne.

Cette espéce est toute d'un brun châtain. Ses antennes fines & déliées , ont les deux tiers de la longueur de son corps. Ses aîles sont jaunâtres , avec quelques nervures un peu brunes ; elles sont posées en toît aigu , & elles ont trois fois la longueur du ventre. Je ne sais quel arbre ou quelle plante habite cet infecte , l'ayant trouvé errant en plusieurs endroits.

9. PSYLLA *rubra , alis nervosis.*

La psylle rouge.
Longueur 1 ¼ ligne. Largeur ⅓ ligne.

Cette jolie espéce a tout le corps rouge , ainsi que les pattes. Si on la regarde à la loupe , on voit que sa tête, son corcelet & son écusson ont des bandes longitudinales encore plus rouges. Les aîles sont très-diaphanes , avec des nervures bien marquées. Je ne sais sur quelle plante vient cette espéce.

APHIS.

LE PUCERON.

Articulus tarsorum unicus.	Un seul article aux tarses.
Rostrum inflexum.	Trompe courbée en dessous.
Alæ quatuor erectæ vel nullæ.	Quatre aîles droites élevées ou manquant tout-à-fait.
Pedes ambulatorii.	Pattes propres à marcher.
Abdomen bicorne.	Extrémité du ventre garnie de deux pointes ou tubercules.

Parmi les différens caracteres qui font reconnoître le

Tome I. Q q q

genre des pucerons , il y en a un qui ne lui eſt commun
qu'avec la coriſe & le ſcorpion aquatique ; c'eſt de n'avoir
qu'un ſeul article aux tarſes. Un autre caraêtere eſſentiel à
ce genre & qui eſt propre à lui ſeul , eſt d'avoir ſur l'extrémité du ventre deux eſpéces de pointes ou cornes plus ou
moins longues. Dans quelques eſpéces , ces cornes ſont
longues, droites , dures ; dans d'autres, elles ſont groſſes ,
courtes & ſemblables à des tubercules : mais elles ſe trouvent dans toutes les eſpéces.

Il y a peu d'inſeêtes auſſi communs que ces animaux.
On les trouve ſur un grand nombre de plantes , preſque
toujours en ſociété , & ſouvent en nombre très-conſidéra-
ble. Ces petits inſeêtes ont tous ſix pattes greſles & me-
nues. Leur corps eſt gros , maſſif & lourd , & ils ne marchent qu'avec peine. Beaucoup reſtent très-long-tems immobiles ſur les tiges & les feuilles des plantes , & quelquefois cachés ſous ces mêmes feuilles recourbées & comme
figurées en calotte. Les aîles de ceux qui en ont, ſont grandes & plus longues que leur corps. Leur trompe ſouvent
très-longue , prend ſon origine du corcelet entre les pattes
de la premiere paire , mais il y a ſouvent un ſtilet qui part
de la tête , & qui eſt couché ſur la baſe de cette trompe ,
enſorte qu'elle paroît naître de la tête ; peut-être ce ſtilet
conduit-il à la tête une partie de la nourriture que prend
cet inſeête.

Le puceron , quoique très-commun , eſt cependant un
des inſeêtes qui offrent le plus de ſingularités ſurprenantes
pour un Naturaliſte. On en trouve qui ſont aîlés , & d'autres qui n'ont point d'aîles. On eſt tenté d'abord de prendre ceux qui ſont aîlés pour les mâles , & les autres pour les
femelles , comme nous l'avons déja vû dans pluſieurs
autres inſeêtes. Il eſt vrai que les mâles en ſe métamor-
phoſant , deviennent aîlés , mais ils ne ſont pas ſeuls ;
on trouve auſſi des femelles aîlées , tandis que d'autres
femelles reſtent toujours ſans aîles & ſont cependant parfaites , puiſqu'elles s'accouplent & font des petits. D'ail-

leurs , il eſt aiſé de diſtinguer les larves & les nymphes des
pucerons qui doivent devenir aîlés , d'avec les pucerons
ſans aîles. Ces larves ont de chaque côté, à la partie poſtérieure du corcelet , un bouton ou paquet qui renferme les
aîles qui doivent ſe développer par la ſuite. Ces individus
ſont imparfaits , on ne les voit point engendrer : mais pour
les autres ils s'accouplent & font des petits , ſoit qu'ils
ſoient aîlés ou non. Voilà donc une premiere ſingularité
dans ce genre d'avoir des femelles aîlées & ſans aîles ,
également parfaites les unes & les autres. Une ſeconde
ſingularité, c'eſt que ces inſectes ſont ovipares & vivipares
tout-à-la-fois : tantôt ils rendent des œufs oblongs , gros
pour leur corps , d'où ſortent par la ſuite des petits , tantôt & plus ſouvent , on les voit faire des petits vivans. Il
paroît que ces animaux ſont vivipares pendant tout l'été ,
& qu'ils ne pondent des œufs que dans l'automne , tems
où ſe fait l'accouplement. Ces animaux périſſant l'hiver , il
étoit néceſſaire qu'il reſtât des œufs fécondés pour perpé-
tuer leur eſpéce. Les petits qui naiſſent vivans , ſortent du
ventre de la mere le derriere le premier , & quelquefois la
même mere en fait quinze & vingt en un jour ſans paroître moins groſſe qu'auparavant. Si on prend une de ces
meres & qu'on la preſſe doucement , on fait ſortir de ſon
ventre encore un plus grand nombre de pucerons de plus
en plus petits , qui filent comme des grains de chapelet.
Enfin , une derniere particularité & la plus ſinguliere de
toutes , c'eſt qu'il ſemble qu'un ſeul accouplement fécon-
de les femelles pour pluſieurs générations. Qu'on prenne
un petit puceron dans l'inſtant qu'il ſort du ventre de
ſa mere, qu'on l'enferme en particulier , ayant ſoin ſeulement de lui fournir la nourriture qui lui convient , ce puceron , s'il eſt femelle , fera bientôt des petits. On peut de
même prendre un de ces petits venus de ce puceron non
accouplé , de ce puceron vierge , s'il eſt permis de ſe ſervir
de ce terme , & en répétant la même expérience , on voit
ce petit en faire encore d'autres. Quelques Naturaliſtes

ont répété la même observation jusqu'à la troisiéme & quatriéme génération de ces insectes ; & Bonnet en a observé jusqu'à neuf consécutives, toutes de cette nature, dans l'espace de trois mois. Un pareil fait paroîtroit incroyable, s'il n'étoit attesté par les meilleurs observateurs & par des personnes les plus dignes de foi. Comment expliquer un fait aussi singulier ? Nous avons vû jusqu'ici que les insectes, ainsi que les grands animaux, ne peuvent produire qu'après un accouplement du mâle & de la femelle. Cette loi paroît constante dans la nature pour tous les animaux parfaits. Le puceron seroit-il excepté de cette loi ? Engendreroit-il sans s'être accouplé ? Ou seroit-il fécondé sans accouplement ? Tout ce que l'on peut dire de plus probable sur cet article, c'est que la fécondation que produit l'accouplement se transmet à plusieurs générations de suite, qui produisent jusqu'à ce que cette vertu prolifique s'épuise peu à peu dans les générations suivantes.

Tous les pucerons, tant aîlés que sans aîles, changent plusieurs fois de peau. C'est à la suite de ces changemens, que les aîles se développent dans les premiers. Sous leur forme de larve, à peine distinguoit-on les endroits où les aîles devoient paroître, tandis que dans leur état de nymphes, on voit de chaque côte une espéce de bouton qui renferme les aîles futures. Il n'en est pas de même des pucerons, qui restent toujours sans aîles : toutes leurs métamorphoses se terminent aux changemens différens de peau : du reste, la forme de la larve, de la nymphe & de l'insecte parfait, est précisément la même, & il est impossible de les distinguer.

Plusieurs de ces insectes sont couverts d'une poudre blanche, & quelques-uns même d'une espéce de duvet cotoneux & blanc. L'un & l'autre est plus abondant, lorsque l'insecte est prêt à changer de peau. Cette poudre & ce duvet ne tiennent que légérement à l'insecte & paroissent transpirer de son corps. Outre ce duvet, souvent on voit des petites gouttes d'eau à l'extrémité des deux cornes,

que le puceron porte fur fon derriere. Cette eau fuinte &
fort de ces cornes, qui font creufes en dedans. Elle eft
douce & fucrée. Les pucerons en rendent auffi une affez
grande quantité par l'extrémité de leur corps. C'eft cette
eau mielleufe qui attire un fi grand nombre de fourmis fur
les arbres chargés de pucerons, ce que quelques anciens
Naturaliftes avoient attribué à une certaine amitié & fympathie, que la fourmi avoit pour le puceron. Ils croyoient
qu'elle le recherchoit & qu'elle lui faifoit des careffes,
n'ayant pas approfondi la caufe phyfique de cette efpéce
de fympathie, qui eft toute fimple.

Nous avons déja dit qu'on trouvoit ces infectes en grand
nombre fur les tiges, les feuilles & même fur les racines
de plufieurs arbres & plantes. Les arbres les plus chargés
de ces infectes, en fouffrent beaucoup. Les pucerons enfoncent leur trompe aigue dans la fubftance de la feuille,
pour en tirer leur nourriture, ce qui fait contourner les
tiges & les feuilles, & caufe dans ces dernieres des cavités en deffous, des tubérofités en deffus, & même dans
quelques-unes, des efpéces de galles creufes, remplies de
ces infectes, comme on le voit fouvent fur les feuilles
d'orme, ainfi que nous le ferons remarquer dans le détail
des efpéces. Il paroît étonnant que la piqûre légére d'un
fi petit animal, puiffe autant défigurer une plante. Mais
il faut fe fouvenir que les pucerons font toujours en grande compagnie, qui croît même à vûe d'œil, par la fécondité prodigieufe de ces infectes. Ainfi, quoique chaque
piqûre foit légére, le nombre en eft fi grand, fi répété,
qu'il n'eft plus étonnant que les feuilles en foient défigu-
rées. Auffi les amateurs du jardinage & des plantes, cher-
chent-ils à délivrer & à nétoyer les arbres de cette ver-
mine; mais fouvent leurs foins font inutiles, cet infecte
eft fi fécond, qu'il reproduit bientôt une autre peuplade.
Le meilleur & le plus fûr moyen de l'exterminer, c'eft de
mettre fur les arbres qui en font attaqués, quelques larves
du *lion des pucerons*, ou des *mouches aphidivores*, dont

nous parlerons plus bas. Ces larves voraces détruisent tous les jours une grande quantité de ces insectes, d'autant plus facilement, que ceux-ci restent tranquilles & immobiles auprès de ces dangereux ennemis, qui se promenent sur les tas de pucerons, qu'ils diminuent peu à peu.

1. APHIS *ulmi. Linn. faun. suec. n.* 705. Planch. 10, fig. 3.

Reaum. inf. 3, t. 25, f. 4, 5, 6, 7.

Le puceron de l'orme.

Ce puceron de la grosseur d'un grain de millet, est brun & couvert d'un petit duvet blanc. Son corps est allongé. Ses antennes sont grosses pour sa grandeur, & les deux pointes de sa queue, sont fort courtes. Entre ces deux pointes, on voit souvent une petite vésicule, qui sort de l'anus. Ses aîles ont le triple de la longueur de tout le corps. Elles sont claires, transparentes, avec une petite tache brune au milieu de leur bord extérieur.

On trouve ce puceron en grande quantité sur l'orme; il pique la substance des feuilles, pour y déposer ses œufs, & le suc venant à s'extravaser, forme des vésicules souvent très-grosses, creuses en dedans, qui tiennent à la feuille par un pédicule quelquefois assez étroit. Au bout de quelque tems, les petits pucerons éclosent dans l'intérieur de cette espéce de nid, & après être grossis, ils font une ouverture à la vésicule, dont ils sortent. Si on ouvre ces vésicules avant qu'elles soient percées, on les trouve remplies de jeunes pucerons enveloppés dans un duvet blanchâtre. Ces petits sont verts, mais en grossissant, ils changent de couleur & deviennent bruns.

2. APHIS *fraxini, nigro viridique variegata.*

Le puceron du frêne.

Le mâle a la tête & le corcelet noir. Le ventre est vert, avec des anneaux noirs. Les antennes & les pattes sont panachées de vert pâle & de noir. Les aîles font grandes, diaphanes, fans aucune autre couleur. Ce puceron a les deux appendices du bout du ventre bien marquées. Sa femelle eft toute noire.

3. APHIS *fambuci tota cœruleo-atra.*

Linn. faun. fuec. n. 707. Aphis fambuci.
Frifch. germ. 11, p. 14, t. 18.
Reaum. inf. 3, t. 21, f. 5, 15.
Lift. loq. p. 397, n. 40. Cimex exiguus cœfius, cui alæ ex toto membranaceæ prægrandes.

Le puceron du fureau.

Cette efpéce eft toute d'un noir matte bleuâtre. Souvent les tiges du fureau en font couvertes.

4. APHIS *quercus atro-fufca.*

Le puceron du chêne.

Celui-ci eft affez gros. Sa couleur eft d'un brun noirâtre & matte. Les appendices de fon ventre font courtes & ne paroiffent prefque point. Ses pattes font fort longues, & celles de devant font d'un brun un peu plus clair que le refte du corps. Je n'en ai point trouvé d'aîlés.

5. APHIS *aceris, viridis, maculis nigris.*

Linn. faun. fuec. n. 709. Aphis aceris.
Reaum. inf. 3, t. 22, f. 7.

Le puceron de l'érable.

Ce puceron eft grand & large. Sa couleur eft verte, mais le milieu de fa tête & de fon corcelet font noirs. Le deffus du ventre a quelques tubérofités, & fur fa partie poftérieure, on voit une tache brune formée en cœur, divifée en deux antérieurement. Les appendices de fon ventre font fort courts, ce ne font que deux boutons. Les antennes font déliées. On trouve cet infecte fous les feuilles d'érable.

6. APHIS *tiliæ, alis, antennis, pedibufque nigro punctatis.*

Linn. faun. fuec. n. 712. Aphis tiliæ.
Frifch. germ. 11 , p. 13 , t. 17. Pediculus arboreus in tilia.
Reaum. inf. 3 , t. 23 , f. 7 , 8.

Le puceron du tilleul.

Le corps de cette efpéce eft allongé. Sa couleur eft verdâtre ; mais des deux côtés de fon corcelet , on voit des
raies noires. Le deffus du ventre a auffi quatre raies longitudinales de points noirs. Les antennes & les pattes font
entrecoupées de blanc & de noir , & les aîles bordées de
noir ont outre cela , vers le bord extérieur , fept ou huit
taches ou points noirs.

7. A P H I S *betulæ , marginibus incifurarum abdominis*
punctis nigris.

Linn. faun. fuec. n. 717. Aphis betulæ.
Reaum. inf. 3 , t. 22 , f. 2.

Le puceron du bouleau.

Ce puceron eft un des plus petits. Sa couleur eft verdâtre. On voit fur les bords des anneaux de fon ventre , des
points noirs. La loupe peut à peine faire découvrir les appendices de fa queue. J'ai toujours trouvé cette efpéce
fans aîles.

8. A P H I S *tanaceti fufca , abdomine nigro - cæruleo*
antice viridi.

Le puceron de la tanaifie.

La couleur de la plus grande partie de fon corps , eft
brune , fon ventre eft d'un noir bleuâtre ; mais en devant, il
eft vert. Les deux pointes de fa queue font affez marquées.

9. A P H I S *acetofæ , atra , fafcia tranfverfa viridi.*

Reaum. inf. 3 , p. 286.

Le puceron de l'ofeille.

Il eft tout noir , à l'exception d'une large bande verte
tranfverfale ,

tranfverfale, qui eft fur le milieu de fon corps.

10. A P H I S *pruni.*

Reaum. inf. 3, p. 296.

Le puceron du prunier.

11. A P H I S *populi nigræ lanata.*

Reaum. inf. 3, t. 26, f. 8, 9, t. 27, f. 9, 10, 11, t. 28, f. 3, 4.

Le puceron du peuplier noir.

Ce puceron eft couvert d'un duvet cotonneux blanc; fort long, dont il eft comme hériffé. Lorfqu'on l'a dépouillé de ce duvet, fon corps paroît vert. Il dépofe fes œufs fur les tiges, les pédicules des feuilles, & même dans la fubftance des feuilles du peuplier noir. Le fuc s'extrayant autour de ces œufs, produit des excroiffances allongées, pointues comme des petits cornets roulés, qui ont fur le côté, une fente qu'on ne voit qu'en les preffant.

12. A P H I S *fagi lanata.*

Reaum. inf. 3, t. 26, f. 1.

Le puceron du hêtre.

Celui-ci reffemble beaucoup au précédent; il eft pareillement couvert d'un duvet cotonneux fort long, dont on peut le dépouiller, & pour lors, il paroît vert. Quoiqu'il fe trouve fur un arbre différent, il pourroit bien être le même que celui du peuplier noir.

13. A P H I S *fonchi caudata.*

Reaum. inf. 3, t. 22, f. 3, 4, 5.

Le puceron du laiteron.

La couleur des pucerons de cette efpéce varie; il y en a de noirs & d'autres bronzés. Ces derniers fe trouvent moins fréquemment que les autres; & il pourroit fe faire que leur

Tome I. R r r

couleur différente ne vînt que de maladie. En effet, j'ai souvent observé que ces pucerons bronzés périssoient, & que de leurs corps sortoient des petites mouches à tarieres, qui y avoient déposé leurs œufs. Nous parlerons dans la suite de ces mouches. Ce que cette espéce a de particulier, c'est qu'entre les deux appendices du ventre, qui sont grandes, elle porte une petite queue recourbée vers le haut.

14. A P H I S *fusca, proboscide corpore triplo longiore.*

Reaum. inf. 3, t. 28, f 5 — 10.

Le puceron des écorces à longue trompe.

C'est sous les écorces des arbres, que l'on trouve ce puceron. Sa couleur brune approche de celle du caffé. On n'apperçoit point les appendices de son ventre. Mais ce qu'il y a de singulier, c'est la longueur de sa trompe, qui est trois fois au moins plus longue que son corps. L'insecte la fait passer entre ses jambes, & elle déborde de beaucoup par derriere. Il peut cependant la raccourcir & la retirer quand il veut.

CHERMES. *Coccus. linn.*

LE KERMÈS.

Rostrum pectorale inter primum & secundum par femorum.	Trompe sortant du corcelet, entre la premiere & la seconde paire de pattes.
Alæ duæ maculis, erectæ.	Deux aîles droites élevées, mais dans les mâles seulement.
Abdomen appendicibus setaceis.	Extrémité du ventre garnie de filets.
Fœmina folliculi formam induens.	Femelle qui prend la figure d'une graine ou gousse.

Nous avons rendu à ce insecte le nom de *chermès*, sous lequel il est connu, le kermès, qui sert à la teinture, &

que l'on nomme auffi graine d'écarlate, étant de ce genre, Je ne fais pourquoi quelques auteurs avoient voulu tranf-férer ce nom à la pfylle que nous avons décrite plus haut. Divers auteurs françois ont auffi appellé les infectes de ce genre *galle-infectes*, parce que ces petits animaux, lorf-qu'ils font immobiles & attachés aux arbres, ainfi que nous le dirons, reffemblent à ces excroiffances connues fous le nom de galles ou noix de galles. Le caractere de ce genre eft aifé à reconnoître. La pofition finguliere de fa trompe ne lui eft commune qu'avec la cochenille & la pfylle, & le kermès fe diftingue aifément de la derniere par tous fes autres caracteres, & principalement par les filets qui font à l'extrémité de fon ventre. Il n'y auroit donc que la cochenille, avec laquelle on pourroit confondre le kermès. Tous les caracteres de ces deux genres font les mêmes, à l'exception d'un feul. Auffi quelques Natura-liftes ont-ils joint enfemble ces infectes. Nous avons ce-pendant cru devoir les diftinguer, moins à caufe des mâ-les, qui font difficiles à trouver & encore plus à exami-ner, qu'à caufe des femelles. Ces dernieres font fort diffé-rentes dans ces deux genres. Cette différence fe tire de la forme que prennent ces femelles. Lorfqu'elles font jeu-nes, elles font femblables dans les deux genres, elles cou-rent fur les feuilles & les tiges, & elles reffemblent, pour la figure, à des petits cloportes blancs, qui auroient fix pattes; mais au bout de quelque tems, la femelle du ker-mès fe fixe à un endroit de l'arbre ou de la plante, fur lef-quels elle vit; elle refte dans ce même endroit, y devient parfaitement immobile; enfin fon corps parvient à fe gon-fler, fa peau fe tend, devient liffe; elle fe féche, les an-neaux s'effacent & difparoiffent; en un mot, elle perd tout-à-fait la forme & la figure d'un infecte, & elle reffemble aux galles ou excroiffances, qu'on trouve fur les arbres. C'eft dè-là qu'on lui a donné le nom de galle-infecte. La peau du kermès, ainfi féchée, ne fert plus que de coque ou couverture, fous laquelle font renfermés les œufs de

R rr ij

ce petit animal, comme nous l'expliquerons plus bas. Il
n'en est pas de même de la cochenille. Outre que les femelles des insectes de ce genre se fixent beaucoup plû-
tard sur les plantes ; lorsqu'elles se sont fixées & arrêtées ,
elles ne changent point de forme : on reconnoît toujours
la figure de l'insecte ; ses anneaux & ses différentes parties
font encore reconnoissables , lors même qu'il n'est plus
vivant , & qu'il a péri dans l'endroit qu'il s'étoit fixé.

Examinons maintenant les kermès , & voyons en détail
les parties dont sont composés les mâles & les femelles. Ces
dernieres , les plus aisées à trouver , & souvent très-com-
munes sur certaines plantes , ressemblent dans leur jeunesse
à des petits cloportes, comme nous l'avons déja dit. Elles
ont deux antennes , six pattes , & leur corps qui est blanchâtre & comme poudreux , est composé de cinq anneaux.
Leur bouche part du corcelet en dessous , entre la premiere paire de pattes. Elle est composée d'un mamelon ou
tuyau charnu fort court , duquel naît un filet blanc & dé-
lié , plus long souvent que la moitié du corps de l'insecte.
C'est par ce tuyau ou filet , que le petit animal pompe sa
nourriture , en l'enfonçant profondément dans l'écorce.
A l'extrémité du ventre , sont des filets blancs au nombre
de quatre ou de six , suivant les différentes espéces ; mais
ces filets ne s'apperçoivent aisément , qu'en pressant un
peu le corps de l'insecte pour les faire sortir. Pendant les
premiers tems, ces petites femelles nouvellement écloses,
courent avec agilité sur les plantes, où on les trouve souvent en très-grand nombre ; mais bientôt après , elles se
fixent & s'arrêtent sur un endroit de la plante. Alors elles
restent immobiles , & ne quittent plus cette place, où elles
doivent pondre & terminer ensuite leur vie. Ce n'est pas
que dans le commencement ces insectes soient hors d'état
de marcher ; ils pourroient encore le faire pendant plusieurs mois après s'être fixés , comme on peut s'en assurer,
en les détachant légérement ; mais ces insectes ne le peuvent plus au bout d'un certain tems. Si on détache , vers

la fin de l'hiver, ceux qu'on a vûs se fixer pendant l'automne, on ne les voit plus marcher ni faire de mouvement, & ils périssent sans donner aucun signe de vie. Lorsque ces femelles sont ainsi fixées, elles tirent leur nourriture de l'endroit de la plante, où elles sont attachées, par le moyen du filet de leur trompe, qu'elles y ont introduit. Pour lors, elles changent de peau ; elles la quittent par morceaux, sans pourtant paroître faire aucun mouvement. C'est aussi, dans ce même tems, après que ces insectes sont devenus immobiles, qu'ils croissent beaucoup ; ils étoient auparavant très-petits, en peu de tems ils acquiérent la grosseur d'un grain de poivre & davantage, & même dans quelques espéces, celle d'un pois. Leur peau s'étend, devient lisse & brune, de blanche qu'elle étoit auparavant, & ils ressemblent à des tubercules de l'écorce de l'arbre. Aussi quelques Naturalistes les ont-ils pris pour de véritables tubercules, ne pensant pas qu'un corps immobile, qui paroît insensible, & qui ressemble si peu à un animal, pût être un insecte. La figure de ces espéces de tubercules ou galles, que représente l'insecte, varie suivant les différentes espéces. Les unes sont plus arrondies & figurées en demi-boules ; d'autres sont oblongues & ressemblent à une nacelle renversée. Lorsque les femelles ont pris cette forme, au bout de quelque tems, elles pondent. Leurs œufs sortent de la partie postérieure de leur corps par une ouverture placée de façon que ces œufs, en sortant du derriere, repassent sous le ventre de la mere qui les couve. Avant la ponte, le ventre du kermès étoit immédiatement appliqué contre l'écorce. A mesure que ces œufs sortent, le ventre est moins tendu ; les œufs poussés entre l'insecte & l'écorce de l'arbre, repoussent la peau inférieure du ventre contre celle de dessus, ensorte que lorsque toute la ponte est faite, & que le ventre est tout-à-fait vuide, les deux membranes de cette partie se touchent ; la mere en mourant ne forme plus qu'une espéce de coque solide, sous laquelle les œufs sont renfermés.

On trouve fouvent en été les arbres chargés de ces coques.
Si on les leve, on trouve deffous une grande quantité
d'œufs. D'autres coques font creufes & vuides, ce font
celles dont les petits font éclos. Ces coques, foit féches,
foit fraîches, ne reffemblent nullement à des infeêtes.
Dans ces kermès, qui font fixés & qui vivent encore, on
n'apperçoit ni antennes ni jambes, ni anneaux; mais lorfqu'on les preffe légérement, on fait encore très-bien fortir
les filets de l'extrémité du ventre.

　Lorfque les petits font fortis de leurs œufs, ils reftent
d'abord quelque tems après être éclos, fous la coque formée par le cadavre de leur mere, & enfuite ils en fortent
par une fente, qui eft à la partie poftérieure de cette coque. C'eft ordinairement dans le commencement de l'été.
Ils fe fixent fur la fin de cette faifon, reftent immobiles
pendant l'hiver, & pondent & meurent dans le printems,
enforte que ces infeêtes vivent environ pendant un an.

　Le mâle de cette finguliere femelle ne lui reffemble guéres que dans les commencemens, lorfqu'il eft encore fous
fa premiere forme. Pour lors, on ne peut diftinguer ce mâle
d'avec fa femelle. Bientôt après il fe fixe comme elle; il
devient immobile, mais fans grandir & prendre d'accroiffement. La peau de cette petite larve, ainfi fixée, fe durcit
& forme une efpéce de coque, fous laquelle vient la nymphe. Lorfque cette nymphe eft métamorphofée, & qu'elle
eft devenue infeête parfait, l'animal fort de fa coque, le
derriere le premier, en foulevant fa partie ou peau fupérieure. Cet animal parfait eft très-différent de fa femelle.
C'eft un animal aîlé, fort petit, dont le corps & les fix pattes font rougeâtres, & couverts fouvent d'une farine ou
poudre blanche. Il a deux aîles fort grandes pour fa taille,
de couleur blanche, & bordées d'un rouge vif femblable
à du carmin, du moins dans plufieurs efpéces. A fa queue,
on voit deux filets blancs, quelquefois du double de la longueur des aîles; & entre ces filets, une efpéce d'aiguillon
un peu courbe, moins long qu'eux au moins des deux

tiers. Les larves de ces mâles avoient des trompes femblables à celles que nous avons décrites dans les femelles ;
mais les infectes ailés & parfaits, qui fortent de leurs coques & de leurs nymphes, n'en ont point ; on voit feulement à la place de la trompe, deux grains ou mamelons
hémifphériques, qui femblent en tenir lieu. Peut-être l'infecte prend-t-il fa nourriture par le moyen de ces mamelons : peut-être auffi n'a-t-il pas befoin de bouche ni de
trompe, femblable en cela à plufieurs autres infectes, qui,
lorfqu'ils font devenus parfaits, ne prennent aucune nourriture, & ne vivent fous cette derniere forme, que le tems
qui eft néceffaire pour féconder leurs femelles. Cette fécondation paroît être le principal but de la nature dans fes
ouvrages ; elle prend toutes les voies propres à la faciliter. C'eft pour cette raifon, qu'elle a accordé aux mâles des
kermès, des aîles, pour qu'ils puffent chercher & trouver
leurs femelles immobiles, qui les attendent patiemment
dans l'endroit où elles fe font fixées.

A peine le mâle s'eft-il métamorphofé, qu'il fe fert de
fes aîles pour voler vers les femelles. Ces dernieres font
beaucoup plus grandes que lui : il fe promene plufieurs
fois fur quelqu'une d'elles, va de fa tête à fa queue, peut-
être pour l'exciter à entr'ouvrir la fente deftinée à recevoir la partie du mâle. Cette femelle, qui paroît immobile & fans vie, n'eft pas cependant infenfible à ces careffes ; elle paroît y répondre, & pour lors le mâle introduit dans la fente, qui eft à la partie poftérieure de la femelle, cet aiguillon courbe, que nous avons dit fe trouver
entre les filets de l'extrémité du ventre.

Peu de tems après cet accouplement, la femelle pond
des milliers d'œufs, qui paffent fous fon ventre à mefure
qu'ils fortent de fon corps. Ces œufs font durs, luifans,
rougeâtres, fouvent enveloppés fous le corps de la mere
dans une efpéce de duvet cotonneux, qui fuinte à travers
la peau de l'infecte, fous la forme d'une poudre blanche
& gluante.

On verra dans le détail des efpéces que nous allons donner, que plufieurs plantes de ce pays font habitées par des kermès. Peut-être en aurions-nous trouvé un plus grand nombre, fi nous euffions pû rencontrer aifément les mâles, dans lefquels nous aurions remarqué plus de différences fpécifiques que dans les femelles, qui toutes fe reffemblent beaucoup. Les pays étrangers donnent auffi plufieurs kermès; mais celui qui mérite le plus d'attention, eft le kermès ou la graine d'écarlate, qui fert à la teinture, & dont on tire une belle couleur rouge, la plus eftimée autrefois, avant qu'on fe fervît de la cochenille. Ce kermès vient fur le chêne verd, où on le ramaffe avec foin. Outre fon ufage pour la teinture, on s'en fert auffi dans la médecine, & il entre dans la compofition d'un firop cordial, connu fous le nom d'alkerme. Les Polonois ont auffi une efpéce de kermès, commun dans leur pays, mais rare autour de Paris, qui fert pareillement dans la teinture; on l'appelle *coccus polonicus*, *coccus infectorius*. Nous en parlerons dans un inftant. L'utilité de ces infeCtes & de quelques-autres, fait voir qu'on peut fouvent retirer des avantages de la connoiffance de ces petits animaux, & que cette étude, qui ne paroît d'abord qu'un fimple amufement, n'eft pas cependant à négliger.

1. CHERMES *radicum purpureus.*

Linn. faun. fuec. n. 720. Coccus radicum purpureus.
Cornar. diofcor. l. 4, c. 39. Granum zfchinbitz.
Scaliger. exercit. 325, n. 13.
Camer. epit. 691. Polygonum cocciferum.
C. Bauhin. pin. 281. Polygonum cocciferum.
J. Bauhin. hift. 3, p. 378. Polygonum polonicum cocciferum.
Paulin. quadrip. 113. Ova infecti incogniti.
Raj. hift. pl. 186. Polygonum polonicum cocciferum.
Ruppi. jen. 86. Knawel folio & flore albicante.
Breyn. act. phyfico-medic. N. C. vol. 3, app. 5, t. 1. Coccus tinctorius radicum.
Frifch. germ. 5, p. 6, t. 1. Cochinella germanica.
Reaum. inf. 4, mem. 2, p. 1, n. 143. Progall-infecte de la graine d'écarlatte de Pologne.

Le kermès des racines.

Je

Je n'ai jamais trouvé cet infecte autour de Paris , où il eft fort rare , mais j'en ai vû quelques-uns qu'on y avoit rencontrés & ramaffés. Il fe trouve à la racine d'une efpéce de *polygonum* , appellé *knawel* , où il forme un grain rond de couleur brune rougeâtre. On le trouve auffi à la racine de quelques-autres plantes.

2. CHERMES *hefperidum*.

Linn. faun. fuec. n. 721. Coccus hefperidum.
La Hire. act. ac. R. fc. 1692 , *p.* 14 , *t.* 14.
Frifch. germ. 12 , *p.* 12.
Reaum. inf. 4 , *t.* 1 , *f. omnes.*
Act. Upf. 1736 , *p.* 37 , *n. 9.* Pediculus clypeatus.

Le kermès des orangers.

On trouve fouvent les orangers tout couverts de cet in-fecte , que quelques-uns ont appellé la punaife des oran-gers. Il eft ovale , oblong , de couleur brune , & couvert d'une efpéce de vernis qui le rend luifant ; il a fix pattes en-deffous , & une échancrure à fa partie poftérieure. C'eft un peu avant cette échancrure que font les filets au nombre de *quatre* , qui fortent pour peu que l'on preffe l'infecte , ces filets font blancs. Celui que nous venons de décrire eft la femelle. Son mâle doit être aîlé , mais je ne l'ai jamais trouvé. Lorfque la femelle eft jeune , elle court fur l'oranger , mais bientôt elle fe fixe à une place où elle s'attache , & elle groffit en fuççant le fuc de la feuille , par le moyen de fa trompe qui eft en-deffous. Enfin , à mefure que fon corps augmente , elle perd tout mouve-ment & même la forme d'infecte , fes anneaux s'effacent , ce n'eft plus qu'une efpéce de pellicule feche formée en calotte , attachée fur la feuille , fous laquelle eft renfer-mé un nombre infini d'œufs. Le corps de la mere leur fait une enveloppe , de deffous laquelle fortent les petits lorfqu'ils éclofent. Les orangers , les citroniers , les li-mons & les autres arbres de cette famille , font également attaqués par ces infectes , dont le nombre confidérable les fait quelquefois languir.

3. CHERMES *clematitis oblongus.*

Le kermès de la clematite.

Il eft plus grand que le précédent , auquel il reffemble pour fa forme allongée & fa couleur brune. Je foupçonne-rois beaucoup qu'il ne différe pas de celui des orangers , d'autant qu'il porte aufli quatre filets à fa queue : mais pour en être affuré , il faudroit connoître les mâles de l'une & de l'autre efpéce.

4. CHERMES *perficæ oblongus.* Planch. 10 , fig. 4.

Reaum. inf. 4 , t. 1 , f. 1 , 2.

Le kermès oblong du pêcher.

Le mâle a deux aîles. Son corps eft d'un rouge couleur de rofe , ou même couleur de chair. Ses aîles font d'un blanc gris , bordées d'un peu de rouge. Il porte à l'extré-mité du ventre quatre filets longs. La femelle eft oblongue & brune , & elle approche des précédentes.

N. B. Cette efpéce & les deux précédentes fe reffem-blent infiniment , & pourroient bien n'être que des va-riétés , quoiqu'elles fe trouvent fur des plantes diffé-rentes.

5. CHERMES *perficæ rotundus.*

Reaum. inf. 4 , t. 2 , f. 4 , 5.

Le kermès rond du pêcher.

Celui-ci eft arrondi & brun. Il porte quatre filets à fa queue.

6. CHERMES *vitis oblongus.*

Reaum. inf. 4 , pag. 20.

Le kermès de la vigne.

C'eft fur le tronc & les branches de la vigne que fe trouve cette efpéce , & jamais fur les feuilles. Elle eft oblongue, ovale, de couleur canelle brune, avec un peu de duvet blanc en deſſous & ſur les côtés. Elle porte à ſa queue *ſix* filets blancs, qui ſortent ſouvent d'eux-mêmes, mais encore plus quand on preſſe un peu l'animal. Ce kermès s'attache de bonne heure à la vigne, groſſit & périt, renfermant une grande quantité d'œufs ſous ſon corps. Les petits qui en ſortent ſont d'abord d'un brun clair & fort pâle. Je n'ai jamais trouvé le mâle.

7. CHERMES *abietis rotundus.*

Le kermès du ſapin.

Il eſt tout-à-fait rond & ſphérique. Sa couleur eſt maron foncé. On le trouve ſur les branches de ſapin, principalement vers les bifurcations de ces branches.

8. CHERMES *ulmi rotundus.*

Le kermès de l'orme.

Il eſt rond, ſphérique, brun, de la groſſeur & de la couleur des bayes de genievre. Il s'attache aux petites branches de l'orme, qui quelquefois en ſont ſi chargées, qu'elles reſſemblent à des grappes.

9. CHERMES *tiliæ hemiſphæricus.*

Reaum. inſ. 4, p. 43.

Le kermès du tilleul.

Il reſſemble à celui de l'orme : il eſt ſeulement un peu moins gonflé & moins rond.

10. CHERMES *coryli hemiſphæricus.*

Reaum. inſ. 4, p. 43.

Le kermès du coudrier.

Il eſt tout-à-fait ſemblable au précédent.

11. CHERMES *quercûs rotundus fuſcus.*

Reaum. inſ. 4, t. 5, f. 2.

Le kermès rond & brun du chêne.

Il ne paroît pas différer de celui de l'orme.

12. CHERMES *quercûs rotundus , ex albo flavefcente nigroque variegatus.*

Reaum. inf. 4 , t. 5 , f. 3 , 4.

Le kermès du chêne rond & de couleur panachée.

La couleur de celui-ci eft finguliere. Le fond eft d'un blanc jaunâtre , fur lequel font trois raies noires tranfver-fes. Entre ces raies , dans les intervalles , il y a des points noirs diftribués auffi tranfverfalement.

13. CHERMES *quercûs reniformis.*

Reaum. inf. 4 , t. 6 , f. 1.

Le kermès reniforme du chêne.

Sa forme différe de celle de tous les autres , elle ap-proche de la figure d'un rein. Quant à fa couleur , elle eft brune.

14. CHERMES *quercûs oblongus ferico albo.*

Le kermès ovale & cotonneux du chêne.

Il eft de couleur brune , foncée & piquée d'un brun plus clair.

15. CHERMES *carpini ferico albo.*

Reaum. inf. 4 , p. 62 , t. 6 , fig. 5 , 9 , 11.

Le kermès cotonneux du charme.

Sa couleur eft d'un rouge brun. En-deffous & fur les côtés , il a un duvet cotonneux blanc affez confidérable.

16. CHERMES *mefpili ferico albo.*

Le kermès cotonneux du néflier.

Il ne paroît pas différer du précédent.

17. CHERMES *arborum linearis.*

Reaum. inf. 4, *t.* 5 , *f.* 5 , 6 , 7.

Le kermès en écaille de moule.

Celui-ci vient fur les arbres. Il eft long, étroit & formé prefque comme une écaille de moule.

18. CHERMES *aceris ovatus.*

Le kermès ovale de l'érable.

Cette petite efpéce eft affez applatie & ovale. Elle eft d'un brun clair, & a dans fon milieu une bande longitudinale brune foncée, aux deux côtés de laquelle font des bandes de couleur blanche cendrée. Elle fe trouve fur les feuilles de l'érable du côté du revers de la feuille.

N. B. On peut ajouter à ces efpéces le *kermès du chêne vert ; chermes ilicis ,* appellé auffi graine de kermès ou graine d'écarlatte & qui s'employe dans la teinture. Mais cette belle & utile efpéce ne fe trouve pas aux environs de Paris.

C O C C U S.

LA COCHENILLE.

Roftrum pectorale inter primum & fecundum par femorum.	Trompe fortant du corcelet, entre la premiere & la feconde paire de pattes.
Alæ duæ mafculis, erectæ.	Deux aîles droites élevées , dans les mâles feulement.
Abdomen appendicibus fetaceis.	Extrémité du ventre garnie de filets.
Fœmina infecti formam fervans.	Femelle qui conferve la figure d'infecte.

Nous avons vû, en parlant du kermès, que la cochenille en approche infiniment, que fes caracteres font femblables, & qu'elle paroît n'en différer que par la forme de la femelle. Celle du kermès prend la figure d'une efpéce de tubercule, au lieu que la cochenille conferve toujours celle d'un véritable infecte, dans lequel on diftingue les anneaux & les autres parties de l'animal. Cette reffemblance de la cochenille avec le kermès, auquel quelques perfonnes ont donné le nom de galle-infecte, l'a fait appeller par ces mêmes auteurs, *pro-galle-infecte.* Nous avons mieux aimé lui conferver le nom de cochenille fous lequel elle eft connue.

La forme & la maniere de vivre de la cochenille, reffemblent auffi beaucoup à celles du kermès, enforte que nous nous étendrons peu fur cet articles, pour ne pas tomber dans des redites inutiles.

Les femelles des cochenilles font oblongues, elles ont deux antennes & fix pattes. Leur corps eft blanchâtre à caufe d'une efpéce de farine blanche dont il eft couvert. Leur trompe eft pofée fous le corcelet, entre la premiere paire de pattes, comme celle du kermès. Leur corps eft compofé de plufieurs anneaux ; j'en ai compté jufqu'à quatorze fur quelques efpéces. A la queue font quatre filets blancs, qu'on ne voit guères, qu'en preffant un peu le corps de l'infecte. Cette femelle, après avoir d'abord couru fur les plantes, fe fixe & devient immobile, comme celle du kermès, mais fans changer de forme ; feulement elle groffit beaucoup & de fon corps fort un duvet cotonneux blanchâtre, qui lui fert comme de nid, pour faire fa ponte.

Le mâle de cette femelle eft beaucoup plus petit. Dans les commencemens il lui reffemble, mais par la fuite il devient aîlé en fe métamorphofant. Il a deux antennes affez longues ; fon corps & fes pattes font rougeâtres, & couverts d'une farine blanche. A fa queue font quatre filets, & il a deux aîles fort grandes pour fon corps.

Ces infectes m'ont tous paru ovipares, quoique quelques auteurs ayent affuré qu'ils étoient vivipares. Je n'en ai trouvé que peu d'efpéces dans ce pays-ci, encore la premiere que je décris, quoique commune dans nos ferres, eft-elle originairement étrangere. Les autres pays en fournifsent aufsi, mais l'Amérique fur-tout, nous donne l'efpéce de cochenille qui vient fur l'*Opuntia* ou la raquette, avec laquelle on fait la belle teinture d'écarlatté infiniment fupérieure pour l'éclat à celle des anciens. Peut-être pourrions nous tirer aufsi quelque belle couleur de la cochenille de l'orme, qui eft très-commune dans ce pays-ci, & qui refsemble infiniment à celle d'Amérique. C'eft ce que les curieux pourroient efsayer.

1. COCCUS *adonidum corpore rofeo, farinaceo, alis fetifque niveis.*

Linn. faun. fuec. n. 1169. Pediculus adonidum.
Act. Upf. 1736, p. 37, n. 8. Pediculus hypernaculorum arboreus villofus.

La cochenille des ferres.

Cette cochenille, étrangere à ce pays-ci, ne fe trouve point à la campagne, mais ayant été apportée des pays chauds avec les plantes de ces climats, elle s'eft naturalifée dans nos ferres chaudes, où elle couvre quelquefois tous les arbuftes, fans qu'on puifse la détruire, quelque foin que l'on prenne.

Le mâle eft petit, fes antennes font longues pour fa grandeur; fes pattes & fon corps font rougeâtres, prefque de couleur de rofe, & couverts d'un peu de farine blanche. Ses deux aîles & les quatre filets de fa queue font d'un blanc de neige. De ces quatre filets, deux font plus longs, & les deux autres un peu plus courts. Sa femelle n'a point d'aîles & refsemble pour la forme à un petit cloporte. C'eft ce qui l'a fait ranger au nombre des poux par M. Linnæus, qui ne connoifsoit point le mâle. Cette femelle ovale oblongue, eft toute couverte d'une farine blanche; elle a des antennes un peu moins grandes que celles du mâle. En-defsous elle a fix pieds. Son corps eft compofé de quatorze anneaux, qui ont fur les côtés des appendices, dont les deux dernieres qui terminent la queue, font plus longues que les autres, enforte que cette queue paroît comme bifurquée. C'eft entre ces deux dernieres appendices plus longues, que font les quatre filets de la femelle, plus courts que ceux du mâle, peu apparens & que l'on ne voit guères fans preffer un peu le corps de l'animal. Cette femelle court fur les plantes, jufqu'à ce que étant prête de dépofer fes œufs, elle s'arrête & forme un nid qui reffemble à un petit floccon de coton blanc, dans lequel elle s'enveloppe pour faire fa ponte. Très-peu de tems après, on voit les petits fortir de cette efpéce de nid, dans lequel la mere a péri. Pour lors tous font fans aîles, mais peu après les mâles deviennent aîlés. Les ferres du Jardin du Roi font pleines de ces infeêtes, qui font très-communs dans nos Ifles & au Sénégal.

2. COCCUS *graminis corpore rofeo*. Planch. 10, fig. 5.

Linn. faun. fuec. n. 721. Coccus phalaridis.

La cochenille du chiendent.

Je ne connois que la femelle de cette efpéce, qui reffemble beaucoup à celle des ferres. Elle eft de même blanchâtre, un peu couleur de chair; couverte d'une pouffiere farineufe, avec deux antennes courtes & fix pattes en-deffous. On la trouve fur l'efpéce de *gramen* que M. Linnæus appelle *phalaris*. Elle forme le long des tuyaux de ce chiendent, des petits nids de matiere cotonneufe blanche, dans lefquels elle dépofe fes œufs. Les petits filets de fa queue ne paroiffent prefque point. Son mâle doit beaucoup reffembler à celui de l'efpéce précédente.

3. COCCUS *ulmi, corpore fufco, ferico albo.*

Reaum. inf. 4, *t.* 7, *f.* 1, 2, 6, 9.

La cochenille de l'orme.

C'eft fur les branches de l'orme, que l'on trouve communément cette cochenille, qui eft fort femblable à la belle cochenille de l'opuntia, dont on tire la précieufe couleur du carmin. Celle-ci eft brune, ovale & fe termine

en

en pointe par les deux bouts. Elle se fixe de bonne heure sur l'arbre, & forme en-dessous & sur les côtés, un duvet blanc & cotonneux dans lequel elle paroît enfoncée. Elle conserve jusqu'à la fin sa forme d'insecte, & l'on distingue toujours les anneaux de son corps, quoiqu'elle meure sur la place. M. de Reaumur prétend qu'elle est vivipare, & qu'on trouve des petits sous son corps, mais en petit nombre, parce qu'ils s'échappent à mesure qu'ils éclosent. Il établit même cette différence entre la cochenille ou pro-galle-insecte, & le kermès ou galle-insecte, regardant comme un caractere de la premiere, d'être vivipare, & du second, d'être ovipare. Pour moi j'avoue que je n'ai jamais trouvé de petits, mais des œufs sous le corps de cette cochenille, ensorte qu'elle est ovipare, comme les deux premieres espéces de ce genre que M. de Reaumur n'a point connues, ou du moins, dont il ne parle pas. Quant au mâle de cette espéce, je ne l'ai point trouvé.

Fin du Tome premier.

TABLE ALPHABETIQUE

DES noms françois des INSECTES, contenus
dans le premier Volume.

Les noms en caractères romains font ceux des genres, & ceux des espèces
font en italiques.

Fin de la Table des noms françois.

TABLE ALPHABETIQUE

Des *noms latins des* INSECTES, *contenus dans le premier Volume.*

Les noms italiques font ceux des citations.

Ttt ij

Fin de la Table des noms latins.

EXPLICATION

DES Planches contenues dans le premier Volume.

PLANCHE PREMIERE.

Fig. I. LE CERF-VOLANT, de grandeur naturelle. On en trouve quelquefois qui font encore beaucoup plus grands.
a. Antenne du cerf-volant feparée.

Fig. II. La panache.
b. La panache de grandeur naturelle.
c. La même, vûe au microfcope.
d. Sa patte féparée pour faire voir le nombre des articles des tarfes.

Fig. III. Le fcarabé *phalangifte.*
e. L'animal de grandeur naturelle.
f. Son antenne féparée, dont la maffe eft compofée de trois feuillets.
n. Antenne féparée du fcarabé *foulon*, dont la maffe eft compofée de fept feuillets très-longs.
o. Antenne féparée du *hanneton*, dont la maffe eft pareillement compofée de fept feuillets, mais plus courts.

Fig. IV. L'efcarbot.
g. L'animal de grandeur naturelle, vû en-deffus.
h. Le même, vû en-deffous.
j. L'efcarbot vû en-deffous & plus grand que le naturel.

k. Patte de l'infecte féparée.
l. Sa tête féparée pour faire voir fes machoires & la pofition des fes antennes.
m. Antenne de l'efcarbot, groffie à la loupe.

Fig. V. Le dermefte *à point de hongrie.*
p. L'animal de grandeur naturelle.
q. r. Son antenne féparée & plus groffe que le naturel.

Fig. VI. La vrillette.
s. L'animal de grandeur naturelle.
t. Le même, groffi à la loupe.
u. Son antenne aggrandie.
x. Sa patte féparée.

Fig. VII. L'anthrène.
y. L'animal dans fa groffeur naturelle.
z. Le même, groffi au microfcope.
&. Le même, groffi & vû en-deffous.
a a. Son antenne féparée.
b b. Sa patte féparée & groffie.

Fig. VIII. c c. La ciftele de grandeur naturelle.
d d. Son antenne féparée.
e e. Sa patte féparée & vûe au microfcope.

PLANCHE II.

Fig. I. LE Bouclier.
  a. L'animal de grandeur naturelle.
  b. Sa patte groſſie à la loupe.
  c. Son antenne.
  d. La patte encore plus groſſie, que dans la Figure b.

Fig. II. e. Le richard doré à ſtries.
  f. Sa patte.
  g. Son antenne.

Fig. III. h. Le richard rubis, vû à la loupe.
  j. Le même, de grandeur naturelle.
  k. Son antenne.

Fig. IV. Le taupin.
  l. L'inſecte groſſi & vû en-deſſous.
  m. Le même, en-deſſus.
  n. Son antenne.
  o. Une de ſes pattes.
  A côté de la figure, eſt l'échelle de la grandeur naturelle de l'inſecte.

Fig. V. Le bupreſte.
  p. L'animal de grandeur naturelle, vû en-deſſus.

q. Le même groſſi, & vû en-deſſous; on apperçoit dans cette figure, l'appendice qui eſt à l'origine de ſes pattes, ſurtout des dernieres.

Fig. VI. La bruche.
  r. L'animal de grandeur naturelle.
  ſ. Le même, vû à la loupe.
  t. Sa patte ſéparée.

Fig. VII. Le ver-luiſant.
  u. La femelle, vûe en-deſſus.
  x. La même, vûe en-deſſous.
  y. Le mâle.
  ʒ. L'antenne du ver-luiſant ſéparée & groſſie.
  &. Sa patte.

Fig. VIII. La cicindele.
  A. L'animal groſſi, l'échelle de ſa grandeur naturelle eſt à côté.
  B. Sa patte ſéparée,

Fig. IX. L'omaliſe.
  C. L'inſecte de grandeur naturelle.
  D. Le même, groſſi au microſcope.

PLANCHE III.

Fig. I. L'Hydrophile.
  a. L'inſecte de grandeur naturelle, vû en-deſſus.
  b. Le même, vû en-deſſous.
  c. Son antenne ſéparée.

Fig. II. Le ditique.

Fig. III. Le tourniquet.
  d. L'animal groſſi & vû en-deſſus.
  e. Le même, en-deſſous.
  f. Son antenne ſéparée.
  g. Sa patte ſéparée.

Fig. IV. La melolonte.
  h. L'inſecte groſſi.
  j. Son antenne ſéparée.
  k. Sa patte.

Fig. V. Le prione de grandeur naturelle.

Fig. VI. Le capricorne roſalie.
  l. L'animal de grandeur naturelle.
  m. Sa tête & ſon corcelet ſéparés, pour faire voir ſes machoires & la poſition de ſes antennes.

PLANCHE IV.

Fig. I.   LE STENCORE.
 a. L'animal vû de côté.
 b. Le même, en-dessus.
 c. Sa tête & ses antennes sé-
    parées.
 d. Sa patte grossie.

Fig. II.   Le lupere.
 e. L'animal de grandeur na-
    turelle.
 f. Le même, grossi.

Fig. III.   Le gribouri.
 g. L'animal de grandeur na-
    turelle, & vû en-dessus.
 h. Le même, grossi & vû
    de côté.
 j. Sa patte séparée.
 k. Son antenne séparée.

Fig. IV.   L'altise.
 l. L'insecte grossi ; l'échelle
    de sa grandeur naturelle
    est à côté.
 m. Son antenne.
 n. Sa patte postérieure, dont
    la cuisse est fort grosse &
    ronde.

Fig. V.   Le criocere.
 o. L'insecte de grandeur na-
    turelle.
 p. Sa tête & son antenne sé-
    parés.

 q. L'antenne seule & grossie.
 r. Sa patte séparée.
 s. La même patte grossie.

Fig. VI.   La galeruque.
 t. L'insecte un peu grossi.
 v. Son antenne.
 x. Sa patte.

Fig. VII.   La chrysomele.
 y. L'animal de grandeur na-
    turelle.
 z. Sa patte.
 &. Son antenne & sa tête.

Fig. VIII.   Le charanson.
 A. Le charanson un peu
    grossi.
 B. Son antenne séparée.
 C. La tête & les antennes
    du becmare.
    Nous n'avons fait graver
    que ces parties de cet in-
    secte, qui ressemble au
    charanson, & n'en differe
    que par la forme de ses
    antennes, comme on le
    voit par cette figure.
 D. La patte du charanson.

Fig. IX.   Le mylabre.
 E. L'insecte grossi.
 F. Son antenne.
 G. Sa patte.

PLANCHE V.

Fig. I.   LE BOSTRICHE.
 a. L'insecte de gran-
    deur naturelle, vû en-
    dessus.
 b. Le même, grossi & vû en-
    dessous.
 c. Son antenne.
 d. Sa patte.

Fig. II.   L'antribe noir strié.
 e. L'animal grossi.
 f. Son antenne.

 g. Sa patte.

Fig. III.   L'antribe marbré.
 h. L'animal grossi.
 j. Son antenne.
 k. Sa patte.
 l. Le tarse séparé.

Fig. IV.   Le clairon.
 m. L'insecte de grandeur na-
    turelle.
 n. Son antenne.
 o. Sa patte.

Fig. V.

Fig. V. Le fcolite.
p. L'infecte groffi.
q. Son antenne.
r. Sa patte groffie.
ſ. Le tarfe féparé.

Fig. VI. La caffide.
t. L'infecte de grandeur naturelle.
u. Le même, groffi.
x. Son antenne.

y. Sa patte.
z. Sa larve de grandeur naturelle.
A. Sa nymphe de grandeur naturelle, vûe en-deſſus.
B. La même nymphe, groffie & vûe en-deſſous.

Fig. VII. L'anafpe.
C. L'infecte groffi.
D. Sa patte féparée.

PLANCHE VI.

Fig. I. LA COCCINELLE.
a. L'infecte de grandeur naturelle.
b. Sa tête groffie, pour faire voir les antennes & les antennules.
c. Son antenne féparée.
d. Sa patte.

Fig. II. La tritôme.
e. L'infecte groffi.
f. Sa patte.

Fig. III. La diapere.
g. L'animal de groffeur naturelle.
h. Le même, aggrandi.
i. Son antenne féparée & groffie.

Fig. IV. La cardinale.
k. L'animal groffi, on voit à côté l'échelle de fa grandeur naturelle.
l. Son antenne féparée.
m. Une de fes pattes antérieures, dont le tarfe eft compofé de cinq articles.
n. Une des pattes poftérieures, qui n'a que quatre articles au tarfe.

Fig. V. La cantharide.
o. L'animal de grandeur naturelle.
p. Sa tête féparée, pour faire voir les antennes.

q. Une des pattes poftérieures.
r. Une des pattes antérieures.

Fig. VI. Le ténébrion.
ſ. L'animal très-peu groffi.
t. Son antenne.
u. Une des pattes poftérieures.
x. Une des pattes antérieures.

Fig. VII. La mordelle.
y. L'infecte groffi, l'échelle de fa grandeur eft à côté.
z. Son antenne, vûe au microfcope.
A. Une de fes pattes antérieures.
B. Une des pattes poftérieures.

Fig. VIII. La cuculle.
C. L'animal groffi & vû par le dos.
D. Le même, vû de côté.

Fig. IX. La cerocome.
E. L'animal mâle, de grandeur naturelle.
F. Son antenne groffie.
G. Tête de la femelle, dont les antennes different de celles du mâle.
H. Une des pattes antérieures.
J. Une des pattes poftérieures.

Tome I. Vvv

PLANCHE VII.

Fig. I. LE Staphylin.
    a. L'infecte un peu groſſi.
    b. Son antenne.
    c. Sa patte ſéparée.

Fig. II. La necydale.
    d. L'animal groſſi.
    e. Son antenne.
    f. Sa patte.

Fig. III. Le perce-oreille.
    g. L'infecte très-groſſi.
    h. Son antenne vûe au microſcope.
    i. Sa patte.

Fig. IV. Le proſcarabé.
    k. L'infecte vû à la loupe.
    l. Son antenne.

Fig. V. La blatte.
    m. L'infecte mâle.
    n. L'infecte femelle, tous deux aggrandis.

Fig. VI. Le trips.
    o. L'infecte de grandeur naturelle.
    p. Le même, aggrandi.
    q. Sa tête ſéparée & groſſie.
    r. Sa patte ſéparée & vûe au microſcope.

PLANCHE VIII.

Fig. I. LE Grillon, appellé *la courtilliere.*
    a. L'animal de grandeur naturelle.
    b. Sa tête ſéparée pour faire voir les antennes & les petits yeux liſſes.

Fig. II. *c.* Le criquet de grandeur naturelle.
    d. Sa patte ſéparée.
    e e e. Le tarſe ſéparé.

    f. La derniere piéce du tarſe, celle qui ſoutient les onglets.

Fig. III. *g.* La ſauterelle.
Fig. IV. *h.* La mante.
Fig. V. La cigale, ou procigale.
    i. L'infecte de grandeur naturelle.
    k. Le même, groſſi & vû en-deſſus.
    l. Le même, vû en-deſſous.

PLANCHE IX.

Fig. I. LA Cigale, appellée *le grand diable.*
    a. L'infecte de grandeur naturelle, vû en-deſſus.
    b. Le même, vû de côté.
    c. Le même, en-deſſous.

Fig. II. La cigale, appellée *le petit diable.*
    d. L'animal de grandeur naturelle, vû par deſſus.

    e. Le même, vû de côté, poſé ſur une branche de *cirſium.*

Fig. III. La punaiſe-mouche.
    f. L'infecte vû en-deſſus.
    g. Sa tête & ſon corcelet ſéparés.
    h. La larve de cet infecte.

Fig. IV. La punaiſe rouge des Jardins.

PLANCHE X.

FIN de l'explication des Planches du Tome I^r.

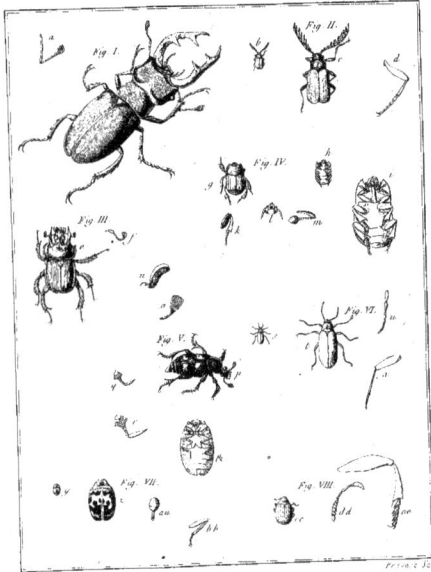

Pl. 3.

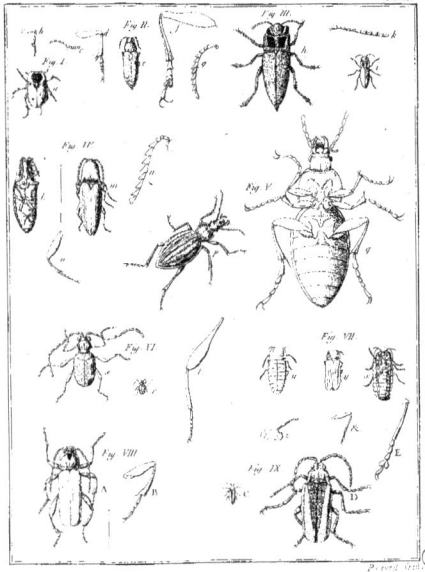

Pl. II.

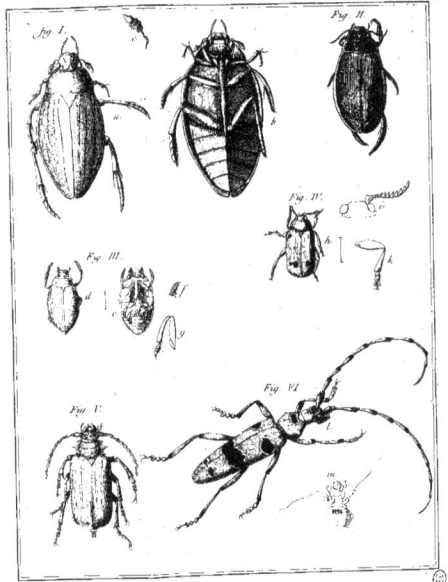

Pl. III.

Pl. IV.

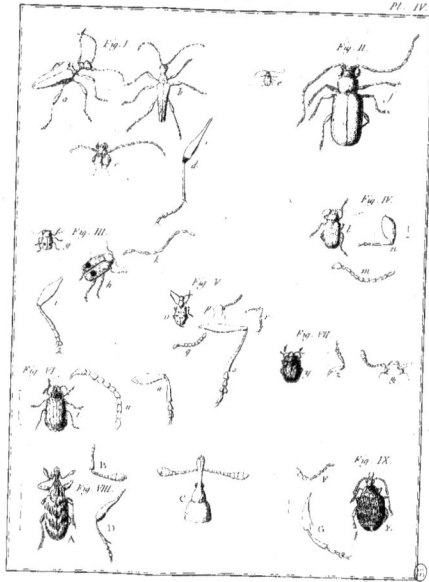

Pl. V.

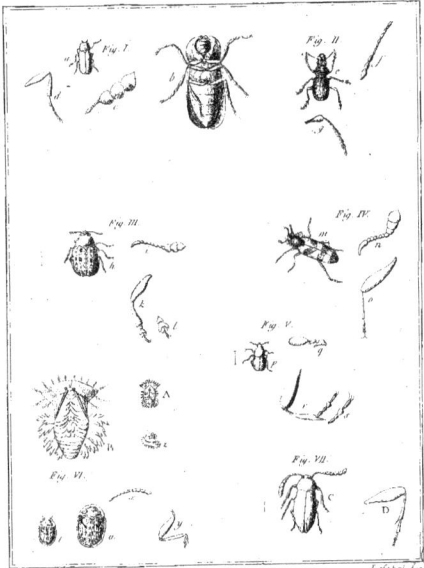

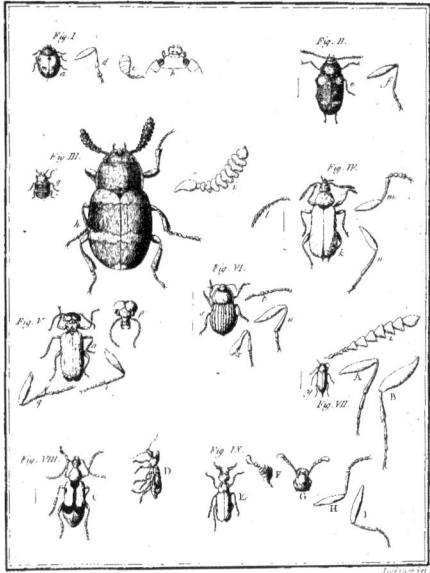

Pl. VI.

Fig. I.
Fig. II.
Fig. III.
Fig. IV.
Fig. V.
Fig. VI.
Fig. VII.
Fig. VIII.
Fig. IX.

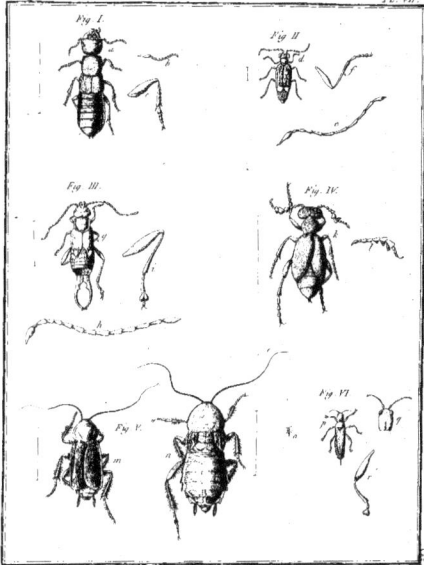

Fig. I.
Fig. II.
Fig. III.
Fig. IV.
Fig. V.
Fig. VI.

Pl. VIII.

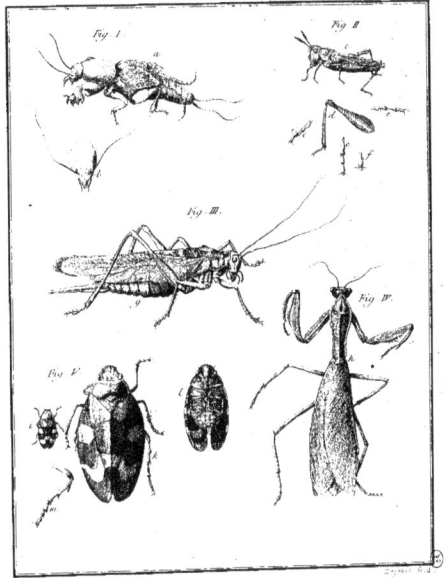

Fig. I.

Fig. II.

Fig. III.

Fig. IV.

Fig. V.

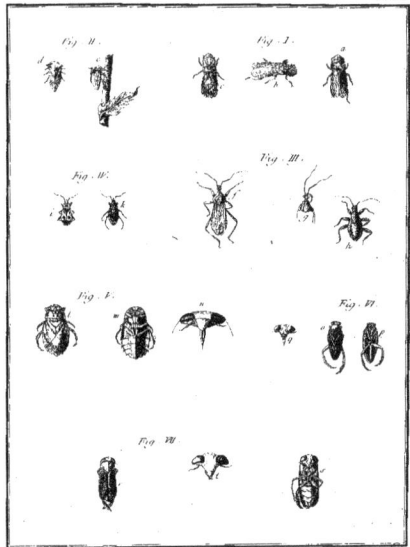

Pl. IX.

Fig. II.

Fig. I.

Fig. IV.

Fig. III.

Fig. V.

Fig. VI.

Fig. VII.

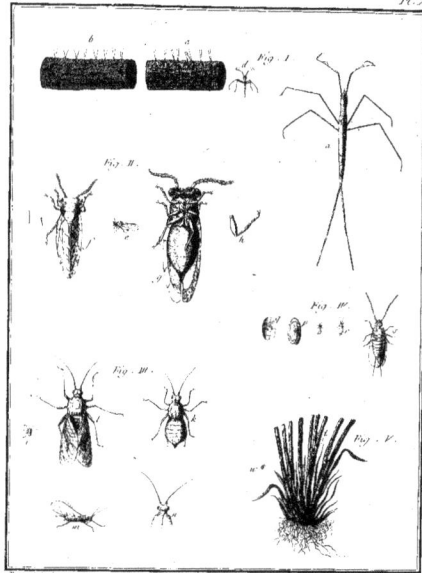

Pl. X.

Fig. I.

Fig. II.

Fig. IV.

Fig. III.

Fig. V.

Prevost fecit.

INSECT
DE
RIS